AF496793

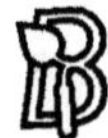

Hugo Bachmann

Erdbebensicherung von Bauwerken

Mit 182 s/w-Abbildungen und 30 Tabellen

2., überarbeitete Auflage

Springer Basel AG

Autor:

Prof. Dr. Dr. h.c. Hugo Bachmann
Sonnhaldenstrasse 19
CH-8600 Dübendorf

1. Auflage 1995
2., überarbeitete Auflage 2002

Die Deutsche Bibliothek – CIP Einheitsaufnahme
Bachmann, Hugo :
Erdbebensicherung von Bauwerken : mit 30 Tabellen / Hugo Bachmann. -
2., überarb. Aufl. - Basel ; Boston ; Berlin : Birkhäuser, 2002
   ISBN 978-3-0348-9455-5   ISBN 978-3-0348-8143-2 (eBook)
   DOI 10.1007/978-3-0348-8143-2

Gedruckt auf säurefreiem Papier, hergestellt aus chlorfrei gebleichtem Zellstoff. TCF∞
Umschlaggestaltung: Micha Lotrovsky, Therwil, Schweiz
Umschlagfotos: Hugo Bachmann

ISBN 978-3-0348-9455-5

9 8 7 6 5 4 3 2 1   www.birkhauser-science.com

Vorwort

Die Bedeutung der Einwirkung "Erdbeben" für die Gestaltung von Bau- und Tragwerken hat
weltweit stark zugenommen. Auch im zentralen Europa - in der Schweiz und in ihren Nach-
barländern - wurde das Erdbebenrisiko lange Zeit stark unterschätzt. Heute weiss man, dass
beim Wiederauftreten früherer Erdbeben - was jederzeit möglich ist - mit enormen Schäden
und auch Verlusten an Menschenleben gerechnet werden muss. Vermehrte Anstrengungen
zur Verminderung des Erdbebenrisikos durch eine erdbebengerechte Gestaltung der Bauwerke sind daher dringend.

Die fachgerechte Erdbebensicherung von Bauwerken ist heute nicht mehr eine Frage der Erkenntnisse, sondern eine Frage der Ausbildung der Bauingenieure und Architekten und somit
der Umsetzung vorhandenen Wissens in die Praxis. Sowohl eine intensive Forschung als
auch wertvolle Erfahrungen bei schweren Erdbeben der letzten Zeit haben zu einem hohen
Stand des Erdbebeningenieurwesens geführt. Durch wenige gezielte Massnahmen konzep-
tioneller und konstruktiver Art sowie durch eine problemgerechte Berechnung und Bemessung kann das Schadenrisiko drastisch vermindert und ein hoher Schutzgrad gegen Einsturz
erreicht werden. Solche professionelle Massnahmen und Vorkehrungen führen im allgemeinen zu keinen oder nur unwesentlichen Mehrkosten.

Dieses Buch bietet eine Einführung in das umfangreiche Gebiet der Erdbebensicherung von
Bauwerken. Es entstand aus der langjährigen Vorlesungstätigkeit des Verfassers an der Ab-
teilung für Bauingenieurwesen der Eidgenössischen Technischen Hochschule (ETH) Zürich.
Vorerst werden wichtige seismologische Grundlagen und wesentliche Zusammenhänge über
Bemessungsbeben, Tragwiderstand und Duktilität dargestellt. Anschliessend an ein Kapitel
über den erdbebengerechten Entwurf von Hochbauten folgen weitere Kapitel, welche die
heute gebräuchlichen Berechnungsverfahren und die praktische Berechnung von Hochbauten behandeln, wobei auch konkrete Zahlenbeispiele dargestellt werden. In einem
verhältnismässig ausführlichen Kapitel wird die Bemessung und konstruktive Durchbildung
von Hochbauten behandelt. Grosse Bedeutung kommt hier der modernen Methode der Kapazitätsbemessung zu, die der bisher üblichen konventionellen Bemessung klar überlegen ist
und - wenn konsequent angewendet - zu einem überaus "gutmütigen" Erdbebenverhalten der
Tragwerke führt. Den Abschluss des Buches bildet ein Kapitel über die Erdbebensicherung
von Brücken.

Das Buch ist auf die Bedürfnisse des praktisch tätigen Bauingenieurs ausgerichtet; mit seiner
starken Gewichtung des erdbebengerechten Entwurfs soll es helfen, konzeptionelle Fehler
und Mängel zu vermeiden, da diese auch durch eine noch so ausgeklügelte ingenieurmässige
Berechnung und Bemessung nicht kompensiert werden können. Das Buch enthält aber auch
zahlreiche Hinweise zu aktuellen Forschungsthemen.

Die Erarbeitung dieses Buches wäre nicht möglich gewesen ohne die tatkräftige Unterstützung von verschiedenen Seiten. Ein besonderer Dank gebührt meinem Freund und Kollegen Prof. Dr. Dr. hc. Thomas Paulay, Professor emeritus der University of Canterbury in Christchurch, Neuseeland, von dem ich in langjähriger Zusammenarbeit enorm viel lernen konnte. Bei der Abfassung des Kapitels über die Berechnung von Hochbauten mit den dortigen Zahlenbeispielen hat Herr Thomas Wenk, Dipl. Ing. ETH, Lehrbeauftragter und Oberassistent am Institut für Baustatik und Konstruktion der ETH Zürich, massgeblich mitgewirkt, und er hat auch in andern Bereichen durch wertvolle Diskussionen und Anregungen zur vorliegenden Fassung beigetragen. Der Text wurde durch Frau Tilly Grob geschrieben und gestaltet, und die Bilder zeichneten vor allem die Herren Guido Göseli und Emil Honegger. Die Drucklegung betreute Herr Marco Galli, Dipl. Ing. ETH. Für die wertvolle Mitwirkung und die sorgfältige Arbeit danke ich allen Beteiligten herzlich.

Zürich, Januar 1995   Hugo Bachmann

Vorwort zur 2. Auflage

In den letzten Jahren hat sich auch in der Schweiz das Interesse von Öffentlichkeit und Fachwelt für die Erdbebensicherung der Bauwerke und damit auch die Nachfrage nach relevanten Grundlagen erheblich verstärkt. Deshalb wird dieses seit einiger Zeit vergriffene Buch mit diversen Ergänzungen aber ohne grössere Änderungen nochmals aufgelegt. Eine weitergehende Überarbeitung soll demnächst an die Hand genommen werden.

Herrn Dr. Thomas Wenk, Lehrbeauftragter für Erdbebeningenieurwesen an der ETH Zürich, danke ich für wertvolle Hinweise und Herrn Marco Galli, Dipl. Ing. ETH, für die erneute Betreuung der Drucklegung.

Zürich, April 2002   Hugo Bachmann

Inhaltsübersicht

Inhaltsverzeichnis

1 Einleitung

Zur Einleitung sollen einige Hinweise auf den *Nutzen des Erdbebeningenieurwesens* und auf *historische Beben* und deren Auswirkungen gegeben sowie Folgerungen zur heutigen Situation gezogen werden.

1.1 Zum Nutzen des Erdbebeningenieurwesens

Immer wieder ereignen sich Erdbeben, welche die Menschen in Angst und Schrecken versetzen. Bau- und Tragwerke stürzen ein, oft sind auch zahlreiche Tote und Verletzte zu beklagen. Gewaltige Sachschäden, auch an den Gebäudeinhalten und an Infrastruktureinrichtungen, sowie Folgekosten aus Produktionsausfällen und allenfalls Umweltschäden belasten die Volkswirtschaften. Muß das so sein? Die Antwort lautet eindeutig: Nein! Denn die Technik des erdbebensicheren Bauens ist eine in theoretischen und konstruktiven Belangen sehr weit entwickelte Disziplin des Bauingenieurwesens. Jahrzehntelange Anstrengungen in Forschung und Praxis machten eine gewaltige Reduktion der Opfer und Schäden möglich. Entscheidend ist jedoch, dass die Erkenntnisse und Erfahrungen auch weiterverbreitet und konsequent berücksichtigt werden.

	Armenien	Nordkalifornien
Tote	> 25'000	67
Verletzte	31'000	2'435
Obdachlose	514'000	7'362
Sachschäden	unbekannt	$10 \cdot 10^9$ SFr.

Tabelle 1.1: Opfer- und Schadendaten der Erdbeben von Armenien (M = 6.9, 7.12.1988)
und Nordkalifornien (M = 7.1, 17.10.1989)

Ein - leider makabrer - Vergleich zweier Ereignisse liefert den Beweis für den Nutzen kontinuierlicher und systematischer Anstrengungen. Es handelt sich um das Spitak-Erdbeben in Armenien vom 7. Dezember 1988 mit einer Magnitude M = 6.9 und das Loma Prieta-Erdbeben in Kalifornien vom 17. Oktober 1989 mit einer Magnitude M = 7.1. Diese beiden Beben hatten somit etwa die gleiche Stärke. Auch die topographischen Verhältnisse (Flachland/Gebirge), die Siedlungsart (Dörfer/Städte) und die Bevölkerungsdichte im Schadengebiet sind - grob gesehen - etwa vergleichbar. Ferner ist in beiden Gebieten ein erheblicher Anteil von in den letzten Jahrzehnten entstandenen Bauwerken vorhanden. Tabelle 1.1 enthält Opfer-

und Schadendaten. Ein Vergleich zeigt Verhältniszahlen in der Grössenordnung von einer bis drei Zehnerpotenzen.

In Kalifornien setzten bereits in den Fünfzigerjahren eine intensive Forschung und die Ausbildung der Bauingenieurstudenten und der praktisch tätigen Ingenieure im Erdbebeningenieurwesen ein. Später wurde mit der Überprüfung und Sanierung älterer Bauten ("earthquake assessment", "retrofitting", "upgrading") und mit organisatorischen Vorbereitungen für den Ernstfall ("earthquake preparedness programs") begonnen. Die Baunormen wurden und werden laufend neuen Erkenntnissen angepasst. Deshalb ereigneten sich beim Loma Prieta-Erdbeben die meisten Schäden und Einstürze bei älteren Gebäuden und Brücken, deren voraussichtlich schlechtes Erdbebenverhalten oft schon seit einiger Zeit erkannt worden war. Von den nach neueren Erkenntnissen konzipierten und bemessenen modernen Bauwerken erlitt nur ein verschwindend kleiner Teil gewisse Schäden. Alles dies lässt sich leider von Armenien bzw. vom Spitak-Erdbeben nicht feststellen. Die meisten der eingestürzten Gebäude waren erst in den letzten Jahren errichtet worden, wobei aber moderne Regeln und Verfahren des erdbebensicheren Bauens nicht oder jedenfalls völlig ungenügend beachtet wurden. Der Vergleich belegt auf eindrückliche Weise die in der letzten Zeit im Erdbebeningenieurwesen erzielten Fortschritte.

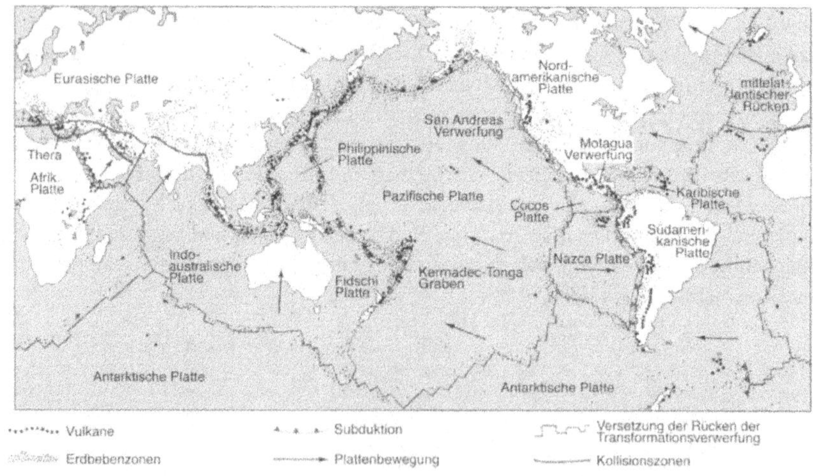

Bild 1.1: Weltkarte mit tektonischen Platten, Vulkanen und Erdbebenzonen [Bol 84]

1.2 Historische Erdbeben

Regionen mit stetig wiederkehrenden starken Erdbeben können in zwei Gruppen unterteilt werden:

1. Ränder tektonischer Grossplatten:
   Solche Ränder von Kontinentalplatten der Erdkruste (Bild 1.1) sind z.B: Mittelmeerraum - Balkan - Arabien - Nordindien; Neuseeland - Indonesien - Japan - Alaska - Kalifornien - Südamerikanische Anden.
2. Ränder regionaler tektonischer Platten und "Ausläufer"-Bruchzonen, Kompressionszonen und Senkungsgebiete:
   In Europa u.a. Teile der Alpen, Friaul, Rheingraben/Schwäbische Alp/Basel, Rumänien, usw.

Tabelle 1.2 zeigt eine Auswahl bedeutender historischer Erdbeben. Anschauungsunterricht und Lehren für das Verhalten moderner Bauwerke haben vor allem die fünf letztgenannten Ereignisse geliefert.

Jahr	Ort	Magnitude	Anzahl Tote
1556	Shensi, China		830'000
1737	Kalkutta, Indien		300'000
1755	Lissabon, Portugal		60'000
1906	San Franzisco, Kalifornien	8.3	750
1923	Tokyo, Japan	8.3	143'000
1939	Erzincan, Türkei	8.0	33'000
1960	Agadir, Marokko	5.9	12'000
1963	Skopje, Mazedonien	6.0	1'100
1971	San Fernando, Kalifornien	6.5	65
1976	Friaul, Italien	6.5	1'200
1976	Tangshan, China	7.8	> 240'000
1977	Vrancea, Rumänien	7.2	1'500
1979	Montenegro, Albanien, Jug.	7.0	156
1980	El Asnam, Algerien	7.5	> 3'000
1980	Süditalien	7.0	~ 5'000
1985	Mexico	8.1	> 20'000
1988	Spitak, Armenien	6.9	> 25'000
1989	Loma Prieta, Nordkalifornien	7.1	67
1992	Erzincan, Türkei	6.9	670
1994	Northridge, Südkalifornien	6.8	61
1995	Kobe, Japan	6.9	6'400
1997	Umbrien, Italien	5.8	14
1998	Adana-Ceyhan, Türkei	6.3	150
1999	Izmit, Türkei	7.4	19'000
1999	Chichi, Taiwan	7.6	3'400

Tabelle 1.2: Bedeutende historische Erdbeben (Auswahl)

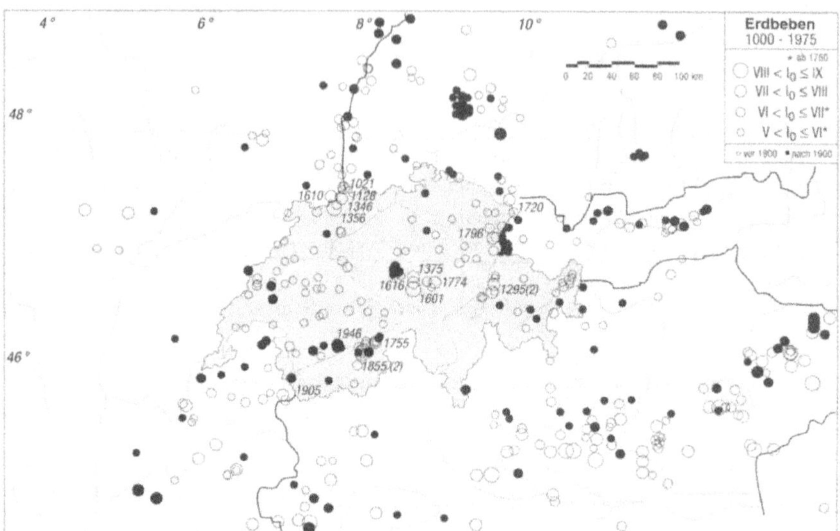

Bild 1.2: Karte der historischen Erdbeben zwischen 1000 und 1975 in der Schweiz und in angrenzenden Gebieten; angegeben ist die MSK-Intensität [SM 78]

In *Zentraleuropa* (Schweiz, Deutschland, Österreich) sind starke Erdbeben selten, sie sind aber möglich und jederzeit zu erwarten. Bei der vorhandenen grossen Bevölkerungsdichte und dem hohen Industrialisierungsgrad ist zudem ein grosses Schadenpotential vorhanden.

Bild 1.2 zeigt eine Karte der historischen Erdbeben in der Schweiz und in angrenzenden Gebieten. Tabelle 1.3 beschreibt die stärksten historischen Beben in der Schweiz. Eine besonders gefährdete Region ist das Wallis. Weiter sind gefährdet die Regionen Basel, St. Galler Rheintal, Engadin, Teile der Innerschweiz und des Berner Oberlandes.

Eine durch den Schweizerischen Pool für Erdbebenversicherung publizierte Studie [Scha 88] zeigt, dass mit enormen Erdbebenschäden zu rechnen ist. Man wählte einzelne historische Ereignisse aus und ermittelte, welches Ausmass an Schäden sie heute, also beim gegenwärtigen Gebäudebestand, verursachen würden. Solche "Was-wäre-wenn-Studien" dienen dazu, Hinweise zur möglichen Grössenordnung eines heutigen Ereignisschadens zu erhalten.

Bild 1.3a zeigt die Verteilung der Erdbeben-Intensitätsflächen für das Erdbeben von Basel 1356, wie sie durch Interpretation von zeitgenössischen Schadenschilderungen ermittelt wurde. Die Karte zeigt, dass man praktisch in der ganzen Schweiz (und natürlich auch in den umliegenden Ländern) mit Schäden zu rechnen hätte. Ein Beispiel aus neuerer Zeit, und deshalb entsprechend besser dokumentiert, zeigt Bild 1.3b, nämlich das Visper Beben des Jahres 1855. Dieses Ereignis war weniger stark als jenes von Basel, es wären aber auch hier im Hauptteil des Mittellandes Gebäudeschäden zu verzeichnen.

Zur Berücksichtigung von Unsicherheiten - Schadenschilderungen sind oft übertrieben - wurden zwei verschiedene Szenarien berechnet. Szenario A entspricht einer eher pessimistischen Einschätzung, denn die historischen Schaden- oder Intensitätsinformationen, die möglicherweise etwas übertrieben sind, wurden mehr oder weniger authentisch übernommen. Szenario B liegt demgegenüber eine optimistische Einschätzung zugrunde, indem die Intensitäten von Szenario A generell um eine Stufe reduziert wurden. Zwischen den Schadenhöhen aus Szenario A und Szenario B ergibt sich ein realistischer Streubereich, in dem die tatsächliche Schadensumme liegen würde.

Datum	$I_{o,MSK}$	Beobachtungen
1021, Mai	IX ?	Starkes Erdbeben mit unbestimmtem Epizentrum, in ganz Zentraleuropa bemerkt, vor allem in Süddeutschland, Nordschweiz, Österreich. Basel wird mehrfach erwähnt.
1128	VIII	Epizentrum ungewiss. Betrifft die ganze Schweiz, sowie Oberitalien und Süddeutschland. Intensität VIII in der Schweiz.
1356, 18.10.	IX	Epizentrum etwa 30 km südwestlich von Basel. Starke Auswirkungen vor allem in der Region Basel und im Jura. Bis 300 km Entfernung sind Schäden aufgetreten (Burgund).
1601, 8.9.	VIII-IX	Epizentrum vermutlich im Gebiet Vierwaldstättersee. Praktisch in ganz Zentraleuropa gespürt. In der Schweiz speziell erwähnt: Genf, Luzern, Bern, Zürich, Basel, St. Gallen, Chur, Trimmis, Maienfeld, Neuenburg, Bündner Oberland, Yverdon, Orbe, Lausanne, Aigle.
1755, 9.12.	VIII-IX	Epizentrum im Oberwallis bei Brig/Visp. In der ganzen Alpenregion gespürt, ebenso in Süddeutschland und Oberitalien. In der Schweiz u.a. besonders erwähnt in Brig, Naters, Glis, Moerel, Mund, Furka, Sion, Sierre, Interlaken, Einsiedeln, Zug, Zürich, Bodensee, Biel, Bern, Basel, Luzern, Puntrut, Genf, Glarus, St. Gallen, Appenzell, Chur, Flims.
1774, 10.9.	VIII	Epizentrum in der Innerschweiz bei Altdorf. Auswirkungen besonders erwähnt in: Altdorf, Bürglen, Spirigen, Engelberg, Erstfeld, Isenthal, Sisikon, Stans, Luzern und in vielen anderen Kantonen.
1855, 25.7.	IX	Epizentrum im Oberwallis bei Brig/Visp. Stärkstes Erdbeben im 19. Jahrhundert in der Schweiz. In Süddeutschland und Norditalien stark gespürt. Auswirkungen praktisch in der ganzen Schweiz, besonders in Visp, St. Niklaus, Stalden.
1946, 25.1.	VIII	Epizentrum beim Sanetschpass (Zentral-Wallis). Stärkstes Erdbeben in der Schweiz in diesem Jahrhundert. Das Beben wurde bis nach Österreich (Innsbruck), Frankreich (Elsass, Grenoble), Süddeutschland (Stuttgart) und Oberitalien (Mailand) gespürt.

Tabelle 1.3: Die stärksten historischen Erdbeben in der Schweiz [DACH 89]

Um Schadensummen zu berechnen wurden in Abhängigkeit von der Erdbeben-Intensität die mittlere Schadengrade gemäss Tabelle 1.4 angenommen. Es handelt sich um Durchschnittswerte, die im Einzelfall je nach Gebäudequalität, also je nach Bauweise, Alter, Höhe, usw. stark variieren können.

Intensität	VI	VII	VIII	IX
Gebäude-Schadengrad (Schaden in % des Wertes)	1 %	4 %	13 %	35 %

Tabelle 1.4: Schadengrade in Abhängigkeit der Intensität für Schadensstudien [Scha 88]

Um von diesen Schadengraden zu Gebäude-Schadensummen zu kommen, mussten die Anzahl der Gebäude und deren Versicherungssumme pro Gemeinde einbezogen werden. Die Schäden pro Ereignis wurden dann ermittelt, indem man die versicherten Werte innerhalb der verschiedenen Intensitätsflächen mit dem jeweiligen Schadengrad multiplizierte und die

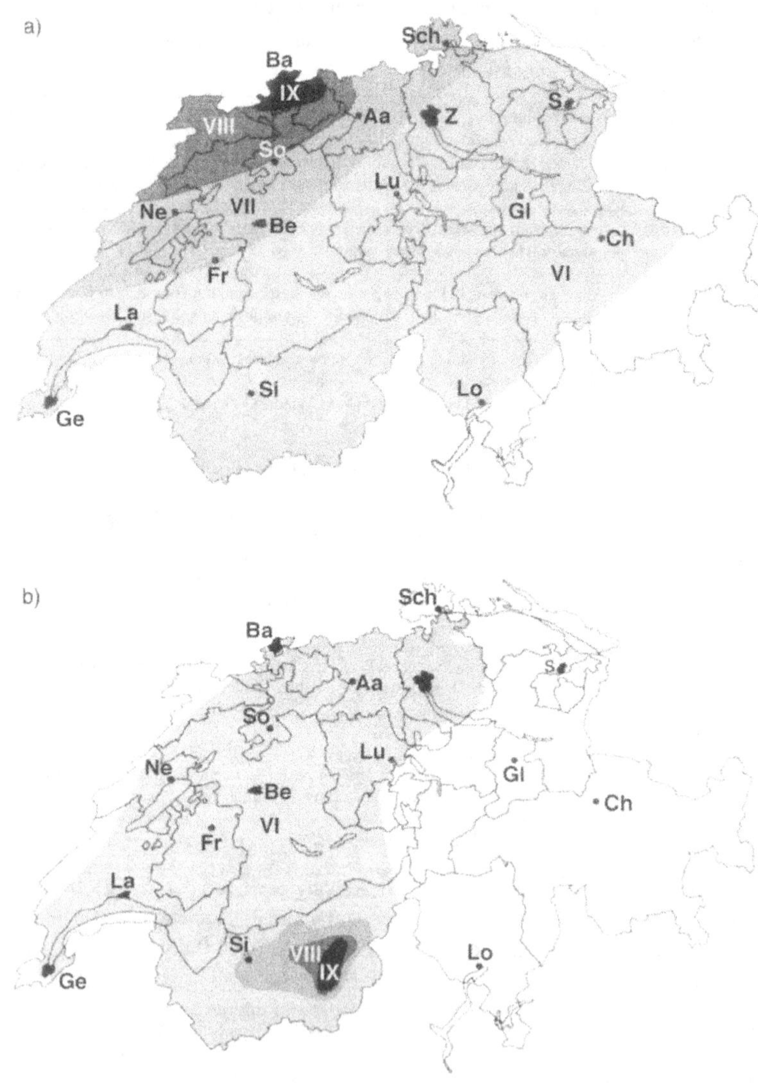

Bild 1.3: Einteilung der Intensitätsflächen (Szenario A)
für a) Basler Beben 1356 und b) Visper Beben 1855 [Scha 88]

Summe über das ganze schadenbetroffene schweizerische Gebiet bildete (Die entsprechenden Daten in den umliegenden Ländern standen leider nicht zur Verfügung). Für die bereits erwähnten beiden Ereignisse ergaben sich die Zahlen von Tabelle 1.5.

Es ist zu beachten, dass es sich bei diesen Beträgen um *reine Gebäudeschäden* handelt. Schäden am Inhalt der Gebäude (Güter, Maschinen, usw.), an Infrastrukturbauten (für Verkehr, Kommunikation, Versorgung und Entsorgung), Kosten von Produktionsausfällen, Folgekosten von Toten und Verletzten sowie allfällige Kosten aus Umweltschäden sind darin nicht inbegriffen. Die *Gesamtschäden wären vermutlich etwa 2 bis 3 mal grösser als die Gebäudeschäden*, und selbstverständlich müssten zusätzlich die Schäden in den umliegenden Ländern und die Geldentwertung seit 1988 miteinbezogen werden. Da Ereignisse von der Stärke des Visper Erdbebens (und auch stärkere) bestimmt wieder auftreten werden - z.B. schon morgen oder erst in mehreren Jahrzehnten - besteht ein ganz erhebliches Erdbebenrisiko.

Ereignis	Szenario A	Szenario B
"Basler Beben 1356 heute"	47	13
"Visper Beben 1855 heute"	9	0.6
	(in Milliarden SFr., Geldwert 1988)	

Tabelle 1.5: Gebäudeschäden für den Fall, dass historische Erdbeben heute wieder auftreten (Geldwert 1988) [Scha 88]

Zu grundsätzlich ähnlichen Folgerungen wie die oben zitierte Studie [Scha 88] kommt eine Studie des Bundesamtes für Zivilschutz [HP 94]. Sie zeigt, dass die *Erdbebengefahr für die Schweiz potentiell die weitaus wichtigste Naturgefahr* darstellt. Andere Naturgefahren wie Überschwemmungen, Wildbäche, Murgänge, Lawinen etc. sind demgegenüber von geringerer Bedeutung.

In einer andersartigen Studie [Mos 91] wird gezeigt, dass die baulichen Mehrkosten für eine angemessene Erdbebensicherung deutlich geringer sind als die bei der heutigen Bebauungssituation in der Schweiz zu erwartenden Sach- und Folgeschäden.

Aufgrund dieser mit sehr unterschiedlichen Ansätzen operierenden neueren Studien ergibt sich, dass in der Schweiz und in Zentraleuropa die Bedeutung der Erdbebengefahr sozusagen bis vor kurzem stark unterschätzt worden ist, und dass vermehrte Anstrengungen zur Erdbebensicherung von neuen und bestehenden Bauwerken in hohem Masse gerechtfertigt und somit dringend vonnöten sind.

1.3   Auswirkungen von Erdbeben

Erdbeben bewirken Menschenopfer und Sachschäden vor allem auf zwei Arten:

1. Direkte Wirkungen:
    Durch direkte Wirkungen der Bodenbewegungen auf Bauwerke sowie auf Anlagen und
    Einrichtungen entstehen Schäden und allenfalls Einstürze.
2. Folgewirkungen:
    Als Folgen der direkten Wirkungen entstehen Brände, Explosionen, Überschwemmun-
    gen, Vergiftungen durch ausströmende Gase, Umweltschädigungen, ökonomische und
    soziale Wirkungen.

Meist stehen die direkten Wirkungen im Vordergrund (Bilder 1.4 und 1.5). Besonders bei
grossen Bevölkerungskonzentrationen (Städte) und schlechter Katastrophenbereitschaft
können aber die Folgewirkungen schlimmer als die direkten Wirkungen sein.

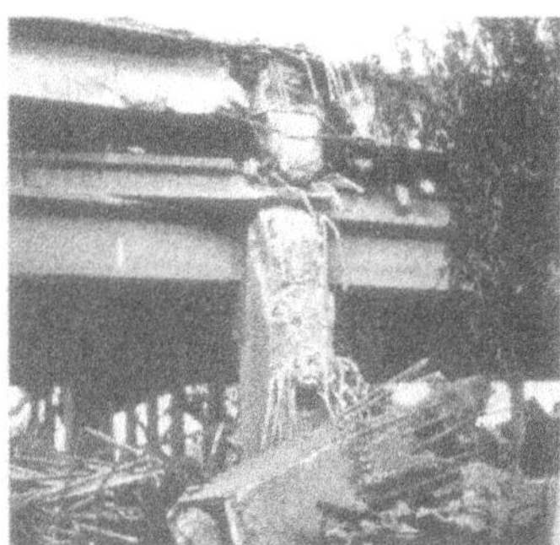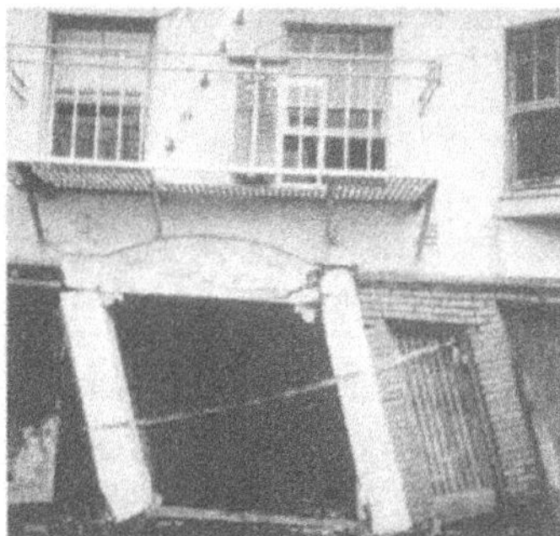

*Bild 1.4: Loma Prieta-Erdbeben in Nordkalifornien vom 17.10.1989: Eingestürzte Hochstrassenbrücke
(links) und beinahe eingestürztes Wohnhaus (rechts) [Lom 89]*

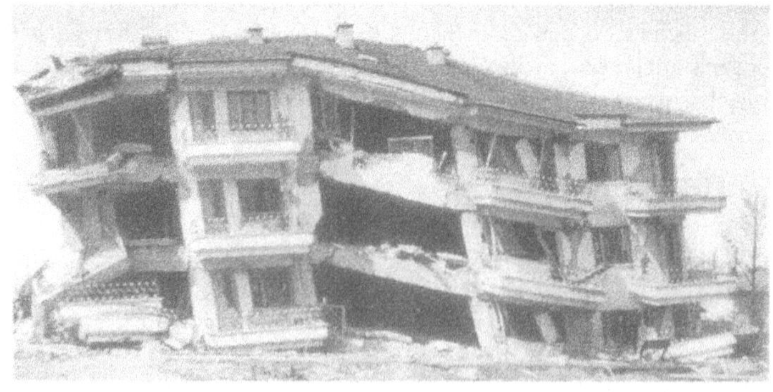

*Bild 1.5: Erzincan-Erdbeben vom 13.3.1992:
Durch Setzungen abgesunkenes Wohn- und Geschäftshaus [WS 93]*

2 Seismologische Grundlagen

In diesem Kapitel werden seismologische Grundlagen, soweit sie für den Bauingenieur von Bedeutung sind, kurz zusammengefasst. Dazu gehören die *Arten und Merkmale von Erdbeben*, die gebräuchlichsten *Erdbebenskalen*, die Entstehung und Ausbreitung von *Erdbebenwellen*, die *Registrierung und Auswertung von Erdbeben* sowie die Definition und Ermittlung eines wichtigen Werkzeuges, des *Antwortspektrums*.

2.1 Arten und Merkmale von Erdbeben

2.1.1 Arten

Nach den Ursachen ihrer Entstehung können die folgenden *Arten von Erdbeben* unterschieden werden:

Tektonische Beben

Die meisten Beben entstehen durch schlagartige Bruchvorgänge in der Erdkruste. Diese ist eine dünne Haut mit einer Dicke zwischen etwa 10 km (Ozeane) und rund 70 km (Alpen). Sie schwimmt gewissermassen auf dem weichen Erdinnern und ist infolge geothermischer Strömungen und anderer Ursachen in dauernder Bewegung. Die Verschiebungen erfolgen vorerst kontinuierlich und langsam als elastische Verformungen sowie als Kriech- und Fliessverformungen, wodurch sich der Spannungszustand in der Erdkruste ständig verändert. In der späteren Bruchzone vergrössern sich die Spannungen. Erreichen diese die Bruchfestigkeit im Gestein (Scher-, Zug- oder Druckfestigkeit), so ereignet sich ein Bruch mit plötzlichen Verschiebungen. Dadurch wird ein Erdbeben ausgelöst. Die plötzlichen Verschiebungen geschehen oft in einer alten Bruchfläche (Verwerfung, Plattenrand, Ausläuferzone). Dabei stellt sich schlagartig ein neuer Spannungszustand mit im allgemeinen kleineren Spannungen ein (Entspannungsvorgang, "energy release"). Der Bruch erfolgt somit meist in einem allseitig verspannten und inhomogenen Bereich der Erdkruste. Bild 2.1 zeigt die Vorgänge schematisch, nämlich die Verformung und Verschiebung zweier angrenzender Blöcke sowie mögliche Blockverschiebungen [BWI 86]. Diese können insbesondere als Horizontalverschiebung, als Abschiebung bei Zug und als Über- oder Unterschiebung (Subduktion) bei Druck in Erscheinung treten.

Vulkanische Beben

Brüche in der Erdkruste und entsprechende Erdbeben können auch durch direkte vulkanische Einwirkung, d.h. vor allem durch rasche örtliche Veränderung der Temperatur- und Druckverhältnisse, bewirkt werden.

Einsturzbeben

Erdbeben können ferner durch den Einsturz von Hohlräumen im Gestein ausgelöst werden. Dabei kann es sich um natürliche Hohlräume (z.B. in einem Karstgebiet) oder um künstliche handeln, z.B. um solche, die durch Bergbau geschaffen wurden.

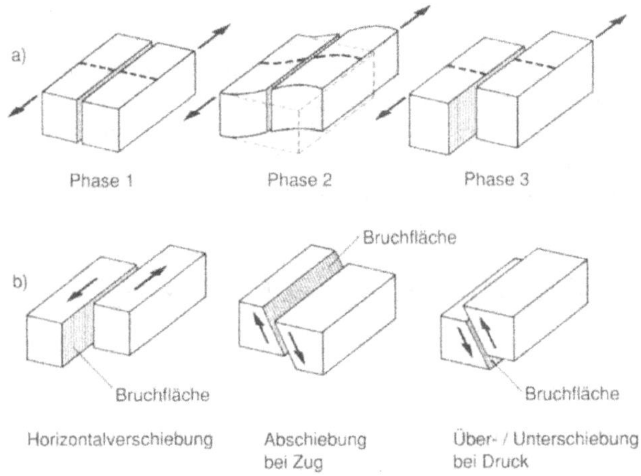

Bild 2.1: Schematische Darstellung der Entstehung von Erdbeben:
a) Verformung und Verschiebung von Blöcken, b) Mögliche Blockverschiebungen (nach [BWI 86])

Stauseeinduzierte Beben

Beim - meist erstmaligen - Auffüllen eines Stausees kann die Wasserlast Gesteinsbrüche und entsprechende Erdbeben erzeugen. Z.B. waren beim stauseeinduzierten Beben (M = 6.5) bei Koyna (Indien) 1967 rund 177 Tote zu beklagen [Bol 84]. An der Staumauer entstanden erhebliche Schäden, doch hielt diese dem Wasserdruck des noch nicht vollen Stausees stand. Auch beim Stausee von Vogorno im Verzascatal (Tessin) ereigneten sich Erdbeben, die jedoch keine Schäden bewirkten und über drei Aufstauperioden abklangen.

Künstliche Beben

Schliesslich werden durch Sprengungen und insbesondere durch ober- und unterirdische Atombombenexplosionen künstliche Erdbeben erzeugt.

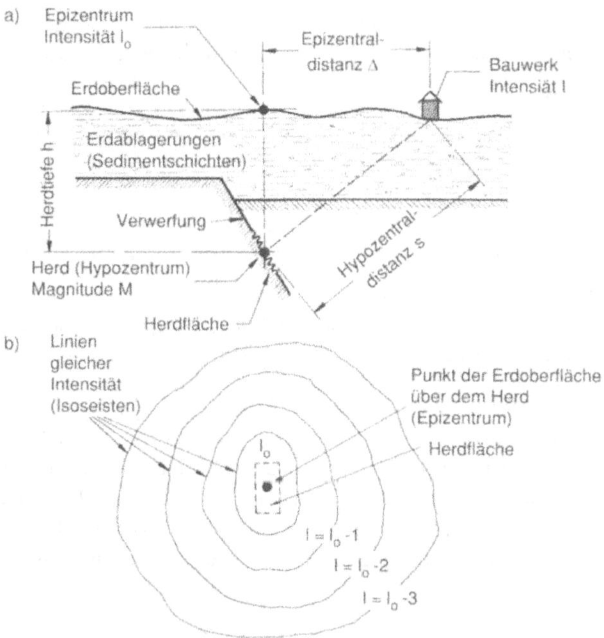

Bild 2.2: Wichtige Merkmale von Erdbeben in
a) Schnitt durch Herdgebiet, b) Isoseistenkarte (nach [BWI 86])

2.1.2 Merkmale

Wichtige *Merkmale von Erdbeben* und zugehörige Begriffe sind die folgenden (siehe auch Bild 2.2):

Bruchfläche = Herdfläche

Bei tektonischen Beben ereignet sich der Bruch in der Erdkruste entlang einer Fläche, die Bruchfläche oder auch Herdfläche genannt wird. Diese ist im allgemeinen keine Ebene, sie wird jedoch von den Seismologen oft näherungsweise als solche angenommen ("Herdflächenlösung"). Die Herdfläche kann eine beliebige Lage haben (im allgemeinen schief, evtl. auch vertikal oder gar horizontal). Ihre Länge kann wenige m bis einige 100 km und ihre Breite wenige m bis mehrere 10 km betragen. Die Tiefenlage, d.h. die Lage des Mittelpunktes der Herdfläche, beträgt meist zwischen 5 und 40 km (Alpen), sodass sich der Bruch in der festen Erdkruste ereignet. Seltener beträgt die Tiefenlage bis zu 700 km. Dort ist das Gestein jedoch nicht mehr hart und spröde, sondern zähplastisch. Man wusste daher lange Zeit nicht, weshalb ein Herd so tief liegen kann. Heute neigt man zur Auffassung, dass sich plötzliche Phasenumwandlungen im heissen plastischen Gestein des Erdmantels ereignen [Gre 94].

Herdmechanismus

Als Herdmechanismus wird der tektonische Mechanismus im Herd bezeichnet (vgl. Bild 2.1): Horizontalverschiebung, Ab-, Über-, Unterschiebung (Subduktion), usw.

Bruchgeschwindigkeit

Im festen Gestein der Erdkruste beginnt der Bruch irgendwo, und er pflanzt sich dann mit einer Geschwindigkeit von rund 3 km/s fort.

Bruchenergie

Bei der durch den Bruch im Gestein dissipierten Energie werden zwei Anteile unterschieden:

1. Dissipation an Ort durch Zerstörungsprozesse, Reibungswärme, etc.
2. Abstrahlung von der Herdfläche in Form *elastischer Wellen = Erdbebenwellen*. Man spricht hier auch von Herdwellenenergie oder *Herdenergie*.

Zustand nach dem Bruch

Nach dem Bruch befinden sich die Bruchzone und deren nähere und weitere Umgebung in einem neuen Gleichgewichtszustand. Der Bruchvorgang kann als Entspannungsvorgang und Ausgleichsprozess gedeutet werden. Nach dem Bruch erfolgt i.a. ein langsamer Wiederaufbau der Spannungen und der entsprechenden Verformungen, bis sich schliesslich nach Jahren, Jahrzehnten oder gar Jahrhunderten in dieser oder einer benachbarten Zone wieder ein Bruch und damit ein Erdbeben ereignet.

Herd = Hypozentrum

Der Herd, auch Hypozentrum genannt, ist - genau genommen - der Ort wo der Bruch in der Erdkruste beginnt. Der Herd wird jedoch meist im *Mittelpunkt der Bruchzone* angenommen. Er wird auch als "seismische Quelle" bezeichnet.

Epizentrum

Das Epizentrum ist der Punkt an der Erdoberfläche über dem Herd.

Herdtiefe

Die Herdtiefe h ist der Abstand des Herdes von der Erdoberfläche, d.h. vom Epizentrum. Man unterscheidet Flachbeben (h < ~ 70 km) und Tiefbeben (h ~ 70 ÷ 700 km).

Hypozentraldistanz

Die Hypozentraldistanz *s* ist der Abstand zwischen dem Herd und dem Standort eines Beobachters bzw. eines Bauwerks.

Epizentraldistanz

Die Epizentraldistanz Δ ist der Abstand zwischen dem Epizentrum und dem Standort eines Beobachters bzw. Bauwerks. Sie wird in km, gelegentlich in Erdkreiswinkelgraden °, gemessen.

Schüttergebiet

Das Schüttergebiet ist das Gebiet, in dem die Bodenbewegungen durch Menschen verspürt werden (Keine Messinstrumente, MSK-Intensität grösser als etwa 3).

Isoseisten

Isoseisten sind Linien gleicher Intensität (~ gleiche Erschütterung).

2.2 Erdbebenskalen

Zur Charakterisierung der *Stärke eines Erdbebens* dienen die *Magnitudenskala* und die *Intensitätsskala*.

2.2.1 Magnitudenskala (Richterskala)

Die Magnitude M ist ein *Mass für die Herdenergie*, d.h. ein Mass für die bei einem Erdbeben im Herd in Form elastischer Wellen abgestrahlte Energie. Es gilt die folgende empirische Beziehung [Bol 84] [HS 84]:

$$M = \frac{2}{3}(\log E\,[\mathrm{erg}] - 11.8) = \frac{2}{3}(\log E\,[\mathrm{Joule}] - 4.8) \tag{2.1}$$

$$\log E\,[\mathrm{erg}] = 11.8 + 1.5M \tag{2.2}$$

Darin ist E die Herdenergie. Zum Beispiel entspricht einer Herdenergie von 10^{24} erg eine Magnitude $M = (2/3)\,(24 - 11.8) = 8.1$.

Bei der "nach oben offenen" Magnitudenskala, auch benannt nach ihrem Erfinder C.F. Richter (1935), handelt es sich somit um eine *logarithmische Skala*. Ein Zuwachs um eine Einheit, z.B. von 5 auf 6, bedeutet somit eine Erhöhung der Herdenergie um den Faktor $10^{1.5} \approx 30$! Die Magnitude M wird ermittelt aus den *Maximalausschlägen von Geschwindigkeits-Seismogrammen* [Bat 73]:

$$M = \log\,(A/T)_{max} + f\,(\Delta, h) + C_s + C_r \tag{2.3}$$

A : Amplitude der Bodenverschiebung [Mikrons = 0.001 mm]
T : Wellenperiode [s] zu A
Δ : Epizentraldistanz [Erdkreiswinkelgrade]
h : Herdtiefe [km]
C_s, C_r: Korrekturkonstanten für lokale und regionale Einflüsse (Dämpfung)
A/T : Bodenwellengeschwindigkeit $\cdot$ Faktor abhängig von T

Es gibt im wesentlichen *drei verschiedene Definitionen* der Magnitude:

M_l : Nahbeben-Magnitude = Lokalmagnitude ("*local* magnitude"): definiert von Richter, 1935, gilt bis zu Epizentraldistanzen $\Delta \approx 500$ km.

M_s : Oberflächenwellen-Magnitude ("*surface* wave magnitude"): definiert von Gutenberg, 1945, wird aus den Maximalausschlägen von Oberflächenwellen ermittelt.

M_b : Raumwellen-Magnitude ("*body* wave magnitude"): definiert von Gutenberg, 1945, wird aus den Maximalausschlägen der Raumwellen ermittelt (auch Fernbeben-Magnitude genannt).

M_l, M_s und M_b werden aus den Geschwindigkeits-Seismogrammen nach unterschiedlichen Auswertevorschriften bestimmt, doch resultieren weitgehend ähnliche Zahlenwerte (Bild 2.3). Die Auswertevorschriften für M_s und M_b sowie Regeln zur Umrechnung und weitere Übereinkünfte wurden 1967 in der sogenannten "Zürcher Empfehlung" eines internationalen Seismologen-Kongresses niedergelegt [Bat 73], [HS 84]. Tabelle 2.1 zeigt typische Zahlenwerte für die Oberflächenwellen-Magnitude, währenddem in Tabelle 1.2 die Magnituden von bedeutenden historischen Erdbeben angegeben sind.

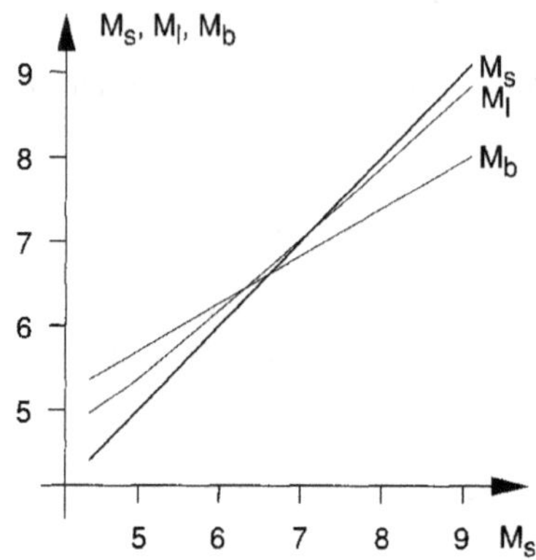

Bild 2.3: Vergleich der Nahbeben-, Oberflächenwellen- und Raumwellen-Magnituden (nach [Bat 73])

Ereignis	Zahlenwerte (M_s)
Gerade noch spürbares Beben	1 - 2
Beben von Vaz in Graubünden 1991	~ 5
Beben auf der Schwäbischen Alp 1978	5.7
Beben im Vispertal im Wallis 1855	~ 6
Stärkstes im mittleren Alpenraum zu erwartendes Beben	~ 7
Stärkstes je registriertes Beben	8.7
Stärkstes theoretisch mögliches Beben	~ 9

Tabelle 2.1: Typische Zahlenwerte für die Magnitude M_s

2.2.2   Intensitätsskala

Die Intensität I ist ein *Mass für die Wahrnehmbarkeit und die lokale Zerstörungskraft* eines Erdbebens. Die Intensitätsskala wird auch "makro-seismische Skala" genannt. Die lokale Zerstörungskraft und somit die Auswirkungen eines Erdbebens sind im wesentlichen abhängig von den folgenden Parametern:

- Magnitude
- Frequenzgehalt an der Quelle (abhängig vom Herdmechanismus)
- Herdtiefe
- Herdentfernung vom Standort
- Geologie/Topographie
- Lokaler Untergrund/Baugrund
- Frequenzgehalt am Standort
- Dauer des Bebens am Standort

Die Magnitude ist somit nur *eine* Grösse (unter zahlreichen andern), welche die Auswirkungen eines Erdbebens beeinflussen.

Grad	Stärke	Wirkungen auf Personen	Gebäude	Natur
I	unmerklich	nicht verspürt		
II	sehr leicht	vereinzelt verspürt		
III	leicht	vor allem von ruhenden Personen deutlich verspürt		
IV	mässig stark	in Häusern allgemein verspürt, aufweckend	Fenster klirren	
V	ziemlich stark	im Freien allgemein verspürt	Verputz an Häusern bröckelt ab, hängende Gegenstände pendeln, Verschieben von Bildern	
VI	stark	erschreckend	Kamine und Verputz beschädigt	vereinzelt Risse im feuchten Boden
VII	sehr stark	viele flüchten ins Freie	mässige Schäden, vor allem an schlechten Gebäuden, Kamine fallen herunter	vereinzelt Erdrutsch an steilen Abhängen
VIII	zerstörend	allgemeiner Schrecken	viele alte Häuser erleiden Schäden, Rohrleitungsbrüche	Veränderungen in Quellen, Erdrutsch an Stassendämmen
IX	verwüstend	Panik	starke Schäden an schwachen Gebäuden, Schäden auch an gut gebauten Häusern, Zerbrechen von unterirdischen Rohrleitungen	Bodenrisse, Bergstürze, viele Erdrutsche
X	vernichtend	allgemeine Panik	Backsteinbauten werden zerstört	Verbiegen von Eisenbahnschienen, Abgleiten von Lockerboden an Hängen, Aufstau neuer Seen
XI	Katastrophe		nur wenige Gebäude halten stand, Rohrleitungen brechen	umfangreiche Veränderungen des Erdbodens, Flutwelle
XII	grosse Katastrophe		Hoch- und Tiefbauten werden total zerstört	tiefgreifende Umgestaltung der Erdoberfläche, Flutwellen

Tabelle 2.2: Kurzfassung der MSK-Intensitätsskala [Pav 77]

Die Intensität I wird ermittelt durch *Bewertung der Wahrnehmbarkeit und der lokalen Schäden*. Es werden verschiedene Intensitätsskalen benützt, wobei zwischen den verschiedenen 12-teiligen Skalen keine grossen Unterschiede bestehen (max. 1/2 Grad, vgl. Tabelle 2.3).

MSK-Skala (1964, benannt nach Medvedev-Sponheuer-Karnik)

Die MSK-Skala ist 12-teilig. Sie ist vorwiegend in Europa gebräuchlich (auch in SIA 160). Tabelle 2.2 gibt eine Kurzfassung [Pav 77]. Die ungekürzte Originalfassung von 1964 ist abgedruckt z.B. in [SM 78], eine aktualisierte Fassung aus dem Jahre 1980 findet sich in [HS 84].

MM-Skala (1931, Version 1956, benannt als Modifizierte Mercalli-Skala)

Die MM-Skala ist 12-teilig. Sie ist vor allem in den USA, aber auch in Europa (z.B. Italien) gebräuchlich. Die MM-Skala ist abgedruckt z.B. in [NR 71].

MS-Skala (benannt nach Mercalli-Sieberg)

Die MS-Skala ist 12-teilig. Sie ist vor allem in Deutschland gebräuchlich. Die MS-Skala ist abgedruckt z.B. in DIN 4149.

RF-Skala (1883, benannt nach den Gelehrten M.S. Rossi und F.G. Forel)

Die RF-Skala ist 10-teilig, sie wird jedoch heute kaum mehr benutzt.

Intensitätsskala	Grad der Intensität											
MSK	1964	II	III	IV	V	VI	VII	VIII	IX	X	XI	XII
MM	1931	I	II	III	IV	V	VI	VII	VIII	IX	X	XI	XII
RF	1883	II	III	IV	V	VI	VII	VIII	IX	X			

Tabelle 2.3: Vergleich einiger Intensitätsskalen [Gla+ 76]

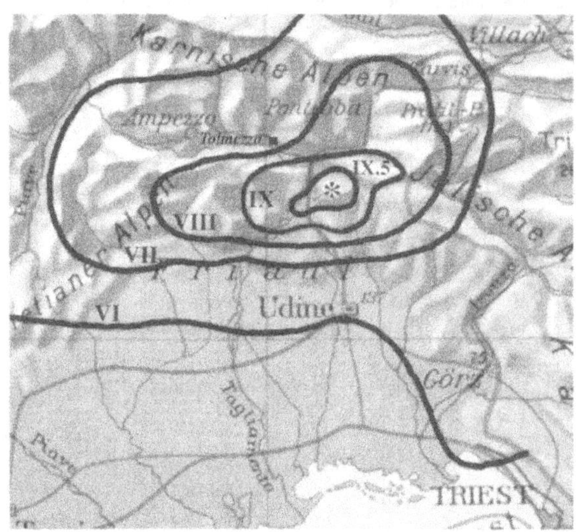

*Bild 2.4: Isoseistenkarte des Gebietes stärkster Erschütterung mit Intensitäten I ≥ VI (MSK-Skala) und Epi-
zentrum (Sternsignatur) des Erdbebens im Friaul (Italien) 1976 (nach [Gla+ 76])*

Gemäss den Intensitätsskalen entstehen erste leichte Schäden bei der Intensität V (Risse im
Verputz). Wesentliche Schäden an Gebäuden treten ab der Intensität VII auf.

Es wurden empirische Beziehungen aufgestellt zwischen der Magnitude M, der Epizentralintensität I_o (Intensität im Epizentrum) und der Herdtiefe h. Z.B. gilt nach [SM 78] für die
Schweiz mit I_o (MSK) und $h \leq \sim 50$ km:

$$M = 0.67 I_o + 2.3 \ \log h \ [\text{km}] - 2.0 \tag{2.4}$$

Ähnliche Gleichungen für andere Regionen finden sich z.B. in [HS 84].

Bei der Auswertung von Schadenerhebungen nach einem Erdbeben können auf einer geogra-
phischen Karte *Linien gleicher Intensität*, sogenannte *Isoseisten*, festgehalten werden.
Bild 2.4 zeigt als Beispiel die Isoseistenkarte des Gebietes stärkster Erschütterung des Erdbebens vom 6. Mai 1976 im Friaul (Italien). Die Epizentralintensität betrug nahezu X.

2.3 Erdbebenwellen

Die Prozesse beim Bruchvorgang im Erdbebenherd bestimmen die Eigenschaften der abgestrahlten Wellen (z.B. Abstrahlcharakteristik, spektrale Zusammensetzung). Von der Quelle breiten sich die seismischen Wellen durch die Erde aus. Die Eigenschaften dieses Übertragungsmediums verändern in erheblichem Mass Amplitude und Frequenzgehalt der abgestrahlten Wellen. Die an einem bestimmten Standort registrierten Wellen enthalten deshalb sowohl Informationen über die Quelle (Erdbebenherd) als auch über das Übertragungsmedium, welches die Wellen durchlaufen haben [HS 84].

2.3.1 Wellenarten

Es wird zwischen zwei Haupttypen seismischer Wellen unterschieden, den Raumwellen und den Oberflächenwellen:

Raumwellen	Primärwellen (P-Wellen)
	Sekundärwellen (S-Wellen)
Oberflächenwellen	Lovewellen (L-Wellen)
	Rayleighwellen (R-Wellen)

Raumwellen treten in der Erdkruste und zum Teil (P-Wellen) auch im Erdinnern auf.

P-Wellen sind Kompressions-Dilatationswellen, d.h. Longitudinalwellen (Bild 2.5a). Die Teilchen bewegen sich in Fortpflanzungsrichtung der Welle vorwärts und zurück, ähnlich wie bei Schallwellen. Dies geschieht im festen Gestein, im flüssigen Magma, im Wasser. An Oberflächen können Schallwellen abgestrahlt werden (Frequenz im hörbaren Bereich). P-Wellen treffen am Standort eines Beobachters stets vor den S-Wellen ein, da ihre Fortpflanzungsgeschwindigkeit grösser ist.

S-Wellen sind Scherwellen, d.h. Transversalwellen (Bild 2.5b). Die Teilchen bewegen sich quer zur Fortpflanzungsrichtung der Welle hin und her, und zwar in einer Horizontalebene (SH-Welle) oder in einer Vertikalebene (SV-Welle) oder kombiniert, d.h. beides gleichzeitig. Dies geschieht nur im festen Gestein, nicht aber im flüssigen Magma oder im Wasser, da hier keine Schersteifigkeit vorhanden ist. S-Wellen treffen am Standort eines Beobachters stets nach den P-Wellen ein, da ihre Fortpflanzungsgeschwindigkeit kleiner ist.

Oberflächenwellen treten nur an der Erdoberfläche auf, die Bewegung der Teilchen nimmt nach unten stark ab. Die Eindringtiefe entspricht etwa der Wellenlänge (frequenzabhängig). Oberflächenwellen treffen am Standort eines Beobachters stets nach den S-Wellen ein, da ihre Fortpflanzungsgeschwindigkeit etwas kleiner ist.

L-Wellen sind ähnlich den SH-Wellen (Bild 2.5c). Die Teilchen bewegen sich horizontal quer zur Fortpflanzungsrichtung, jedoch nach unten stark abnehmend.

R-Wellen sind ähnlich den Wasserwellen, d.h. den Wellen an der Oberfläche eines Wasserspiegels nach Einschlag eines Steines (Bild 2.5d). Die Teilchen bewegen sich in einer Vertikalebene elliptisch, d.h. kombiniert sowohl horizontal vorwärts und zurück als auch vertikal auf und ab.

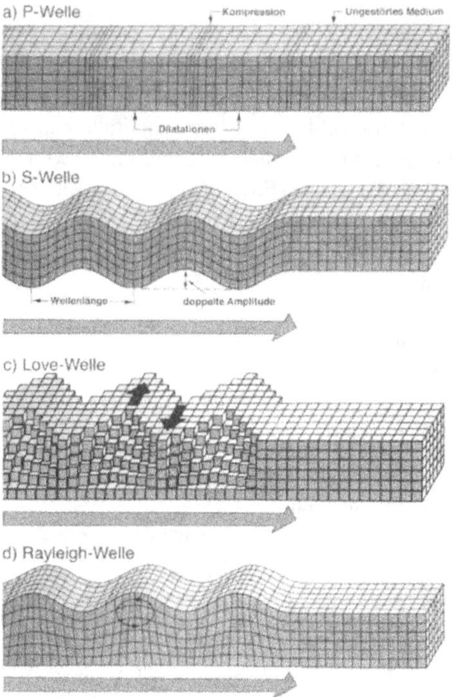

Bild 2.5: Die verschiedenen Arten von Erdbebenwellen [Bol 84]

2.3.2 Wellengeschwindigkeiten

In homogenen Medien ist die Wellengeschwindigkeit eine Funktion elastischer Parameter und der Materialdichte, d.h. abhängig von der chemisch-petrographischen Zusammensetzung, von Druck und Temperatur.

$$
v_p = \sqrt{\frac{E \cdot c(\nu)}{\rho}} \quad ; \quad v_s = \sqrt{\frac{G}{\rho}} \quad ; \quad c(\nu) = \frac{1 - \nu}{1 - \nu - 2\nu^2} \tag{2.5}
$$

v_p : Geschwindigkeit der Primärwellen
v_s : Geschwindigkeit der Sekundärwellen (Scherwellen)
E : Elastizitätsmodul
G : Schubmodul, $G = E/2\,(1 + \nu)$
ν : Querdehnungszahl
ρ : Dichte

Für $\nu = 1/4$ (übliche Annahme für die Erdkruste) wird $c = 1.2$ und $G = 0.4\,E$ und $v_s/v_p = 1/\sqrt{3}$.

Typische Bereiche der Wellengeschwindigkeiten sind in Tabelle 2.4 zusammengestellt. Die Geschwindigkeit der Primärwellen v_p nimmt bis zur Erdkerngrenze zu (~ 13 km/s) und dann wieder etwas ab bis zum Erdmittelpunkt (11 km/s). Im flüssig-magmatischen äussern Kern ist keine Fortpflanzung von S-Wellen möglich, da dort keine Schersteifigkeit vorhanden ist.

	Direkte Wellen in Herdnähe (Flachherdbeben)		Indirekte (refraktierte) Wellen, können direkte Wellen "überholen"		
v_p	5.5	... 6.2 km/s	7.8	... 8.3	... 13 km/s
v_s	3.2	... 3.6 km/s	4.3	... 4.7	... 6 km/s

Tabelle 2.4: Bereiche der Wellengeschwindigkeiten

Die Geschwindigkeit der Oberflächenwellen (L- und R-Wellen) ist etwas kleiner als diejenige der dortigen Scherwellen:

$$v_R \approx 0.9 v_s \tag{2.6}$$

Oberflächenwellen können auch viel grössere Perioden enthalten, z.B. $T = 20$ s bis mehrere Minuten. Dies bedeutet grosse Wellenlängen, zB.

$$\lambda = vT = 3 \text{ km/s} \cdot 20 \text{ s} = 60 \text{ km}. \tag{2.7}$$

2.3.3 Wellenwege

Bild 2.6 zeigt ein einfaches *Erdschichtenmodell*. Die Erdkruste ist zwischen etwa 10 km (Ozeane) und 70 km (Alpengebiete) dick. Darunter, bei der sogenannten Mohorovicic-Diskontinuität (abgekürzt: "Moho"), erfolgt der Übergang zum Erdmantel. Dieser ist rund 2'900 km dick und befindet sich in einem zähplastischen Zustand. Dann folgen die Erdkerngrenze, der äussere Kern in flüssig-magmatischem Zustand und der innere Kern, der wieder fest ist und - weil metallisch - eine hohe Dichte aufweist.

Die relativ spröde Erdkruste bildet also gewissermassen eine dünne feste Haut auf einem weichen Untergrund. Stellt man sich eine Modell-Erdkugel von 13 m Durchmesser vor, so ist die Haut nur 10 bis 70 mm dick, und es ist gut nachvollziehbar, wie in dieser Haut hie und da Risse entstehen, und wie dabei Körperwellen abgestrahlt werden.

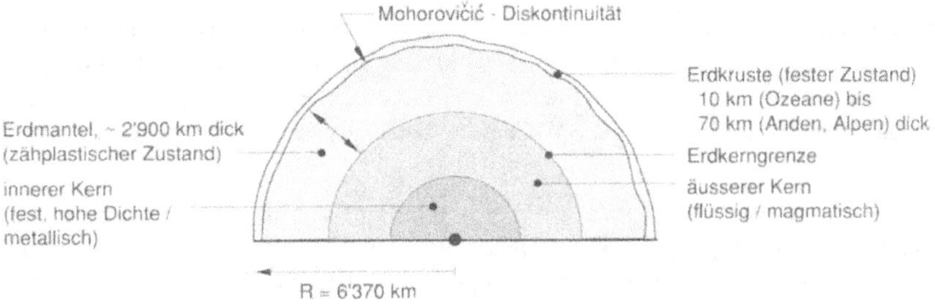

Bild 2.6: Einfaches Erdschichtenmodell

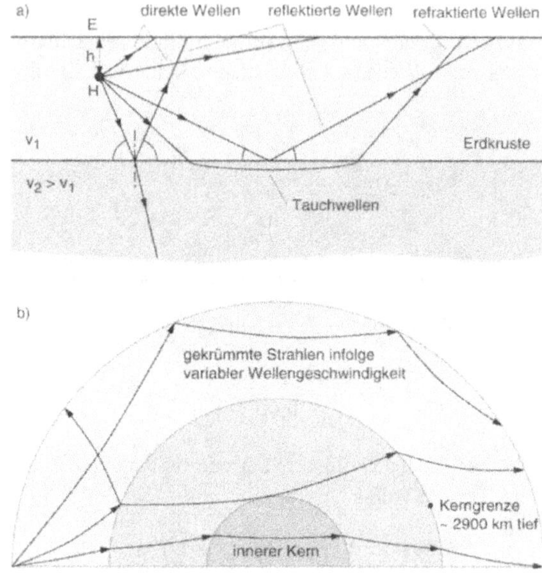

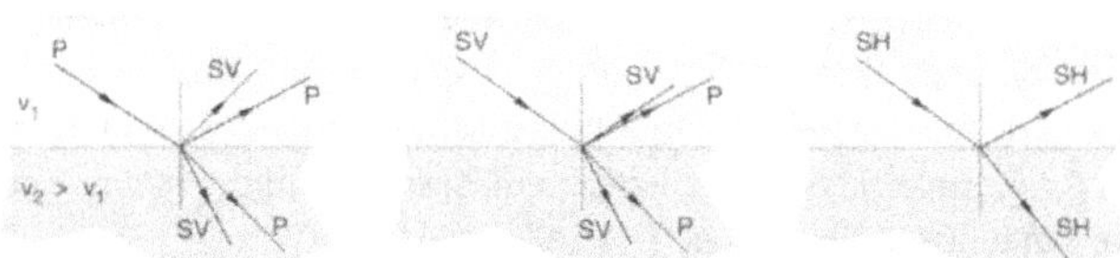

Bild 2.7: Mögliche Wellenwege a) bei Nahbeben und b) bei Fernbeben

Bild 2.8: Reflexion und Refraktion verschiedener Wellenarten an einer Schichtgrenze

Mögliche *Wellenwege bei Nahbeben* ($\Delta < \sim$ 1000 km) zeigt Bild 2.7a. Nebst den direkten Wellen vom Herd an die Erdoberfläche gibt es an einer Schichtgrenze (Moho) reflektierte Wellen sowie refraktierte, d.h. gebrochene Wellen. Sogenannte Tauchwellen tauchen an der Moho in den Erdmantel ein. Sie verlaufen dort gekrümmt, weil die Wellengeschwindigkeit nach unten zunimmt, was eine Beugung bewirkt. Die Tauchwellen können die direkten Wellen überholen, d.h. vor diesen am Standort eines Beobachters an der Erdoberfläche eintreffen, da unterhalb der Erdkruste die Wellenfortpflanzungsgeschwindigkeit grösser ist als innerhalb derselben.

Mögliche *Wellenwege bei Fernbeben* ($\Delta > \sim$ 1000 km) sind in Bild 2.7b angedeutet. Die Krümmung bzw. Beugung der Wellenwege infolge variabler Wellengeschwindigkeit sowie Reflexionen und Refraktionen an Erdschichtgrenzen und Erdoberfläche sind auch hier offensichtlich.

Bild 2.8 zeigt noch detaillierter die Weiterleitung von P-, SV- und SH-Wellen an der Grenze zwischen zwei verschiedenen Schichten:

- P-, SV- und SH-Wellen werden reflektiert und refraktiert, und es entstehen teilweise auch andere Wellenarten als die Art der eintreffenden Welle, nämlich
- P-Wellen erzeugen auch SV-Wellen
- SV-Wellen erzeugen auch P-Wellen
- SH-Wellen hingegen erzeugen keine andern Wellen

Die Bodenbewegung an einem bestimmten Standort, d.h. ein Seismogramm, entsteht somit durch Überlagerung der Bodenbewegungen infolge zahlreicher Wellenwege. In Bild 2.9 sind die Zeitverläufe der Bodenbewegungen in verschiedenen Distanzen vom Herd dargestellt [MK 84], insbesondere für ~ 1000 km ("Nahbeben"), ~ 2000 km ("Mittelweites Beben"), ~ 5000 km ("Fernbeben") und ~ 10'000 km ("weites Fernbeben"). Eingetragen in den Seismogrammen sind die sogenannten "Einsätze" bestimmter Wellen (erster Ausschlag der entsprechenden Bodenbewegung), nämlich der direkten P-, S- (und L-)Wellen, der an der Erdoberfläche einmal reflektierten P- und S-Wellen, die mit PP und SS bezeichnet sind, und der dort zweimal reflektierten P- und S-Wellen, die mit PPP und SSS bezeichnet sind. In der Darstellung beginnt die Zeitachse stets mit dem Einsatz der P-Wellen; dieser Zeitpunkt ist aber umso später, je grösser die Distanz zum Herd ist. Auch die Bebendauer nimmt zu mit der Distanz zum Herd, da mehr Wellen mit unterschiedlichen Wegen und Fortpflanzungsgeschwindigkeiten beteiligt sind. Bild 2.9 erklärt auch sehr schön, dass ein und dasselbe Erdbeben an jedem Standort auf der Erdoberfläche ein anderes Seismogramm erzeugt, d.h. die aus der Überlagerung aller eintreffenden Wellen resultierende räumliche Bodenbewegung ist an jedem Standort verschieden.

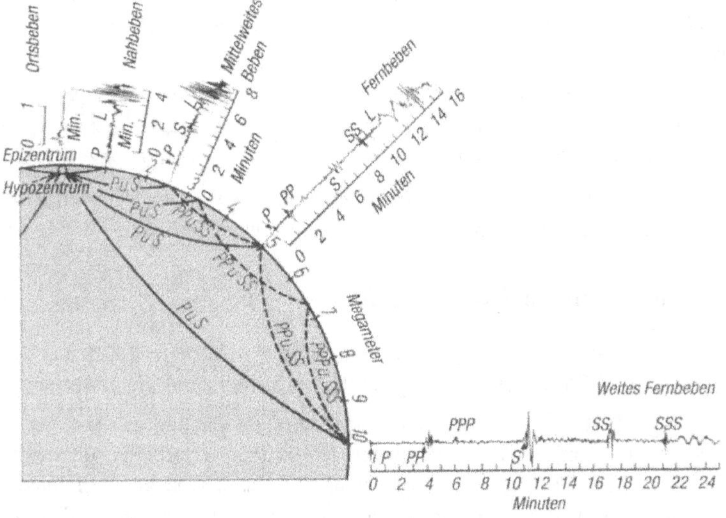

Bild 2.9: Fortpflanzung der Erdbebenwellen und ihr Erscheinen im Seismogramm [MK 84]

2.4   Registrierung von Erdbeben

Seismologen und Bauingenieure haben, entsprechend ihren unterschiedlichen Aufgaben und Verantwortlichkeiten, verschiedene Schwerpunkte des Interesses bezüglich der bei Erdbeben zu registrierenden Grössen:

Seismologen interessieren sich primär für

- Bodengeschwindigkeiten (Maximalwerte, Zeitverläufe)
- Eintreffzeiten ("Einsatzzeiten") und Fortpflanzungsgeschwindigkeiten verschiedener Wellenarten.

Diese Grössen bilden die Grundlage für die Bestimmung der Herdkoordinaten (geographische Länge und Breite), Herdzeit (GMT = Greenwich Mean Time = Weltzeit), Herdtiefe, Herdfläche, Herdmechanismus, Herdenergie, Abminderungsgesetze, etc.

Bauingenieure interessieren sich primär für

- Bodenbeschleunigungen (Maximalwerte, Zeitverläufe)
- Frequenzgehalt der Bodenbeschleunigungen.

Diese Grössen bilden die Grundlage für die Deutung beobachteter Schäden an Bauwerken inklusive Einfluss des Baugrundes und für die Bestimmung von Bemessungsbeben (Antwortspektren, künstliche Erdbeben).

Entsprechend den unterschiedlichen interessierenden Grössen gibt es zwei Arten von Messgeräten, d.h. Seismographen:

- *Geschwindigkeits-Messgeräte*: Sie sind vor allem geeignet zur Registrierung schwächerer Beben.
- *Beschleunigungs-Messgeräte*: Sie sind vor allem geeignet zur Registrierung stärkerer Beben; sie werden daher auch *Starkbeben-Messgeräte* ("strong motion record equipment") genannt.

Gemeinsam ist diesen Geräten jedoch, dass sie normalerweise für Messungen in drei zueinander senkrecht stehenden Richtungen ausgerüstet sind, und dass sie meist aufgestellt werden für Messungen in den Richtungen vertikal, horizontal N - S und horizontal E - W.

Meist sind die Geräte auch mit einem Empfänger und einer entsprechenden Registriereinrichtung für Zeitsignale (z.B. GMT-Sender im Schwarzwald) versehen.

2.4.1   Geschwindigkeits-Messgeräte

Das Messprinzip bei Geschwindigkeits-Messgeräten besteht in der Erfassung der Relativverschiebungen des Bodens gegenüber einem tief abgestimmten Einmassenschwinger.

Bild 2.10 zeigt als Beispiel schematisch das Messprinzip zur Registrierung von *vertikalen Bodenbewegungen*. Ein steifer Rahmen ist mit dem Erdboden fest verbunden, sodass er sich bei einem Erdbeben wie dieser auf und ab bewegt. Im Rahmen hängt ein Einmassenschwinger mit einer relativ grossen Masse und einer weichen Feder sowie einem viskosen Dämpfer. Am Rahmen befestigt ist ferner eine Tauchspule, die in einen mit der Masse des Schwingers verbundenen Magnet eingreift. Eine Relativbewegung zwischen Spule und Magnet induziert

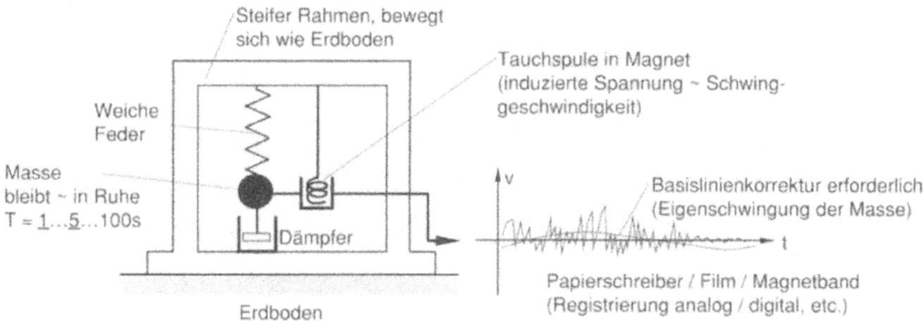

Bild 2.10: Messprinzip zur Registrierung vertikaler Bodenbewegungen (schematische Darstellung)

eine Spannung, die proportional zur relativen Schwinggeschwindigkeit ist. Bei einer raschen vertikalen Bodenbewegung bleibt die Masse des weichen Schwingers infolge ihrer Trägheit nahezu in Ruhe; sie führt lediglich eine im Verhältnis zur Bodenbewegung sehr langsame Eigenschwingung aus, mit einer Periode, die bei herkömmlichen Geräten im Bereich zwischen 1 und 100 s liegt. Die Registrierung der induzierten Spannung bzw. der Relativgeschwindigkeit erfolgt entweder analog auf einem Papierschreiber (klassische Geräte) bzw. auf einem Film oder digital auf einer Speicherkarte (modernste Geräte). Das Ergebnis ist ein sogenanntes unkorrigiertes Geschwindigkeits-Seismogramm. Dieses muss meist noch durch eine "Basislinienkorrektur" vor allem um den Anteil der Eigenschwingung des Einmassenschwingers korrigiert werden.

Die Messung von *horizontalen Bodenbewegungen* geschieht auf analoge Weise (Masse mit horizontaler Feder, klassische Geräte als Horizontalpendel nach dem Prinzip der schief eingehängten Tür, etc.). Bei sämtlichen Messgeräten sind Instrumentenparameter, Eich- und Vergrösserungsfaktoren (z.T. frequenzabhängig) zu berücksichtigen.

Bild 2.11 zeigt als Beispiel *Seismogramme*, die bei einem - relativ schwachen - Erdbeben mit Epizentrum Schaan und Magnitude 2.8 am 9.5.1992 von Stationen in Schaan, Davos und Grande Dixence registriert wurden [SED 94]. Beim Seismogramm der praktisch im Epizentrum gelegenen Station Schaan (Epizentraldistanz Δ=1km) handelt es sich um ein Beschleunigungs-Seismogramm, während bei den weiter entfernten Stationen Davos und Grande Dixence Geschwindigkeits-Seismogramme aufgezeichnet wurden. In den Seismogrammen der Stationen Schaan und Davos ist jeweils der Einsatz der direkten P- und S-Wellen mit P_g, resp. S_g eingetragen. Die Zeitdifferenzen von 0.8 s in Schaan und 6 s in Davos rühren von der unterschiedlichen Fortpflanzungsgeschwindigkeit dieser beiden Wellenarten her. Bei der am weitesten entfernten Station Grande Dixence trafen die Tauchwellen P_n und S_n jeweils kurz vor den direkten Wellen P_g und S_g ein, d.h. dass die Tauchwellen trotz des weiteren Weges die direkten Wellen "überholten". Dagegen trafen die an der Moho reflektierten Wellen P_mP und S_mS kurz nach den direkten Wellen ein.

Bild 2.12 zeigt die *Stationen mit Geschwindigkeits-Messgeräten* des Schweizerischen Erdbebendienstes (SED) an der ETH Zürich. Von den meisten Stationen aus werden die Daten simultan telemetrisch (mit Telefonleitung oder drahtlos) in die Zentrale auf dem Hönggerberg übertragen. Dort werden in einer automatischen Auswertung insbesondere die geographische Lage des Epizentrums (Längen- und Breitengrade) und die Herdtiefe bestimmt.

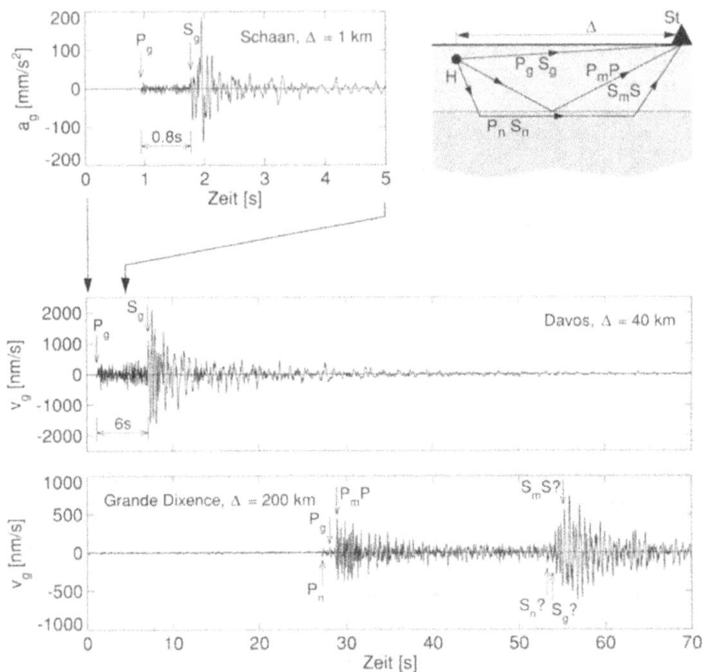

Bild 2.11: Seismogramme dreier Stationen eines Erdbebens am 9.5.1992
mit Epizentrum Schaan, Herdtiefe 8 km, Magnitude 2.8 [SED 94]

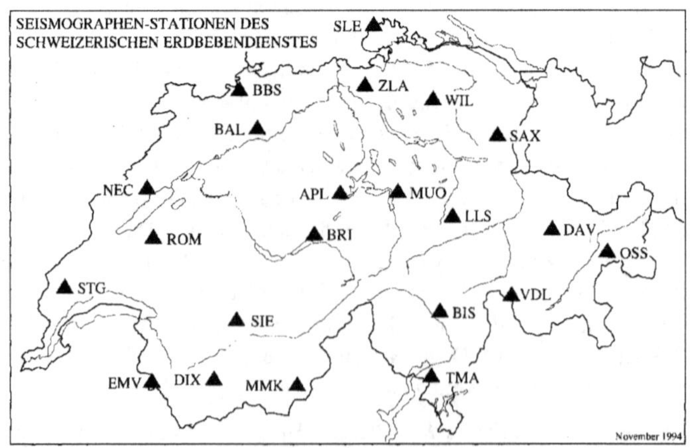

Bild 2.12: Geschwindigkeits-Messgeräte-Stationen
des Schweizerischen Erdbebendienstes an der ETH Zürich [SED 94]

2.4.2 Beschleunigungs-Messgeräte

Das Messprinzip bei Beschleunigungs-Messgeräten ist grundsätzlich das gleiche wie bei Geschwindigkeits-Messgeräten. Grundlage sind ebenfalls die Relativverschiebungen des Bodens gegenüber einem tief abgestimmten Einmassenschwinger.

Moderne Beschleunigungs-Messgeräte sind relativ klein und kompakt sowie - je nach Anforderungen an den Frequenz-Messbereich und die Genauigkeit - im Vergleich zu herkömmlichen Geschwindigkeits-Seismographen, verhältnismässig preisgünstig. Sie enthalten Geber, die bis zu 1g (g = Erdbeschleunigung) und mehr registrieren können, und sie werden deshalb auch als Starkbeben-Messgeräte bezeichnet. Die Registrierung erfolgt analog durch Filmaufzeichnungen (bewährte Geräte der 70er und 80er Jahre) oder digital auf einschiebbaren elektronischen Speicherkarten (modernste Geräte). Durch eine sogenannte "Triggerung" schalten die Geräte selbst ein und aus bei einer einstellbaren Beschleunigung (z.B. 0.01 g). Digital registrierende Geräte zeichnen laufend ein "Fenster" von z.B. 10 s auf, wodurch im Falle eines Ereignisses auch die Daten der vorausgegangenen 10 s gespeichert bleiben können. Die Geräte erfordern einen Netzanschluss, oder sie werden an abgelegenen Standorten (z.B. im Hochgebirge) durch eine Batterie betrieben. Von entscheidender Bedeutung ist eine periodische Wartung mit Funktionskontrolle (i.a. 2 mal jährlich). Sofern diese regelmässig durchgeführt wird, können von 80 bis 90% der Geräte brauchbare Aufzeichnungen erwartet werden. Bei digital registrierenden Geräten ist - anders als bei Filmregistrierung - die Auswertung relativ einfach. Entsprechende Programme werden zu den Geräten mitgeliefert.

Bild 2.13 zeigt ein modernes digital registrierendes Beschleunigungs-Messgerät. Der Trigger kann auf Werte zwischen 1% und 20% des maximalen Messwertes eingestellt werden, z.B. auf 1% g.

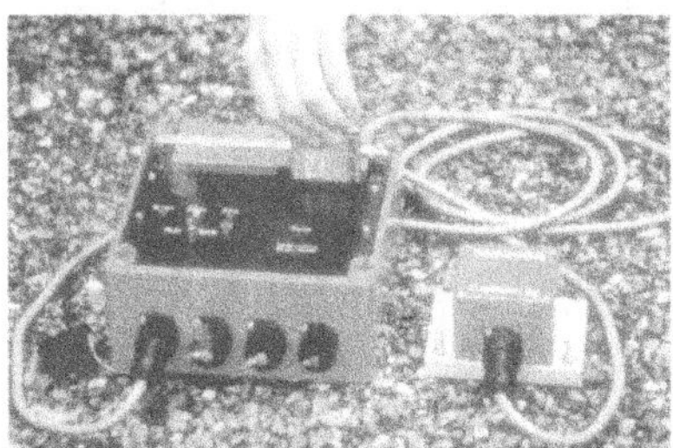

Bild 2.13: Modernes digital registrierendes Beschleunigungs-Messgerät
mit Speicherkarte und Sensor [Sys 94]

Bild 2.14 zeigt unkorrigierte Beschleunigungs-Seismogramme des Friaul-Erdbebens vom 6. Mai 1976 mit einer Magnitude $M \approx 6.5$. Die Filmaufzeichnungen in N-S-Richtung, vertikaler Richtung und E-W-Richtung stammen von der dem Herd mit einer Epizentraldistanz von $\Delta = 15$ km am nächsten gelegenen Station Tolmezzo. Dort betrug die Intensität I (MSK) etwa VIII, im Epizentrum nahezu X (vgl. auch Bild 2.4). Die maximalen Beschleunigungen der drei Komponenten betrugen 2.8 m/s^2, 3.7 m/s^2 bzw. 3.2 m/s^2. Die Starkbebenphase dau-

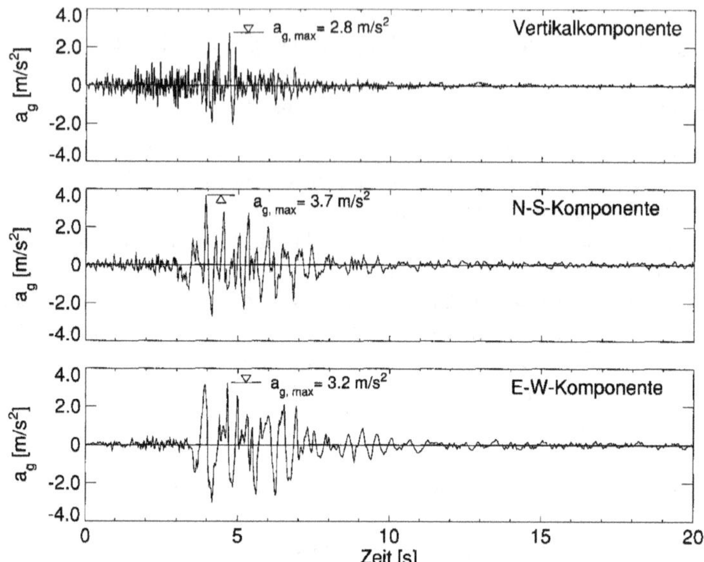

Bild 2.14: Unkorrigierte Beschleunigungs-Seismogramme "Tolmezzo"
des Friaul-Erdbebens 1976 (nach [ENEL 76])

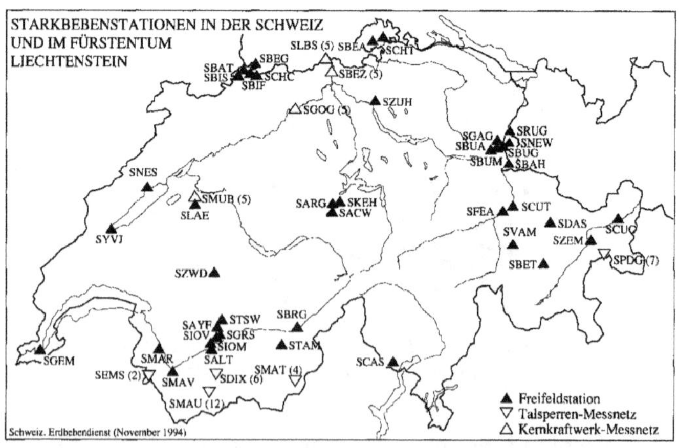

Bild 2.15: Schweizerisches Starkbeben-Messgerätenetz [SED 94]

erte rund 6 Sekunden, d.h. auf der Zeitachse der Aufzeichnungen von der 4. bis zur 10. Sekunde.

In der Schweiz wurde 1992 ein *Starkbeben-Messgerätenetz* realisiert [BWW 94]. Es entfällt in zwei Teile: Ein *Freifeld-Gerätenetz* und ein *Talsperren-Gerätenetz* mit insgesamt vorläu-

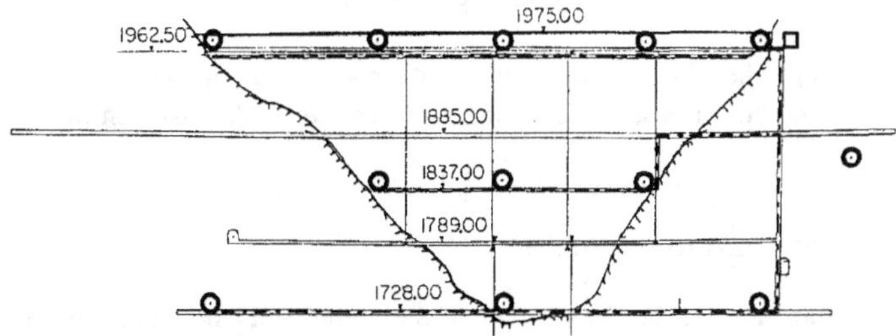

Bild 2.16: Beschleunigungs-Messgeräte der Staumauer Mauvoisin (nach [BWW 94])

fig etwa 62 Geräten (Bild 2.15). Die rund 33 Freifeldgeräte sind vor allem in den seismisch aktiveren Regionen stationiert. Mit den insgesamt 29 Talsperrengeräten wurden vier ausgewählte Talsperren instrumentiert, nämlich die Gewichtsmauer Grande Dixence (6 Geräte), die Bogenmauern Mauvoisin (12 Geräte, Bild 2.16) und Punt dal Gall (7 Geräte) sowie der Erddamm Mattmark (4 Geräte). Pro Talsperre wurden die Geräte zu einem Verbundnetz zusammengeschlossen.

2.5   Seismologische Auswertungen

Bei der seismologischen Auswertung von Erdbebenaufzeichnungen interessieren vor allem
das Epizentrum und die Herdtiefe, die Magnitude sowie die Intensitäten im Schaden- und
Schüttergebiet.

2.5.1   Epizentrum und Herdtiefe

Grundlage zur Bestimmung der wahrscheinlichsten Lage und Koordinaten des Epizentrums
und der wahrscheinlichsten Herdtiefe sind die durch Geschwindigkeits-Messgeräte an verschiedenen Standorten aufgezeichneten Daten. Zur Bestimmung ist vor allem folgendes erforderlich:

- Laufzeitdifferenzen zwischen P- und S-Wellen (direkte Wellen)
- Ankunftszeiten der P-Wellen
- gemessene oder angenommene Wellengeschwindigkeiten
- Erdkrusten- und Erdschichtenmodelle

Zur überschlägigen *Bestimmung der Hypozentraldistanz s* zwischen einer Messstation und
dem Herd (Bild 2.2) kann die folgende Faustformel benützt werden:

$$s\,[\text{km}] \approx 8 \cdot \Delta t_{p-s}\,[\text{s}] \tag{2.8}$$

Δt_{p-s} : Laufzeitdifferenz zwischen P- und S-Wellen

Der Beweis kann wie folgt erbracht werden:

$$t_p = \frac{s}{v_p} \quad ; \quad t_s = \frac{s}{v_s} \quad ; \quad \Delta t_{p-s} = s\left(\frac{1}{v_s} - \frac{1}{v_p}\right) \quad ; \quad s = \Delta t_{p-s} \cdot \frac{v_p}{v_p/v_s - 1} \tag{2.9}$$

$$\text{Mit}\quad v_p/v_s \approx \sqrt{3} = 1.73 \quad \text{wird} \quad s = \Delta t_{p-s} \cdot \frac{v_p}{0.73}\,, \tag{2.10}$$

$$\text{und mit}\quad v_p \approx 6\text{km}/\text{s}\quad \text{wird}\quad s\,[\text{km}] \approx 8 \cdot \Delta t_{p-s}\,[\text{s}] \tag{2.11}$$

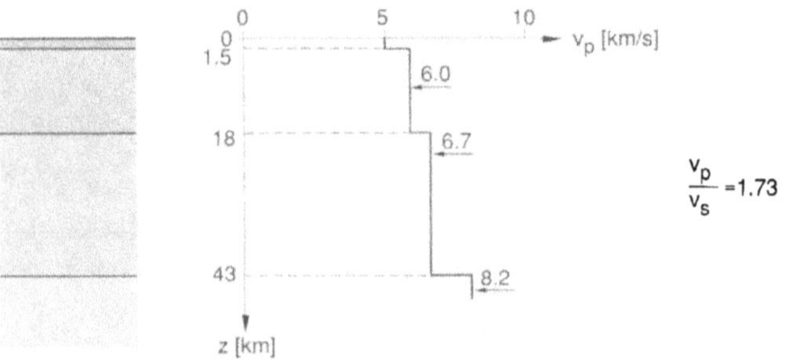

Bild 2.17: Erdkrustenmodell für das Schweizerische Mittelland

Mit dieser Formel ergibt sich z.B. aus dem Seismogramm Davos von Bild 2.11

$$s = 8 \cdot 6 = 48 \text{ km}$$

Für genauere Bestimmungen der Hypozentraldistanz müssen differenziertere Erdkrustenmodelle mit zugehörigen Schichtdicken und den an die örtlichen geologischen Verhältnisse angepassten Wellenfortpflanzungsgeschwindigkeiten verwendet werden (Bild 2.17).

Zur *Bestimmung des Epizentrums* eines Ereignisses sind die Daten von mindestens 3 Stationen erforderlich (Bild 2.18). Mit der vorgängig ermittelten Hypozentraldistanz s kann um jede Station herum eine Kugel geschlagen werden. Je 2 davon schneiden sich in einem Kreis, der in einer Vertikalebene liegt. Deren Spurgeraden (Sehnen) kreuzen sich im Epizentrum. Damit können auch die Epizentraldistanzen Δ der einzelnen Stationen ermittelt werden.

Bereits mit den Daten von 3 Stationen ist die Lösung überbestimmt, da sich die drei Spurgeraden im allgemeinen nicht in einem Punkt schneiden (Zentrum des Innenkreises des Sehnendreiecks nehmen). Sofern die Daten von mehr als drei Stationen zur Verfügung stehen, können mittels einer *Ausgleichsrechnung* die wahrscheinlichsten Koordinaten des Epizentrums berechnet werden.

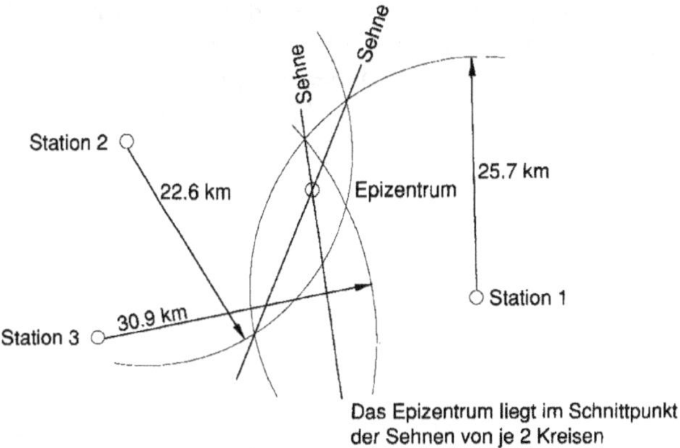

Bild 2.18: Bestimmung des Epizentrums mit Hilfe der Hypozentraldistanzen von mindestens drei Stationen

Zur *Bestimmung der Herdtiefe h* werden die Hypozentraldistanz und die Epizentraldistanz von möglichst herdnahen Stationen verwendet (Bild 2.19), und es kann wiederum durch eine Ausgleichsrechnung der wahrscheinlichste Wert ermittelt werden. Es ist jedoch, da hier u.a. Differenzen grosser Zahlen vorkommen, die Herdtiefe oft mit einem mittleren Fehler von ein paar km und somit im allgemeinen mit grösseren Unsicherheiten als die Koordinaten des Epizentrums behaftet.

Im Schweizerischen Erdbebendienst (SED) werden von einem Ereignis aufgrund der von den Messstationen (Bild 2.12) übermittelten Daten automatisch Epizentrum und Herdtiefe bestimmt (vgl. Jahresberichte des SED).

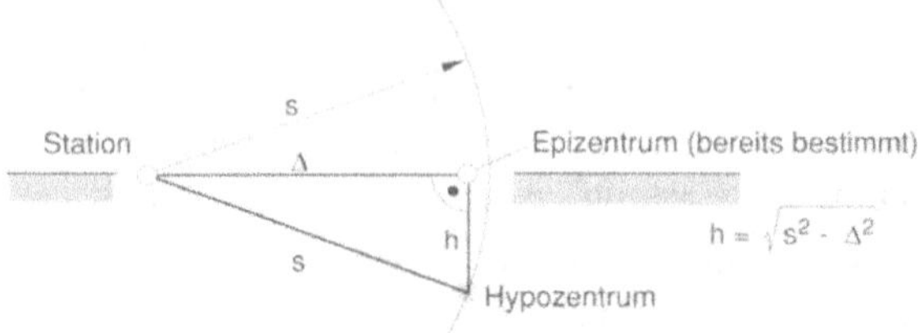

*Bild 2.19: Bestimmung der Herdtiefe mit Hilfe der Hypozentraldistanz und
der Epizentraldistanz einer herdnahen Station*

2.5.2　Magnitude und Intensitäten

Die *Magnitude* eines Erdbebens wird aus Maximalausschlägen von Geschwindigkeits-Seismogrammen bestimmt (vgl. Abschnitt 2.2.1). Genauere Regeln sowie Relationen zwischen M_l, M_s und M_b siehe z.B. [Bat 73], [HS 84].

Die *Intensitäten* im Schaden- und Schüttergebiet werden durch entsprechende Erhebungen (Meldekarten, standardisierte Beobachtungsformulare) bestimmt (vgl. Abschnitt 2.2.2), und es kann damit eine Isoseistenkarte (Bild 2.4) erstellt werden.

2.6 Ingenieurmässige Auswertungen

Bei der ingenieurmässigen Auswertung von Erdbebenaufzeichnungen interessieren vor allem physikalische Kerngrössen und davon abgeleitete Daten - vor allem Antwortspektren - die für die Erdbebenbemessung von Bauwerken nützlich sind.

2.6.1 Physikalische Kenngrössen

Übersicht

Für den Bauingenieur am wichtigsten sind die fünf *physikalischen Kenngrössen einer örtlichen Bodenbewegung* in Tabelle 2.5. Für die Schäden an Bauwerken sind vor allem die Bodenbeschleunigung, der Frequenzgehalt der Bodenbewegung und die Dauer des Erdbebens massgebend.

Bodenbewegung	Physikalische Kenngrössen	Für Schäden vor allem massgebend
Bodenverschiebung ("ground displacement")	$d_g(t)$	
Bodengeschwindigkeit ("ground velocity")	$v_g(t)$	
Bodenbeschleunigung ("ground acceleration")	$a_g(t)$	x
Frequenzgehalt der Bodenbewegung		x
Dauer des Erdbebens (Starkbebenphase)		x

Tabelle 2.5: Physikalische Kenngrössen örtlicher Bodenbewegungen

Die Grössenordnungen der Spitzenwerte von d_g, v_g, a_g betragen bei einem mittelstarken Erdbeben ($I_o \approx VIII$, $M \approx 6 \div 6.5$):

$$
\begin{aligned}
d_{g,max} &\approx 0.1 \div 0.3 \quad \text{m} \\
v_{g,max} &\approx 0.1 \div 0.3 \quad \text{m/s} \\
a_{g,max} &\approx 1.5 \div 3.0 \quad \text{m/s}^2 = 0.15 \div 0.30 \quad g
\end{aligned}
$$

Anstelle der Indizes $_{g,max}$ (g = "ground") wird in der Literatur auch $_o$ (Null) oder $_s$ ("soil") verwendet, dies insbesondere für die Skalierwerte von Bemessungs-Antwortspektren (s. Abschnitt 3.3)

Horizontale Bodenbeschleunigung

Beispiele von Spitzenwerten der horizontalen Bodenbeschleunigung finden sich in Tabelle 2.6.

Vertikale Bodenbeschleunigung

Die vertikale Bodenbeschleunigung beträgt i.a. etwa 1/3 bis 1/1 der horizontalen Bodenbeschleunigung am gleichen Standort. Eine allgemeine Regel, die auch in Normen (z.B. SIA 160) verwendet wird, lautet

$$
a_{g,max,vert} = 2/3 \cdot a_{g,max,horiz} \tag{2.12}
$$

Ort	Spitzenwert $a_{g,max}$
Friaul 1976 bei $\Delta = 15$ km (I = VIII)	0.37 g
Mexico 1985 · auf Fels in Mexico City · im Schadengebiet in Mexico City (Aufschaukelung der sehr weichen Bodenschichten zu erheblichen Eigenschwingungen, Dauer rund 1 Minute!)	0.04 g 0.17 g
Loma Prieta Nordkalifornien 1989	0.67 g
Northridge Südkalifornien 1994	1.82 g (!)

Tabelle 2.6: Spitzenwerte der horizontalen Bodenbeschleunigung

Frequenzen der Bodenbewegung

Für Bauwerke mit ihrer Grundfrequenz und ihren Oberfrequenzen ist der folgende *Frequenzbereich der Bodenbewegung* von Bedeutung:

$$f = 0.1 \text{ Hz} \div 30 \text{ Hz} \tag{2.13}$$

Dies entspricht Perioden $T = 1/f$ von

$$T = 10 \text{ s} \div 0.03 \text{ s} \tag{2.14}$$

Die Grössenordnung der erstgenannten Werte tritt - als Grundfrequenz und oft in horizontaler Richtung - bei den allergrössten Bauwerken (grosse Hängebrücken, sehr hohe Türme) auf, diejenige der zweitgenannten Werte bei eher kleinen und sehr steifen Bauwerken.

Die *in der Bodenbewegung stark vertretenen Frequenzen* bzw. die entsprechenden Frequenzbereiche sind verschieden für die Bodenbeschleunigung, die Bodengeschwindigkeit und die Bodenverschiebung. Sie sind zusammengestellt in Tabelle 2.7, wo auch die entsprechenden Bereiche der Perioden (reziproke Werte der Frequenzen) angegeben sind.

Die stark vertretenen Frequenzen der Bodenbewegung führen zu den grössten Überhöhungen in den Antwortspektren der Bodenbewegungsgrössen (vgl. Abschnitt 2.7.3). Die in Tabelle 2.7 angegebenen Frequenzwerte entsprechen etwa den sogenannten oberen und unteren "Eckfrequenzen" in geglätteten Bemessungs-Antwortspektren.

Je weicher der Boden, desto kleiner sind die in der Bodenbewegung stark vertretenen Frequenzen. Denn *weiche Böden* haben im Vergleich zum festen Grundgebirge (sog. "bed rock") bzw. im Vergleich zu einem Standort auf Fels die folgenden Wirkungen auf die Frequenzen der Bodenbewegung:

- Hochfrequente Schwingungen werden gedämpft (Filterwirkung, Frequenzverschiebung)
- Niederfrequente Schwingungen werden verstärkt (Aufschaukelung der Eigenschwingungen der weichen Überlagerung des Grundgebirges).

Bei den Bewegungen an der Erdoberfläche über weichen Böden sind somit oft ganz andere Frequenzen dominierend als bei den Bewegungen des darunter liegenden Grundgebirges oder dort, wo dieses zur Erdoberfläche auftaucht, d.h. an einem Felsstandort.

Bodenbewegung	Frequenz- bzw. Periodenbereiche	
	f	T
Bodenbeschleunigung		
- Kalifornien/Europa/Alpenraum		
· Steife Böden, Fels	~ 3 ÷ 10 Hz	0.3 ÷ 0.1 s
· mittelsteife Böden	~ 2.0 ÷ 8 Hz	0.5 ÷ 0.13 s
· weiche Böden (z.B. Seeablagerungen)	~ 0.5 ÷ 2 Hz	2.0 ÷ 0.5 s
- Mexico		
· sehr weiche Böden	~ 0.3 ÷ 0.5 Hz	3.0 ÷ 2.0 s
Bodengeschwindigkeit	~ 0.3 ÷ 2.0 Hz	3.0 ÷ 0.5 s
Bodenverschiebung	~ 0.05 ÷ 0.3 Hz	2.0 ÷ 3.0 s

Tabelle 2.7: Bereiche der stark vertretenen Frequenzen bzw. Perioden der Bodenbewegung bzw. Eckfrequenzen in geglätteten Bemessungs-Antwortspektren

Dauer des Erdbebens

Die Dauer t_0 der Starkbebenphase eines Erdbebens unterliegt zahlreichen Einflüssen:

- Magnitude M
- Epizentraldistanz Δ
- Periode der Bodenbewegung T

Je grösser diese Werte sind, desto länger dauert ein Beben. Als generelle Regel gilt:

$$\text{Für} \quad M \approx 6 \div 7 \ : \ t_0 \approx 5 \div 20\text{s} \tag{2.15}$$

Es treten allerdings immer wieder Abweichungen von dieser Regel auf. Z.B. dauerte das Süditalien-Beben von 1980 mit einer Magnitude $M \approx 7$ rund 70 s, da zwei bis drei Hauptstösse entsprechend zwei bis drei sich unmittelbar folgenden tektonischen Brüchen auftraten. Oder das Mexico-Beben 1985 mit $M \approx 8.1$ dauerte in Mexico City bei einer Epizentraldistanz Δ von rund 400 km etwa 80 s. Auch dieses Beben verursachte wegen der langen Dauer verheerende Schäden, obwohl nur mässige Bodenbeschleunigungen von bis zu ~ 0.17 g gemessen wurden. Es erfolgte vor allem eine Aufschaukelung von vorwiegend 12- bis 18-stökkigen Bauwerken mit Eigenperioden von 1.5 bis 3 s, d.h. es ergab sich Resonanz der Grundschwingung der Bauwerke mit der entsprechenden stark dominierenden Grundschwingung des sehr weichen Bodens (vgl. [PBM 90] Bilder 2.4 und 2.12).

2.6.2   Zeitverläufe der Bodenbewegung

Von grossem Interesse sind die Zeitverläufe der Bodenbewegungsgrössen Bodenbeschleunigung (gemessen), Bodengeschwindigkeit (berechnet) und Bodenverschiebung (berechnet).
In Bild 2.20 sind die Zeitverläufe der Nord-Süd-Komponente des El Centro-Bebens 1940
dargestellt. Dieses mittelstarke Beben dauerte relativ lange, und es zeigt einen extrem unregelmässigen Verlauf. Bild 2.21 zeigt die Zeitverläufe der S 16° E-Komponente des San Fernando-Bebens 1971 bei Los Angeles mit einer Magnitude $M = 6.5$, die durch eine Messstation bei der Pacoima Bogenstaumauer registriert wurden. Es handelt sich bei $a_{g,\,max} = 12\ \text{m/s}^2$
um einen sehr beträchtlichen Wert, wobei allerdings umstritten ist, ob dazu nicht auch eine
gewisse Loslösung des Felsbereiches unterhalb des Messgerätes (in Klüften) mit entsprechender Aufschaukelung beigetragen hat. Die Beschleunigungs-Zeitverläufe des El Centro-
und des San Fernando-Bebens werden häufig für dynamische Berechnungen im Zeitverlauf
herangezogen.

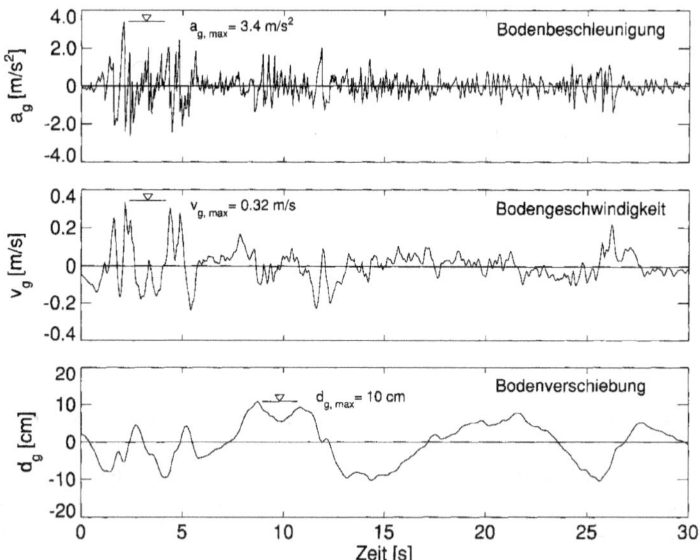

Bild 2.20: Zeitverläufe der Nord-Süd-Komponente des El Centro-Erdbebens 1940 (nach [Cal 90])

Grundlage für die Ermittlung solcher Zeitverläufe ist stets ein gemessenes Beschleunigungs-
Seismogramm (z.B. Bild 2.14). Daraus wird durch eine erste Integration ein Geschwindigkeits-Zeitverlauf und aus diesem durch eine weitere Integration ein Verschiebungs-Zeitverlauf berechnet. Die Ergebnisse dieser Integrationen sind sehr empfindlich auch auf relativ geringfügige Fehler an der Beschleunigungsaufzeichnung, die durch Eigenschwingungen des
Messwertgebers und andere Einflüsse entstehen können. Zur Korrektur solcher Einflüsse
sind verschiedene Ansätze und Prozeduren gebräuchlich.

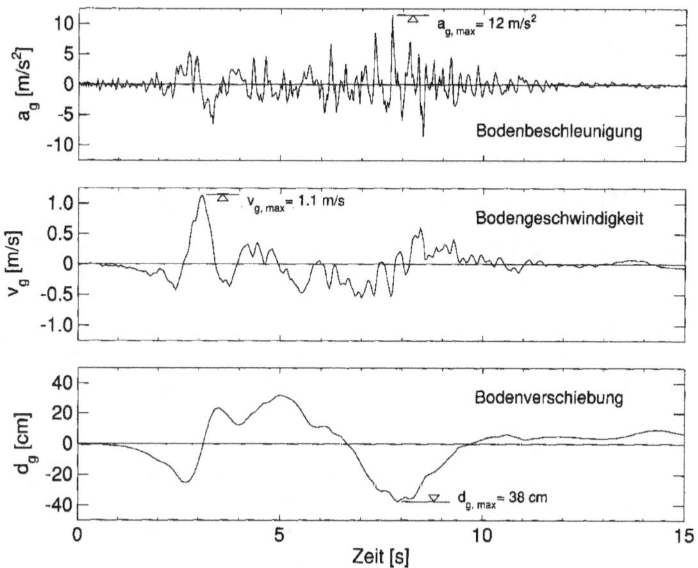

Bild 2.21: Zeitverläufe der S 16° E-Komponente des
San Fernando-Erdbebens 1971 (Pacoima Damm) (nach [Cal 90])

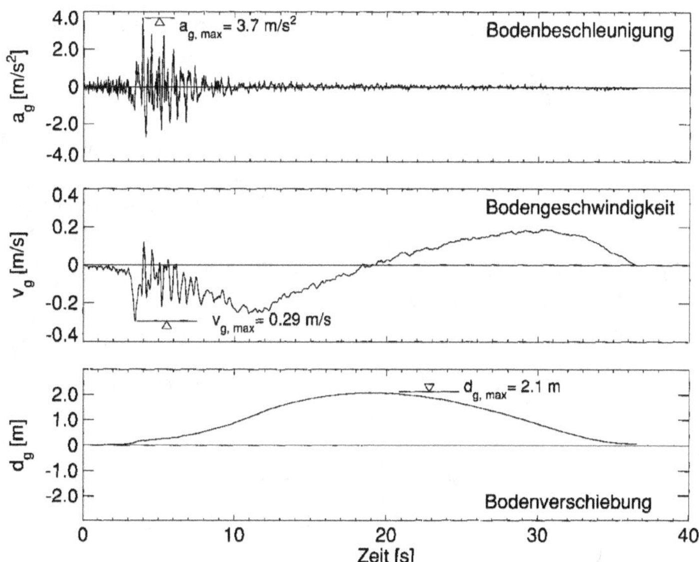

Bild 2.22: Zeitverläufe der N-S-Komponente "Tolmezzo" des Friaul-Erdbebens 1976
mit Basislinienkorrektur "Keine bleibende Bodenverschiebung" (nach [ENEL 76])

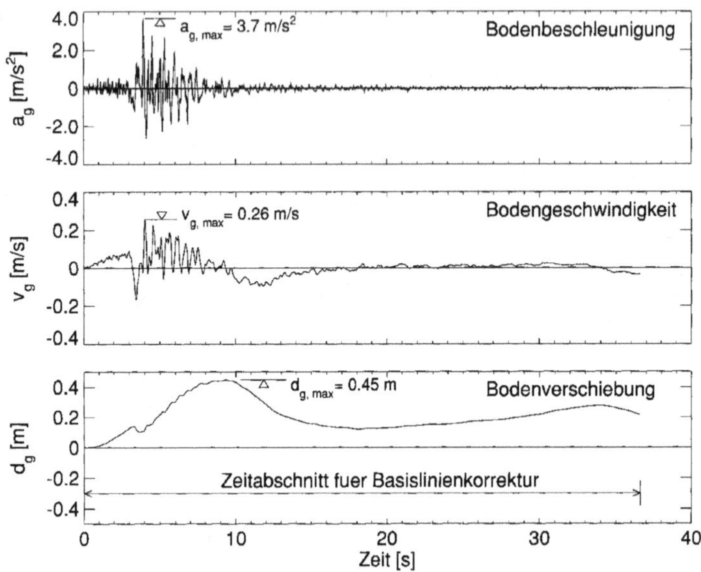

Bild 2.23: Zeitverläufe der N-S-Komponente "Tolmezzo" des Friaul-Erdbebens 1976 mit Basislinienkorrektur "Minimalisierung der Quadrate der Bodengeschwindigkeiten" mit einem Zeitabschnitt [Wen 92]

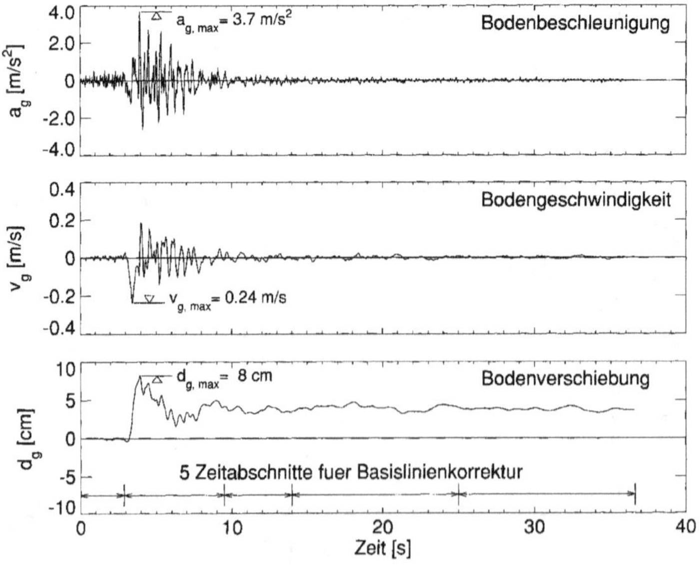

Bild 2.24: Zeitverläufe der N-S-Komponente "Tolmezzo" des Friaul-Erdbebens 1976 mit Basislinienkorrektur "Minimalisierung der Quadrate der Bodengeschwindigkeiten" mit 5 Zeitabschnitten [Wen 92]

Häufig wird am gemessenen Beschleunigungs-Seimogramm eine Basislinienkorrektur derart vorgenommen, dass nach dem Erdbeben *keine bleibende Bodenverschiebung* resultiert. Dabei können sich jedoch unsinnig grosse maximale Bodenverschiebungen $d_{g,\,max}$ ergeben. Bild 2.22 basiert auf dem in Bild 2.14 wiedergegebenen Beschleunigungs-Seismogramm der N-S-Komponente der Station Tolmezzo des Friaul-Erdbebens 1976, mit Korrektur nach dem erwähnten Ansatz [ENEL 76]. Es resultiert ein $d_{g,\,max} \approx 2.10$ m , was nicht stimmen kann.

Ein anderes Korrekturverfahren basiert auf der *Minimalisierung der Quadrate der Bodengeschwindigkeiten*. Das entsprechende Ergebnis für den Zeitverlauf der N-S-Komponente "Tolmezzo" des Friaul-Erdbebens 1976 zeigt Bild 2.23 für den Fall, dass der Basislinienkorrektur nur ein einziger Zeitabschnitt von 36 s zugrunde gelegt wird, und Bild 2.24 gilt wenn dieser Korrektur 5 Zeitabschnitte zugrunde gelegt werden. Man erkennt, dass sich die Korrekturen vor allem auf die Bodenverschiebungen, aber auch auf die Bodengeschwindigkeiten auswirken, während die Bodenbeschleunigungen nur unmerklich verändert werden [Wen 92].

Diese Beispiele illustrieren die Schwierigkeit, aus Beschleunigungsaufzeichnungen zuverlässige Werte für die Geschwindigkeit und die Verschiebung zu ermitteln. Von den oben gezeigten drei Varianten liegt aller Wahrscheinlichkeit nach die dritte (Bild 2.24) insgesamt am nächsten bei der Wirklichkeit, und sie wird deshalb im folgenden weiter verwendet. Wie gut die dort resultierende bleibende Verschiebung von etwa 4 cm zutrifft, kann allerdings nicht zuverlässig beurteilt werden.

2.7 Antwortspektren

Zur ingenieurmässigen Auswertung von Erdbebenaufzeichnungen gehört auch die Ermittlung von Antwortspektren. Das Antwortspektrum ("response spectrum") ist ein ausserordentlich wichtiges "Werkzeug" im Erdbebeningenieurwesen. Es hat jedoch nicht nur eine zentrale Bedeutung für die Auswertung von registrierten Beben sondern auch für die Erdbebenbemessung von Bauwerken in Form von Bemessungs-Antwortspektren ("Bemessungsspektren"). Deshalb werden hier die wichtigsten Aspekte von Antwortspektren in einem separaten Unterkapitel behandelt.

2.7.1 Vorgehen zur Ermittlung

Das prinzipielle Vorgehen zur Ermittlung von Antwortspektren eines registrierten Bebens umfasst die folgenden Schritte (Bild 2.25):

1. Zahlreiche elastische Einmassenschwinger - jeder mit einer andern Eigenfrequenz f bzw. Eigenperiode T, jedoch alle mit dem gleichen Dämpfungsmass ζ - werden an ihrem Fusspunkt durch den gleichen Zeitverlauf der Bodenbeschleunigung angeregt. Jeder Schwinger vollführt eine andere Antwortschwingung.
2. Die Zeitverläufe der Antwortschwingungen sämtlicher Einmassenschwinger werden bestimmt, vor allem die Zeitverläufe der
    - Relativverschiebung d (Verschiebung zwischen Masse und Fusspunkt des Schwingers)
    - Relativgeschwindigkeit v (Geschwindigkeit zwischen Masse und Fusspunkt des Schwingers)
    - Absolutbeschleunigung a (der Masse des Schwingers).
3. Die Maximalwerte der Antwortschwingungen jedes Schwingers werden als Spektralwerte S_d, S_v und S_a bezeichnet; sie werden in Funktion der Eigenfrequenz bzw. Eigenperiode aufgetragen und miteinander verbunden. Es resultiert je ein Antwortspektrum der Werte S_d, S_v, S_a für die angenommene Dämpfung ζ.

Meist werden von einem Beben die Antwortspektren für verschiedene Dämpfungsmasse ζ ermittelt, z.B. für 0, 2, 5 und 10%.

Bild 2.26 zeigt als Beispiel die Antwortspektren der relativen Geschwindigkeit der in Bild 2.21 dargestellten S 16° E-Komponente des San Fernando-Erdbebens 1971 (Pacoimadamm) in Funktion der in linearem Massstab abgetragenen Eigenperiode.

In Bild 2.27 wird das Antwortspektrum des in Bild 2.24 dargestellten Zeitverlaufs der Bodenbeschleunigung der N-S-Komponente "Tolmezzo" des Friaul-Erdbebens 1976 in Funktion der in logarithmischem Massstab aufgetragenen Frequenz dargestellt. In Bild 2.28 sind dieselben Antwortspektren in Funktion der in logarithmischem Massstab aufgetragenen Periode (Eigenschwingdauer) wiedergegeben. Um die Definition und die Ermittlung von Antwortspektren noch näher zu erläutern, zeigen die Bilder 2.29 und 2.30 die Zeitverläufe der Antwortschwingungen eines 1 Hz- und eines 3 Hz-Einmassenschwingers mit $\zeta = 5\%$ infolge desselben Zeitverlaufs "Tolmezzo" des Friaul-Erdbebens 1976. Ihre Maximalausschläge wurden in den Bildern 2.27 und 2.28 speziell eingetragen.

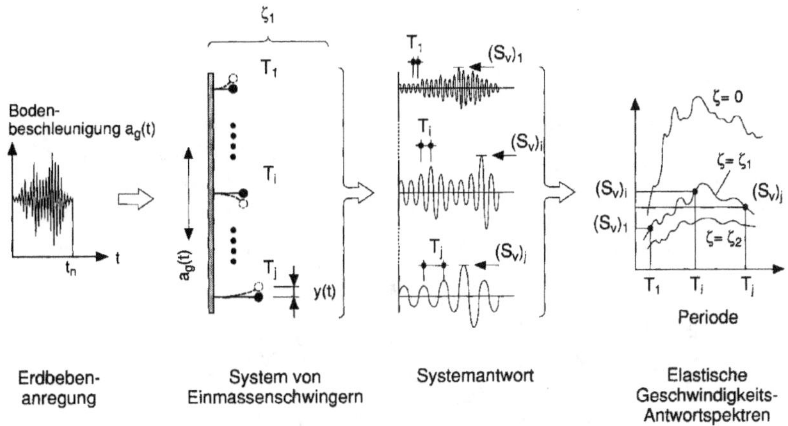

Bild 2.25: Ermittlung von elastischen Antwortspektren (nach [HS 84])

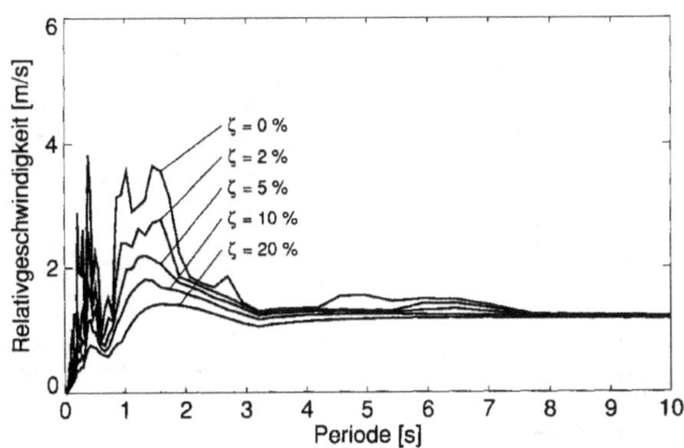

Bild 2.26: Antwortspektren der relativen Geschwindigkeit
der S 16° E-Komponente des San Fernando-Erdbebens 1971 (Pacoima Damm) (nach [Cal 90])

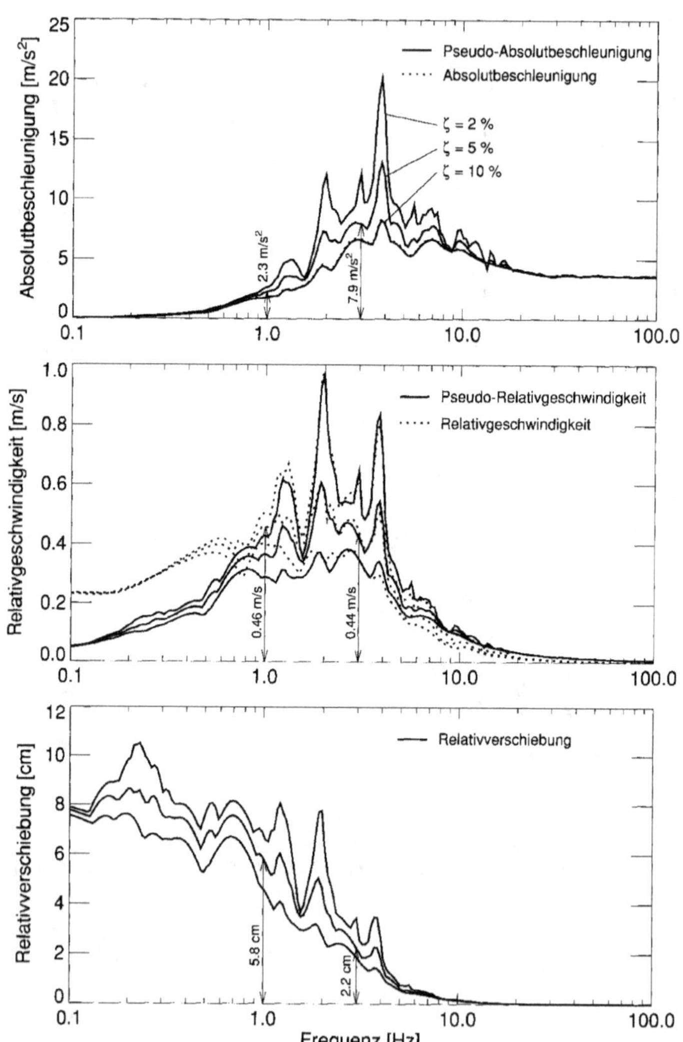

Bild 2.27: Antwortspektren der N-S-Komponente
"Tolmezzo" des Friaul-Erdbebens 1976 in Funktion der Frequenz [Wen 92]

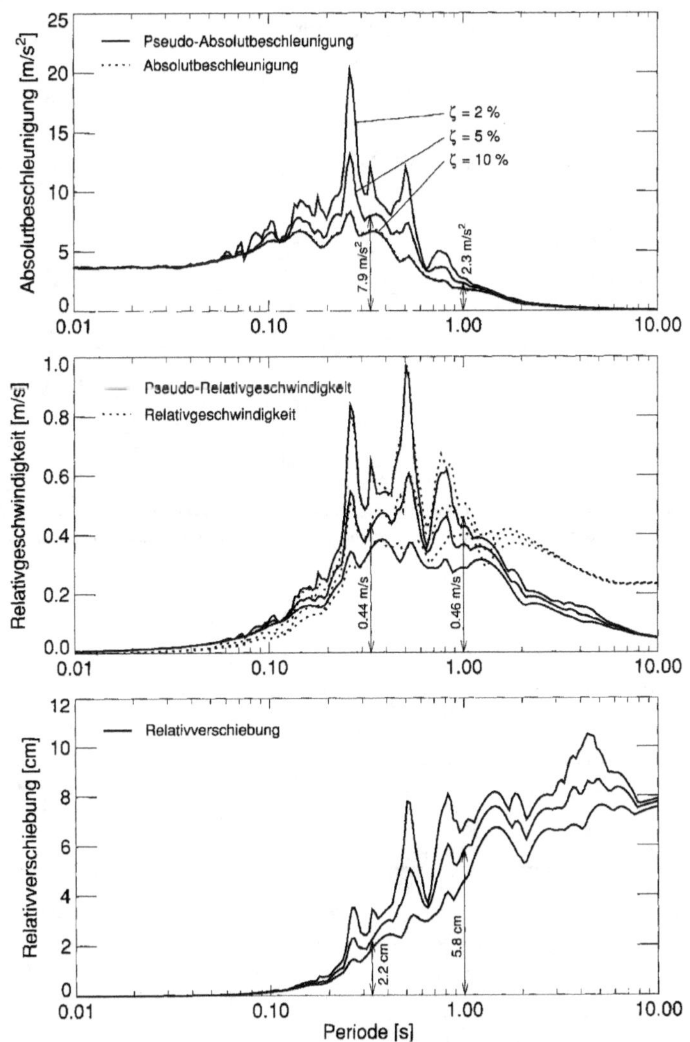

Bild 2.28: Antwortspektren der N-S-Komponente
"Tolmezzo" des Friaul-Erdbebens 1976 in Funktion der Periode [Wen 92]

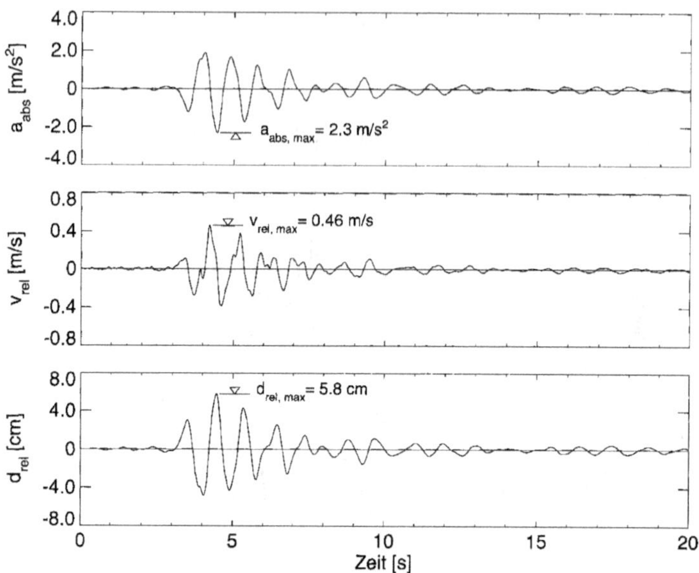

Bild 2.29: Zeitverläufe der Antwortschwingungen eines 1Hz-Einmassenschwingers mit 5% Dämpfung infolge Fusspunkterregung durch die N-S-Komponente "Tolmezzo" des Friaul-Erdbebens 1976 [Wen 92]

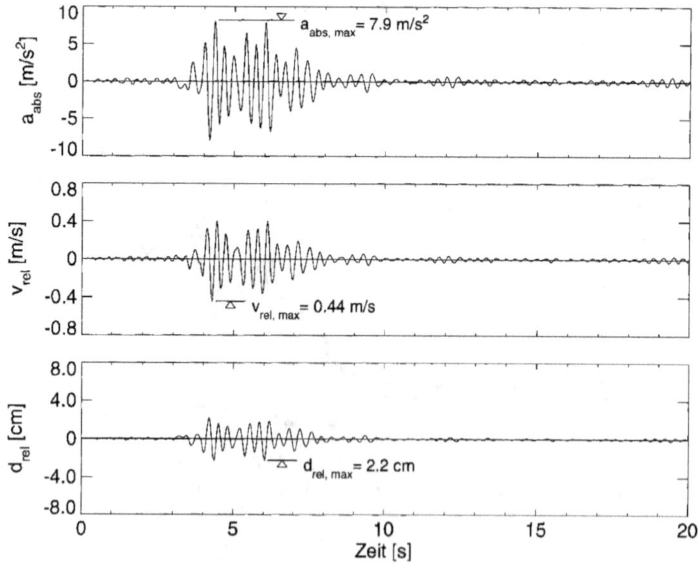

Bild 2.30: Zeitverläufe der Antwortschwingungen eines 3Hz-Einmassenschwingers mit 5% Dämpfung infolge Fusspunkterregung durch die N-S-Komponente "Tolmezzo" des Friaul-Erdbebens 1976 [Wen 92]

2.7.2 Mathematische Beschreibung

Bild 2.31 zeigt einen elastischen Einmassenschwinger mit den zugehörigen Grössen und Bezeichnungen. Der Schwinger wird an seinem Fusspunkt durch den Zeitverlauf der Bodenbeschleunigung $\ddot{x}_g(t)$ angeregt. Die Differentialgleichung lautet (vgl. Abschnitt 5.2.1):

$$\ddot{x} + 2\zeta\omega\dot{x} + \omega^2 x = -\ddot{x}_g(t) \tag{2.16}$$

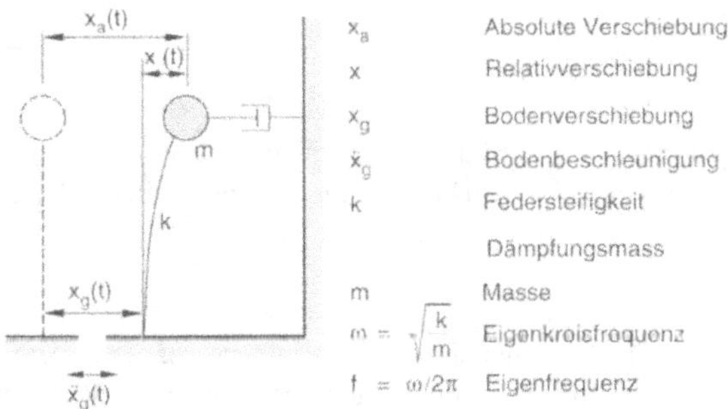

Bild 2.31: Einmassenschwinger mit Fusspunkterregung

Spektralwerte

Die Spektralwerte S_d, S_v und S_a ergeben sich aus dem sogenannten *Duhamelintegral* oder *Faltungsintegral* (vgl. Abschnitte 5.2.1c, 5.4.2a):

- Maximale Relativverschiebung:

$$S_d(\omega, \zeta) = |x|_{max} \approx \frac{1}{\omega} \left| -\int_0^t \underbrace{\ddot{x}_g(\tau)}_{a_g} \cdot e^{-\zeta\omega(t-\tau)} \cdot \sin\omega(t-\tau)d\tau \right|_{max} \tag{2.17}$$

- Maximale Relativgeschwindigkeit:

$$S_v(\omega, \zeta) = |\dot{x}|_{max} \approx \left| -\int_0^t \underbrace{\ddot{x}_g(\tau)}_{a_g} \cdot e^{-\zeta\omega(t-\tau)} \cdot \cos\omega(t-\tau)d\tau \right|_{max} \tag{2.18}$$

- Maximale Absolutbeschleunigung:

$$S_a(\omega, \zeta) = |\ddot{x} + \ddot{x}_g|_{max} \approx \omega \left| \int_0^t \underbrace{\ddot{x}_g(\tau)}_{a_g} \cdot e^{-\zeta\omega(t-\tau)} \cdot \sin\omega(t-\tau)d\tau \right|_{max} \tag{2.19}$$

In diesen Ausdrücken bedeutet t den Zeitpunkt nach Beginn des Erdbebens, für den der Integralausdruck berechnet wird. τ ist die Integrationsvariable ($\tau \leq t$). Für jeden Zeitpunkt t muss somit über die bisherige Dauer des Erdbebens integriert werden. Anschliessend wird der während des ganzen Erdbebens auftretende maximale Betrag des Integralausdruckes bestimmt.

Die Ausdrücke sind für gedämpfte Schwinger insofern eine Näherung, als die Kreisfrequenz des gedämpften Schwingers ω' gleich der Kreisfrequenz des ungedämpften Schwingers ω gesetzt ist; zudem wurde bei S_v und bei S_a je ein Glied mit ζ als Faktor vernachlässigt (vgl. Abschnitt 5.4.2b).

Pseudobeschleunigung

Bei den Gleichungen für S_d und S_a fällt auf, dass die Integralausdrücke auf der rechten Seite gleich sind. Zwischen S_a und S_d besteht daher die folgende einfache Beziehung:

$$S_a \approx \omega^2 \cdot S_d \tag{2.20}$$

Der Spektralwert der Absolutbeschleunigung ist somit ungefähr gleich dem mit dem Quadrat der Kreisfrequenz des Schwingers multiplizierten Spektralwert der Relativverschiebung.

Die rechte Seite $\omega^2 S_d$ wird auch als Spektralwert der *Pseudobeschleunigung* S_{pa} (Pseudo-Absolutbeschleunigung) bezeichnet: $S_{pa} = \omega^2 \cdot S_d$. Der Term "Pseudo" erinnert an die oberwähnten Näherungen. Der Unterschied zwischen der Pseudobeschleunigung S_{pa} und der genauen maximalen Absolutbeschleunigung S_a ist für kleinere Dämpfungsmasse verschwindend gering, und er wird deshalb in der Regel vernachlässigt. Im Beispiel der Bilder 2.27 und 2.28 ist für $\zeta = 2\%$ und 5% kein und für $\zeta = 10\%$ nur ein sehr kleiner Unterschied ersichtlich.

Die obige Näherung für S_a kann auch ganz praktisch begründet werden. Beim Einmassenschwinger gilt folgendes:

- Die maximale Verschiebungsantwort (Relativverschiebung) ist ein Mass für die maximale Federkraft und somit für die maximale Beanspruchung.
- Die maximale Geschwindigkeitsantwort (Relativgeschwindigkeit) ist ein Mass für die gespeicherte Energie.
- Die maximale Beschleunigungsantwort (Absolutbeschleunigung) ist ein Mass für die angreifende maximale Trägheitskraft.

Im Zustand der maximalen Relativverschiebung x_{max} tritt also die maximale Federkraft F_{max} auf, die der maximalen Beanspruchung des Tragwerks entspricht (Die Dämpfungskraft verschwindet, da die Geschwindigkeit Null ist):

$$F_{max} = k \cdot x_{max} \tag{2.21}$$

$$\frac{F_{max}}{m} = \frac{k}{m} \cdot x_{max} = \omega^2 \cdot x_{max} \text{ , mit } \omega = \sqrt{\frac{k}{m}} \tag{2.22}$$

$$F_{max} = m \cdot \underbrace{\omega^2 \cdot x_{max}}_{\text{Maximale Pseudobeschleunigung}} = m \cdot S_{pa} \approx m \cdot S_a \tag{2.23}$$

Die letzte Beziehung zeigt, dass die maximale Beanspruchung der Feder, bzw. diejenige eines durch einen Einmassenschwinger dargestellten Tragwerks, ermittelt werden kann aus der *statischen Einwirkung* einer

$$\text{"Trägheitskraft"} = \text{Masse} \cdot \text{Maximale Absolutbeschleunigung.}$$

Dies hat den Vorteil, dass die maximale Relativverschiebung x_{max} nicht ermittelt werden muss; es muss nur die maximale Absolutbeschleunigung bekannt sein, die einem Bemessungs-Antwortspektrum entnommen werden kann. Die Beschleunigung von Bemessungs-Antwortspektren kann somit direkt verwendet werden.

Pseudogeschwindigkeit

Sofern in der vorstehenden Gleichung des Spektralwertes der Relativgeschwindigkeit S_v die Funktion $\cos \omega (t - \tau)$ durch die Funktion $\sin \omega (t - \tau)$ ersetzt wird, so ergibt sich der Spektralwert der sogenannten *Pseudogeschwindigkeit* S_{pv} (Pseudo-Relativgeschwindigkeit):

$$S_{pv}(\omega, \zeta) = \left| -\int_{o}^{t} \ddot{x}_g(\tau) \cdot e^{-\zeta \omega (t - \tau)} \cdot \sin \omega (t - \tau)\, d\tau \right|_{max} \tag{2.24}$$

Damit gilt:

$$S_{pv} = \omega \cdot S_d = \frac{1}{\omega} \cdot S_{pa} \approx \frac{1}{\omega} \cdot S_a \tag{2.25}$$

Der Unterschied zwischen S_{pv} und S_v kann wesentlich sein, obschon er häufig vernachlässigt wird. Bild 2.27 zeigt, dass er im Bereich kleiner Frequenzen besonders gross wird. Dies rührt von der bei der Ermittlung von S_{pv} durchgeführten Multiplikation von S_d mit ω, also einer dort kleinen Grösse, her. S_{pv} geht am linken Ende der Frequenzachse gegen Null.

Kombinierte doppelt-logarithmische Darstellung von S_d, S_{pv} und S_a

Die Einführung von S_{pv} erlaubt die kombinierte Darstellung von S_d, S_{pv} und S_a in einer einzigen doppelt-logarithmischen Zeichnung, wobei auf der Abszisse entweder die Frequenz oder die Periode abgetragen werden kann (siehe auch Abschnitt 5.4.2c). Für eine solche Darstellung ist zur Auswertung eines registrierten Bebens nur die Ermittlung von S_{pv} erforderlich. S_d und S_a können dann in Richtung der Diagonalen herausgelesen werden. Rechnerisch können S_d und S_a durch Division bzw. Multiplikation von S_{pv} mit ω bestimmt werden.

Bild 2.32 zeigt als Beispiel für eine kombinierte doppelt-logarithmische Darstellung elastische Antwortspektren des in Bild 2.24 gezeigten Zeitverlaufes der N-S-Komponente "Tolmezzo" des Friaul-Erdbebens 1976. Hier sind somit die gleichen Daten wie durch die ausgezogenen Linien in den Bildern 2.27 und 2.28 dargestellt.

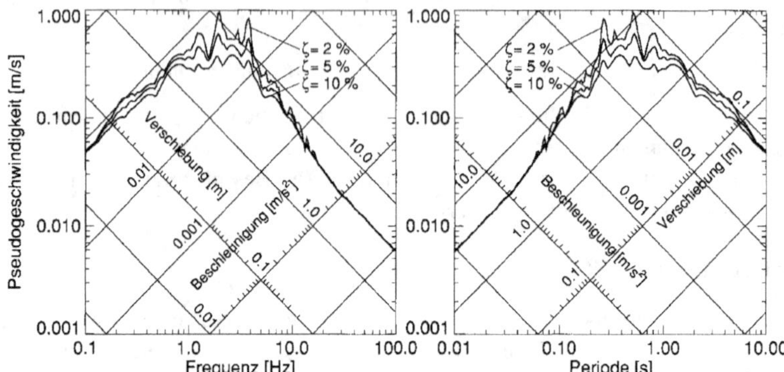

Bild 2.32: Kombinierte doppelt-logarithmische Darstellung von Antwortspektren der N-S-Komponente "Tolmezzo" des Friaul-Erdbebens 1976 in Funktion der Eigenfrequenz bzw. der Eigenperiode [Wen 92]

2.7.3   Merkmale der Antwortspektren

Den generellen Verlauf geglätteter Antwortspektren zeigt Bild 2.33. In Funktion der Frequenz (logarithmische Skala) ist der Verlauf der Antwortspektren der Absolutbeschleunigung, der Relativgeschwindigkeit und der Relativverschiebung dargestellt. Die Spektralwerte sind auf die jeweilige maximale Bodenbewegungsgrösse bezogen (normierte Darstellung). Die folgenden Merkmale sind für das Verständnis der Zusammenhänge wichtig (vgl. Abschnitt 5.4.2d):

- Bei sehr steifen Schwingern bewegt sich die Masse nahezu wie der Boden.
- Bei sehr weichen Schwingern bleibt die Masse nahezu in Ruhe.

Damit ergeben sich die folgenden Grenzwerte:

- Spektrum der Absolutbeschleunigung:
  - Bei sehr steifen Schwingern ist die Absolutbeschleunigung gleich der Bodenbeschleunigung (die relative Beschleunigung verschwindet).
  - Bei sehr weichen Schwingern verschwindet die Absolutbeschleunigung (keine Absolutbewegung).
- Spektrum der Relativgeschwindigkeit:
  - Bei sehr steifen Schwingern verschwindet die Relativgeschwindigkeit.
  - Bei sehr weichen Schwingern ist die Relativgeschwindigkeit gleich der Bodengeschwindigkeit (die Pseudogeschwindigkeit hingegen verschwindet wegen der Multiplikation mit ω).
- Spektrum der Relativverschiebung:
  - Bei sehr steifen Schwingern verschwindet die Relativverschiebung.
  - Bei sehr weichen Schwingern ist die Relativverschiebung gleich der Bodenverschiebung.

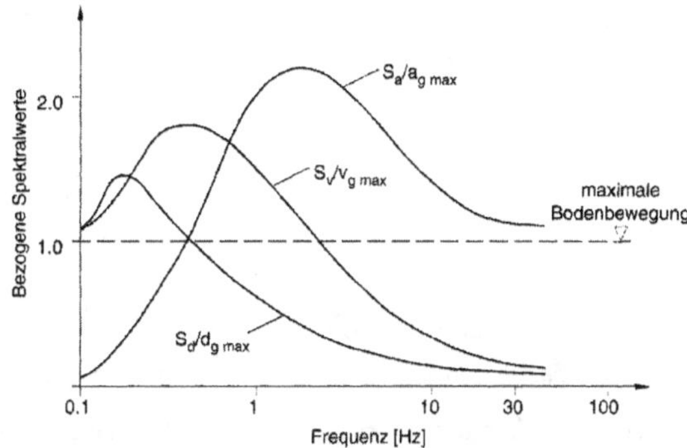

Bild 2.33: Genereller Verlauf geglätteter Antwortspektren mit Grenzwerten bei sehr steifen Schwingern (hohe Frequenzen) und sehr weichen Schwingern (tiefe Frequenzen)

Die *maximalen Bodenbewegungsgrössen* treten bei den folgenden Frequenzen auf:

max. Bodenbeschleunigung:	mittlere Frequenzen
max. Bodengeschwindigkeit:	tiefe Frequenzen
max. Bodenverschiebung:	sehr tiefe Frequenzen

Die *Frequenzbereiche der grössten Überhöhung* der Spektralwerte bzw. der Antworten der Einmassenschwinger (stärkste Amplifikation) sind somit stark verschieden für die Absolutbeschleunigung, die Relativgeschwindigkeit und die Relativverschiebung. Die Frequenzbereiche umfassen etwa die unter Abschnitt 2.6.1 angegebenen Bereiche der in der Bodenbewegung stark vertretenen Frequenzen; sie werden in geglätteten Bemessungs-Antwortspektren begrenzt durch die sogenannten *Eckfrequenzen* (obere und untere Eckfrequenz).

Die *grössten Überhöhungsfaktoren (Amplifikationsfaktoren)* geben die grösste Überhöhung der Antwort der Einmassenschwinger (stärkste Amplifikation) gegenüber den entsprechenden Bodenbewegungsgrössen an. Sie sind insbesondere abhängig von den folgenden Parametern:

- Dämpfung der Einmassenschwinger: Die Überhöhungsfaktoren sind kleiner mit grösserer Dämpfung.
- Art der Bewegungsgrösse: Die Überhöhungsfaktoren der Absolutbeschleunigung sind grösser als jene der Relativgeschwindigkeit, und diese wiederum sind grösser als jene der Relativverschiebung.
- Art des Bodens: Die Überhöhungsfaktoren sind i.a. grösser bei weicheren Böden als bei steiferen Böden.
- Statistische Definition: Üblich sind vor allem sogenannte "Mittelwertspektren", d.h. solche mit 50% Unter- bzw. Überschreitungswahrscheinlichkeit. Gebräuchlich sind auch "Mittelwert plus Standardabweichungs-Spektren", d.h. solche mit 84% Unterschreitungsbzw. nur 16% Überschreitungswahrscheinlichkeit.

In Tabelle 2.8 sind die grössten Überhöhungsfaktoren aus der statistischen Auswertung von Aufzeichnungen einer grösseren Anzahl amerikanischer Beben angegeben [NH 82]. Die re-

ζ	Mittelwert (50%)			Mittelwert plus Standardabweichung (84%)		
	$S_d/d_{g,max}$	$S_v/v_{g,max}$	$S_a/a_{g,max}$	$S_d/d_{g,max}$	$S_v/v_{g,max}$	$S_a/a_{g,max}$
2%	1.63	2.03	2.74	2.42	2.92	3.66
5%	1.39	1.65	2.12	2.01	2.30	2.71
10%	1.20	1.37	1.64	1.69	1.84	1.99

Tabelle 2.8: Grösste Überhöhungsfaktoren der Spektralwerte aus amerikanischen Beben [NH 82]

lativ grossen Unterschiede zwischen den 50%- und den 84%-Werten deuten auf die erheblichen Streuungen der einzelnen Beben hin.

In Tabelle 2.8 ist der für die elastischen Bemessungsspektren der Beschleunigung in der Norm SIA 160 verwendete Überhöhungsfaktor 2.12 ersichtlich. Die Norm EC 8 verwendet hiefür 2.50.

3 Bemessungsbeben, Tragwiderstand und Duktilität

Im vorangehenden 2. Kapitel wurde die Registrierung und Auswertung seismischer Ereignisse behandelt. In diesem Kapitel wird nun vorerst die Ermittlung des sogenannten Bemessungsbebens, d.h. der massgebenden seismologischen Grössen für die Erdbebenbemessung eines Bauwerks an einem bestimmten Standort, dargestellt. Das Bemessungsbeben umschreibt die Bodenbewegung am Standort des Bauwerks. Die *seismische Gefährdung* führt zu den physikalischen *Bebenkenngrössen*, zu *elastischen Bemessungs-Antwortspektren* und zu *spektrumskonformen Zeitverläufen der Bodenbewegung*.

Anschliessend werden grundlegende Zusammenhänge zwischen *Tragwiderstand und Duktilität* erläutert. Ziel einer Bemessung des Tragwerks des betrachteten Bauwerks ist ein an die Duktilität angepasster Tragwiderstand gegen horizontale Kräfte und eine der globalen Duktilität entsprechende lokale Duktilität. Je nach der zu wählenden sogenannten Bemessungsduktilität kann der für elastisches Tragwerksverhalten erforderliche Tragwiderstand mehr oder weniger abgemindert werden. Für praktische Zwecke können die elastischen Bemessungs-Antwortspektren zu *inelastischen Bemessungs-Antwortspektren* reduziert werden.

3.1 Seismische Gefährdung

3.1.1 Gefährdungsstudien

Zur Festlegung eines Bemessungsbebens muss zuerst eine seismische Gefährdungsstudie durchgeführt werden. Gefragt ist die seismische Gefährdung an einem bestimmten Standort.

Bild 3.1a zeigt das generelle Vorgehen. Für eine bekannte seismische Quelle (bekannte Bruchzone) wird aufgrund historischer Daten eine Beziehung I_o–W aufgestellt, d.h. es muss die Auftretenswahrscheinlichkeit W für verschiedene dortige Epizentralintensitäten I_o (evtl. Beziehung M–W, d.h. W für verschiedene Magnituden M) festgelegt werden. Die Abschwächung der Wirkung über die Epizentraldistanz Δ bis zum Standort wird durch ein Abminderungsgesetz Δ–I erfasst [HS 84], [Bat 73]. Damit resultiert für diese Quelle am Standort eine Beziehung I–W, d.h. eine Beziehung zwischen der Standort-Intensität I und der Wahrscheinlichkeit W. Dieses Vorgehen wird für alle andern historisch bekannten wesentlichen seismischen Quellen wiederholt. Die Summe der Wahrscheinlichkeiten ergibt die Beziehung I–W als *Erdbebengefährdung am Standort*.

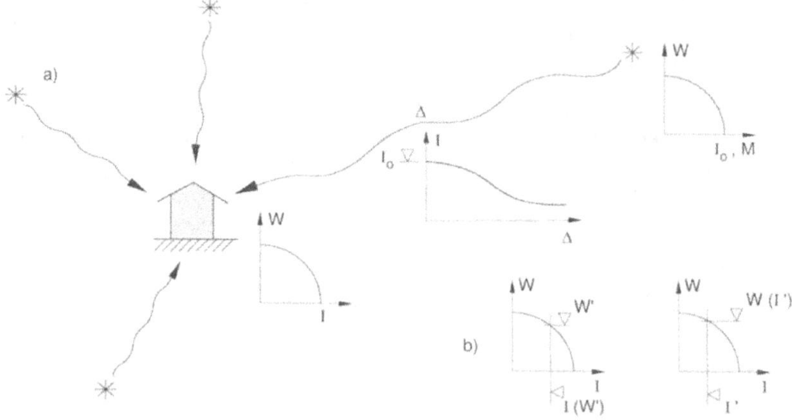

Bild 3.1: Erdbebengefährdung: a) Vorgehen zur Ermittlung der Gefährdung an einem Standort, b) Ermittlung der Knotenpunktwerte für Gefährdungskarten

3.1.2 Gefährdungs- und Zonenkarten

Um geographische Erdbebengefährdungskarten einer Region oder eines Landes zu entwikkeln, muss die oben beschriebene seismische Gefährdungsstudie für viele meist schematisch gewählte Standorte durchgeführt werden. Dies kann z.B. geschehen durch die Ermittlung der I–W-Beziehung für die Knotenpunkte eines Netzes der Gebietskoordinaten alle 10 km in N-S- und E-W-Richtung. In diesen Knotenpunkten kann dann die zu einer bestimmten Wahrscheinlichkeit W' gehörende Intensität I (W') herausgelesen werden (Bild 3.1b). Durch Interpolation zwischen den Werten der Knotenpunkte können schliesslich *Erdbebengefähr-*

dungskarten mit Linien gleicher Intensität für eine bestimmte Auftretenswahrscheinlichkeit festgelegt werden (erste Art). Oder es können in den Knotenpunkten des Koordinatennetzes die zu einer bestimmten Intensität I' gehörende Auftretenswahrscheinlichkeit $W(I')$ herausgelesen (Bild 3.1b) und durch Interpolation *Erdbebengefährdungskarten mit Linien gleicher Auftretenswahrscheinlichkeit für eine bestimmte Intensität* entwickelt werden (zweite Art).

In den Bildern 3.2 und 3.3 sind in den Karten 1, 2 und 3 Erdbebengefährdungskarten der Schweiz von der ersten Art für Auftretenswahrscheinlichkeiten von 10^{-2}, 10^{-3} bzw. 10^{-4} p.a., d.h. statistische Wiederkehrperioden von 100 bzw. 1'000 bzw. 10'000 Jahren, dargestellt. Karte 4 ist eine Erdbebengefährdungskarte von der zweiten Art, sie gilt für eine Intensität I(MSK) = VIII. Die Karten zeigen, dass das Wallis die höchste seismische Gefährdung aufweist. Im Vergleich dazu besteht in den Regionen Basel, St Galler Rheintal, Engadin, Innerschweiz und Berner Oberland eine mittlere und in der übrigen Schweiz, insbesondere im dichtbesiedelten Mittelland zwischen Genfer- und Bodensee, eine relativ geringe Erdbebengefährdung.

Erdbebenzonenkarten werden meist im Zusammenhang mit Normen und der Festlegung entsprechender Bemessungsbeben entwickelt. Dazu muss eine *Bemessungs-Auftretenswahrscheinlichkeit* gewählt werden. Diese wird für das sogenannte Sicherheitsbeben für Hochbauten und Brücken meist zwischen etwa $W = 2 \cdot 10^{-3}$ und $3 \cdot 10^{-3}$ p.a. (statistische Wiederkehrperioden von 333 bis 500 Jahren) angenommen. Aus der für die Bemessungs-Auftretenswahrscheinlichkeit gültigen Erdbebengefährdungskarte kann eine *Erdbebenzonenkarte* entwickelt werden, die in *Zonen mit gemittelter Bemessungsintensität* eingeteilt ist.

Als Beispiel werden die Zusammenhänge für die Entwicklung der Zonenkarte der Norm SIA 160 kurz betrachtet. Bild 3.4 zeigt Beziehungen zwischen der Intensität I(MSK) und der Auftretenswahrscheinlichkeit W_a für die am stärksten (CH max.) und am geringsten (CH min.) gefährdeten Gebiete sowie dazwischen für die gewählten Zonen [Bac+ 89]]. Als Bemessungs-Auftretenswahrscheinlichkeit wurde $2.5 \cdot 10^{-3}$ p.a., d.h. eine statistische Wiederkehrperiode von 400 Jahren festgelegt. Ebenfalls eingetragen sind die pro Zonen gemittelten Bemessungsintensitäten. Bild 3.5 zeigt die Erdbebenzonenkarte der Schweiz aus der Norm SIA 160. Die Zonengrenzen wurden aus rechtlichen Gründen politischen Grenzen (Gemeinde-, Bezirks- oder Kantonsgrenze) angepasst.

Erdbebengefährdungskarten und Erdbebenzonenkarten können anstatt der Intensität eine entsprechende maximale Bodenbeschleunigung oder allenfalls auch eine maximale Bodengeschwindigkeit enthalten (z.B. neue US-Gefährdungs- und Zonenkarten).

Karte 1

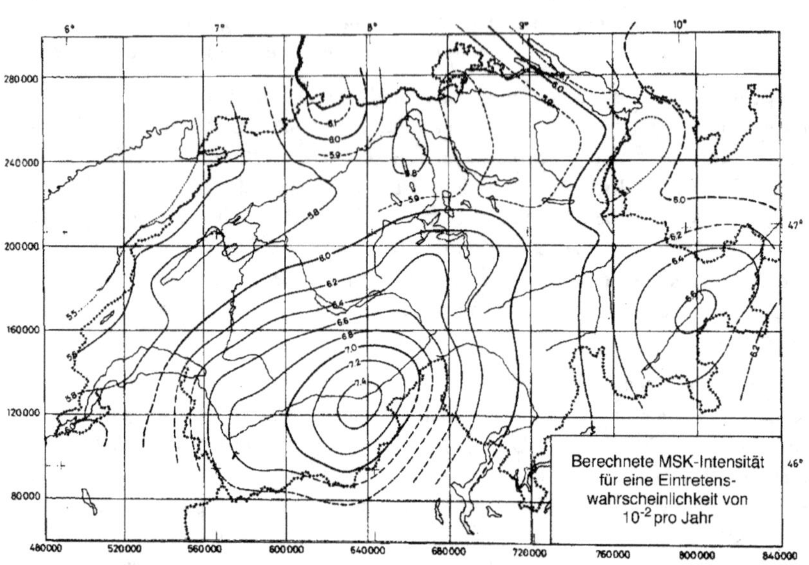

Karte 2

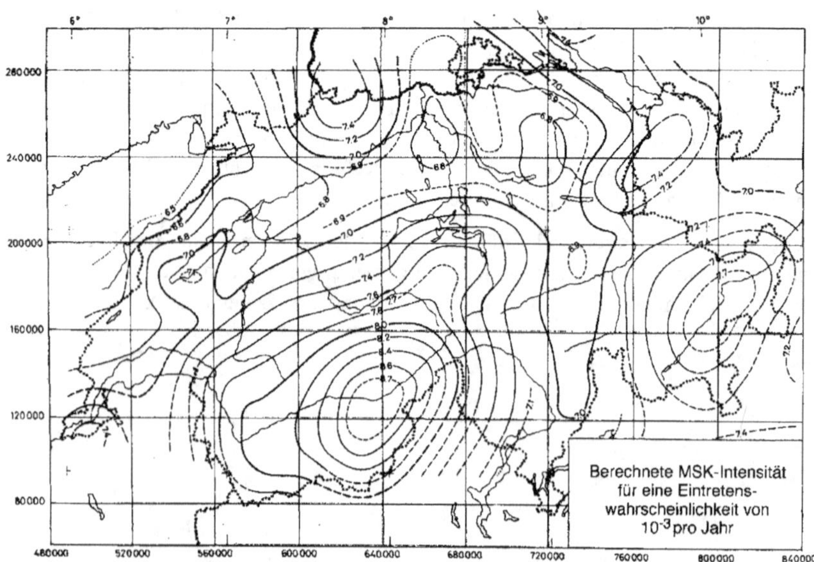

Bild 3.2: Erdbebengefährdungskarten der Schweiz: Karte 1 für eine Eintretenswahrscheinlichkeit von 10^{-2} pro Jahr, Karte 2 für eine Eintretenswahrscheinlichkeit von 10^{-3} pro Jahr [SM 78]

Karte 3

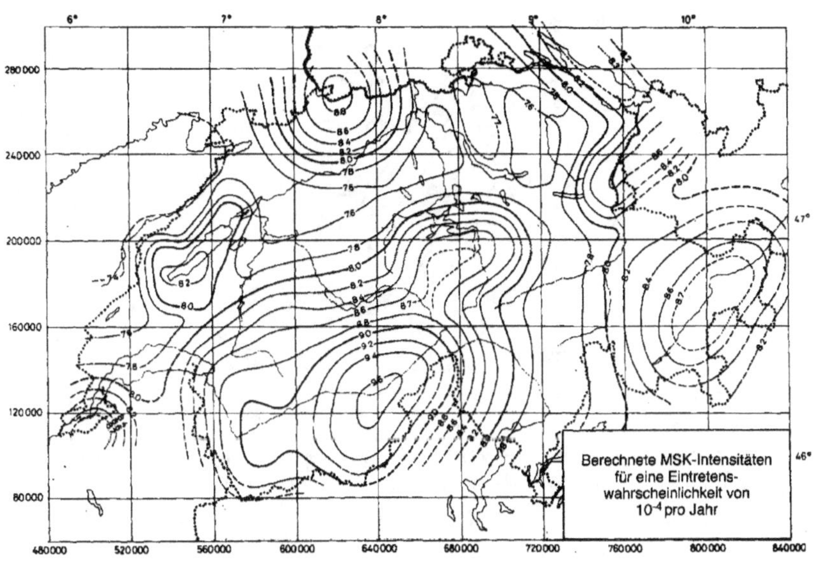

Karte 4

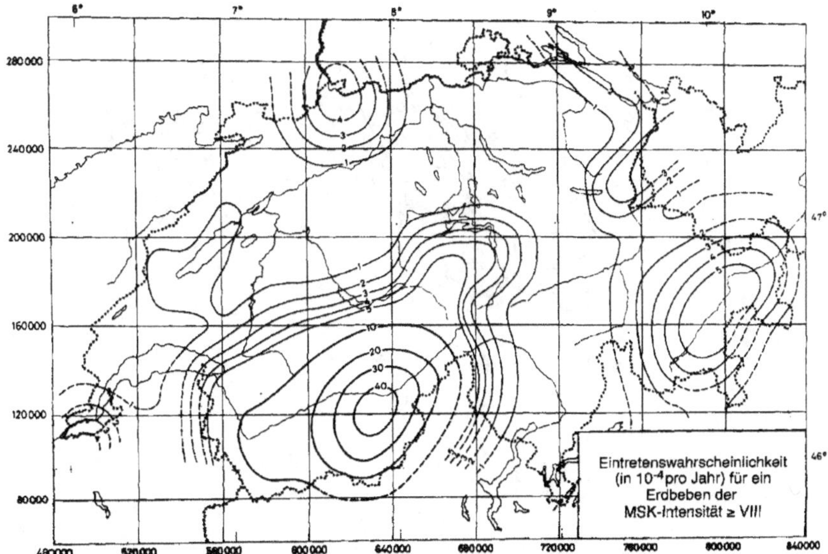

Bild 3.3: Erdbebengefährdungskarten der Schweiz: Karte 3 für eine Eintretenswahrscheinlichkeit von 10^{-4} pro Jahr, Karte 4 für eine MSK-Intensität $\geq$ VIII [SM 78]

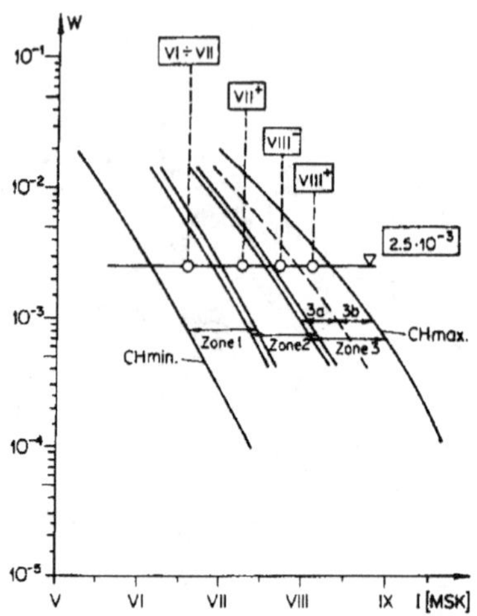

Bild 3.4: Beziehungen zwischen der jährlichen Auftretenswahrscheinlichkeit eines Ereignisses und der MSK-Intensität in der Schweiz [Bac+ 89]

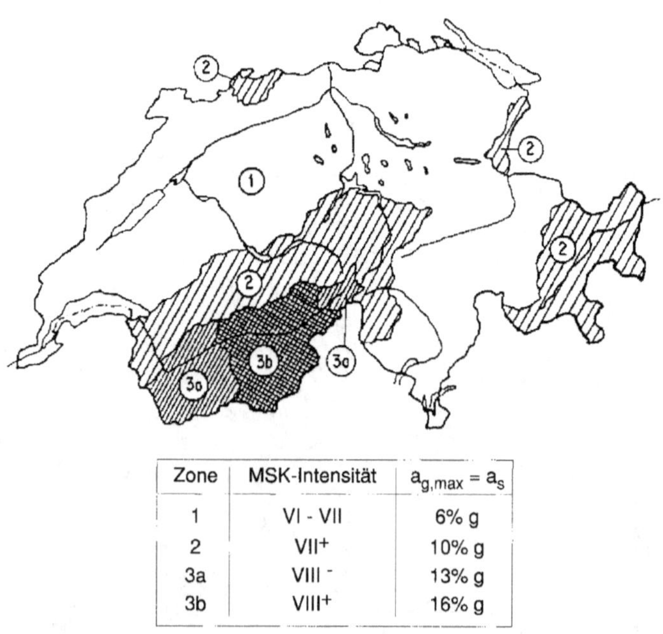

Zone	MSK-Intensität	$a_{g,max} = a_s$
1	VI - VII	6% g
2	VII⁺	10% g
3a	VIII⁻	13% g
3b	VIII⁺	16% g

Bild 3.5: Erdbebenzonenkarte der Schweiz (nach [SIA 160])

3.2 Bestimmung der Bebenkenngrössen

Zur Charakterisierung eines Bemessungsbebens dienen im allgemeinen die bereits in Abschnitt 2.6 betrachteten physikalischen Kenngrössen:

- Bodenverschiebung
- Bodengeschwindigkeit
- Bodenbeschleunigung
- Frequenzgehalt der Bodenbewegung
- Dauer des Erdbebens

Wird für die Erdbebenberechnung das Ersatzkraftverfahren oder das Antwortspektrenverfahren verwendet (vgl. 5. Kapitel), so genügen zur Charakterisierung des Bemessungsbebens meist die Festlegung der maximalen Bodenbeschleunigung und die Umschreibung des Frequenzgehaltes der Bodenbewegung durch die Form eines Bemessungs-Antwortspektrums der Beschleunigung. In besonderen Fällen ist auch die Annahme einer maximalen Bodenverschiebung und einer maximalen Bodengeschwindigkeit erforderlich. Wird für die Erdbebenberechnung das Zeitverlaufsverfahren angewendet, so müssen auch Annahmen über die Dauer der Bodenbewegung sowie über weitere Eigenschaften der Zeitverläufe der Bodenbewegung getroffen werden.

Die *maximale horizontale Bodenbeschleunigung* $a_{g,\,max}$, im folgenden auch mit a_o bezeichnet, ist eine sehr wichtige seismologische Kenngrösse eines Bemessungsbebens. Sie wird üblicherweise aus einer empirischen Beziehung zur Intensität ermittelt. Es gibt zahlreiche Vorschläge und Ansätze für solche Beziehungen. Seismologen verwenden dabei meist die im Zeitverlauf nur einmal auftretende *Spitzenbodenbeschleunigung*. Beispiele mit a_o in [m/s^2] sind:

Gutenberg und Richter 1942 (gilt für Kalifornien):

$$\log a_o = 0.33 \cdot I\,(MM) - 2.5 \tag{3.1}$$

O'Brien vom Friaul-Erdbeben 1976 (gilt für Alpengebiet):

$$\log a_o = 0.26 \cdot I\,(MSK) - 1.81 \tag{3.2}$$

Weitere Beziehungen zwischen Intensität und Spitzenbodenbeschleunigung sind in Bild 3.6 dargestellt [PBM 90].

Alle diese Beziehungen wiedergeben freilich Mittelwerte einer sehr stark streuenden Grösse, und sie sind deshalb mit Vorsicht zu verwenden. Im Extremfall wird sozusagen eine Punktwolke durch eine Regressionsfunktion ersetzt. Dies erklärt auch teilweise die im logarithmischen Massstab sehr grossen Unterschiede der Beschleunigung zwischen den verschiedenen Beziehungen in Bild 3.6.

In Normen wird zur Festlegung von Bemessungsbeben als maximale Bodenbeschleunigung meist nicht die Spitzenbodenbeschleunigung sondern die sogenannte *"effektiv wirksame Bodenbeschleunigung"* verwendet (z.B. [Blu 79], [ATC 78]). Die effektiv wirksame Bodenbeschleunigung ist ein nomineller Wert, der die Wirkung eines Erdbebens im Zusammenhang

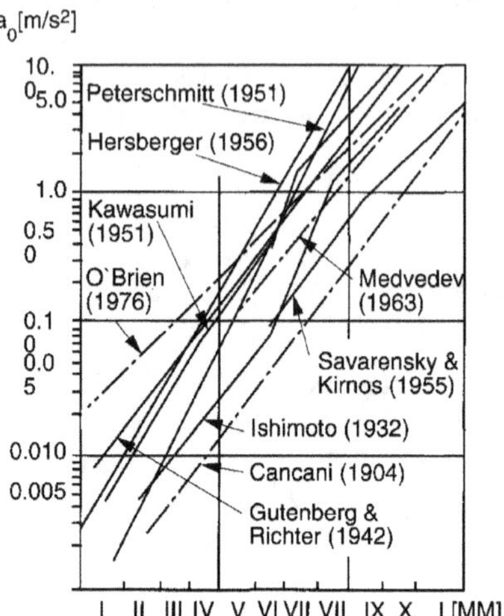

Bild 3.6: Empirische Beziehungen zwischen MM-Intensität und
Spitzenbodenbeschleunigung (nach [PBM 90])

mit den üblichen Bauwerksfrequenzen (Norm-Antwortspektren) charakterisiert. Die effektiv
wirksame Bodenbeschleunigung ist im allgemeinen kleiner als die Spitzenbodenbeschleunigung. Bei eher harmonischen, lang andauernden Bebenverläufen kann sie jedoch grösser als
die Spitzenbodenbeschleunigung sein; bei kurzen, eher impulsartigen Bebenverläufen beträgt sie unter Umständen nur etwa die Hälfte der Spitzenbodenbeschleunigung.

Als Beispiel zeigt Bild 3.7 nebst weiteren bekannten Beziehungen zwischen Intensität und
Spitzenbodenbeschleunigung (analog wie Bild 3.6) die für die Norm SIA 160 verwendete
Beziehung zwischen Intensität und effektiv wirksamer Bodenbeschleunigung. Aufgrund der
in der Schweiz zu erwartenden eher kurzen Bebenverläufen ist die effektiv wirksame Boden-
beschleunigung gegenüber den bekannten Beziehungen der Spitzenbodenbeschleunigung im
Mittel um ca. ein Drittel reduziert. In Bild 3.7 sind auch die entsprechenden Werte der in der
Norm SIA 160 mit a_s (Index s von soil) bezeichneten effektiv wirksamen Bodenbeschleunigung für die Gefährdungszonen der Schweiz eingetragen (vgl. Bild 3.5).

Die *maximale horizontale Bodengeschwindigkeit* $v_{g,max}$, im folgenden mit v_o bezeichnet,
und die *maximale horizontale Bodenverschiebung* $d_{g,max}$, im folgenden mit d_o bezeichnet,
können mit Hilfe ähnlicher Beziehungen zur Intensität wie für die maximale horizontale Bodenbeschleunigung a_o angenommen werden. Tabelle 3.1 enthält entsprechende Mittelwerte
sowie Werte für die Standardabweichungen. Man erkennt auch hier wieder die relativ grossen Streuungen. Bei den angegebenen Werten handelt es sich um Spitzenwerte. Die Mittelwerte der Bodenbeschleunigung liegen daher höher als die in der Norm SIA 160 bzw. in
Bild 3.7 verwendeten effektiv wirksamen Werte. Bei einem solchen Vergleich ist auch zu beachten, dass für Tabelle 3.1 die MM-Skala, für die Norm SIA 160 jedoch die MSK-Skala
verwendet wurden (gleicher Intensitätsgrad bedeutet nach der MM-Skala ein etwas schwä-
cheres Erdbeben als nach der MSK-Skala, vgl. Tabelle 2.3).

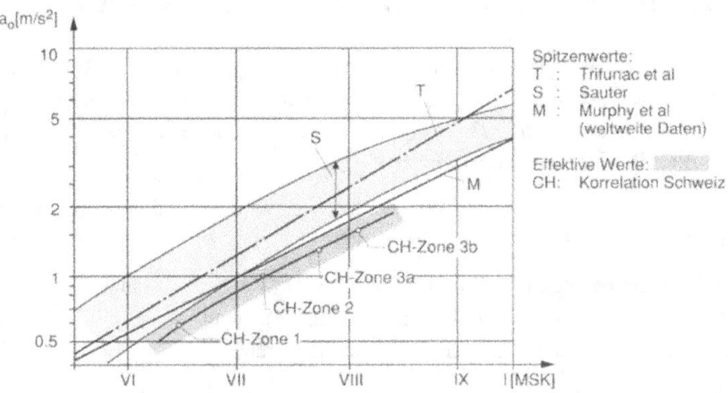

Bild 3.7: Beziehungen zwischen Intensität I(MSK) und Spitzenbodenbeschleunigung bzw. effektiv wirksamer Bodenbeschleunigung a_o sowie entsprechende Werte für die Gefährdungszonen der Schweiz (nach [Bac+ 89]

Der *Frequenzgehalt der Bodenbewegung* wird bei der Annahme der Form bzw. bei der Konstruktion des elastischen Bemessungs-Antwortspektrums fixiert (s. Abschnitt 3.3).

Die *Dauer der Bodenbewegung*, die für die Schadenwirkung an Bauwerken ebenfalls wichtig ist, geht nur bei der Wahl bzw. bei der künstlichen Erzeugung von Zeitverläufen der Bodenbewegung in das Bemessungsbeben ein (s. Abschnitt 3.4).

	Intensität I (MM)		
	VI[a]	VII[a]	VIII[a]
a_o [m/s²]	0.05 - **0.83** - 1.60	0.70 - **1.30** - 1.90	0.80 - **1.70** - 2.50
v_o [m/s]	0.02 - **0.08** - 0.14	0.08 - **0.16** - 0.25	0.09 - **0.19** - 0.29
d_o [m]	0.01 - **0.04** - 0.07	0.04 - **0.08** - 0.13	0.02 - **0.09** - 0.15
	[a]Angabe der Mittelwerte ± Standardabweichung		

Tabelle 3.1: Zusammenhang zwischen Intensität I (MM) und maximaler Bodenbeschleunigung a_o, Bodengeschwindigkeit v_o und Bodenverschiebung d_o [MK 84]

3.3   Konstruktion elastischer Bemessungs-Antwortspektren

Das sogenannte "elastische Bemessungs-Antwortspektrum" gilt für elastische Einmassenschwinger. Es wird grundsätzlich bestimmt als *geglättete Umhüllende der elastischen Antwortspektren mehrerer registrierter Erdbeben* von etwa gleicher Intensität in Gegenden mit ähnlicher Tektonik und ähnlicher Bodenart.

Die *Form* elastischer Bemessungs-Antwortspektren wird vor allem durch die folgenden Grössen bestimmt (vgl. Abschnitt 2.7.3):

- maximale Bodenbewegungsgrösse bei bestimmter Spektrumsfrequenz
- Frequenzbereich der grössten Überhöhung (Eckfrequenzen)
- grösste Überhöhungsfaktoren (Amplifikationsfaktoren)

Die maximalen Bodenbewegungsgrössen erscheinen als Grenzwerte in Antwortspektren etwa nach folgenden Regeln:

Beschleunigungsspektren:	a_o bei	$f \geq 33\,\mathrm{Hz}$
Geschwindigkeitsspektren:	v_o bei	$f \leq 0.1\,\mathrm{Hz}$
Verschiebungsspektren:	d_o bei	$f \leq 0.1\,\mathrm{Hz}$

Der Frequenzbereich der grössten Überhöhung (auch "Plateau" des Antwortspektrums genannt) mit den Eckfrequenzen wird vor allem durch die Bodenart beeinflusst. Die grössten Überhöhungsfaktoren (entsprechend dem Verhältnis des Plateauwertes zur maximalen Bodenbewegungsgrösse) hängen von der Dämpfung, der Art des Bodens und der statistischen Definition ab (vgl. Abschnitt 2.7.3). Sowohl die Eckfrequenzen wie die grössten Überhöhungsfaktoren sind verschieden für die Absolutbeschleunigung, die Relativgeschwindigkeit und die Relativverschiebung (vgl. Tabellen 2.7 und 2.8).

Mit der maximalen Bodenbewegungsgrösse und den Werten bei den beiden Eckfrequenzen sind drei massgebende Punkte eines Bemessungs-Antwortspektrums definiert. Der Verlauf zwischen diesen drei Punkten wird (im logarithmischen Frequenz-Massstab) meist geradlinig angenommen. Der Verlauf im Bereich von Beschleunigungsspektren, wo die Spektralwerte gegen Null gehen müssen, wird meist entsprechend einer konstanten Verschiebung angenommen.

Regeln für die Konstruktion der Form elastischer "Normspektren" in kombinierter doppeltlogarithmischer Darstellung sind z.B. in [NH 82] ausführlich dargestellt und dokumentiert. Ein Beispiel solcher Normspektren zeigt Bild 3.8 (vgl. auch 5.4.2e).

Die *Kalibrierung* ("calibration") - auch *Skalierung* ("scaling") genannt - elastischer Bemessungs-Antwortspektren erfolgt üblicherweise mittels der maximalen Bodenbewegungsgrösse. Dies bedeutet, dass für unterschiedlich starke Erdbeben stets die gleiche Form des Antwortspektrums angenommen wird. Dies entspricht nicht unbedingt der Wirklichkeit, können doch z.B. durch unterschiedliche Herdmechanismen die Bodenbewegungen in unterschiedlichen Frequenzbereichen akzentuiert werden. In letzter Zeit ist aber auch allgemein vermehrt umstritten, ob die maximale Bodenbewegungsgrösse (Bodenbeschleunigung) zur Festlegung der Stärke eines Erdbebens überhaupt geeignet ist. Erfahrungen bei Zeitverlaufsberechnungen zeigen, dass für die Antwort eines Bauwerks vor allem der Spektralwert bei dessen Grundfrequenz massgebend ist [BWL 92]. Dieser kann jedoch - je nach Form des Spektrums - auch bei gleicher maximaler Bodenbewegungsgrösse sehr verschieden sein. Än-

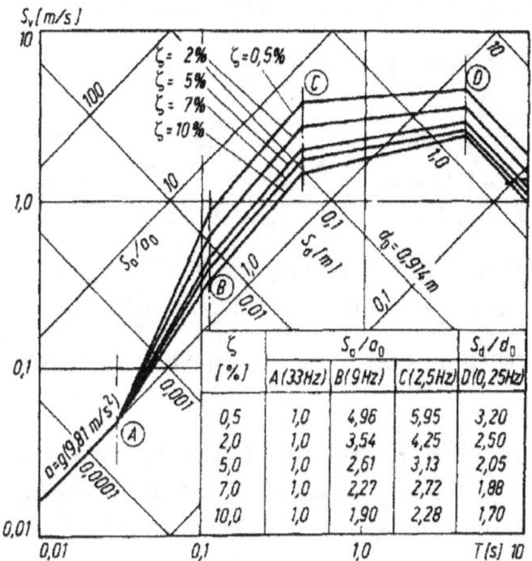

Bild 3.8: Elastische Normspektren für 16% Überschreitungswahrscheinlichkeit [MK 84]

derungen an der Form des Spektrums sind somit von ebensolcher Bedeutung wie Änderungen bei der maximalen Bodenbewegungsgrösse.

Als Beispiel für ein konstruiertes und auf verschiedene maximale Bodenbeschleunigungen skaliertes Bemessungs-Antwortspektrum zeigt Bild 3.9 die für verschiedene Gefährdungszonen gültigen elastischen Bemessungsspektren der Absolutbeschleunigung der Norm SIA 160. Der Frequenzbereich der grössten Überhöhung (Eckfrequenzen) wurde aufgrund von Studien der schweizerischen seismischen Verhältnisse (Herdmechanismen, Geologie, etc.) zu 3 Hz bis 10 Hz für steife Böden und zu 2 Hz bis 10 Hz für mittelsteife Böden festgelegt. Der grösste Überhöhungsfaktor wurde nach [NH 82] zu 2.12 angenommen (vgl. Tabelle 2.8), und zwar gleich für steife und für mittelsteife Böden. Im Bereich $f > 33\,\mathrm{Hz}$ sind die zur Skalierung verwendeten maximalen (effektiv wirksamen) Bodenbeschleunigungen eingetragen.

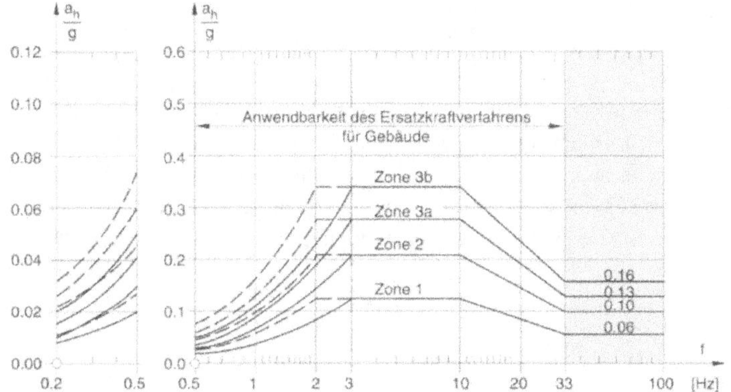

Bild 3.9: Elastische Bemessungs-Antwortspektren der Beschleunigung (Mittelwerte für 5% Dämpfung) für steife Böden (ausgezogen) und für mittelsteife Böden (gestrichelt) der Norm SIA 160 (nach [SIA 160])

3.4 Erzeugung spektrumskonformer Zeitverläufe der Bodenbewegung

Sofern zu einer Erdbebenberechnung das Zeitverlaufsverfahren verwendet wird (vgl. 5. und 6. Kapitel), werden - meist mehrere - Zeitverläufe der Bodenbeschleunigung benötigt. Dabei können zwei verschiedene Arten unterschieden werden:

- natürliche, bei tatsächlichen Erdbeben registrierte Zeitverläufe
- künstlich erzeugte, meist spektrumskonforme Zeitverläufe

Beide Arten von Zeitverläufen müssen i.a. auf eine bestimmte maximale Bodenbeschleunigung kalibriert werden.

Bei einem spektrumskonformen Zeitverlauf ist dessen Antwortspektrum mit guter Näherung meist gleich einem vorgegebenen elastischen Bemessungs-Antwortspektrum. Bild 3.10 zeigt als Beispiel einen künstlich erzeugten Zeitverlauf der Bodenbeschleunigung, dessen Antwortspektrum (ausgezogene Linie) dem Bemessungsspektrum (Rand des schattierten Bereiches) der Norm SIA 160 für Zone 3b und mittelsteife Böden entspricht [Wen 90]. Die bei der Erzeugung des Zeitverlaufs verwendeten maximalen Bodenbewegungsgrössen sind angegeben. Grundlagen und Vorgehen zur Erzeugung solcher Zeitverläufe sind in der einschlägigen Spezialliteratur beschrieben [Van+ 76].

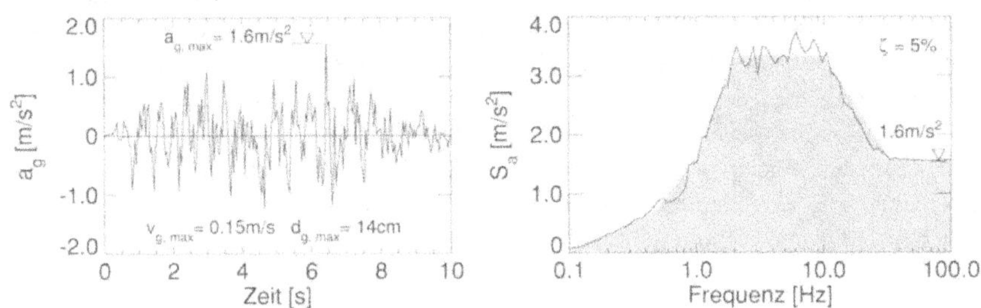

Bild 3.10: Künstlich erzeugter Zeitverlauf der Bodenbeschleunigung konform zum Bemessungs-Antwortspektrum der Norm SIA 160 für Zone 3b und mittelsteife Böden [Wen 90]

Da Bemessungs-Antwortspektren der geglätteten Umhüllenden von Antwortspektren mehrerer natürlicher Erdbeben entsprechen, sind spektrumskonforme künstliche Zeitverläufe im Vergleich zu einem natürlichen Erdbeben *insgesamt zu energiereich*. Die Verwendung solcher künstlicher Zeitverläufe für Zeitverlaufsberechnungen hat indessen den Vorteil, dass sämtliche Tragwerksfrequenzen dem Bemessungsspektrum entsprechend angeregt werden.

3.5 Tragwiderstand und Duktilität

Für das Erdbebenverhalten eines Tragwerks sind vor allem dessen folgende Eigenschaften wichtig:

- *Tragwiderstand* gegen horizontale Kräfte
- *Duktilität* (Verformungsvermögen)

Zwischen diesen beiden Grössen besteht eine enge Wechselbeziehung. Diese ist für das gesamte Erdbebeningenieurwesen von grosser Tragweite.

3.5.1 Grundlegende Zusammenhänge

Bezüglich Einsturzgefahr gilt die folgende approximative Beziehung:

$$\boxed{\begin{array}{c} \text{``Güte'' des Erdbebenverhaltens} \\ \approx \text{Tragwiderstand} \cdot \text{Duktilität} \end{array}}$$

Ein Tragwerk muss also beispielsweise entweder einen hohen Tragwiderstand und eine kleine Duktilität oder einen tiefen Tragwiderstand und eine grosse Duktilität aufweisen. Oder es kann sowohl einen mittleren Tragwiderstand als auch eine mittlere Duktilität besitzen, usw. Alle diese möglichen Lösungen haben ähnliche Chancen, ein starkes Erdbeben ohne Einsturz zu überstehen.

Somit kann vorerst festgehalten werden:

- Je kleiner der Tragwiderstand desto grösser ist die erforderliche Duktilität, bzw.
- je kleiner die Duktilität, desto grösser ist der erforderliche Tragwiderstand.

Für ein gegebenes Bemessungsbeben einer bestimmten Stärke kann somit ein *Tragwerk sehr verschieden ausgebildet* werden (Bild 3.11). Eine erste mögliche Lösung ist, das Tragwerk mit einem so hohen Tragwiderstand zu versehen, dass es das Bemessungsbeben elastisch, d.h. ohne plastische Verformungen, überstehen kann. Dann besteht kein Duktilitätsbedarf, d.h. es ist kein plastisches Verformungsvermögen des Tragwerks erforderlich. Eine zweite, ganz andere, mögliche Lösung ist, das Tragwerk mit einem tiefen Tragwiderstand aber dafür mit einer grossen Duktilität zu versehen. Damit werden unter Einwirkung des Bemessungsbebens zwar grosse plastische Verformungen und somit auch erhebliche Schäden entstehen, aber es wird kein Einsturz erfolgen. Oft wird jedoch eine Lösung zwischen den genannten gewählt und das Tragwerk mit einem mittleren Tragwiderstand versehen. Damit wird das Bemessungsbeben nur mässige plastische Verformungen erzeugen, der Duktilitäsbedarf bleibt verhältnismässig gering.

Die erste Lösung ist meist sehr unwirtschaftlich, weil ein hoher Aufwand für den Tragwiderstand erforderlich ist. Da aber starke Erdbeben nur sehr selten auftreten, können Schäden durch plastische Verformungen des Tragwerks durchaus akzeptiert werden, sofern kein Einsturz erfolgt. Besonders in Gebieten mit hoher Seismizität bietet die zweite Lösung eine interessante Möglichkeit. Voraussetzung sind wegen der grossen zu erwartenden Tragwerksverformungen relativ grosse akzeptierte Schäden. Ferner muss der grosse Duktilitätsbedarf durch eine entsprechende Bemessung und konstruktive Durchbildung abgedeckt werden. In

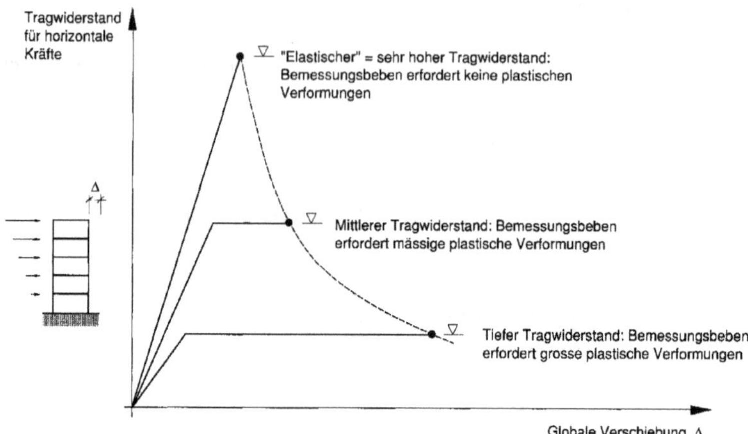

Bild 3.11: Verschiedene Möglichkeiten zur Ausbildung eines Tragwerks
für ein bestimmtes Bemessungsbeben

Gebieten mit mittlerer Seismizität oder bei Bauwerken mit nur mässigen akzeptierten Schäden kann die mittlere Lösung am vorteilhaftesten sein.

Die *Bemessung* von Tragwerken des Hochbaus für Erdbebeneinwirkung erfolgt in der Regel mit Hilfe des *Ersatzkraftverfahrens* (Das Antwortspektrenverfahren und vor allem das Zeitverlaufsverfahren werden meist nur zu Nachweiszwecken in besonderen Fällen verwendet, vgl. 5. Kapitel). Beim Ersatzkraftverfahren wird die Erdbebeneinwirkung durch eine horizontale statische Ersatzkraft dargestellt, die nach bestimmten Regeln über die Höhe des Bauwerks verteilt wird. Es muss daher nur eine statische und keine dynamische Berechnung durchgeführt werden.

Bei der Bemessung nach dem Ersatzkraftverfahren wird *der Tragwiderstand gegen horizontale Kräfte durch die Ersatzkraft determiniert*. Mit grösserer Ersatzkraft vergrössert sich der resultierende Tragwiderstand. Daher gilt: *je grösser die verfügbare Duktilität ist* (und somit je grösser die zugelassenen plastischen Verformungen sind), *desto kleiner darf die Ersatzkraft sein*. Dieser grundlegende Zusammenhang wird benutzt, um die für eine "elastische Lösung" erforderliche Ersatzkraft in Funktion der verfügbaren Duktilität abzumindern (s. Abschnitt 3.5.3).

3.5.2 Definition und Arten der Duktilität

Definition

Grundlage für die Definition einer Duktilität ist ein bilineares, ideal elastisch-plastisches Kraft-Verformungsdiagramm gemäss Bild 3.12a. Die Duktilität ist das *Verhältnis einer totalen elastisch-plastischen Verformung zur elastischen Verformung beim Fliessbeginn*.

In Wirklichkeit und insbesondere bei hochgradig statisch unbestimmten Tragwerken verläuft das rechnerisch oder experimentell ermittelte Kraft-Verformungsdiagramm meist gekrümmt,

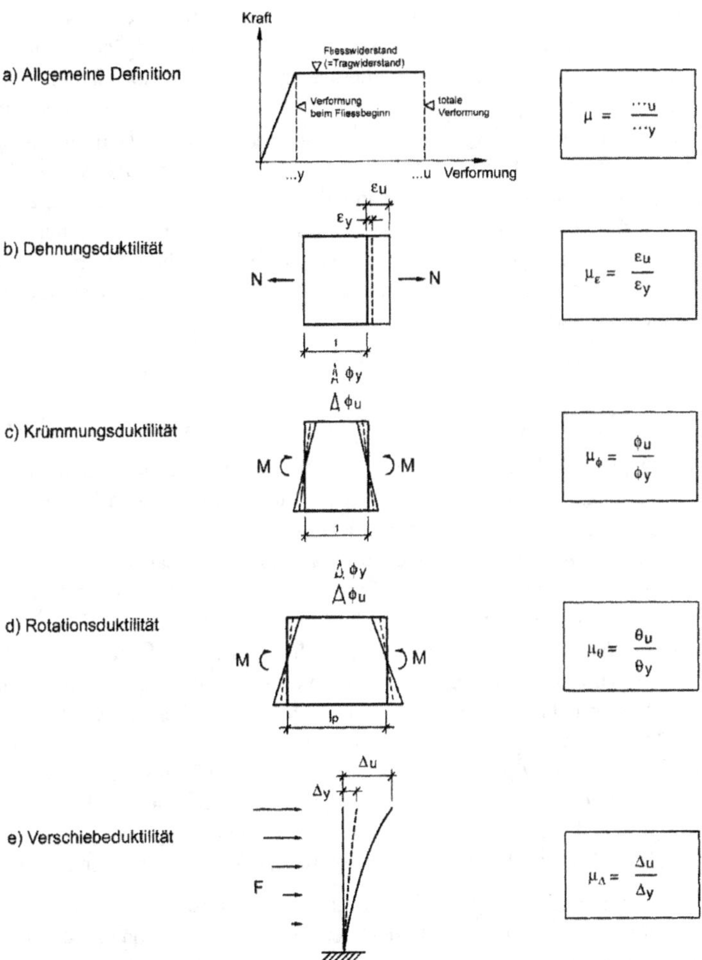

Bild 3.12: Definition und Arten der Duktilität

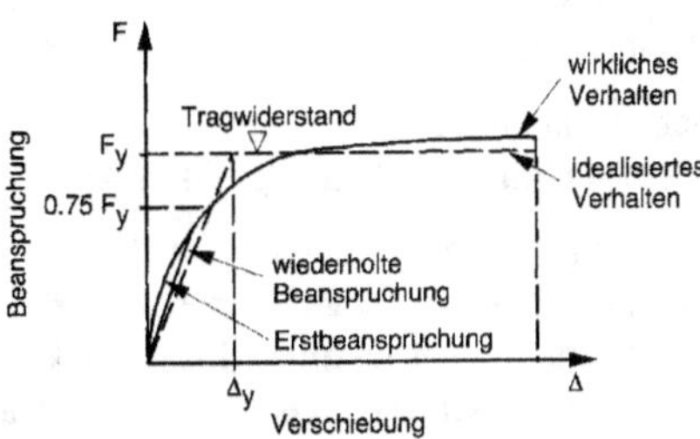

Bild 3.13: Definition des idealisierten Kraft-Verformungsdiagramms aus einem rechnerisch oder experimentell ermittelten Kraft-Verformungsverlauf (nach [PBM 90])

weil plastische Verformungen weit vor Erreichen des Tragwiderstandes beginnen. In diesem Fall können das idealisierte bilineare Diagramm und insbesondere die als Bezugsgrösse sehr wichtige nominelle Verformung beim Fliessbeginn nach der sogenannten "3/4-Regel" gemäss Bild 3.13 ermittelt werden. Demnach wird eine horizontale Fliessgerade entsprechend einem rechnerischen Tragwiderstand angenommen und die elastische Gerade so eingelegt, dass sie den wirklichen Kraft-Verformungsverlauf auf der Höhe von 3/4 des Tragwiderstandes kreuzt. Im weitern kann durch iteratives Vorgehen das idealisierte Diagramm so eingepasst werden, dass dessen Fliessgerade das wirkliche Kraft-Verformungsdiagramm beispielsweise bei Duktilität 2 kreuzt (plastische gleich elastische Verformung). Bei beiden Kreuzungspunkten handelt es sich natürlich um willkürliche Festlegungen, die sich jedoch im allgemeinen bewährt haben.

Arten

Es können die folgenden *Arten der Duktilität* unterschieden werden (Bild 3.12 b bis e):

- Die *Dehnungsduktilität* μ_ε ist an einem Stabelement der Länge 1 definiert, das durch eine zentrische Normalkraft beansprucht ist. Sie gibt an, bis zu welchem Vielfachen der Dehnung bei Fliessbeginn ε_y das Element gedehnt ist.
- Die *Krümmungsduktilität* μ_ϕ ist an einem Stabelement der Länge 1 definiert, das durch ein Biegemoment beansprucht ist. Sie gibt an, bis zu welchem Vielfachen des Krümmungswinkels bei Fliessbeginn ϕ_y das Element gekrümmt ist.
- Die *Rotationsduktilität* μ_θ ist an einem plastischen Gelenk der Länge l_p (plastische Länge) definiert, das durch ein Biegemoment (und eventuell durch eine Normalkraft, z.B. in Stützen) beansprucht ist. Sie gibt an, bis zu welchem Vielfachen des Rotationswinkels bei Fliessbeginn θ_y das plastische Gelenk verdreht ist.
- Die *Verschiebeduktilität* μ_Δ ist definiert an einem ganzen Tragwerk oder an einem Tragelement (z.B. unten eingespannte Stütze), die durch eine oder mehrere Kräfte beansprucht sind. Sie gibt an, bis zu welchem Vielfachen der Verschiebung bei Fliessbeginn Δ_y das Tragwerk bzw. das Tragelement an einer bestimmten Stelle verschoben ist.

Die Duktilität bei maximal möglicher Verformung, d.h. unmittelbar bevor sich ein Bruch ereignet, wird auch als *Grenzduktilität* bezeichnet. Es versteht sich von selbst, dass die in einem Tragwerk beanspruchte Duktilität stets kleiner als die Grenzduktilität sein sollte.

Globale und lokale Duktilität

Bei einem bestimmten Tragwerk oder Tragelement mit einem bestimmten elastisch-plastischen Verformungszustand kann folgende Unterscheidung getroffen werden:

Globale Duktilität: Verschiebeduktilität
Lokale Duktilität: Rotationsduktilität, Krümmungsduktilität

In einem solchen Tragwerk oder Tragelement sind die globale und die lokale Duktilität und somit die verschiedenen Arten der Duktilität eng miteinander verknüpft. Beispielsweise ist in einem Rahmentragwerk die Krümmungsduktilität (lokale Duktilität) in den plastischen Gelenken erforderlich, um die der Verschiebeduktilität (globale Duktilität) entsprechende elastisch-plastische Verschiebung des Tragwerks zu ermöglichen.

Von grosser Bedeutung ist die Tatsache, dass die lokale Duktilität und die globale Duktilität im allgemeinen eine sehr unterschiedliche Grösse haben. In einem Rahmentragwerk beispielsweise sind die Zahlen für die Krümmungsduktilität in den einzelnen plastischen Gelenken wesentlich grösser als die Zahl der Verschiebeduktilität (bei regelmässigem Tragwerk i.a. Faktor 2 bis 3).

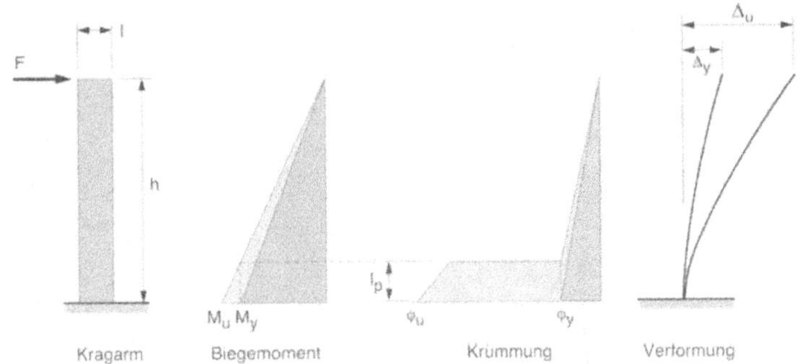

Bild 3.14: Kragarm mit Einzelkraft im Fliesszustand [PBM 90]

Der Zusammenhang zwischen lokaler und globaler Duktilität und somit zwischen verschiedenen Arten der Duktilität und deren relativer Grösse kann am Beispiel eines Kragarms mit Einzelkraft am oberen Ende und plastischem Gelenk am Kragarmfuss gemäss Bild 3.14 betrachtet werden. Es soll eine Beziehung zwischen Krümmungsduktilität und Verschiebeduktilität hergeleitet und diskutiert werden [PBM 90].

Die Verformungen beim Fliessbeginn können mit Hilfe der Elastizitätstheorie berechnet werden:

$$\text{Verschiebung:} \quad \Delta_y = \frac{F_y h^3}{3EI} \tag{3.3}$$

$$\text{Krümmung:} \quad \phi_y = \frac{M_y}{EI} = \frac{F_y h}{EI} = \frac{3\Delta_y}{h^2} \tag{3.4}$$

Die plastische Verschiebung beträgt:

$$\Delta_u - \Delta_y = (\phi_u - \phi_y)l_p(h - l_p/2) \tag{3.5}$$

Mit der Verschiebeduktilität $\mu_\Delta = \Delta_u/\Delta_y$ ergibt sich die Krümmungsduktilität zu

$$\mu_\phi = \frac{\phi_u}{\phi_y} = \frac{h^2(\mu_\Delta - 1)}{3l_p(h - l_p/2)} + 1 \tag{3.6}$$

Vergleicht man nun μ_ϕ mit μ_Δ, so stellt man fest, dass

| Erforderliche Krümmungsduktilität | $\gg$ | Zugehörige Verschiebeduktilität |

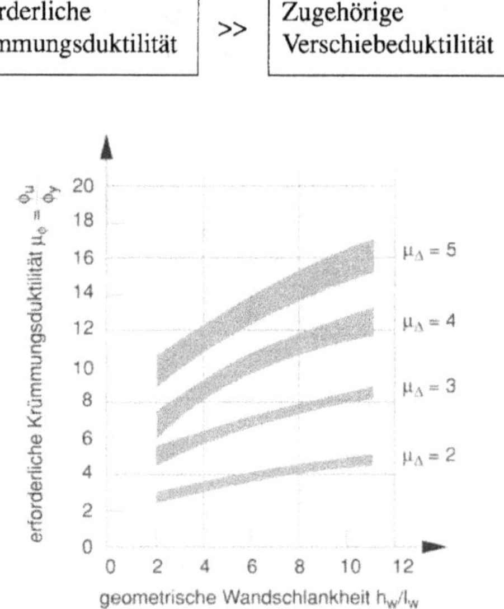

Bild 3.15: Erforderliche Krümmungsduktilität im plastischen Gelenk am Fuss einer Tragwand in Abhängigkeit von der Verschiebeduktilität und der Schlankheit (nach [PBM 90]

Bild 3.15 zeigt den Zusammenhang zwischen Krümmungsduktilität und Verschiebeduktilität gemäss Gl. (3.6) für Tragwände mit der Wandlänge l_w (horizontal gemessen) und der Wandhöhe h_w. Dabei wurde eine ausser von l_w auch von der Wandschlankheit h_w/l_w abhängige Länge des plastischen Gelenkes l_p berücksichtigt [PBM 90]. Man erkennt, dass eine bestimmte Verschiebeduktilität eine bedeutend höhere, d.h. eine etwa 2 bis 3 mal grössere, Krümmungsduktilität erforderlich macht.

Ähnliche Zusammenhänge gelten auch für andere Tragwerksarten, insbesondere für Rahmen. Die genannte Verhältniszahl "Krümmungsduktilität zu Verschiebeduktilität" hängt indessen sehr stark vom entstehenden Mechanismus ab. Dies kann z.B. anhand von Bild 7.1 eingesehen werden. Die Verhältniszahl, z.B. für das Stützenfussgelenk, wird beim sehr ungünstigen Mechanismus a) erheblich grösser sein als beim Mechanismus b), bei dem die zur Verschiebung Δ beitragenden plastischen Verformungen über das ganze Tragwerk gut verteilt sind.

Wegen der Unterschiede bei den Duktilitätszahlen je nach Art der Duktilität, sollte man im allgemeinen *bei der Nennung einer Duktilitätszahl stets angeben, um welche Art der Duktilität es sich handelt.*

Für die oben dargestellten Definitionen der Duktilität wurde (vorerst) eine sogenannte *monodirektionale* oder *monotone Beanspruchung* vorausgesetzt. Dabei bewirkt eine stets in der gleichen Richtung wirkende und stets zunehmende Kraftgrösse eine entsprechende, stets zunehmende Verformungsgrösse. Bei Erdbebeneinwirkung findet jedoch eine *zyklische Bean-*

spruchung statt. Dies bedeutet, dass die Kraftgrösse jederzeit auch abnehmen und auch das Vorzeichen ändern, d.h. die umgekehrte Richtung haben kann. Ähnliches gilt für die entsprechende Verformungsgrösse. Es findet also eine mehrmalige Beanspruchungsumkehr, d.h. eine Kraft- und Verformungsumkehr, statt. Dies führt auf die bekannten *Hysteresekurven*.

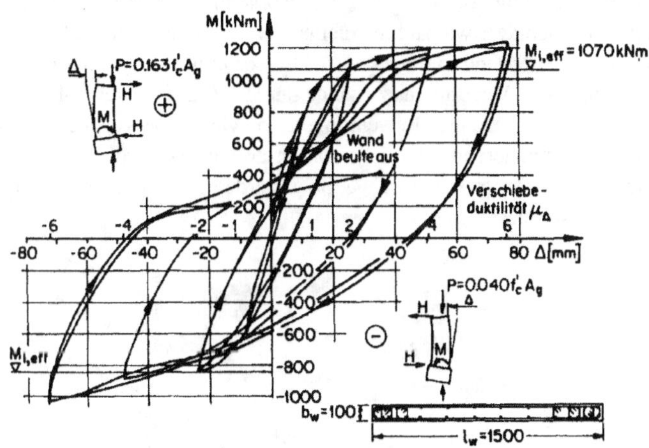

Bild 3.16: Stabiles Hystereseverhalten einer Tragwand im Labor [Pau 86]

Bild 3.16 zeigt Hysteresekurven aus einem Laborversuch an einer Tragwand mit den angegebenen Abmessungen von Querschnitt und Höhe [Pau 86]. Abgetragen sind die Verschiebung Δ am oberen Ende der Wand und das Biegemoment am Wandfuss. Die Skala der Verschiebeduktilität wurde auf analoge Weise wie bei monodirektionaler Beanspruchung und mit Hilfe der 3/4-Regel definiert. Beim Versuch wurden jeweils zwei identische Zyklen in beiden Beanspruchungsrichtungen gefahren, und zwar zuerst bis zu einem Biegemoment von 3/4 des rechnerischen Tragwiderstandes, und dann mit Verschiebeduktilitäten von μ_Δ = 2, 4 und 6. Die Kurven zeigen ein sehr schönes, stabiles Hystereseverhalten mit sehr guter "Völligkeit", d.h. ohne die sehr ungünstige Einschnürung ("pinching"). Der Bruch ereignete sich beim Zurückfahren im zweiten Zyklus mit μ_Δ = 6 durch Ausbeulen der Wand im plastischen Gelenk.

Es ist somit möglich und üblich, für die erreichte oder erforderliche Duktilität bei zyklischer Beanspruchung die gleiche Definition wie bei monodirektionaler Beanspruchung zu verwenden. Normalerweise wird nur der absolute Wert der erreichten maximalen Duktilität, d.h. ohne Angabe der zugehörigen Beanspruchungsrichtung, wiedergegeben. Gelegentlich wird aber auch entsprechend den Beanspruchungsrichtungen zwischen maximaler positiver und negativer Duktilität unterschieden, und somit werden in jedem plastifizierten Bereich zwei Werte angegeben. In beiden Fällen bleiben aber Anzahl und Duktilität der kleineren Zyklen unberücksichtigt. Diese tragen natürlich auch zur Schädigung in einem plastifizierten Bereich bei. Die maximal erreichte Duktilität ist somit nur ein sehr *grober Schädigungsparameter*. Komplizierter definierte Schädigungsparameter als Mass für die in plastifizierten Bereichen dissipierte Energie werden gelegentlich für Forschungszwecke verwendet [MK 90].

Hier soll noch beigefügt und betont werden, dass z.B. in Stahlbetonkonstruktionen das Rissebild und schliesslich auch die Beanspruchungsweise (Spannungs- und Verformungszustände) in plastifizierten Bereichen ganz anders sind bei zyklischer als bei monodirektionaler Beanspruchung. Als Beispiel zeigt Bild 3.17 das Rissbild einer im Labor geprüften Stahlbetontragwand im Massstab 1:3 nach zahlreichen plastischen Zyklen im Fliessgelenk am Wandfuss. Während bei monodirektionaler Beanspruchung die Risse nur von einer Seite her entstehen und dann schräg etwa parallel zueinander verlaufen würden, formen sie sich hier von beiden Seiten her und sind somit gekreuzt. Die Zerrüttung des Betons ist ungleich stärker und die Spannungs- und Verformungszustände der auf Zug und auch auf Druck grosse plastische Verformungen erleidenden Bewehrungen sind ganz anders als bei monodirektionaler Beanspruchung. Plastifizierende Bereiche sollten deshalb bei Erdbebeneinwirkung anders bemessen und anders konstruktiv durchgebildet werden als bei monodirektionaler Einwirkung (z.B. aus Schwerelasten).

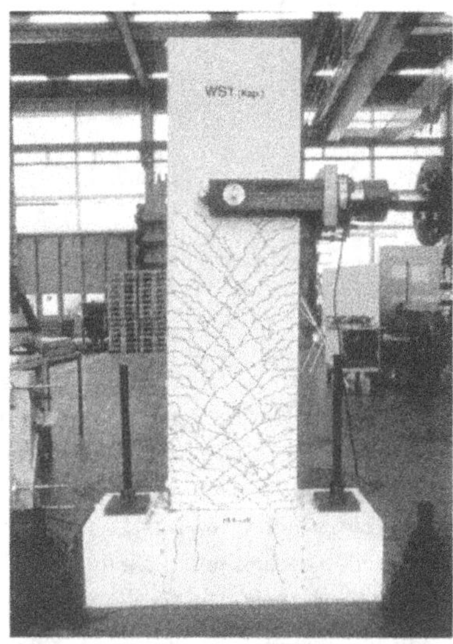

Bild 3.17: Schräge Kreuzrisse in einer duktilen Tragwand nach zyklischer Beanspruchung [DWB 95]

3.5.3   Abminderung des Tragwiderstandes dank Duktilität

a) Erwägungen

Im Abschnitt 3.5.1 wurde gezeigt, dass bei einem Tragwerk unter Erdbebeneinwirkung im Hinblick auf die Verhinderung eines Einsturzes mit grösserer Duktilität ein kleinerer Tragwiderstand vorhanden sein darf. Als Mass für die - globale - Duktilität dient bei Hochbauten die in Abschnitt 3.5.2 definierte Verschiebeduktilität μ_Δ des ganzen Tragwerks, wobei Δ die Relativverschiebung der obersten Decke gegenüber der Fundation ist. In sämtlichen plastifizierenden Bereichen muss dann eine dieser Verschiebeduktilität entsprechende lokale Duktilität (vor allem Krümmungsduktilität) vorhanden sein, damit nirgends ein vorzeitiger Bruch erfolgen kann. Nur wenn diese Duktilitäten im Sinne einer "Bemessungsduktilität" garantiert werden können, ist eine erhebliche Abminderung des "elastischen Tragwiderstandes" (Bild 3.11) bzw. der entsprechenden "elastischen Ersatzkraft" grundsätzlich möglich.

Dabei gilt es allerdings zu beachten, dass bei einem Tragwerk unter Einwirkung des Bemessungsbebens mit grösserer Bemessungsduktilität auch grössere plastische Verformungen entstehen. Diese bewirken erhebliche Schäden am Tragwerk und oft auch an den nichttragenden Elementen. Gewisse Schäden treten bereits bei schwächeren Erdbeben auf. Die Stärke des sogenannten "Schadengrenzbebens" [PBM 90], d.h. des Erdbebens, welches erste Schäden bewirkt, ist wesentlich geringer als diejenige des Bemessungsbebens. Anderseits hat das Bemessungsbeben eine kleine Auftretenswahrscheinlichkeit (z.B. $2 \cdot 10^{-3}$ p.a., d.h. 1 x 500 Jahren, vgl. Abschnitt 3.1.2). Ein solches Beben und auch noch etwas schwächere Beben sind im Hinblick auf die Lebensdauer eines normalen Hochbaus (z.B. 50 bis 100 Jahre) seltene Ereignisse. Daher können bei vielen Bauwerken plastische Verformungen und Schäden durchaus in Kauf genommen werden, sofern kein Bruch bzw. kein Einsturz erfolgt.

Im Einzelfall muss somit das Ausmass der Abminderung des "elastischen Tragwiderstandes" bzw. der "elastischen Ersatzkraft" festgelegt werden, indem etwa die folgenden Aspekte in Betracht gezogen werden:

- Tragwerkskosten: Diese sind mit grösserer Abminderung geringer (dank dem kleineren erforderlichen Tragwiderstand)
- Bemessung und konstruktive Durchbildung: Diese sind, besonders in den plastifizierenden Bereichen, mit grösserer Abminderung sorgfältiger durchzuführen (infolge der grösseren erforderlichen Duktilität)
- Plastische Verformungen und Schäden am Tragwerk: Diese sind mit grösserer Abminderung grösser, und sie treten bereits bei schwächeren Ereignissen auf (wegen des kleineren Tragwiderstandes)
- Schäden an den nichttragenden Elementen: Diese sind mit grösserer Abminderung i.a. grösser, sie können jedoch durch besondere Massnahmen erheblich reduziert werden (Vermeiden spröder Elemente, Abfugen).

b) Abminderungs- und Verhaltensfaktoren

Die Abminderung des elastischen Tragwiderstandes bzw. der elastischen Ersatzkraft wird mit Hilfe von *Abminderungsfaktoren* oder auch von deren reziprokem Wert, den sogenannten *Verhaltensfaktoren*, durchgeführt:

$$F_y = \alpha_\mu \cdot F_{el} = \frac{1}{q} \cdot F_{el} \tag{3.7}$$

F_y : Abgeminderter Tragwiderstand bzw. abgeminderte Ersatzkraft
F_{el}: *Elastischer Tragwiderstand*: Tragwiderstand, den das Tragwerk haben müsste, um das Bemessungsbeben elastisch, d.h. ohne plastische Verformungen (im idealisierten elastisch-plastischen Kraft-Verformungsdiagramm), zu überstehen, bzw.
Elastische Ersatzkraft: Ersatzkraft, für die das Tragwerk bemessen werden müsste, um das Bemessungsbeben elastisch, d.h. ohne plastische Verformungen (im idealisierten elastisch-plastischen Kraft-Verformungsdiagramm), zu überstehen.
α_μ : Abminderungsfaktor
q : Verhaltensfaktor ($q = 1/\alpha_\mu$)

Der für den Abminderungs- bzw. Verhaltensfaktor massgebende Parameter ist die als *Bemessungsduktilität* angenommene Verschiebeduktilität μ_Δ des ganzen Tragwerks. Diese muss grundsätzlich durch eine entsprechende Bemessung und konstruktive Durchbildung der plastifizierenden Bereiche (und auch der elastisch bleibenden Bereiche) sichergestellt werden (Modifizierter Verhaltensfaktor siehe Abschnitt 6.1.3d).

Mathematische Ansätze

In Bild 3.18 sind zwei verschiedene mathematische Ansätze zur Abminderung des elastischen Tragwiderstandes bzw. der elastischen Ersatzkraft dargestellt.

Aus dem *Prinzip der gleichen maximalen Verschiebung* eines linear-elastischen Einmassenschwingers und eines elastisch-plastischen Einmassenschwingers (Bild 3.18a) folgt:

$$\alpha_\mu = \frac{F_y}{F_{el}} = \frac{1}{\mu_\Delta} \qquad \text{bzw.} \qquad q = \mu_\Delta \tag{3.8}$$

Und aus dem *Prinzip der gleichen Formänderungsarbeit* derselben beiden Schwinger (gleiche schraffierte Flächen unter den Stoffgesetzen in Bild 3.18b) folgt:

$$\alpha_\mu = \frac{F_y}{F_{el}} = \frac{1}{\sqrt{2\mu_\Delta - 1}} \qquad \text{bzw.} \qquad q = \sqrt{2\mu_\Delta - 1} \tag{3.9}$$

In Bild 3.19 sind die beiden Ausdrücke für den Abminderungsfaktor α_μ in Abhängigkeit vom Duktilitätsfaktor μ_Δ dargestellt. Es zeigt sich, dass der Unterschied zwischen den beiden Funktionen mit zunehmender Duktilität relativ gross wird.

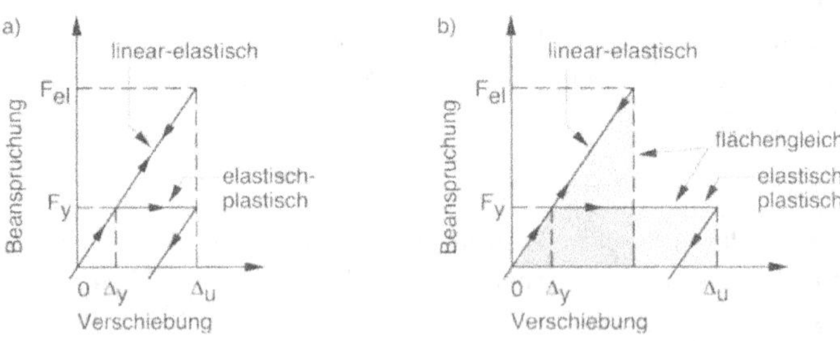

Bild 3.18: Ansätze zur Abminderung des Tragwiderstandes bzw. der Ersatzkraft:
a) Prinzip der gleichen Verschiebung, b) Prinzip der gleichen Arbeit

Vergleichsrechnungen haben ergeben, dass Gl. (3.8) für niedrige Frequenzen von etwa $f < 1.5$ Hz gut zutrifft, während Gl. (3.9) im mittleren Frequenzbereich von etwa 2 bis 10 Hz befriedigende Resultate liefert. Für hohe Frequenzen von etwa $f > 33$ Hz ist der Einmassenschwinger sehr steif und hat sozusagen keine Zeit, plastische Verformungen zu entwikkeln, sodass α_μ den Wert 1.0 annehmen muss. Die entsprechenden Abminderungsfaktoren sind in Bild 3.20 für verschiedene Duktilitätsfaktoren μ_Δ in Abhängigkeit von der Frequenz dargestellt. Im Zwischenbereich von 10 bis 33 Hz wird der Abminderungsfaktor derart interpoliert, dass ein linearer Verlauf des inelastischen Spektrums in Funktion der logarithmischen Frequenz entsteht (Bilder 3.22 und 3.23).

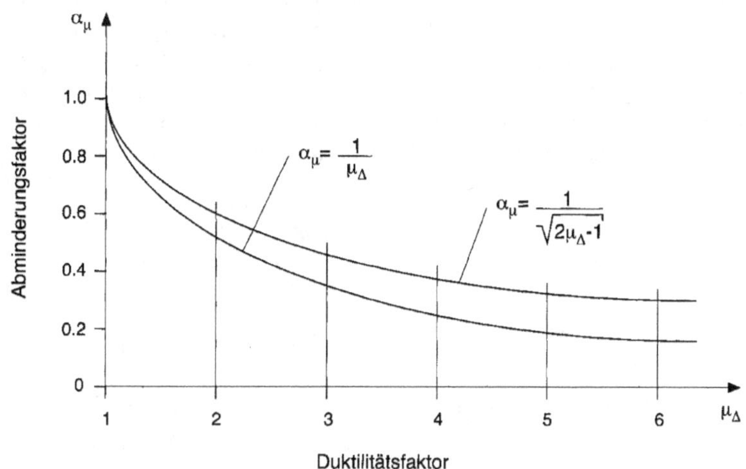

Bild 3.19: *Abminderungsfaktoren in Abhängigkeit von der Duktilität (mathematische Ansätze)*

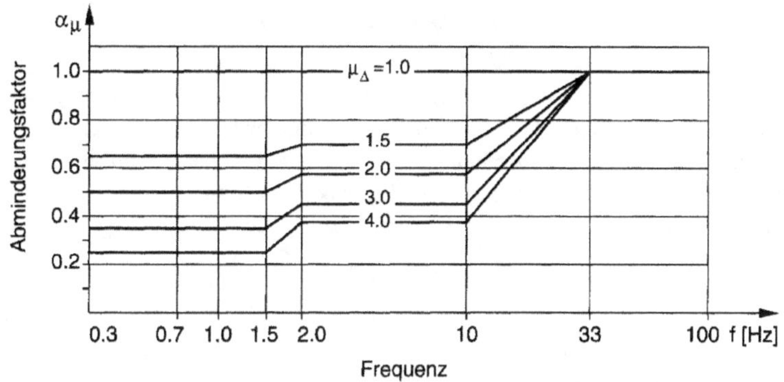

Bild 3.20: *Abminderungsfaktoren für verschiedene Duktilitätsfaktoren in Abhängigkeit von der Frequenz (basierend auf den mathematischen Ansätzen) [PBM 90]*

In der Norm SIA 160 wird im ganzen Frequenzbereich zwischen 0.2 und 10 Hz das Prinzip der gleichen Verschiebung, d.h. Gl. (3.8), verwendet. Da jedoch μ_Δ (entspricht dem für Bauwerksklasse *I* gültigen Verformungsfaktor *K*) nicht grösser als 2.5 angesetzt werden darf, hält sich der damit im Frequenzbereich von 2 bis 10 Hz begangene Fehler in Grenzen und erscheint im Hinblick auf andere Annahmen und Unsicherheiten akzeptabel.

Empirische Ermittlung der Abminderungsfaktoren

Abminderungsfaktoren α_μ können auch empirisch mit Hilfe eines Erdbebenzeitverlaufs als Fusspunkterregung von elastisch-plastischen Einmassenschwingern mit gleicher Dämpfung ermittelt werden. Verschiedene Schwinger mit gleicher Frequenz f_i, jedoch mit unterschiedlichem Tragwiderstand, erfahren unter ein und derselben Fusspunkterregung unterschiedliche maximale Verschiebungen, und es werden somit unterschiedliche Duktilitätsfaktoren erreicht (Bild 3.21a). Die Tragwiderstände können über der Frequenz f_i abgetragen und mit dem erreichten Duktilitätsfaktor angeschrieben werden (Bild 3.21b). Dieses Vorgehen kann für andere Schwingerfrequenzen, aber für gleiche Dämpfung und mit gleicher Fusspunkterregung, wiederholt werden. Durch Interpolation und Glättung für "runde" Grössen von μ_Δ kann ein analoges Diagramm wie Bild 3.20 erhalten werden.

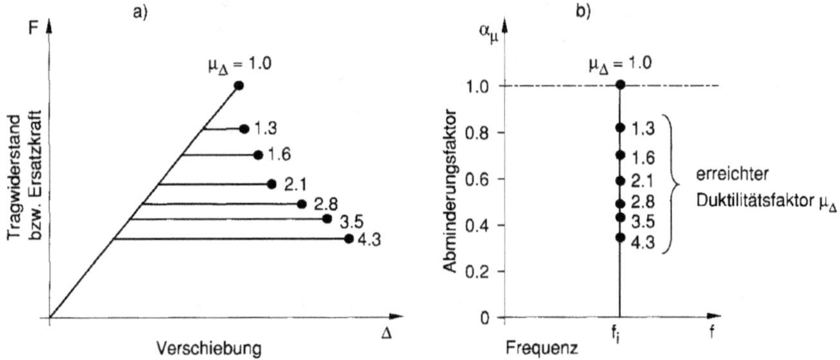

Bild 3.21: Empirische Ermittlung der Abminderungsfaktoren

Dieses empirische Vorgehen hat den Vorteil, dass die resultierenden Abminderungsfaktoren mit einem bestimmten Zeitverlauf der Bodenbewegung korreliert sind (oder allenfalls mehrerer Zeitverläufe, mit Mittelwertbildung bei den Abminderungsfaktoren). Dies erlaubt, die spezifischen Eigenschaften des betreffenden Erdbebens zu berücksichtigen. Zudem wird ein möglicher Einfluss der Dämpfung auf die Abminderung miterfasst.

3.6 Ermittlung inelastischer Bemessungs-Antwortspektren

Im vorangehenden Abschnitt wurde gezeigt, dass bei der Erdbebenbemessung von Tragwerken zur Berücksichtigung plastischer Verformungen die elastische Ersatzkraft und damit der Spektralwert eines elastischen Bemessungs-Antwortspektrums der Beschleunigung mit einem Abminderungsfaktor zu multiplizieren ist. Anstelle dieser Operation können auch sogenannte *inelastische Bemessungs-Antwortspektren* verwendet werden. Diese enthalten direkt für ausgewählte Bemessungs-Duktilitätsfaktoren μ_Δ die abgeminderten Spektralwerte. Inelastische Spektren können durch Multiplikation des elastischen Bemessungsspektrums mit Funktionen der in Bild 3.20 dargestellten Art konstruiert werden.

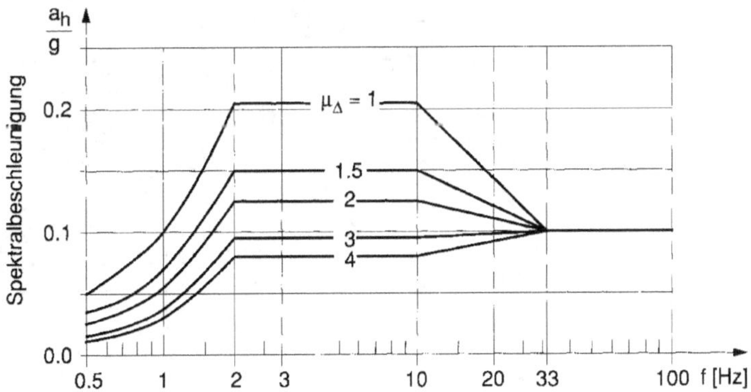

Bild 3.22: Elastisches Bemessungs-Antwortspektrum nach der Norm SIA 160 für Zone 2 und mittelsteife Böden, sowie mit Hilfe von Bild 3.20 konstruierte inelastische Bemessungs-Antwortspektren

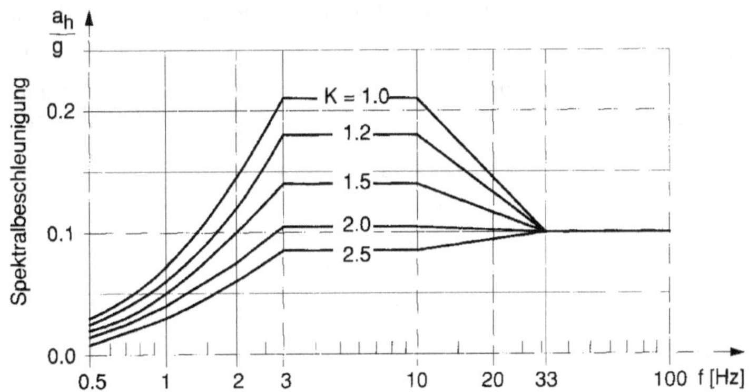

Bild 3.23: Elastisches und inelastische Bemessungs-Antwortspektren nach der Norm SIA 160 für Zone 2 und steife Böden

Bild 3.22 zeigt als Beispiel unter dem elastischen Bemessungs-Antwortspektrum der Beschleunigung der Norm SIA 160 für Zone 2 und mittelsteife Böden inelastische Bemessungs-Antwortspektren. Sie wurden mit Hilfe von Bild 3.20 (d.h. mittels der beiden mathematischen Ansätze gemäss den Gl. (3.8) und (3.9) in verschiedenen Frequenzbereichen und linearer Interpolation dazwischen und bei höheren Frequenzen) konstruiert und sind deshalb nicht normkonform. Bild 3.23 hingegen entspricht den Normenbestimmungen, die für den ganzen Frequenzbereich von 0.2 bis 10 Hz die Verwendung von Gl. (3.8) zulassen. Die Unterschiede zwischen den Bildern 3.22 und 3.23 im Plateaubereich ($K \leftrightarrow \mu_\Delta$) entsprechen denjenigen der beiden in Bild 3.19 dargestellten Ansätze.

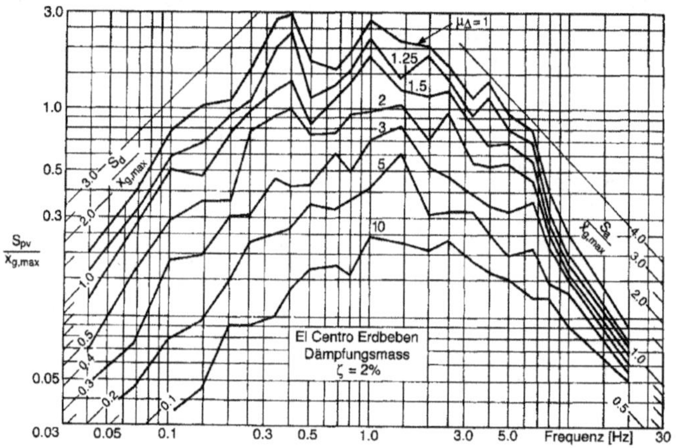

Bild 3.24: Elastisches und inelastische Bemessungs-Antwortspektren
des El Centro-Erdbebens 1940 (N-S, $\xi = 2\%$) [New 70]

Als Beispiel für gemäss dem Verfahren von Bild 3.21 empirisch ermittelte inelastische Bemessungs-Antwortspektren sind in Bild 3.24 solche vom El Centro-Beben 1940 dargestellt.

Die Konstruktion inelastischer Bemessungs-Antwortspektren der Beschleunigung und der Verschiebung in kombinierter doppelt-logarithmischer Darstellung wird in Abschnitt 5.4.2e behandelt.

4 Erdbebengerechter Entwurf von Hochbauten

Beim konzeptionellen Entwurf eines Hochbaus werden - bewusst oder unbewusst - wesentliche Entscheidungen getroffen und Weichen gestellt für die Güte des Verhaltens bei Erdbeben. Das Befolgen wichtiger *Entwurfsgrundsätze im Hinblick auf das Erdbebenverhalten* ist von grosser Bedeutung für die Gestaltung des Bauwerks im Grundriss und im Aufriss, für die Anordnung von Fugen, für die Konzeption des Tragwerks für horizontale Kräfte und Schwerelasten über sämtliche Stockwerke bis und mit Fundation, für die Gestaltung der Zwischenwände und Fassaden, usw. *"Erdbebenmässige" Fehler und Mängel beim konzeptionellen Entwurf sowohl des Tragwerks als auch der nichttragenden Elemente können durch eine noch so ausgeklügelte ingenieurmässige Berechnung und Bemessung nicht kompensiert werden.* Architekt und Ingenieur sollten deshalb bereits im Entwurfsstadium eng zusammenarbeiten. Nur damit können nachträgliche und mühsame "Verbesserungen" durch den Ingenieur vermieden werden, die meist zu einer unnötigen Verteuerung und trotzdem nur zu einem unbefriedigenden Flickwerk führen.

Beim *Tragwerk* steht für Erdbebeneinwirkung die *Abtragung horizontaler Kräfte* im Vordergrund. Ein eher zweitrangiges Problem ist die Abtragung vertikaler Kräfte aus Erdbeben. Da normale Tragwerke primär für Schwerelasten ausgelegt sind und hiefür erhebliche Reserven aufweisen, können vertikale Erdbebenkräfte meist problemlos abgeleitet werden.

Die *nichttragenden Elemente* sind mit dem Tragwerk i.a. fest verbundene Bauteile, denen aber keine Tragfunktion für horizontale und vertikale Kräfte zugewiesen ist. Im vorliegenden Zusammenhang sind vor allem wichtig:

- Nichttragende Zwischenwände
- Fassadenbauteile inkl. Fenster, Brüstungen, usw.

Zu den nichttragenden Elementen zählen ferner:

- Treppenelemente
- herabgehängte Decken
- Installationen (z.B. Klimakanäle, Leitungen).

4.1 Tragwerkseigenschaften

Beim Entwurf eines Tragwerks für Erdbebeneinwirkungen sind die folgenden drei grundlegenden Eigenschaften von grosser Bedeutung:

Eigenschaften eines Tragwerks für Erdbebeneinwirkung	
• Steifigkeit	für horizontale Kräfte
• Tragwiderstand	(und gleichzeitige Wirkung der wahrscheinlichsten
• Duktilität	Schwerelasten)

Diese drei Eigenschaften sollten klar auseinandergehalten werden, und sie sind wichtig für unterschiedliche Zielsetzungen.

Je grösser die *Steifigkeit* des Tragwerks (elastische Steifigkeit) für horizontale Kräfte ist, desto geringer werden die horizontalen Auslenkungen und Stockwerkverschiebungen, und desto stärker muss ein Erdbeben sein, um Schäden an nichttragenden Elementen (Zwischenwände, Fassadenbauteile, etc.) zu erzeugen. Eine gewisse Steifigkeit ist vor allem erforderlich, um bei häufigen relativ schwachen Beben Schäden an nichttragenden Elementen zu vermeiden.

Je grösser der *Tragwiderstand* des Tragwerks für horizontale Kräfte ist, desto stärker muss ein Erdbeben sein, um plastische Verformungen und somit Schäden am Tragwerk zu erzeugen. Ein bestimmter Tragwiderstand ist daher erforderlich, um auch bei weniger häufigen stärkeren Beben noch ein elastisches Verhalten des Tragwerkes zu erreichen und damit Schäden am Tragwerk zu vermeiden, sowie nur beschränkte Schäden an den nichttragenden Elementen zu erhalten.

Je grösser die *Duktilität*, d.h. das plastische Verformungsvermögen, des Tragwerks mit einem bestimmten Tragwiderstand für horizontale Kräfte ist, desto stärker muss ein Erdbeben sein, das einen Einsturz bewirken kann. Eine bestimmte Duktilität ist daher erforderlich, um beim stärksten in Betracht gezogenen Erdbeben (Bemessungsbeben) den Einsturz des Tragwerks zu verhindern.

Steifigkeit, Tragwiderstand und Duktilität haben unterschiedliche relative Bedeutung je nach Gewichtung der betreffenden Erdbebenfolgen. Sofern es besonders wichtig ist, die Auftretenswahrscheinlichkeit von Schäden an den nichttragenden Elementen möglichst gering zu halten, ist eine möglichst grosse Steifigkeit erforderlich. Damit die Auftretenswahrscheinlichkeit von Schäden am Tragwerk möglichst gering ist, muss ein hoher Tragwiderstand angeordnet werden. Wenn es aber "nur" darum geht, einen Einsturz zu vermeiden, dann ist eine grosse Duktilität - bei relativ kleinem Tragwiderstand - anzustreben.

4.2 Tragwerksarten

Die wichtigsten und häufigsten Arten von Tragwerken von Hochbauten zur *Abtragung der horizontalen Kräfte aus Erdbeben* (bei gleichzeitiger Wirkung der wahrscheinlichsten Schwerelasten) sind:

- Rahmen aus Stahlbeton oder Stahl
- Stahlbetontragwände in Skelettbauten
- Gemischte Systeme aus Stahlbetonrahmen und -Tragwänden
- Stahlfachwerke
- Mauerwerkstragwände
- Füllwände aus Mauerwerk

In den folgenden Abschnitten werden Hinweise zur Definition, Eignung und Gestaltung dieser Tragwerke gegeben, soweit solche für den konzeptionellen Entwurf von Hochbauten im Hinblick auf Erdbebeneinwirkungen von Interesse sind. Die Berechnung der hauptsächlichen Schnittkräfte in den Tragwerken wird im 5. und 6. Kapitel und die Bemessung und konstruktive Durchbildung im 7. Kapitel behandelt, das grundsätzlich ähnlich wie das 4. Kapitel gegliedert ist.

4.2.1 Rahmen aus Stahlbeton oder Stahl

Rahmen aus Stahlbeton oder Stahl zur Abtragung horizontaler Erdbebenkräfte in Skelettbauten sind möglichst regelmässige und meist über die ganze Gebäudehöhe reichende Tragwerke bestehend aus relativ dicken, biege- und schubfesten Stützen und aus Riegeln, die durch Knoten biegesteif miteinander verbunden sind (vgl. Abschnitte 7.3 und 7.5).

Meist werden räumliche Rahmen gebildet, die aus zwei rechtwinklig zueinander angeordneten Gruppen von ebenen Rahmen bestehen (Bild 4.1). Es können aber auch nur in der einen Richtung ebene Rahmen und in der andern, orthogonalen Richtung Stahlbetontragwände (s. Abschnitt 4.2.2) angeordnet werden (Bild 4.2). Grössere, zwischen Rahmen oder Tragwänden liegende Deckenbereiche können durch sogenannte Schwerelaststützen getragen werden. Es handelt sich dabei um relativ dünne Stützen, denen nur vertikale Kräfte zugewiesen werden (Innenstützen in Bild 4.2), und die somit im Gesamtsystem wie Pendelstützen wirken. Allen diesen Varianten ist gemeinsam, dass die einzelnen Tragelemente (Rahmen, Tragwände, Schwerelaststützen) durch Geschossdecken, die in ihrer Ebene meist als starre Deckenscheiben angenommen werden, miteinander verbunden sind (Diaphragmawirkung).

Hauptsächliche Merkmale von Rahmen sind:

- Sie wirken für die Erdbebenkräfte als in der Fundation eingespannte *kragarmartige Tragwerke*.
- Sie werden in ihre Ebene vor allem durch *Querkräfte in den Stützen* und entsprechende Biegemomente, sowie durch Querkräfte und Biegemomente in den Riegeln beansprucht, und sie verhalten sich generell wie ein *Schubträger*.
- Sie sind *relativ weich*, wodurch sich die Gefahr ergibt, dass Schäden an nichttragenden Elementen bereits bei verhältnismässig schwachen Erdbeben entstehen.
- Sie können *duktil* gestaltet werden.

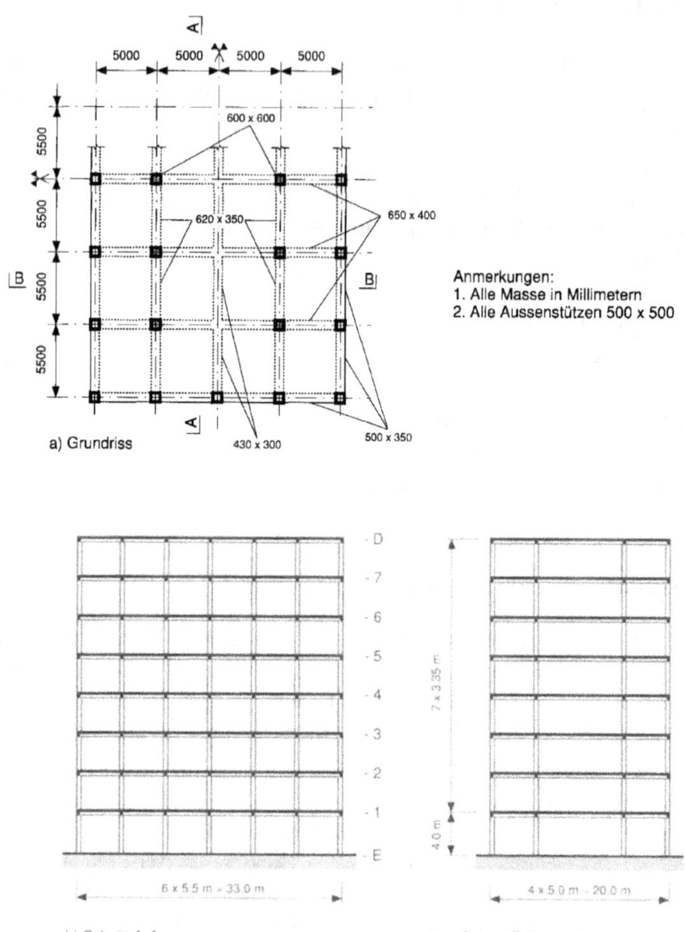

Bild 4.1: Räumlicher Rahmen aus Stahlbeton (nicht massstäblich, nach [PBM 90])

Als wichtiges Prinzip für die Erdbebenbemessung von Rahmen gilt: Im allgemeinen sind *Fliessgelenke in den Stützen zu vermeiden!* Dies erfordert:

> Biegewiderstand der Stützen   >   Biegewiderstand der Riegel

Diese Zielsetzung kann durch die *Methode der Kapazitätsbemessung* erreicht werden (vgl. 7. Kapitel).

(Ausnahmen von diesem Prinzip sind Fliessgelenke am Fuss der Erdgeschossstützen, in den Stützen der obersten 1 oder 2 Geschosse, sowie in Schwerelaststützen bei geringem Duktilitätsbedarf).

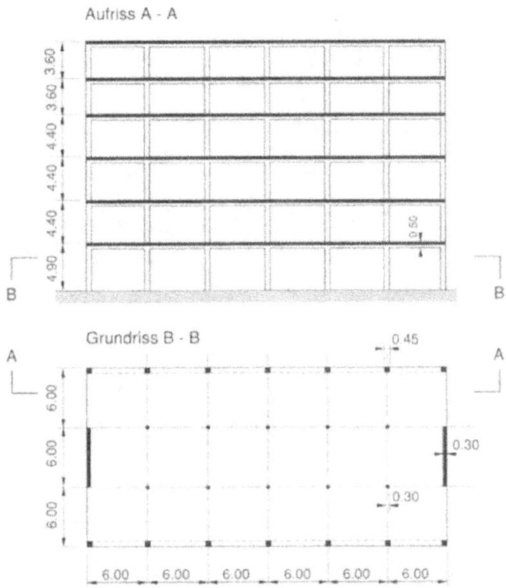

*Bild 4.2: Kombination von Rahmen in der einen Richtung (Fassadenrahmen)
und Stahlbetontragwänden in der anderen, orthogonalen Richtung*

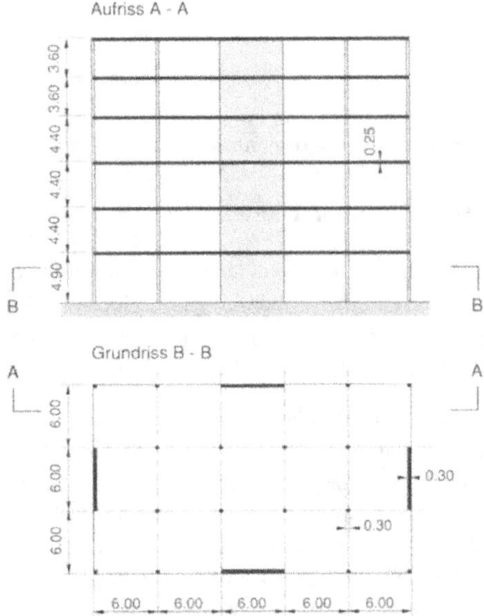

*Bild 4.3: Einzelne Stahlbetontragwände zur Abtragung der Erdbebenkräfte
in beiden orthogonalen Richtungen*

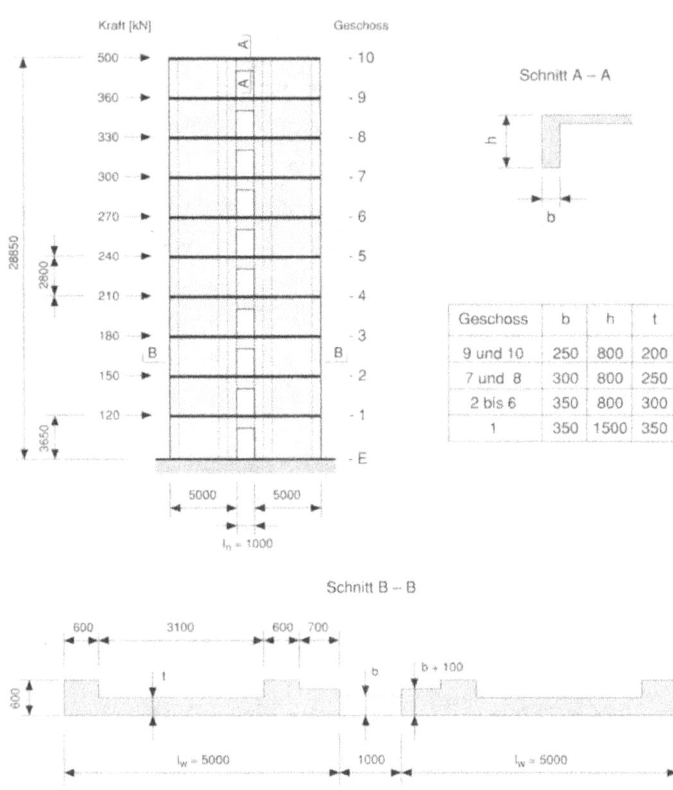

Bild 4.4: Gekoppelte Tragwand an der Stirnseite eines Gebäudes (nach [PBM 90])

4.2.2 Stahlbetontragwände in Skelettbauten

Stahlbetontragwände zur Abtragung horizontaler Erdbebenkräfte in Skelettbauten sind horizontal verhältnismässig kurze und meist über die ganze Gebäudehöhe reichende biege- und schubfeste Wände (vgl. Abschnitt 7.2). Sie dürfen keine horizontalen Versetzungen und in vertikaler Richtung keine Unterbrechungen aufweisen.

Oft werden im Grundriss einzelne Stahlbetontragwände symmetrisch und möglichst an der Peripherie in beiden orthogonalen Richtungen angeordnet (Bild 4.3). Dazwischen liegen meist Bereiche mit Schwerelaststützen. Es können aber auch nur in der einen Richtung Tragwände und in der andern, orthogonalen Richtung Rahmen angeordnet werden (Bild 4.2). In beiden Fällen spricht man von "zusammenwirkenden Tragwänden" da diese in jedem Stockwerk durch steife Deckenscheiben praktisch starr untereinander verbunden sind (Diaphragmawirkung). Gelegentlich werden zwei Tragwände durch sogenannte Koppelungsriegel zu "gekoppelten Tragwänden" verbunden (Bild 4.4), oder es werden gewissermassen mehrere Wände zu "Kernen" zusammengefügt. Ein Beispiel mit verschiedenen Querschnitten von zusammenwirkenden Tragwänden und Kernen zeigt Bild 4.5. Darin sind das Massenzentrum (M) und das Steifigkeitszentrum (S) des Gesamtsystems sowie der Schwerpunkt (C) und der Schubmittelpunkt (S_v) der einzelnen Tragwände eingetragen.

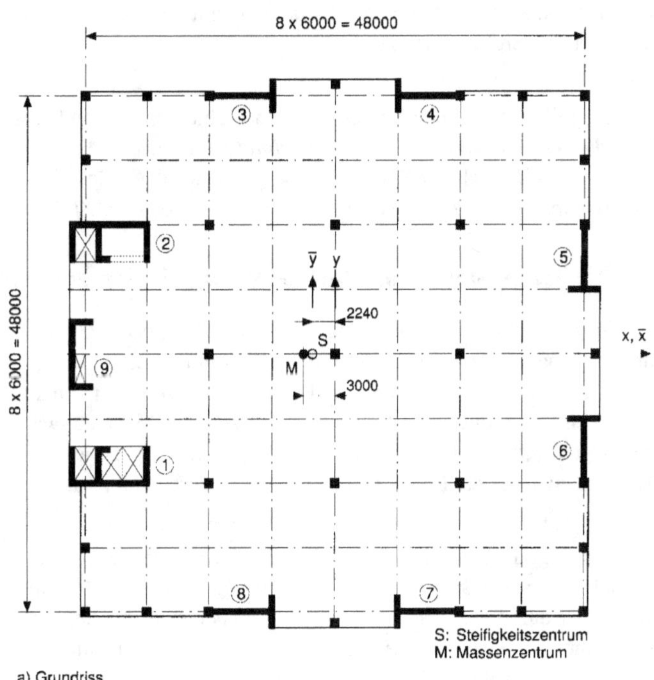

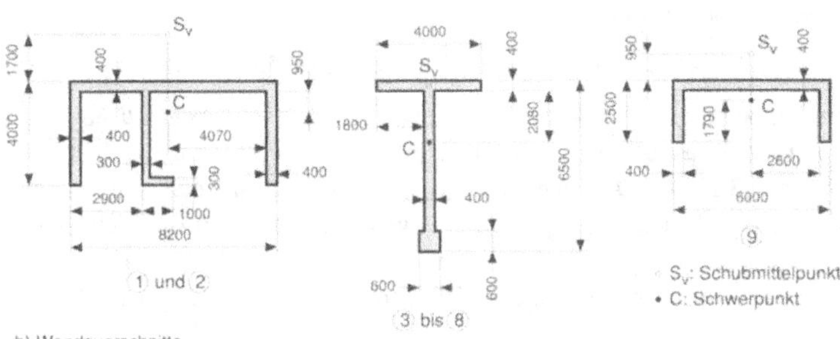

Bild 4.5: Grundriss eines 6-stöckigen Gebäudes mit drei verschiedenen Querschnitten von Tragwänden (nach [PBM 90])

Hauptsächlich Merkmale von Stahlbetontragwänden sind:

- Sie wirken für die Erdbebenkräfte als in der Fundation eingespannte *Kragarme*.
- Sie werden in ihrer Ebene vor allem durch *Biegemomente* und *Querkräfte* beansprucht, und sie verhalten sich generell wie ein *Biegeträger*.
- Sie sind *relativ steif*, sodass die Gefahr von Schäden an nichttragenden Elementen erst bei verhältnismässig starken Erdbeben entsteht.
- Sie können *duktil* gestaltet werden.

Von grosser Bedeutung für die Erdbebenbemessung von Stahlbetontragwänden ist: *Schubversagen im plastischen Gelenk am Wandfuss ist unbedingt zu vermeiden!* Ferner sollen plastische Gelenke im oberen Bereich der Wand verunmöglicht werden. Diese Zielsetzungen können durch die *Methode der Kapazitätsbemessung* erreicht werden (vgl. 7. Kapitel).

4.2.3   Gemischte Tragsysteme aus Stahlbetontragwänden und -rahmen

Bei gemischten Tragsystemen aus Stahlbetontragwänden und Stahlbetonrahmen zur Abtragung horizontaler Erdbebenkräfte in Skelettbauten sind in ein und derselben Richtung sowohl Tragwände als auch Rahmen angeordnet (vgl. Abschnitt 7.4). In der andern, orthogonalen Richtung können die Erdbebenkräfte entweder durch Stahlbetontragwände, durch Stahlbetonrahmen oder ebenfalls durch ein gemischtes Tragsystem abgetragen werden. Auch hier muss das Zusammenwirken der Rahmen und Tragwände durch in ihrer Ebene praktisch starre Deckenscheiben sichergestellt sein (Diaphragmawirkung).

Ein typisches Beispiel zeigt Bild 4.6. Bei diesem 12-stöckigen Gebäude werden die Erdbebenkräfte in Querrichtung gemeinsam durch zwei Tragwände und sieben Rahmen abgetragen, die alle miteinander durch die Geschossdecken verbunden sind. In Längsrichtung wirken drei 8-feldrige Rahmen. Den Grundriss eines andern Beispiels zeigt Bild 4.7. In beiden Richtungen werden die horizontalen Kräfte durch einen Kern aus Tragwänden und durch Fassadenrahmen gemeinsam abgetragen. Je nach Abmessungen und sofern für die Deckenkonstruktion von Vorteil, können in den noch unbesetzten Rasterpunkten allenfalls Schwerelaststützen angeordnet werden.

Hauptsächliche Merkmale von gemischten Tragsystemen sind:

- Die beiden beteiligten Tragwerksarten weisen ein stark *unterschiedliches Verformungsverhalten* auf: Tragwände erfahren vor allem eine Biegeverformung, Rahmen eine Schubverformung (Bild 4.8). Die Biegelinien für horizontale Kräfte passen nur im unteren Teil zusammen. Dies bedeutet: Die beiden Tragwerksarten "unterstützen sich" in den unteren Geschossen und "bekämpfen sich" in den oberen Geschossen. Deshalb kann die Anordnung von Tragwänden beschränkter Höhe - darüber nur Rahmen - ein geschickter Ausweg sein (vgl. [PBM 90]).
- Das *dynamische Verhalten* des Gesamtsystems ist *stark verschieden vom statischen Verhalten*. Dies ist vor allem auf den Einfluss höherer Eigenschwingungsformen zurückzuführen (die statischen Erdbeben-Ersatzkräfte berücksichtigen nur die erste Eigenschwingungsform).
- Gemischte Tragsysteme liegen bezüglich Steifigkeit zwischen Stahlbetonrahmen und Stahlbetontragwänden. Die Gefahr von Schäden an den nichttragenden Elementen ist deshalb kleiner als bei reinen Rahmensystemen aber grösser als bei reinen Tragwandsystemen.

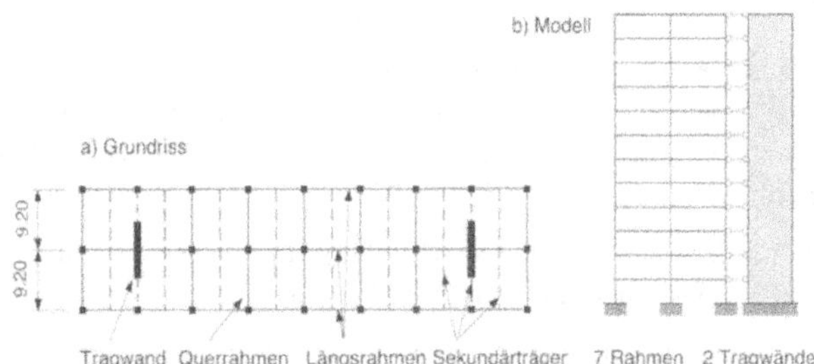

Bild 4.6: Grundriss und Modell in Querrichtung eines typischen gemischten Tragsystems (nach [PBM 90])

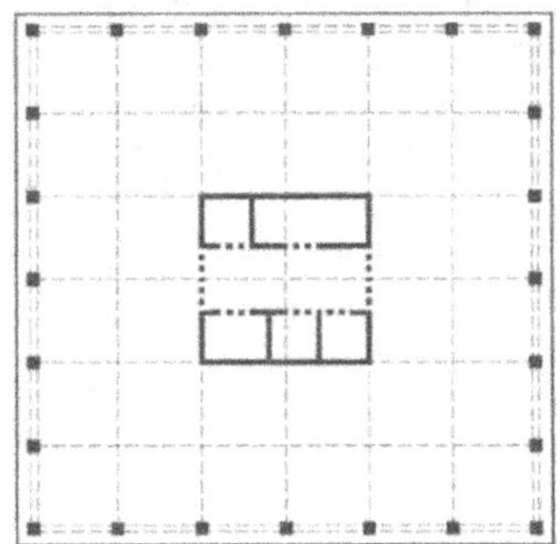

*Bild 4.7: Grundriss eines gemischten Tragsystems mit Kern
aus Tragwänden und Fassadenrahmen (nach [PBM 90])*

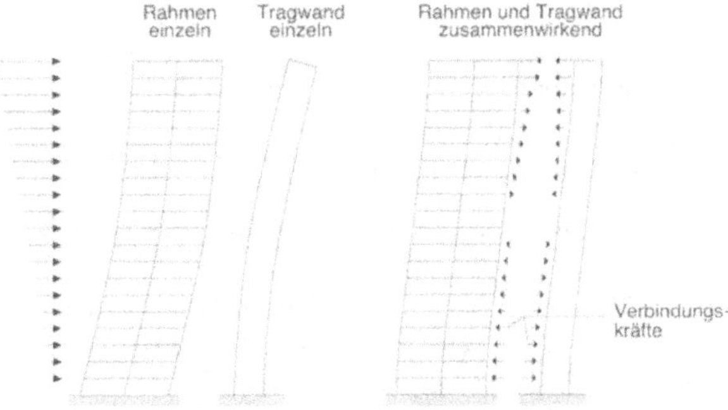

*Bild 4.8: Verschiebungen von Rahmen, Tragwänden und gemischten Tragsystemen
durch horizontale Kräfte [Bac 94]*

Anders als bei reinen Rahmensystemen sind bei gemischten Tragsystemen in grösseren Bereichen des Tragwerks *Fliessgelenke in den Stützen zulässig*. Auch in diesem Fall ist für gemischte Tragsysteme die *Methode der Kapazitätsbemessung* sehr zweckmässig; sie führt zu sehr sicheren und wirtschaftlichen Lösungen.

4.2.4 Stahlfachwerke

Stahlfachwerke zur Abtragung horizontaler Erdbebenkräfte in Skelettbauten sind - ähnlich
wie Stahlbetontragwände - horizontal verhältnismässig kurze und meist über die ganze Gebäudehöhe reichende, insgesamt biege- und schubfeste Konstruktionen (vgl. Abschnitt 7.6).
Dabei wird wie folgt unterschieden:

- Fachwerke mit zentrischen Anschlüssen (Bild 4.9) (für Erdbeben wenig geeignet)
- Fachwerke mit exzentrischen Anschlüssen (Bild 4.10).

Meist werden im Grundriss von Skelettbauten - ähnlich wie Stahlbetontragwände - einzelne
Fachwerke symmetrisch und möglichst an der Peripherie in beiden orthogonalen Richtungen
angeordnet. Dazwischen liegen meist Bereiche mit reinen Schwerelaststützen. Es können
aber auch gemischte Systeme aus Stahlrahmen und Stahlfachwerken - ähnlich wie gemischte
Systeme aus Stahlbetonrahmen und Stahlbetontragwänden (Abschnitt 4.2.3) - gebildet werden. Stets haben praktisch starre Deckenscheiben das Zusammenwirken der einzelnen kragarmartigen Fachwerke sicherzustellen (Diaphragmawirkung). Sie können als Verbunddek-
ken aus Stahlträgern und Stahlbetonplatten ausgebildet werden.

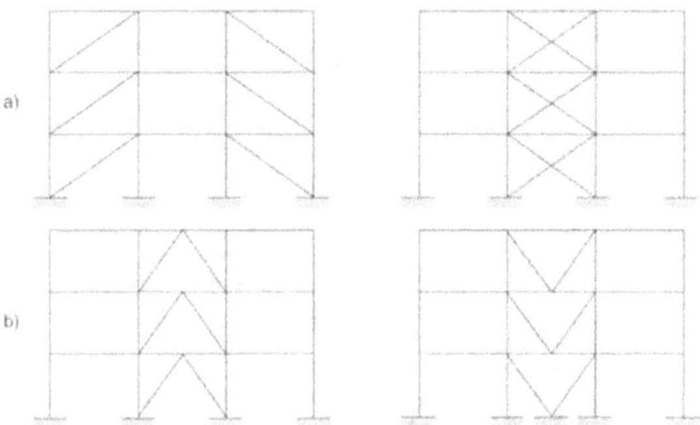

Bild 4.9: Typische Fachwerke mit zentrischen Anschlüssen
a) Z- und X-Form, b) K- und V-Form (nach [Dow 87])

Hauptsächliche Merkmale von Stahlfachwerken sind:

- Sie wirken für die Erdbebenkräfte als in der Fundation eingespannte *kragarmartige Tragwerke*.
- Sie werden in ihrer Ebene durch *Normalkräfte*, allenfalls aber auch durch erhebliche *Biegemomente* und *Querkräfte* (bei exzentrischen Anschlüssen) beansprucht, und sie verhalten sich generell wie ein *Biegeträger*.
- Sie sind *steifer als Rahmen* aber *weicher als Stahlbetontragwände*.
- Sie können *duktil* gestaltet werden.

Wesentlich ist die Tendenz zum *Knicken von Stäben bei Druckbeanspruchung*, was - vor allem in Abhängigkeit von der Stabschlankheit - zu einem wenig duktilen Verhalten führen
kann (vgl. Abschnitt 7.6.1).

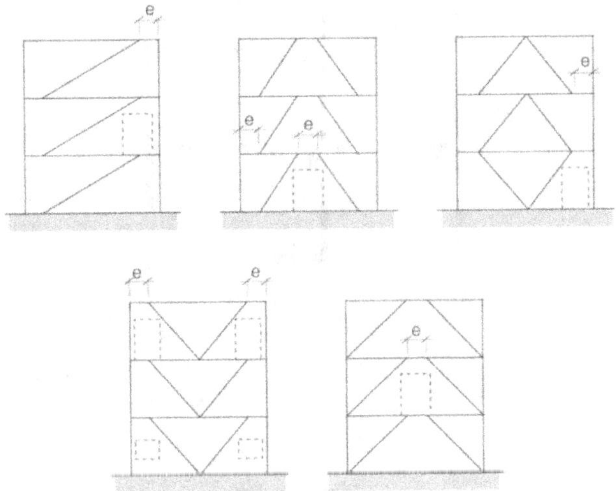

Bild 4.10: Typische Fachwerke mit exzentrischen Anschlüssen [Key 88]

## 4.2.5	Mauerwerkstragwände

Tragwände aus Mauerwerk zur Abtragung horizontaler Erdbebenkräfte sind verhältnismässig lange und meist über die ganze Gebäudehöhe reichende Zwischen- und Aussenwände (vgl. Abschnitt 7.7). Sie sind in vertikaler Richtung meist durch Stahlbetondecken unterbrochen, und sie enthalten oft Aussparungen für Türen und Fenster. Ihr Zusammenwirken soll durch in ihrer Ebene praktisch starre Deckenscheiben sichergestellt sein (Diaphragmawirkung).

Oft werden im Grundriss die Tragwände möglichst symmetrisch in beiden orthogonalen Richtungen angeordnet (Bild 4.11). Von wesentlicher Bedeutung sind seitliche Aussteifungen (Bild 4.12).

Hauptsächliche Merkmale von Mauerwerkstragwänden sind:

- Sie wirken für Erdbebenkräfte in der Wandebene als in der Fundation eingespannte *kragartige Tragwerke*, und sie werden hiefür vor allem durch *Biegemomente* und *Querkräfte* beansprucht, wobei sich die Schwerelasten meist günstig auswirken (Erhöhung des Schubwiderstandes).
- Sie sind ohne Bewehrung *relativ spröde*, d.h. sie zeigen vor allem bei zyklischer Beanspruchung in ihrer Ebene keine wesentliche Duktilität.
- Sie erfahren durch Erdbebenkräfte quer zur Wandebene auch eine *Plattenbeanspruchung*.

Bei wesentlicher Erdbebengefährdung und Wandhöhen ab etwa 3 Stockwerken muss eine *vertikale und horizontale Bewehrung* angeordnet werden.

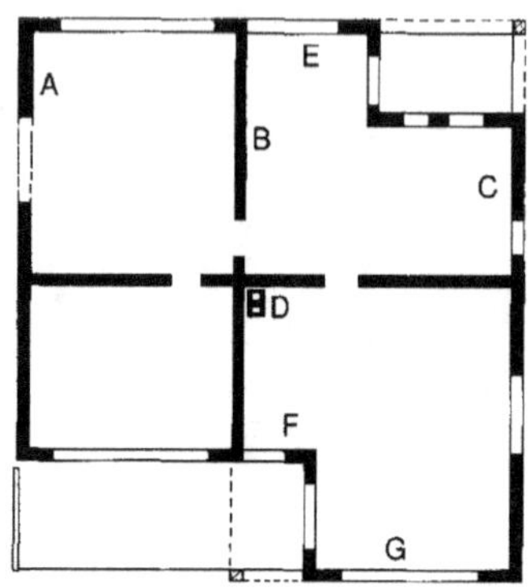

Bild 4.11: Grundriss eines Hochbaus mit möglichst symmetrisch angeordneten
Mauerwerkstragwänden (Umfassungs- und Innenwände) [BWI 86]

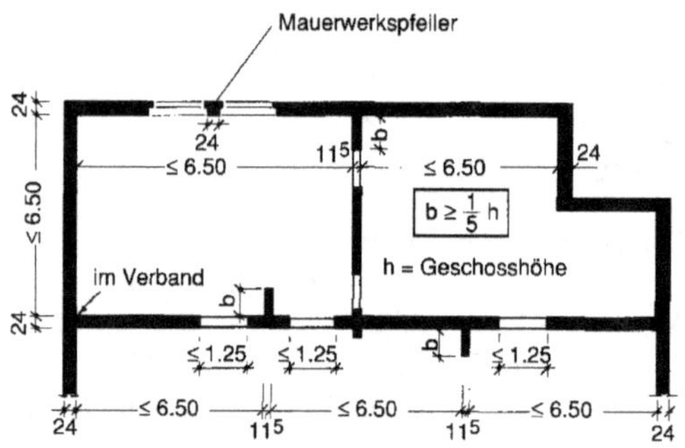

Bild 4.12: Grundriss eines Hochbaus mit seitlich ausgesteiften Mauerwerkstragwänden [BWI 86]

4.2.6   Füllwände aus Mauerwerk

Füllwände aus Mauerwerk ("infill walls") entstehen durch Kombination von Rahmen aus Stahlbeton oder Stahl mit Mauerwerks(trag-)wänden (vgl. Abschnitt 7.8). Solche Konstruktionen werden in zahlreichen Ländern und Gegenden häufig verwendet. Sie sind jedoch zur Abtragung von Erdbebenkräften denkbar ungeeignet, was durch zahlreiche Schadenerhebungen umfassend belegt ist (z.B. Mexico-Beben 1985, Erzincan-Beben 1992). Die "Aussteifung" oder "Ausfachung" von Rahmen durch Mauerwerkswände ist aus folgenden Gründen unbedingt *zu vermeiden:*

- Mauerwerkswände können durch eine Querbeschleunigung (Plattenbeanspruchung) vorzeitig herausfallen, sofern sie nicht oben und seitlich einwandfrei gehalten werden (eine Vertikalbelastung durch Schwerelasten kann sich diesbezüglich günstig auswirken).
- Rahmen bilden ein relativ weiches und eher duktiles Tragwerk, Mauerwerkswände sind demgegenüber sehr steif und auch sehr spröde. Zu Beginn eines Erdebens übernehmen

daher die Füllwände die volle Erdbebeneinwirkung. Sie können Horizontalkräfte jedoch praktisch nur durch die Bildung von Druckdiagnalen gemäss Bild 4.13a abtragen. Deren Neigung φ zu einer Senkrechten zur Lagerfuge ist meist so gross, dass Gleiten in einer Lagerfuge gemäss Bild 4.13b erfolgt ($\tan\varphi > \sim 0.6$, vgl. [Bac 94]). Die Füllwände werden daher durch die Erdbebenbeanspruchung rasch überfordert und versagen.

- Häufig erfahren die Rahmenstützen durch die Mauerwerks-"Aussteifungen" enorme Zusatzbeanspruchungen (Bild 4.13b). Vor allem können Füllwände in den Stützen hohe Momentengradienten und somit enorme Querkräfte erzeugen. Dadurch versagen die Stützen auf Schub, d.h. sie werden praktisch abgeschert. Oder die Stützen werden durch die Füllwände derart geschädigt, dass sie nach Ausfall derselben nicht mehr in der Lage sind, die Schwerelasten und vertikalen Erdbebenkräfte abzutragen.

Besonders ungünstig ist auch die "Teilausfachung" von Rahmen gemäss Bild 4.14, wie sie etwa durch Aufmauern von Fensterbrüstungen entstehen kann. Dadurch ergibt sich der gefürchtete Effekt der kurzen Stützen ("short column effect"). Z.B. wird in der rechten Stütze von Bild 4.14 am oberen Ende und ebenso in etwa halber Höhe der plastische Momentenwiderstand und somit dazwischen eine enorme Querkraft entwickelt, die je nach Verhältnissen bis zum doppelten Wert und mehr der Querkraft ohne Ausfachung betragen kann. Dies führt unweigerlich zu einem Schubversagen der Stütze (Der prinzipiell gleiche Effekt tritt auch im unteren Bereich der rechten Stütze von Bild 4.13b ein).

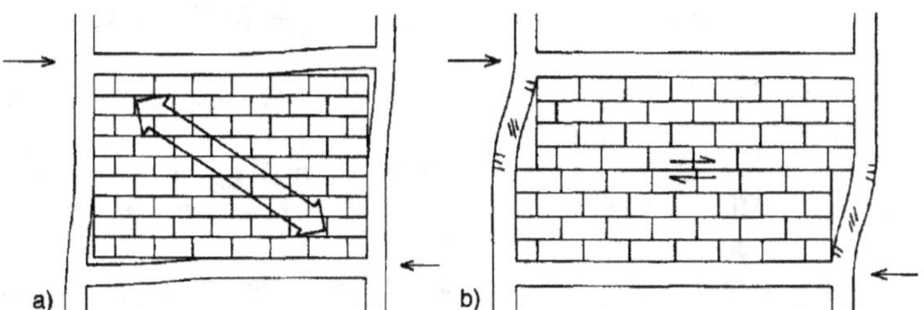

Bild 4.13: Zu vermeidende "Aussteifung" oder "Ausfachung" von Rahmen durch Mauerwerkstragwände [Key 88]

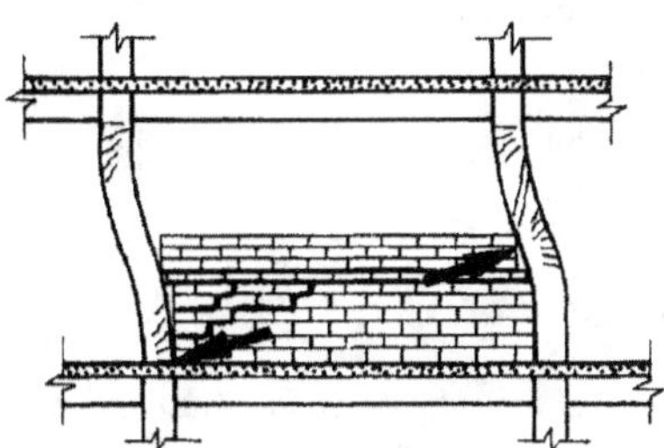

Bild 4.14: Zu vermeidende "Teilausfachung" von Rahmen durch Brüstungen etc. [PBM 90]

4.3   Entwurfsgrundsätze

Im folgenden werden wichtige Grundsätze für den erdbebengerechten Entwurf von Hochbauten betrachtet. Das Befolgen derselben kann auch als Realisieren von konzeptionellen Massnahmen bezeichnet werden (vgl. SIA 160, Art. 4 19 12).

Es sei hier nochmals betont, dass die negativen Auswirkungen einer "erdbebenmässig" schlechten Konzeption eines Bau- und Tragwerks durch eine ingenieurmässige Berechnung und Bemessung meist nicht kompensiert werden können [Bac 02].

4.3.1   Allgemeine Grundsätze

Beim Entwurf von wesentlich erdbebenbeanspruchten Bauwerken sind die folgenden allgemeinen Grundsätze zu beachten:

- Regelmässige Gestaltung im Grundriss mit möglichst symmetrischer Ausbildung in beiden orthogonalen Richtungen:
  - rechteckige Grundrisse wählen
  - L- und T-förmige Grundrisse in rechteckige aufteilen mittels Fugen. Die Fugen müssen breit genug sein, um einen Zusammenprall der Teilbauwerke mit unterschiedlichem Schwingungsverhalten zu vermeiden.
- Regelmässige Gestaltung im Aufriss mit möglichst stetiger Steifigkeitsverteilung in vertikaler Richtung:
  - Rahmen und Tragwände ununterbrochen bis zur Fundation durchführen (keine horizontalen Versetzungen von Stützen oder Wänden)
  - Sprünge von Steifigkeiten und Widerständen gegen Biegung, Schub und Torsion $> \sim 30\%$ vom Mittel vermeiden (keine weichen Zwischengeschosse).
- Einheitliche Fundation:
  - zusammenhängende Gebäudeteile nicht auf unterschiedlichem Baugrund fundieren
  - Einzel- und Streifenfundamente durch Riegel so miteinander verbinden, dass unter Erdbeben keine oder nur geringe differentielle Verschiebungen möglich sind.
- Angepasste Duktilität:
  - Die lokale Duktilität sämtlicher Tragelemente (Krümmungsduktilität, Rotationsduktilität) muss der globalen Duktilität (Verschiebeduktilität des Gesamttragwerks) entsprechen.

Bild 4.15 zeigt typische Beispiele von unregelmässig gestalteten Bauwerken, wie sie unbedingt vermieden werden sollten.

4.3.2   Gestaltung im Grundriss

Die *Gebäudeform im Grundriss* bzw. die *Form der Geschossdecken* ist wichtig für das Verhalten des Bauwerks während eines Erdbebens. Die Geschossdecken haben die Aufgabe, durch ihre Scheibenwirkung die Erdbebenkräfte auf die einzelnen kragarmartigen Tragelemente für horizontale Kräfte (Rahmen, Tragwände, usw.) entsprechend deren Steifigkeiten zu verteilen (Diaphragmawirkung). Die Deckenscheiben müssen deshalb sehr steif, d.h. praktisch starr, sein, damit sich die Lage der Rahmen, Tragwände, usw. relativ zueinander

Irregular structures or framing systems (SEAOC)

a) Buildings with irregular configuration

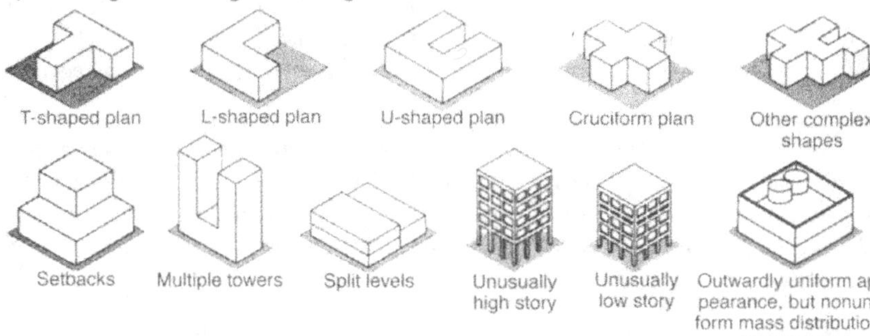

b) Buildings with abrupt changes in lateral resistance

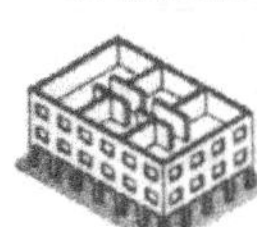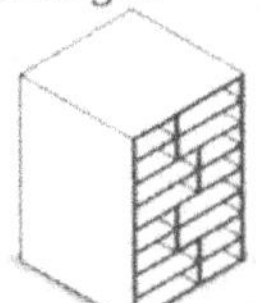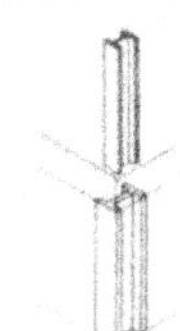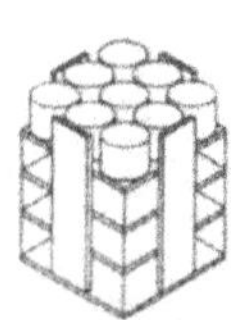

c) Buildings with abrupt changes in lateral stiffness

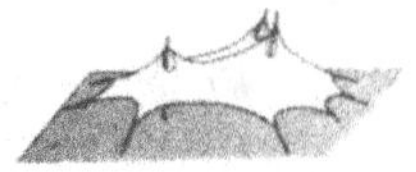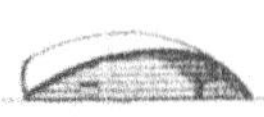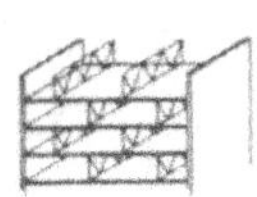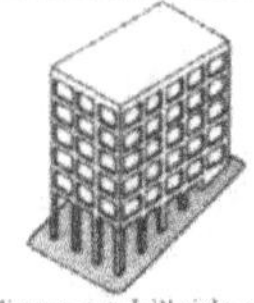

d) Unusual or novel structural features

Bild 4.15: Beispiele von zu vermeidenden unregelmässigen Tragwerken gemäss den Empfehlungen der Structural Engineers Association of California (nach [SEA 88],[AR 82])

während eines Erdbebens nicht ändert. Die Deckenscheiben erfahren dann nur Starrkörperbewegungen (Verschiebungen und Verdrehungen).

Die Gebäudeform im Grundriss sollte somit möglichst kompakt sein, damit Form und Steifigkeit der Deckenscheiben während eines Erdbebens erhalten bleiben. Bei aufgelösten Grundrissen, wie z.B. in Bild 4.16a, besteht die Gefahr der Überbeanspruchung und entsprechender plastischer Verformungen. Einspringende Ecken sollten vermieden werden. Dies ist möglich durch Aufteilung der Grundrisse in einzelne Rechtecke gemäss Bild 4.16b. Unter Umständen können auch Verstärkungen der Deckenscheiben durch Riegel zweckmässig sein.

Auch Aussparungen in den Geschossdecken können ein unbefriedigendes Verhalten der Deckenscheiben bewirken. Solche Öffnungen für Lichtschächte, Treppenhäuser, Innenhöfe usw. sollten so angeordnet werden, dass sie nicht zu Überbeanspruchungen führen. Bild 4.16c zeigt ungünstige und Bild 4.16d bessere Plazierungen von Aussparungen in Deckenscheiben.

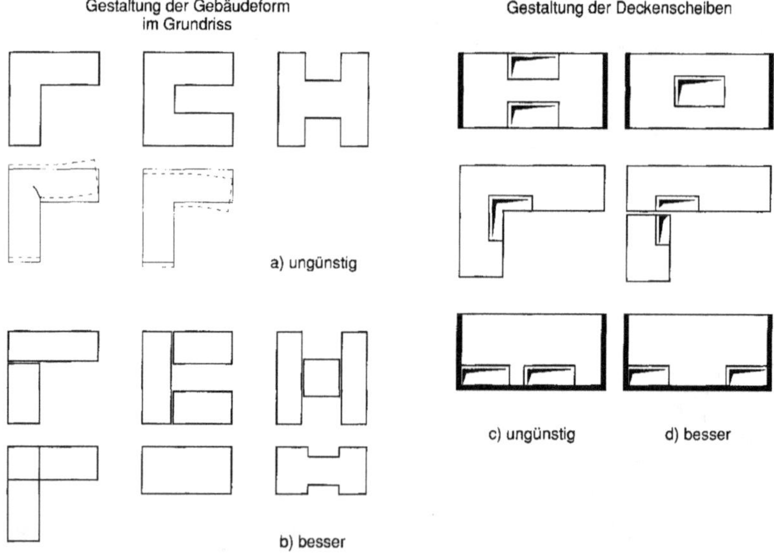

Bild 4.16: Gestaltung der Gebäudeform bzw. der Deckenscheiben im Grundriss (nach [PBM 90])

Die *Anordnung der Tragelemente* zur Abtragung der horizontalen Erdbebenkräfte, insbesondere von einzelnen Rahmen, Stahlbetontragwänden und Tragwänden aus Mauerwerk, *im Grundriss* muss folgendes Ziel haben:

Steifigkeitszentrum (Schubmittelpunkt in einem bestimmten Stockwerk)	$\approx$	Massenzentrum (Angriffspunkt der Summe der Trägheitskräfte in den darüberliegenden Stockwerken)

Dadurch resultieren möglichst geringe Exzentrizitäten und somit möglichst geringe Torsionsbeanspruchungen des Gesamtsystems.

Bild 4.17 zeigt ungünstige und bessere Anordnungen der Tragelemente für die Erdbebenkräfte (Nur Tragwände gezeichnet, ähnliches gilt für Rahmen).

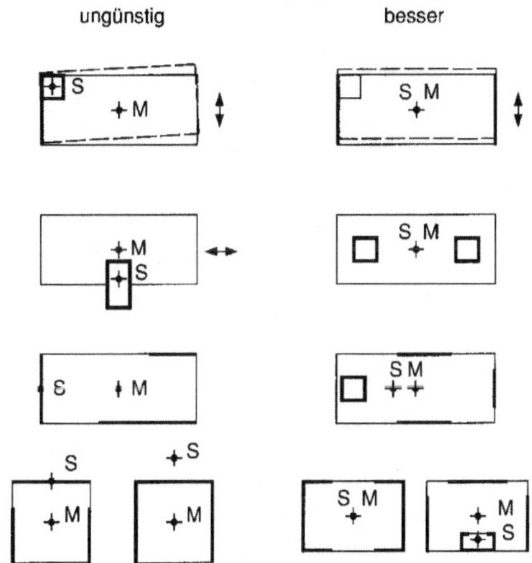

Bild 4.17: Anordnung der Tragelemente für die Erdbebenkräfte
mit Steifigkeitszentrum S und Massenzentrum M (nach [PBM 90])

4.3.3 Gestaltung im Aufriss

Die *Gebäudeform im Aufriss* ist ebenfalls wichtig für das Verhalten des Bauwerks während eines Erdbebens. Es sollte alles vermieden werden, was zu einem unübersichtlichen Schwingungsverhalten oder zu übermässigen Beanspruchungen führen kann. In Bild 4.18 sind ungünstige und bessere Lösungen nebeneinander gestellt:

- Hohe schlanke Bauwerke benötigen grosse Fundamente, um das Kippmoment in den Untergrund einzuleiten (a, b). Auch beträchtliche Massen in grosser Höhe (z.B. Wassertanks) wirken sich ungünstig aus (c, d).
- Unterschiedlich hohe Gebäudeteile sollten durch Fugen getrennt werden (e, f).
- Horizontale Versetzungen von Stützen sind unbedingt zu vermeiden (g, h).
- Verbindungen zwischen verschiedenen Gebäuden sollten frei verschieblich gestaltet werden (i, j).
- Vertikale Versetzungen der Geschossdecken produzieren enorme Querkräfte in den Stützen. Zudem wird die Scheibenwirkung der Decken verhindert (k, l).

Bild 4.19 zeigt ungünstige und bessere Verteilungen der Steifigkeit über die Höhe eines Tragwerks und die resultierenden Verformungen.

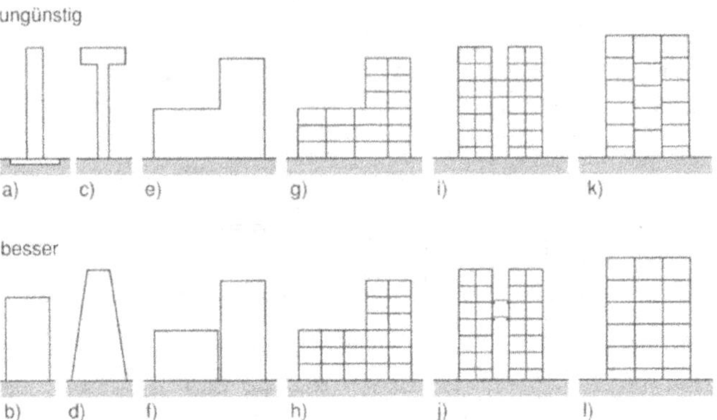

Bild 4.18: Gestaltung der Gebäude im Aufriss (nach [PBM 90])

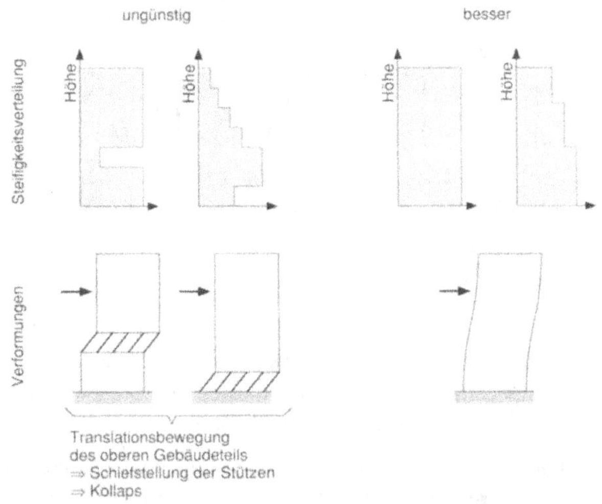

Bild 4.19: Verteilung der Steifigkeit im Aufriss (nach [PBM 90])

4.4   Duktilitätsklassen

Im allgemeinen ist es zweckmässig, *Duktilitätsklassen* einzuführen (Tabelle 4.1). Dadurch ist es möglich, die Bemessung und konstruktive Durchbildung eines in eine bestimmte Duktilitätsklasse eingeteilten Tragwerks mit seinen plastifizierenden Bereichen (plastische Gelenke) zu systematisieren und zu standardisieren.

Duktilitätsklasse	Richtwerte für die Bemessungsduktilität μ_Δ		
	Rahmen aus Stahlbeton oder Stahl	Stahlbeton-Tragwände	Mauerwerks-Tragwände (unbewehrt)
Elastisches Verhalten	1 ÷ 1.5	1 ÷ 1.3	1
Natürliche Duktilität[a]	2.5	2	1.2
Beschränkte Duktilität[b]	3.5	3	-
Volle Duktilität[b]	6	5	-
	[a] z.B. SIA 160, Bauwerkklasse 1		[b] behandelt in [PBM 90]

Tabelle 4.1: Duktilitätsklassen und Richtwerte für die Bemessungsduktilität

Als Kenngrösse für die Bemessungsduktilität des Tragwerks eines Hochbaus dient die (globale) Verschiebeduktilität μ_Δ, wobei Δ die Relativverschiebung der obersten Decke gegenüber der Fundation ist (vgl. Abschnitt 3.5.2). Bei den Zahlen gemäss Tabelle 4.1 handelt es sich um zweckmässige Richtwerte, wie sie etwa auch in EC 8 verwendet werden.

Bei Tragwerken der Duktilitätsklasse "Elastisches Verhalten" werden - z.B. aus Sicherheitsgründen - keine oder nur geringe plastische Verformungen zugelassen. Bei der Duktilitätsklasse "Natürliche Duktilität" wird die bei den meisten Tragwerken ohnehin d.h. ohne besondere Massnahmen etwa vorhandene Duktilität ausgenützt. Diese wird gelegentlich auch als "nominelle Duktilität" ("nominal ductility", z.B. in den kanadischen Erdbebennormen) bezeichnet. Bei Tragwerken der Duktilitätsklassen "Beschränkte Duktilität" und "Volle Duktilität" hingegen sind bei der Bemessung und konstruktiven Durchbildung besondere Vorgehensweisen und Massnahmen erforderlich, um die vorausgesetzte erhebliche Duktilität sicherzustellen.

Die Bemessung einschliesslich konstruktive Durchbildung ist daher je nach Duktilitätsklasse wie folgt durchzuführen:

* Für "Elastisches Verhalten" und "Natürliche Duktilität":
  Konventionelle Bemessung
  wie für Schwerelasten und Windkräfte (z.B. nach SIA 162, SIA 161)
* Für "Beschränkte Duktilität" und "Volle Duktilität":
  Kapazitätsbemessung
  mit besonderen Regeln (vgl. Abschnitte 7.1 und 7.2).

Bei der Wahl der Duktilität ist auch die Empfindlichkeit der nichttragenden Elemente bezüglich der Tragwerksverformungen zu berücksichtigen (vgl. Abschnitte 4.5, 4.6).

4.5 Tragwerksverformungen

In diesem Unterkapitel werden Tragwerksverformungen und deren hauptsächliche Folgen betrachtet, die beim erdbebengerechten Entwurf von Hochbauten unbedingt zu beachten sind.

4.5.1 Stockwerkverschiebungen

Die Stockwerkverschiebung ist die horizontale relative Verschiebung zweier benachbarter, übereinander liegender Geschossdecken (Bild 4.20a). Sie ist ein Mass für die Steifigkeit des Tragwerks unter horizontalen Kräften (elastischer Zustand) sowie für die unter dem Bemessungsbeben auftretenden maximalen Verformungen (plastischer Zustand).

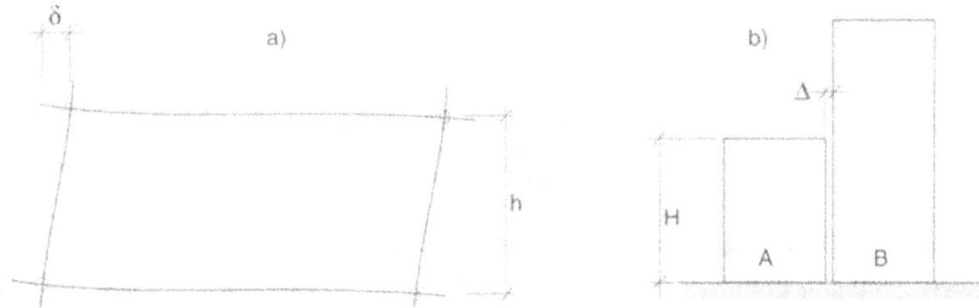

Bild 4.20: Tragwerksverformungen: a) Stockwerkverschiebung δ *,*
b) Fugenbreite Δ *zwischen benachbarten Gebäuden*

Folgende Grössen werden benützt:

$$\delta_u = \mu_\Delta \cdot \delta_y \tag{4.1}$$

δ_y : Stockwerkverschiebung bei Fliessbeginn (unter den Ersatzkräften)
δ_u : Stockwerkverschiebung beim Erreichen der Bemessungsduktilität des Tragwerks
μ_Δ : Bemessungsduktilität des Tragwerks (globale Verschiebeduktilität)

Es kann unterschieden werden zwischen einem Maximalwert δ im Stockwerk mit der grössten Stockwerkverschiebung (meist massgebend) und einem Mittelwert δ aus sämtlichen Stockwerken (allgemeine Kenngrösse).

Bei verhältnismässig weichen Tragwerken, insbesondere bei Rahmen, ist die Stockwerkverschiebung aus folgenden Gründen zu begrenzen:

- Das Tragwerk soll eine gewisse Mindeststeifigkeit gegen horizontale Kräfte aufweisen.
- Bei übermässigen Stockwerkverschiebungen kann der Erdbebenwiderstand durch Effekte 2. Ordnung ("N-δ-Effekt") erheblich abgemindert werden [PBM 90].
- Beschränkung der Auswirkungen auf nichttragende Elemente (vgl. Abschnitt 4.5.2).

Für duktile Rahmen mit der Stockwerkshöhe h werden die folgenden Begrenzungen der Stockwerkverschiebungen δ empfohlen:

Unter der Ersatzkraft:	$h/300$	$\rightarrow$	0.3%
Bei $\mu_\Delta = 3$:	$h/100$	$\rightarrow$	1%
Bei $\mu_\Delta = 6$:	$h/50$	$\rightarrow$	2%

Bei Rahmen mit kleiner Duktilität ist wegen der höheren Ersatzkraft ein grösserer Tragwiderstand erforderlich, wodurch im allgemeinen auch eine grössere Steifigkeit resultiert. Die oben empfohlenen Begrenzungen der Stockwerkverschiebungen werden dann kaum massgebend. Ähnliches gilt für die im Vergleich zu Rahmen steiferen Systeme mit Stahlbetontragwänden.

Die Stockwerkverschiebung bezogen auf die Stockwerkhöhe, δ/h, wird auch als Stockwerk-Schiefstellung oder "Index der Stockwerkverschiebung" ("Interstory Drift Index", IDI) bezeichnet. Die empfohlenen Begrenzungen entsprechen dann den Werten 0.003, 0.01 und 0.02.

4.5.2 Auswirkungen auf nichttragende Elemente

Die Tragwerksverformungen und insbesondere die Stockwerkverschiebungen haben oft erhebliche Auswirkungen auf nichttragende Elemente. Solche Elemente mit einer wesentlichen Eigensteifigkeit, d.h. nichttragende Zwischenwände, Fassadenbauteile inkl. Fenster, Brüstungen, usw. können entweder

- mit dem Tragwerk fest verbunden (z.B. eingemauert) werden, oder
- vom Tragwerk durch flexible Fugen konsequent abgetrennt werden.

Bei *fest verbundenen nichttragenden Elementen,* insbesondere bei Zwischenwänden, liegt die Schadengrenze (Stockwerkverschiebung δ) relativ tief:

- Mauerwerkswände aus Backstein (z.B. Zellton): $\delta = h/1500$, d.h. 2 mm für $h = 3$ m.
- Metall- oder Kunststoffwände: $\delta = h/1000$ bis $h/500$ je nach Produkt.

In Rahmentragwerken erleiden daher solche Zwischenwände erste Schäden bereits bei relativ schwachen Erdbeben (vgl. Abschnitt 4.5.1). In Tragwerken mit Stahlbetontragwänden liegen die Verhältnisse erheblich günstiger.

Bei *durch Fugen abgetrennten nichttragenden Elementen* kann die Breite der Fugen in Relation zur Grösse der Stockwerkverschiebung beim Erreichen der Bemessungsduktilität μ_Δ (vgl. Abschnitt 4.5.1) festgelegt werden.

Im Hinblick auf Schäden an den nichttragenden Elementen gelten etwa die folgenden Richtwerte für die Fugenbreiten:

- Zwischenwände: $\geq \sim 25\%$ von δ_u
- Fassadenbauteile: $\geq \sim 60\%$ von δ_u

Der verhältnismässig grosse Wert bei den Fassadenbauteilen rechtfertigt sich durch deren Absturzgefahr, wodurch Personen erheblich gefährdet werden können.

Oft müssen Fugenbreiten aber auch im Hinblick auf Schäden am Tragwerk festgelegt werden. Insbesondere Stützen können durch eingefüllte Mauerwerkswände oder Brüstungen enorme Zusatzbeanspruchungen bis hin zu einem vorzeitigen Versagen erfahren (vgl. Abschnitt 4.2.6, Bild 4.14). Ähnliches gilt für Fassadenbauteile, Treppenelemente usw. Die Fugenbreite bei allen derartigen bei Erdbebeneinwirkung das Tragwerk gefährdenden nichttragenden Elementen sollte daher $\geq 100\%$ von δ_u betragen.

Die konstruktive Durchbildung von Fugen zwischen nichttragenden Elementen und dem Tragwerk ist meist eine sehr anspruchsvolle Aufgabe. Trotz der Flexibilität der Fugen müssen bei nichttragenden Zwischenwänden Schallschutz und evtl. Feuerschutz sowie bei Fassadenbauteilen vor allem Wärmedämmung und Wasserdichtigkeit bei guter Dauerhaftigkeit gewährleistet sein. In Ländern mit erheblicher Erdbebengefährdung (z.B. Kalifornien, Neuseeland, Japan) werden entsprechende Produkte für Standardlösungen angeboten.

4.5.3 Fugen zwischen benachbarten Gebäuden

Zahlreiche Einstürze von Gebäuden bei Erdbeben haben sich immer wieder durch den Zusammenprall unterschiedlich schwingender benachbarter Gebäude ("pounding effect") ereignet. Daher ist zwischen solchen Gebäuden eine genügend breite Fuge anzuordnen. Die Fugen müssen leer sein und dürfen keine Kontaktbrücken enthalten (auch keine Schaumstoffeinlagen!), damit ein freies Schwingen der benachbarten Bauwerke oder Bauteile möglich ist. In der Literatur und in Normen werden deshalb Richtwerte für die erforderliche Fugenbreite Δ gegeben (Bild 4.20b).

Gemäss [PBM 90] ist der grösste der folgenden Werte massgebend:

$$\Delta \geq 1.2\,(\Delta_{u,A} + \Delta_{u,B}) \tag{4.2}$$

$$\Delta \geq 0.004\,H \tag{4.3}$$

$$\Delta \geq 25\ \mathrm{mm} \tag{4.4}$$

Δ : Fugenbreite
$\Delta_{u,A}$, $\Delta_{u,B}$: maximale Horizontalverschiebung der Gebäude A bzw. B auf der Höhe H (unter Berücksichtigung allfälliger Baugrundverformungen)
H : Höhe des niedrigeren Gebäudes

Die Fugenbreite Δ ist in allen Richtungen zu gewährleisten. Die Bewegungsfugen sollen im allgemeinen nicht durch die Fundation geführt werden.

Gemäss [SIA 160] gilt für die erforderliche Fugenbreite:

$\Delta \geq 15$ mm pro Stockwerk für Tragwerke mit Stahlbetontragwänden
$\Delta \geq 30$ mm pro Stockwerk für Rahmentragwerke
oder $\Delta \geq \Delta_{u,A} + \Delta_{u,B}$, mindestens aber 40 mm.

Ein Vergleich der Regeln nach [PBM 90] und [SIA 160] ergibt für Δ ähnliche Grössenordnungen. Z.B. muss die Fuge nach der einfachen Stockwerkregel der Norm SIA 160 bei 4-stöckigen, rund 14 m hohen Gebäuden mit Stahlbetontragwänden 60 mm und bei analogen 10-stöckigen rund 35 m hohen Gebäuden 150 mm breit sein. Nach der zweiten Regel von SIA 160, für welche die Tragwerksverformungen berechnet werden müssen, dürften sich meist geringere Werte ergeben.

4.6   Zur Wahl des Tragwerks

Auf die Wahl des Tragwerks zur Abtragung horizontaler (und vertikaler) Erdbebeneinwirkungen und die Festlegung seiner Eigenschaften können vor allem die folgenden Gesichtspunkte und Grössen einen wesentlichen Einfluss haben:

- Nutzungsfreiheit
- Bemessungsduktilität und Tragwiderstand
- Sicherheits-, Betriebs- und Schadengrenzbeben

Diese werden im folgenden kurz betrachtet.

4.6.1   Nutzungsfreiheit

Oft möchten die Eigentümer bei der Erstnutzung der Gebäudegrundrisse von Skelettbauten
- vor allem der Erdgeschosse - möglichst frei und auch für spätere Nutzungsänderungen
möglichst wenig Einschränkungen unterworfen sein. Dazu ist es erwünscht, dass möglichst
wenig "störende" Elemente wie Stahlbetontragwände und Stützen vorhanden sind. Diese
Anforderung kann am besten durch reine Rahmentragwerke mit grossen Stützenabständen
erfüllt werden.

Rahmen haben indessen den Nachteil, dass sie sich bei horizontalen Einwirkungen
verhältnismässig stark verformen. Dies erfordert oft spezielle und meist aufwendige Massnahmen bei den nichttragenden Elementen, vor allem deren Abtrennung vom Tragwerk
durch Fugen, damit nicht bereits bei relativ schwachen Erdbeben Schäden entstehen (vgl.
Abschnitt 4.5). Allerdings kann sich bei Rahmen wegen ihrer kleineren Eigenfrequenz eine
kleinere Ersatzkraft als bei analogen Tragwerken mit Stahlbetontragwänden ergeben (abfal-
lender Ast in Bemessungsspektren, z.B. in Bild 3.9 Bereich f < 3 Hz bzw. < 2 Hz). Dies wird
jedoch mehr als aufgewogen durch die wesentlich grössere Steifigkeit und die entsprechend
geringeren Verformungen der Stahlbetontragwände, wodurch meist keine Abtrennung der
nichttragenden Elemente durch Fugen erforderlich ist. Auch sind, vor allem bei mässiger
Seismizität, oft nur wenige und in horizontaler Richtung kurze Stahlbetontragwände erforderlich, welche die Nutzungsfreiheit nur wenig einschränken. Zudem sind Stahlbetontragwände bezüglich Schalung und Bewehrung wesentlich einfacher herzustellen als Rahmen.
Bei einer duktilen Stahlbetontragwand ist nur ein einziger Bereich als plastisches Gelenk
auszubilden, während bei Rahmen eine Vielzahl solcher Bereiche vorhanden ist. Trotz der
besseren Nutzungsfreiheit wird man somit im allgemeinen Rahmensysteme eher vermeiden
und den steiferen und einfacheren Tragsystemen mit Stahlbetontragwänden den Vorzug geben.

Unter Umständen bieten sich auch gemischte Tragsysteme als günstige Lösung an: Ohnehin
erforderliche Liftschächte können aus Stahlbetontragwänden gebildet und wenn notwendig
durch Rahmen - z.B. Fassadenrahmen - ergänzt werden. Die übrigen Stützen können dann
als dünne Schwerelaststützen ausgebildet werden. Auf keinen Fall dürfen jedoch Stahlbetontragwände z.B. im Erdgeschoss unterbrochen werden. Dies würde zu den berüchtigten weichen Zwischengeschossen ("soft storeys") führen, die schon zahlreichen Hochbauten bei
Erdbebeneinwirkung zum Verhängnis geworden sind (vgl. Bild 4.19).

4.6.2   Bemessungsduktilität und Tragwiderstand

Im Abschnitt 3.5 sind die grundlegenden Zusammenhänge und die enge Wechselwirkung zwischen Tragwiderstand (gegen horizontale Kräfte) und Duktilität (Verformungsvermögen) dargestellt. Im Abschnitt 4.4 sind Duktilitätsklassen mit Richtwerten für die Bemessungsduktilität definiert, und es wurde insbesondere auf den Unterschied zwischen konventioneller Bemessung und Kapazitätsbemessung hingewiesen. Hier sollen nun die wichtigsten Gesichtspunkte zur Wahl der Bemessungsduktilität und des zugehörigen Tragwiderstandes zusammengefasst werden.

Für ein gegebenes Bemessungsbeben (Sicherheitsbeben, vgl. Abschnitt 4.6.3) einer bestimmten Stärke kann ein Tragwerk sehr verschieden ausgebildet werden. Zur Eingrenzung der praktischen Möglichkeiten werden vorerst die Vor- und Nachteile der beiden recht unterschiedlichen Lösungen für das Tragwerk eines Hochbaus mit einem Verhalten gemäss Bild 4.21 betrachtet (siehe auch Abschnitt 3.5.1).

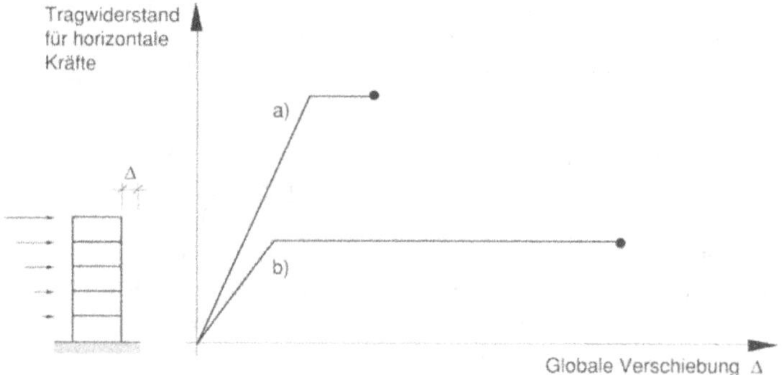

Bild 4.21: Verhalten unterschiedlicher Lösungen für das Tragwerk eines Hochbaus

Bei der Lösung a) ist ein verhältnismässig hoher Tragwiderstand jedoch nur eine kleine Duktilität erforderlich. Dies bedeutet:

- relativ teures und massives jedoch steifes Tragwerk
- im allgemeinen unproblematisch bezüglich nichttragenden Elementen (keine Abtrennung durch Fugen erforderlich)
- hohe Schadengrenze (Schäden nur bei wenig häufigen stärkeren Beben)
- konventionelle Bemessung und entsprechende konstruktive Durchbildung möglich (vgl. Abschnitt 7.1).

Diese Lösung kann vor allem bei geringer bis mässiger Seismizität und/oder hohen Anforderungen an die Schadengrenze (vgl. Abschnitt 4.6.3) zweckmässig sein. Die Bemessungsduktilität entspricht z.B. für Stahlbetonbauten etwa der Duktiliätsklasse "Natürliche Duktilität" (evtl. sogar "Elastisches Verhalten").

Bei der Lösung b) ist nur ein verhältnismässig niedriger Tragwiderstand jedoch eine erhebliche Duktilität erforderlich. Dies bedeutet:

- relativ kostengünstiges jedoch flexibles Tragwerk
- eventuell problematisch bezüglich nichttragenden Elementen (bei Rahmensystemen und evtl. auch bei Tragwandsystemen Abtrennung durch Fugen erforderlich)
- eher tiefe Schadengrenze (Schäden evtl. bereits bei häufigen schwächeren Beben)
- Kapazitätsbemessung und entsprechende konstruktive Durchbildung erforderlich (vgl. Abschnitt 7.1).

Diese Lösung wird vor allem bei mittelhoher bis hoher Seismizität und nicht sehr hohen Anforderungen an die Schadengrenze (vgl. Abschnitt 4.6.3) zweckmässig sein. Die Bemessungsduktilität entspricht z.B. für Stahlbetonbauten der Duktilitätsklasse "Volle Duktilität".

Häufig ist es zweckmässig, eine Lösung zwischen den beiden Möglichkeiten a) und b) zu suchen. Damit können vor allem bei mässiger bis mittelhoher Seismizität übliche Anforderungen bezüglich Steifigkeit des Tragwerks, Verhalten nichttragender Elemente, Höhe der Schadengrenze usw. auf ausgewogene Weise erfüllt werden Die Bemessungsduktilität entspricht dann z.B. für Stahlbetontragwerke etwa der Duktilitätsklasse "Beschränkte Duktilität".

4.6.3 Sicherheits-, Betriebs- und Schadengrenzbeben

Hochbauten müssen immer und auf jeden Fall die Anforderungen des "Sicherheitsbebens" (Bemessungsbeben) erfüllen. In besonderen Fällen können jedoch Anforderungen aus dem "Betriebsbeben" und aus dem "Schadengrenzbeben" für die Gestaltung und Bemessung von Tragwerk und nichttragenden Elementen massgebend werden.

Die genannten Begriffe können wie folgt umschrieben werden:

- Sicherheitsbeben: "Grösstes ohne Einsturz zu überstehendes Erdbeben"
- Betriebsbeben: "Erdbeben, bei dem wichtige betriebliche Funktionen gerade noch erhalten bleiben, beschränkte Schäden an nichttragenden Elementen und eventuell am Tragwerk jedoch zulässig sind"
- Schadengrenzbeben: "Erdbeben, bei dem die ersten Schäden an nichttragenden Elementen oder am Tragwerk auftreten".

Besonders bei lebenswichtigen Aufgaben eines Bauwerks (z.B. Spital, Kraftwerk) wird vermehrt ausser dem Sicherheitsbeben auch ein Betriebsbeben und allenfalls ein Schadengrenzbeben festgelegt. Aber auch für normale Hochbauten scheint die Entwicklung (moderne Normenentwürfe, z.B. in Neuseeland) in die Richtung zu laufen, dass nebst dem Sicherheitsbeben ein "Gebrauchstauglichkeitsbeben" ("serviceability earthquake") beachtet werden muss, das sozusagen zwischen den hier definierten Schadengrenzbeben und Betriebsbeben liegt (keine oder nur geringfügige Schäden zulässig). Alle diese Beben werden auf der Grundlage bestimmter Eintretenswahrscheinlichkeiten bzw. Wiederkehrperioden und allenfalls unter Berücksichtigung der vorgesehenen Lebensdauer des betreffenden Bauwerks definiert. Je nach der relativen Stärke von Betriebsbeben und Schadengrenzbeben bzw. Gebrauchstauglichkeitsbeben im Verhältnis zur Stärke des Sicherheitsbebens können die Folgen verschieden sein. Beispielsweise muss ein steiferes Tragwerk gewählt werden (z.B. Stahlbetontragwände anstelle von Rahmen) um die Verformungen im elastischen Beanspruchungsbereich zu beschränken. Oder es muss eine geringere Bemessungsduktilität angenommen werden, damit ein zu frühes Fliessen und entsprechende plastische Verformungen vermieden werden können. Oder es müssen die nichttragenden Elemente durch Fugen vom Tragwerk abgetrennt werden.

Je nach dem massgebenden Erdbeben stehen somit unterschiedliche Tragwerkseigenschaften im Vordergrund. Bei einem im Verhältnis zum Sicherheitsbeben starken Schadengrenzbeben ist vor allem eine grosse Steifigkeit gefordert. Bei einem verhältnismässig starken Betriebsbeben ist ein relativ hoher Tragwiderstand erforderlich. Ist hingegen das Sicherheitsbeben selbst sehr stark, so darf meist eine hohe Duktilität bei entsprechend niedrigem Tragwiderstand angestrebt werden.

	Normale Hochbauten			Kernkraftwerke
	Allgemein üblich (Normen)	SIA 160	EC 8	
Sicherheitsbeben	300 ÷ 500	400	475	10'000
Betriebsbeben	50 ÷ 200	--	--	1'000
Schadengrenzbeben	10 ÷ 50	--	--	100

Tabelle 4.2: Wiederkehrperioden in Jahren für Sicherheits-, Betriebs- und Schadengrenzbeben für normale Hochbauten und für Kernkraftwerke

Tabelle 4.2 zeigt für Sicherheits-, Betriebs- und Schadengrenzbeben bei normalen Hochbauten üblicherweise angenommene Wiederkehrperioden sowie entsprechende Werte gemäss den Normen SIA 160 und EC 8. Beigefügt sind ferner übliche Wiederkehrperioden für Kernkraftwerke. Letztere sind erheblich grösser als diejenigen für normale Hochbauten. Bei Vergleichen zwischen verschiedenen Angaben und Normen sind allerdings auch die verwendete Intensitäts-Bodenbeschleunigungs-Beziehung, die Sicherheitfaktoren bei der Bemessung, Fraktilen der Materialfestigkeiten usw. miteinzubeziehen, d.h. die Wiederkehrperioden bzw. Eintretenswahrscheinlichkeiten dürfen nicht isoliert betrachtet werden.

4.7 Querschnittsabmessungen von Stahlbetontragwerken

4.7.1 Allgemeines

Zu Beginn des Entwurfs von Stahlbetontragwerken von Hochbauten ist - pro Richtung der Einwirkung - klar festzulegen, ob die horizontalen Erdbebenkräfte abzutragen sind durch

- Rahmen , oder durch
- Tragwände, oder allenfalls durch ein
- gemischtes System, bestehend aus Rahmen und Kragarm-Tragwänden.

Rahmenstützen sind vor allem durch Erdbebenkräfte beansprucht (V, M), und sie sind deshalb verhältnismässig dick (vgl. Bild 4.1). *Schwerelaststützen* dienen allein der Abtragung von Schwerelasten (N), und sie sind somit verhältnismässig dünn. Sie können Flachdecken oder Unterzugsdecken (Riegel) tragen und mit Rahmen oder Tragwänden zur Abtragung der Erdbebenkräfte kombiniert werden. (vgl. Bild 4.2).

Die Abmessungen der hauptsächlich durch Erdbebenkräfte beanspruchten Stahlbeton-Tragelemente hängen vor allem vom erforderlichen Tragwiderstand gegen horizontale Kräfte und den Festigkeiten der verwendeten Baustoffe ab. Die erforderliche Duktilität (Bemessungsduktilität) hat auf die Betonabmessungen meist keinen Einfluss. Sie muss vor allem durch die Bemessung und die konstruktive Durchbildung der Bewehrungen sichergestellt werden.

Der erforderliche Tragwiderstand gegen horizontale Kräfte wird durch die Erdbeben-Ersatzkraft determiniert (vgl. Abschnitt 3.5.1). Eine wichtige Kenngrösse für die Erdbebenbeanspruchung eines gesamten Bauwerks und Tragwerks und seiner Tragelemente ist daher der *Ersatzkraft-Index*

$$I_F = F/W \qquad (4.5)$$

I_F: Ersatzkraft-Index ("Base Shear Index", BSI). Entspricht dem auf die Erdbeschleunigung bezogenen Spektralwert der Beschleunigung nach Berücksichtigung aller Faktoren und Einflüsse (vgl. Abschnitt 5.3.2a).

F :   Gesamte horizontale Erdbeben-Ersatzkraft

W :   Gebäudegewicht, d.h. Dauerlasten und wahrscheinlich vorhandene Nutzlasten (Entspricht der mit der Erdbeschleunigung multiplizierten Masse M_{tot}, vgl. Abschnitt 5.3.2a).

Der Ersatzkraft-Index I_F ist eine praktische Kenngrösse für die Erdbebenbeanspruchung eines Bauwerks. Dazu sollte i.a. auch die Bemessungsduktilität μ_Δ genannt werden. Weitere wichtige Kenngrössen für die Tragelemente sind

A_F :   Einzugsfläche (m^2 im Bauwerksgrundriss) eines Tragelementes bezüglich Erdbeben-Ersatzkräften (Bei Rahmenstützen i.a. $A_F > 30$ m^2, bei Tragwänden i.a. $A_F > 200$ m^2).

n :   Anzahl Stockwerke à 3 bis 4 m Höhe

Mit den Kenngrössen A_F und n wird der räumliche Einzugsbereich eines Tragelementes für die Erdbeben-Ersatzkräfte erfasst (getrennt pro orthogonale Richtung). Bei Beispielen ist es meist sinnvoll, die Kenngrössen I_F, A_F und n anzugeben.

4.7.2　Rahmenstützen

Bei Rahmenstützen wird die in der Rahmenebene gemessene Breite des Stützenquerschnittes mit h_c und die Abmessung senkrecht zur Rahmenebene mit b_c bezeichnet. Für die Festlegung dieser Grössen müssen die folgenden Kriterien beachtet werden:

- Bei Innenstützen wird für h_c meist die *Verankerung der Längsbewehrung der Riegel im Rahmenknoten* massgebend. Im Extremfall fliesst in voll duktilen Rahmen ($\mu_\Delta = 5 \div 7$) die obere Riegelbewehrung gleichzeitig auf der einen Seite des Knotens auf Zug und auf der andern Seite auf Druck, sodass über die Knotenbreite bzw. Stützenbreite h_c die doppelte Fliesskraft (für $f_y = f'_y$) und diese erst noch für eine zyklisch alternierende Beanspruchungsrichtung verankert werden muss. Dies führt gemäss [PBM 90] z.B. für Bewehrungsstäbe S 500 von 20 mm Durchmesser auf $h_c \geq 0.60$ m. Bei beschränkt duktilen Rahmen ($\mu_\Delta = 3 \div 4$) und bei Aussenstützen liegen die Verhältnisse meist wesentlich günstiger. Für eine eingehende Diskussion der Problematik der Verankerung der Riegelbewehrung in Rahmenknoten und der sich daraus ergebenden Konsequenzen wird auf die Abschnitte 1.6.5a, 4.7.4g, h und 7.3.4e von [PBM 90] verwiesen.
- Die geometrische Schlankheit von stark beanspruchten Rahmenstützen sollte etwa den Wert $l_n / h_c = 8$ (mit l_n = lichte Stützenhöhe) nicht überschreiten. Für $l_n \approx 3.2$ m wird damit $h_c \geq 0.4$ m.
- Im allgemeinen gilt für die Querschnittsabmessungen h_c und b_c von Rahmenstützen bei üblichen Geschosshöhen von 3 bis 4 m:
    Anzahl Stockwerke n =　1 - 3　:　≥ 0.40 m
    　　　　　　　　　　3 - 6　:　≥ 0.50 m
    　　　　　　　　　　6 - 10:　≥ 0.60 m
- Bei Stützen mit aussergewöhnlich kleinen Werten b_c ist auch die Stabilitätsbedingung gemäss Abschnitt 1.6.5a in [PBM 90] zu beachten.
- Aus konstruktiven Gründen (Bewehrungsführung im Knoten) empfiehlt es sich, die Stützen etwa 60 bis 100 mm breiter als die Riegel (Stegbreite) zu wählen.

4.7.3　Schwerelaststützen

Schwerelaststützen aus Stahlbeton (Ortsbeton oder vorfabriziert) in Skelettbauten dürfen unter bestimmten Voraussetzungen allein für die Normalkraft aus Schwerelasten bemessen und somit so schlank wie möglich gestaltet werden, damit sie den Verformungen des Tragwerks für horizontale Kräfte mit möglichst geringen Beanspruchungen folgen können:

- Die horizontalen Erdbebenkräfte werden vollumfänglich den Stahlbetontragwänden zugewiesen
- Die Schwerelaststützen sind in jedem Stockwerk an beiden Enden mit besonderer Umschnürungsbewehrung zu versehen (plastische Gelenke mit mässigem Duktilitätsbedarf), oder sie sind dort gelenkig auszubilden.

4.7.4 Rahmenriegel

Bei Rahmen zur Abtragung von Erdbebenkräften ist die Riegelhöhe etwas grösser zu wählen als bei Unterzugsdecken für Schwerelasten allein.

Bei erdbebendominierten Rahmen und wenn angrenzend an die Stützen plastische Gelenke erwartet werden, sollte der dortige Gehalt an oberer Bewehrung $\rho = A'_s/(b_w d)$ den Wert von etwa $4.5/f_y$ [N/mm^2] nicht überschreiten, da sonst bei der Knotenbewehrung Schwierigkeiten zu erwarten sind (Verankerungsprobleme). Auch bei schwerelastdominierten Rahmen wird die Riegelhöhe mit Vorteil etwas grösser und damit der Bewehrungsgehalt etwas kleiner gewählt als für Schwerelasten allein.

Die absoluten Abmessungen der Riegel sind stark vom Stützenraster abhängig. Im allgemeinen gelten etwa die folgenden Richtwerte (h_b: Gesamthöhe inkl. Platte, b_w: Stegbreite):

$$\text{Stützenraster} \quad 6 \times 6 \text{ m:} \quad h_b \times b_w = 0.50 \times 0.35 \text{ m}$$
$$8 \times 8 \text{ m:} \quad h_b \times b_w = 0.75 \times 0.40 \text{ m}$$

Bei Rahmenriegeln mit aussergewöhnlich geringen Stegbreiten ist auch die Stabilitätsbedingung gemäss Abschnitt 1.6.5a in [PBM 90] zu beachten. Aus konstruktiven Gründen (Bewehrungsführung in Knoten) empfiehlt es sich, die Riegel (Stegbreite) etwa 60 bis 100 mm schmaler als die Stützen zu wählen.

Beim Anschluss von Rahmenriegeln an Stahlbetontragwände sind die Riegel genügend duktil auszubilden (relativ hoher Duktilitätsbedarf beim Anschluss an die steifen Wände).

4.7.5 Deckenplatten

Die Abmessungen der Deckenplatten können sowohl bei Flachdecken als auch bei Unterzugsdecken im allgemeinen ohne Berücksichtigung von Beanspruchungen aus Erdbebenkräften und somit aufgrund der Schwerelasten allein gewählt werden. Zusätzlich sind jedoch die Anforderungen gemäss Abschnitt 4.3.2 bezüglich Funktion und Form der Geschossdecken zu beachten.

4.7.6 Tragwände

In Tragwänden aus Stahlbeton sind stets beidseitig je zwei Lagen Bewehrung einzulegen. Die Wandstärke b_w sollte deshalb aus konstruktiven Gründen die folgenden Platzbedürfnisse berücksichtigen:

Mindest-Platzbedarf		
Betonüberdeckung der Bewehrung	30 mm	je beidseitig
Horizontale Bewehrung (Schubbewehrung)	ca. 10 mm	do.
Vertikale Bewehrung (massgebend ist die Biegebewehrung an den Wandenden)	ca. 20 mm	do.
Vibrierlücke	100 mm	
Total Mindest-Wandstärke	**220 mm**	

Grössere Wandstärken können aus folgenden Gründen erforderlich sein:

- Zur Verhinderung des vorzeitigen Ausbeulens soll in der Zone des plastischen Gelenkes das Verhältnis der lichten Höhe zwischen benachbarten Geschossdecken zur Wandstärke l_n / b_w den Wert von etwa 12 nicht überschreiten:

    z.B. l_n = 3.2 m : $b_w \geq 260$ mm

  Genauere Werte sind im Abschnitt 5.4.2b von [PBM 90] und etwas weniger restriktive Bedingungen in [PP 92] gegeben. Oft kann es zweckmässig sein, Endverstärkungen oder Flanschen anzuordnen (vgl. Bild 7.7), und nicht die Wand auf ihre ganze Länge zu verstärken.
- Bei hoher Schubbeanspruchung zur Verhinderung eines vorzeitigen Bruches durch schiefen Druck im Stegbeton (obere Schubspannungsgrenze, ist in plastischen Gelenken relativ tief anzusetzen) genügt die Mindest-Wandstärke oft nicht.

4.7.7   Koppelungsriegel von gekoppelten Tragwänden

Um die Anordnung von Diagonalbewehrung zu ermöglichen (vgl. Bild 7.18), sollten Koppelungsriegel und die dadurch gekoppelten Tragwände mindestens 250 mm stark ausgebildet werden (vgl. Bild 4.4).

5 Berechnungsverfahren

In diesem Kapitel werden die wichtigsten *Verfahren zur Berechnung der Schnittkräfte und Verformungen in Tragwerken infolge Erdbebeneinwirkung* dargestellt. Dabei wird, vorwiegend gestützt auf [BW 79] und [MK 84], versucht, eine möglichst anschauliche Darstellung der wesentlichen Zusammenhänge zu geben.

5.1 Übersicht

In der Praxis werden hauptsächlich die folgenden drei Berechnungsverfahren verwendet:

1. Ersatzkraftverfahren
2. Antwortspektrenverfahren
3. Zeitverlaufsverfahren

Die wichtigsten Merkmale dieser Verfahren sind in Tabelle 5.1 festgehalten.

Beim *Ersatzkraftverfahren* wird nur eine statische, lineare Berechnung (elastisches Materialverhalten) durchgeführt. Die Erdbebeneinwirkung wird - wie der Name andeutet - durch eine horizontale statische Ersatzkraft dargestellt.

Beim *Antwortspektrenverfahren* wird eine dynamische, lineare Berechnung (elastisches Materialverhalten, viskose Dämpfung) durchgeführt. Es wird das Schwingungsverhalten der massgebenden Eigenschwingungsformen ermittelt und die Beanspruchung des gesamten Tragwerks durch geeignete Superposition erhalten.

Beim *Zeitverlaufsverfahren* wird eine dynamische, meist nichtlineare Berechnung (inelastisches Materialverhalten) durchgeführt. Es wird das System der Bewegungsdifferentialgleichungen des gesamten Tragwerks im Zeitbereich integriert.

Der *Einsatzzweck* der Berechnungsverfahren ist entweder die

- Bemessung der Querschnitte oder der
- Nachweis einer - bereits vorgängig erfolgten - genügenden Bemessung der Querschnitte.

Das Ersatzkraftverfahren wird vorwiegend zur direkten Bemessung der Querschnitte (z.B. in Stahlbetonbauten v.a. die Ermittlung der notwendigen Bewehrungsquerschnitte) gebraucht. Das Antwortspektrenverfahren kann sowohl zur Bemessung als auch für Nachweise eingesetzt werden. Das Zeitverlaufsverfahren hingegen wird meist zu Nachweiszwecken verwendet.

	Ersatzkraft–verfahren	Antwortspektren–verfahren	Zeitverlaufs–verfahren
Art der Berechnung	statische, lineare Berechnung	dynamische, lineare Berechnung	dynamische, nichtlineare Berechnung
Einsatzzweck (vorwiegend)	Bemessung	Bemessung/Nachweis	Nachweis
Aufwand	relativ klein	mittel	gross
Anwendungsbereich	regelmässige und normale Bauwerke	unregelmässige und/oder bedeutendere Bauwerke	
Bemessungs- bzw. Nachweisgrössen	Tragwiderstand Verformungen	Tragwiderstand Verformungen	lokaler Duktilitätsbedarf Verformungen
Bemessungs- bzw. Nachweis-Erdbeben	Antwortspektrum	Antwortspektrum	Beschleunigungs-Seismogramme

Tabelle 5.1: Wichtigste Merkmale der hauptsächlichen Berechnungsverfahren für Erdbebeneinwirkung

Der *Aufwand* bei der Anwendung der verschiedenen Verfahren entspricht der Art der Berechnung. Beim Ersatzkraftverfahren ist er relativ klein, d.h. ähnlich wie für einen Lastfall mit Schwerelasten oder für Windkräfte. Beim Antwortspektrenverfahren ist der Aufwand wesentlich grösser, und das Zeitverlaufsverfahren ist auch beim Einsatz moderner Schnellrechner nochmals um eine Grössenordnung aufwendiger.

Der *Anwendungsbereich* liegt beim Ersatzkraftverfahren bei einigermassen regelmässigen Bauwerken von normaler Bedeutung. Unregelmässige Bauwerke (vgl. Abschnitt 4.3) und auch solche von erheblicher Bedeutung (Gefährdungspotential) werden mit dynamischen Verfahren berechnet.

Die *Bemessungs- bzw. Nachweisgrössen* sind beim Ersatzkraftverfahren und beim Antwortspektrenverfahren der Tragwiderstand der Querschnitte und gelegentlich auch die Verformungen. Bei der Anwendung des Zeitverlaufsverfahrens an einem nichtlinearen Tragwerksmodell werden der Duktilitätsbedarf in den entstehenden plastischen Gelenken (lokaler Duktilitätsbedarf) und auch die Verformungen (Gesamtstabilität) nachgewiesen.

Das *Bemessungs- bzw. Nachweis-Erdbeben* basiert beim Ersatzkraftverfahren und beim Antwortspektrenverfahren meist auf einem geglätteten Antwortspektrum der Beschleunigung (In älteren Normen wird beim Ersatzkraftverfahren noch ein frequenzunabhängiger sog. "seismischer Koeffizient" verwendet). Beim Zeitverlaufsverfahren werden meist Seismogramme der Bodenbeschleunigung verwendet, die konform zu einem geglätteten Antwortspektrum der Beschleunigung sind oder in dieses hineinpassen.

Bei der Behandlung der Erdbebeneinwirkung auf Bauwerke besteht heute gelegentlich die *Tendenz, der Berechnung eine übermässig grosse Bedeutung beizumessen.* Demgegenüber werden *konzeptionelle und konstruktive Aspekte oft vernachlässigt.* Dies wird gefördert durch die rasche Entwicklung sehr leistungsfähiger Computerprogramme. Der Ingenieur sollte sich jedoch stets bewusst sein, dass jede Berechnung immer nur das Verhalten eines Modells und dies nur für die verwendete Erdbebeneinwirkung wiedergibt. Zwischen Modell und Wirklichkeit bestehen aber meist erhebliche Unterschiede. Und die verwendete Erdbebeneinwirkung ist oft mit grossen Unsicherheiten behaftet. Dadurch werden die Genauigkeit und oft sogar die Grössenordnung der Rechenergebnisse stark relativiert. Für eine ausgewogene Erdbebensicherung sollten deshalb die folgenden Aspekte je eine etwa ähnlich grosse Aufmerksamkeit und Zuwendung des Ingenieurs erfahren:

- Erdbebengerechter Entwurf des Tragwerks und der nichttragenden Elemente
- Berechnung des Tragwerks
- Erdbebengerechte Bemessung und konstruktive Durchbildung des Tragwerks und der nichttragenden Elemente

Oft genügt es, auch bei anspruchsvollen Aufgaben, das Ersatzkraftverfahren anzuwenden. Geschieht dies in Zusammenhang mit der Kapazitätsbemessung (s. Abschnitt 7.1), so kann damit ein sehr hoher Grad der Erdbebensicherung erreicht werden. Nur in speziellen Fällen, wie z.B. bei stark unregelmässigen Tragwerken oder solchen mit hohem Gefährdungspotential (z.B. Chemieanlagen, Staumauern, Atomkraftwerke) rechtfertigt sich die Anwendung aufwendigerer Rechenverfahren; dabei sollten aber unbedingt und am besten vorgängig auch die Anstrengungen für einen erdbebengerechten Entwurf und eine ebensolche Bemessung und konstruktive Durchbildung des Tragwerks und der nichttragenden Elemente entscheidend vergrössert werden.

5.2 Bauwerksschwingungen

In diesem Abschnitt werden Grundlagen aus der Bau- und Tragwerksdynamik dargestellt, soweit sie für das Verständnis und die Anwendung der zur Erfassung von Erdbebeneinwirkungen häufig verwendeten Berechnungsverfahren erforderlich sind. Andere und weitergehende Darstellungen der Bauwerksdynamik und auch für andere Arten von dynamischen Einwirkungen sind z.B. in [MK 84], [CP 93], [Cho 81], [Pfa 89], [EHS 88], [BA 87], [Bac+ 95] zu finden.

5.2.1 Einmassenschwinger

Das Verständnis der Zusammenhänge am Einmassenschwinger bildet eine wesentliche Grundlage für das Erfassen komplizierterer Systeme und damit für die erdbebengerechte Auslegung von Bau- und Tragwerken.

a) Bewegungsgleichung

Bild 5.1 zeigt einen Einmassenschwinger mit Fusspunkterregung. Er besteht aus einem unten voll eingespannten masselosen Stab mit einer Punktmasse am oberen Ende und einem dort wirkenden Dämpfer. Die Schwingung der Masse wird durch eine horizontale Bodenbewegung angeregt.

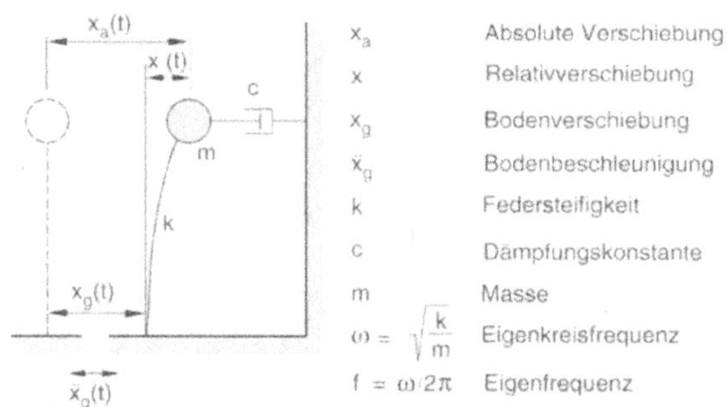

Bild 5.1: Einmassenschwinger mit Fusspunkterregung

Die verwendeten Grössen sind in Bild 5.1 angegeben. Die Federsteifigkeit k ist die Kraft, die am ruhenden Stab am Ort der Punktmasse eine Einheitsverschiebung in Richtung des einzigen Freiheitsgrades x hervorruft. Die Dämpfungskonstante c gilt für einen Dämpfer mit viskoser, d.h. geschwindigkeitsproportionaler Dämpfungskraft.

An der Masse greifen die folgenden Kräfte an:

$$kx \quad = \quad \text{Federkraft (mit relativer Verschiebung)}$$
$$c\dot{x} \quad = \quad \text{Dämpfungskraft (mit relativer Verschiebung)}$$
$$m\ddot{x}_a \quad = \quad \text{Trägheitskraft (mit absoluter Beschleunigung)}$$

Gleichgewicht ergibt:

$$m\ddot{x}_a + c\dot{x} + kx = 0 \tag{5.1}$$

Entsprechend der Beziehung $x_a = x + x_g$ setzt sich die absolute Beschleunigung aus der relativen Beschleunigung und der Bodenbeschleunigung zusammen:

$$\ddot{x}_a = \ddot{x} + \ddot{x}_g \tag{5.2}$$

Es ergibt sich mit

$$m\,(\ddot{x} + \ddot{x}_g) + c\dot{x} + kx = 0 \tag{5.3}$$

die Bewegungsdifferentialgleichung des Einmassenschwingers mit Fusspunkterregung als

$$\underbrace{m\ddot{x} + c\dot{x} + kx}_{\text{Relativgrössen}} = \underbrace{-m\ddot{x}_g\,(t)}_{\text{Anregungskraft}} \tag{5.4}$$

Die dynamische Wirkung der Bodenbewegung am Schwinger mit Fusspunkterregung kann damit auf die direkte Einwirkung einer dynamischen Kraft $-m\ddot{x}_g$ ("Erdbebenkraft") auf die Masse eines analogen Schwingers ohne Fusspunkterregung zurückgeführt werden.

Gl. (5.4) beschreibt somit die Bewegung eines gewöhnlichen Einmassenschwingers, auf dessen Masse eine Erregerkraft wirkt, die gleich der Masse mal die Bodenbeschleunigung ist (Es ist zu beachten, dass es sich bei dieser Erregerkraft *nicht* um eine Trägheitskraft im Sinne einer Ersatzkraft handelt. Diese wäre die Summe der Erregerkraft und der auf der linken Seite der Gleichung stehenden Trägheitskraft aus Relativbeschleunigung).

Eine Umformung führt auf die Standardform

$$\ddot{x} + 2\zeta\omega\dot{x} + \omega^2 x = -\ddot{x}_g\,(t) \tag{5.5}$$

mit

$\omega = \sqrt{k/m}$ = Eigenkreisfrequenz des ungedämpften Schwingers

$\zeta = \dfrac{c}{2m\omega}$ = Dämpfungsmass

$f = \dfrac{\omega}{2\pi} = \dfrac{1}{2\pi}\sqrt{k/m}$ = Eigenfrequenz

$T = 1/f$ = Eigenperiode

b) Homogene Lösung

Die freie, gedämpfte Eigenschwingung kann aus dem homogenen Teil von Gl. (5.5) ermittelt werden:

$$\ddot{x} + 2\zeta\omega\dot{x} + \omega^2 x = 0 \tag{5.6}$$

Zur Lösung wird folgender Ansatz gewählt:

$$x(t) = a \cdot e^{\lambda t} \tag{5.7}$$

Durch Einsetzen von Gl. (5.7) und deren Ableitungen in Gl. (5.6) erhält man die charakteristische Gleichung

$$a\lambda^2 e^{\lambda t} + 2\zeta\omega a\lambda e^{\lambda t} + a\omega^2 e^{\lambda t} = 0$$

$$\lambda^2 + 2\zeta\omega\lambda + \omega^2 = 0 \tag{5.8}$$

und daraus

$$\lambda_{1,2} = -\zeta\omega \pm \sqrt{\zeta^2\omega^2 - \omega^2} = -\omega\,(\zeta \pm i\sqrt{1 - \zeta^2}) \tag{5.9}$$

Die Grösse $\omega' = \omega\sqrt{1 - \zeta^2}$ wird als Eigenkreisfrequenz des gedämpften Schwingers bezeichnet.

Durch Einsetzen der Wurzeln der charakteristischen Gleichung λ_1, λ_2 in den Ansatz der Gl. (5.7) erhält man die allgemeine Bewegung:

$$x(t) = e^{-\zeta\omega t}\,(A_1 e^{i\omega't} + A_2 e^{-i\omega't}) \tag{5.10}$$

Mit der Wahl konjugiert-komplexer Integrationskonstanten

$$A_1 = \frac{a_2 - ia_1}{2} \tag{5.11}$$

$$A_2 = \frac{a_2 + ia_1}{2} \tag{5.12}$$

und mit Hilfe der Eulerschen Formel

$$e^{\pm i\omega't} = \cos\omega't \pm i \cdot \sin\omega't \tag{5.13}$$

kann die allgemeine Bewegung in die reelle Form übergeführt werden:

$$x(t) = e^{-\zeta\omega t}\,(a_1 \sin\omega't + a_2 \cos\omega't) \tag{5.14}$$

Beim Dämpfungsmass können aufgrund der Bewegungsgleichung folgende Fälle unterschieden werden (vgl. Bild 5.2):

a) $\zeta = 0$:   ungedämpfte Schwingung
b) $0 < \zeta < 1$:   gedämpfte Schwingung
c) $\zeta = 1$:   kritische Dämpfung $\left.\vphantom{\begin{array}{c}a\\b\end{array}}\right\}$ Kriechbewegung
d) $\zeta > 1$:   überkritische Dämpfung
e) $\zeta < 0$:   angefachte Schwingung

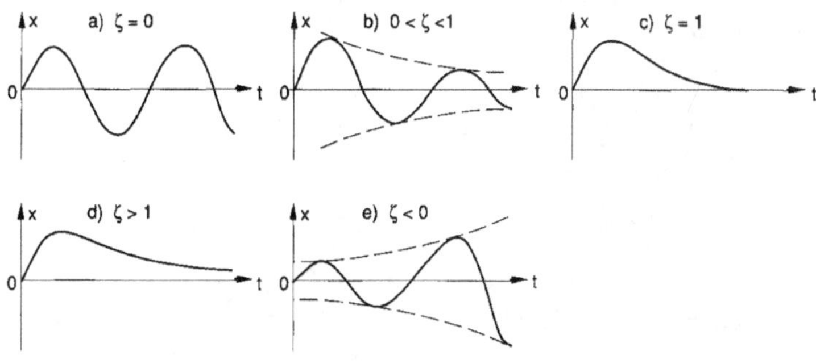

Bild 5.2: Zum Dämpfungsmass ζ

Die kritische Dämpfungskonstante c_{krit} ($\zeta = 1$) charakterisiert diejenige Dämpfung, bei der mit zunehmender Dämpfung zum erstenmal eine aperiodische Schwingung auftritt. Aus der Definition von ζ folgt mit Verwendung der kritischen Dämpfung c_{krit}:

$$\zeta = \frac{c}{2m\omega} \quad ; \quad \zeta_{krit} = 1 = \frac{c_{krit}}{2m\omega} \rightarrow c_{krit} = 2m\omega \tag{5.15}$$

$$\zeta = \frac{c}{c_{krit}} \tag{5.16}$$

Bei Bauwerksschwingungen ist $\zeta \ll 1$, i.a. $\sim 0.01 \div 0.10$, sodass meist $\omega' \approx \omega$ gesetzt wird. Die Eigenfrequenz des gedämpften Schwingers wird somit gleich derjenigen des ungedämpften Schwingers angenommen.

c) Partikuläre Lösung

Für die einer Ruhelage entsprechenden Anfangsbedingungen

$$x(t = 0) = 0 \quad \text{und} \quad \dot{x}(t = 0) = 0, \tag{5.17}$$

was praktisch immer vorausgesetzt werden darf, verschwindet die homogene Lösung Gl. (5.14) und es verbleibt nur die partikuläre Lösung, das sogenannte *Duhamelintegral* oder *Faltungsintegral* [Pfa 89]:

$$x(t) = -\int_0^t \ddot{x}_g(\tau) \cdot h(t-\tau) \, d\tau \tag{5.18}$$

$$\text{mit} \quad h(t) = \frac{1}{\omega\sqrt{1-\zeta^2}} \cdot e^{-\zeta\omega t} \cdot \sin\omega\sqrt{1-\zeta^2}\, t \tag{5.19}$$

$h(t)$ ist die sogenannte Übertragungs- oder Systemfunktion. Man erhält sie durch Einsetzen von Gl. (5.18) und deren Ableitungen in Gl. (5.5) sowie anschliessende Auswertung der entstehenden Integralgleichung. Damit ergibt sich der *Zeitverlauf der Relativverschiebung des Einmassenschwingers:*

$$r(t) = -\frac{1}{\omega'} \cdot \int_0^t \ddot{x}_g(\tau) \cdot e^{-\zeta\omega(t-\tau)} \cdot \sin\omega'(t-\tau)d\tau \qquad (5.20)$$

Die maximale Verschiebung wird:

$$x_{max} = \frac{1}{\omega'} \left| -\int_0^t \ddot{x}_g(\tau) \cdot e^{-\zeta\omega(t-\tau)} \cdot \sin\omega'(t-\tau)d\tau \right|_{max} \qquad (5.21)$$

Für $\omega' \approx \omega$ ergibt sich:

$$x_{max} \approx \frac{1}{\omega} \left| -\int_0^t \ddot{x}_g(\tau) \cdot e^{-\zeta\omega(t-\tau)} \cdot \sin\omega(t-\tau)d\tau \right|_{max} \qquad (5.22)$$

Die maximale Verschiebung x_{max} wird in Verschiebungsantwortspektren als "Spektralwert der Verschiebung" $S_d(\omega, \zeta)$ verwendet. Und der Maximalwert des Ausdruckes zwischen den Absolutstrichen wird auch als "Spektralwert der Pseudogeschwindigkeit" $S_{pv}(\omega, \zeta)$ bezeichnet (vgl. Abschnitt 2.7.2).

5.2.2 Mehrmassenschwinger

a) Bewegungsgleichung

Bild 5.3a zeigt einen Dreimassenschwinger in analoger Darstellung und mit analogen Bezeichnungen wie beim Einmassenschwinger von Bild 5.1.

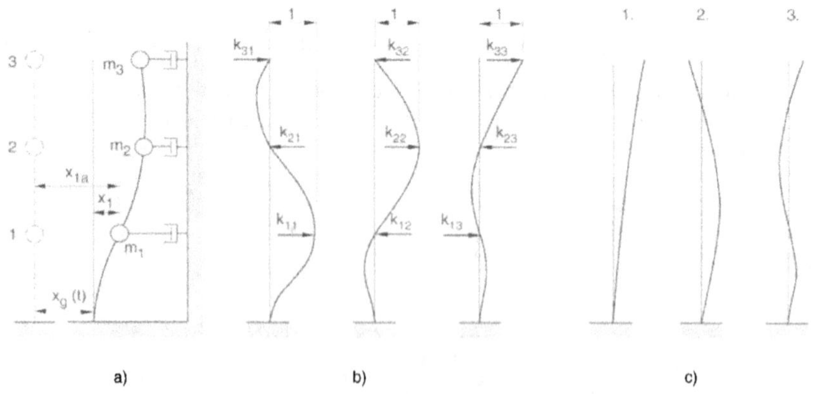

Bild 5.3: Dreimassenschwinger mit Federsteifigkeiten und Eigenschwingungsformen

Die Federsteifigkeit k ist nun allgemein eine Festhaltekraft in einem Knoten, wenn in diesem oder in einem andern Knoten eine Einheitsverschiebung erzeugt wird (Alle übrigen Knoten sind festgehalten, d.h. $x = 0$). Z.B. ergibt sich am Knoten 1 (Bild 5.3b):

k_{11} = Kraft in 1 wenn in 1 eine Einheitsverschiebung $x_1 = 1$ erzeugt wird

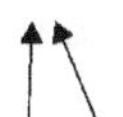

Ort Ursache

k_{12} = Kraft in 1 wenn in 2 eine Einheitsverschiebung $x_2 = 1$ erzeugt wird

k_{13} = Kraft in 1 wenn in 3 eine Einheitsverschiebung $x_3 = 1$ erzeugt wird

Die am Knoten 1 angreifende Federkraft beträgt:

$$k_{11}x_1 + k_{12}x_2 + k_{13}x_3 \tag{5.23}$$

Ähnliches gilt grundsätzlich für die wiederum als viskos angenommene Dämpfung. Die Dämpfungskonstante c ist nun allgemein eine Dämpfungskraft in einem Knoten, wenn in diesem oder in einem andern Knoten eine Einheitsgeschwindigkeit erzeugt wird (Alle übrigen Knoten sind festgehalten, d.h. $\dot{x} = 0$). Z.B. können wieder für den Knoten 1 angesetzt werden:

c_{11} = Dämpfungskraft in 1, wenn in 1 eine Einheitsgeschwindigkeit $\dot{x}_1 = 1$ erzeugt wird

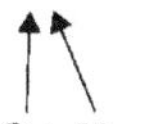

Ort Ursache

c_{12} = Dämpfungskraft in 1 wenn in 2 eine Einheitsgeschwindigkeit $\dot{x}_2 = 1$ erzeugt wird

c_{13} = Dämpfungskraft in 1 wenn in 3 eine Einheitsgeschwindigkeit $\dot{x}_3 = 1$ erzeugt wird

Die am Knoten 1 angreifende Dämpfungskraft beträgt:

$$c_{11}\dot{x}_1 + c_{12}\dot{x}_2 + c_{13}\dot{x}_3 \tag{5.24}$$

An der Masse des Knotens 1 greift ferner die folgende Trägheitskraft an:

$$m_1 \ddot{x}_{1a} = m_1(\ddot{x}_1 + \ddot{x}_g) \tag{5.25}$$

Eine Gleichgewichtsbedingung am Knoten 1 und analog an den andern Knoten ergibt das System der Bewegungsdifferentialgleichungen:

$$m_1 \ddot{x}_1 + c_{11}\dot{x}_1 + c_{12}\dot{x}_2 + c_{13}\dot{x}_3 + k_{11}x_1 + k_{12}x_2 + k_{13}x_3 = -m_1 \ddot{x}_g(t) \tag{5.26}$$

$$m_2 \ddot{x}_2 + c_{21}\dot{x}_1 + c_{22}\dot{x}_2 + c_{23}\dot{x}_3 + k_{21}x_1 + k_{22}x_2 + k_{23}x_3 = -m_2 \ddot{x}_g(t) \tag{5.27}$$

$$m_3 \ddot{x}_3 + c_{31}\dot{x}_1 + c_{32}\dot{x}_2 + c_{33}\dot{x}_3 + k_{31}x_1 + k_{32}x_2 + k_{33}x_3 = -m_3 \ddot{x}_g(t) \tag{5.28}$$

In Matrizenschreibweise wird

$$\underline{M} \cdot \underline{\ddot{x}} + \underline{C} \cdot \underline{\dot{x}} + \underline{K} \cdot \underline{x} = -\underline{M} \cdot \underline{e} \cdot \ddot{x}_g(t) \tag{5.29}$$

mit

$$\underline{M} = \begin{bmatrix} m_1 & 0 & 0 \\ 0 & m_2 & 0 \\ 0 & 0 & m_3 \end{bmatrix} \qquad \underline{C} = \begin{bmatrix} c_{11} & c_{12} & c_{13} \\ c_{21} & c_{22} & c_{23} \\ c_{31} & c_{32} & c_{33} \end{bmatrix} \qquad \underline{K} = \begin{bmatrix} k_{11} & k_{12} & k_{13} \\ k_{21} & k_{22} & k_{23} \\ k_{31} & k_{32} & k_{33} \end{bmatrix}$$

Massenmatrix   Dämpfungsmatrix   Steifigkeitsmatrix

$$\underline{x} = \left\{ \begin{array}{c} x_1 \\ x_2 \\ x_3 \end{array} \right\} \text{Verschiebungsvektor}$$

$$\underline{M} \cdot \underline{e} = \left\{ \begin{array}{c} m_1 \\ m_2 \\ m_3 \end{array} \right\} \quad ; \quad \underline{e} = \left\{ \begin{array}{c} 1 \\ 1 \\ 1 \end{array} \right\} \quad \begin{array}{l} \text{Richtungsvektor} \\ (\text{Starrkörperverschiebung}) \\ \text{infolge } x_g = 1 \end{array}$$

Im folgenden wird nur noch die Matrizenschreibweise verwendet; dabei sind unterstrichene Grossbuchstaben Matrizen, zum Beispiel $\underline{M} = [M]$, und unterstrichene Kleinbuchstaben Vektoren, zum Beispiel $\underline{x} = \{x\}$.

Gl. (5.29) stellt ein lineares Differentialgleichungssystem dar, falls $\underline{K}$ und $\underline{C}$ unabhängig von den Verschiebungsgrössen x, $\dot{x}$, etc. sind. Die Massenmatrix $\underline{M}$ ist bei konzentrierten Punktmassen immer eine Diagonalmatrix. Die Steifigkeitsmatrix $\underline{K}$ ist symmetrisch. Die Steifigkeitsmatrix $\underline{K}$ und die Dämpfungsmatrix $\underline{C}$ sind im allgemeinen keine Diagonalmatrizen; somit ist das Differentialgleichungssystem Gl. (5.29) gekoppelt.

b) Eigenfrequenzen und Eigenschwingungsformen

Für freie, ungedämpfte Schwingungen eines Mehrmassenschwingers nimmt Gl. (5.29) die folgende Form an:

$$\underline{M}\ddot{x} + \underline{K}\underline{x} = \underline{0} \tag{5.30}$$

Zur Lösung wird folgender Ansatz gewählt:

$$\underline{x} = \underline{\varphi} \cdot e^{i\omega t} \quad \text{mit} \quad i = \sqrt{-1} \tag{5.31}$$

Somit ist $\underline{\dot{x}} = i\omega\underline{\varphi} \cdot e^{i\omega t}$ und $\underline{\ddot{x}} = -\omega^2\underline{\varphi} \cdot e^{i\omega t}$.

Durch Einsetzen von Gl. (5.31) und deren Ableitungen in Gl. (5.30) wird

$$-\omega^2 \cdot \underline{M} \cdot \underline{\varphi} \cdot e^{i\omega t} + \underline{K} \cdot \underline{\varphi} \cdot e^{i\omega t} = \underline{0} \qquad (5.32)$$

$$[\underline{K} - \omega^2 \cdot \underline{M}] \cdot \underline{\varphi} = \underline{0} \qquad (5.33)$$

Gl. (5.33) stellt die Eigenwertgleichung für das schwingende elastische System dar. Sie hat von Null verschiedene (nichttriviale) Lösungen, wenn die Determinante verschwindet:

$$\left| [\underline{K} - \omega^2 \cdot \underline{M}] \right| = 0 \qquad (5.34)$$

Diese Bedingung führt bei einem Schwinger mit n Massen zu einer Gleichung n-ten Grades in ω^2, der charakteristischen Gleichung, aus der sich n im allgemeinen verschiedene Eigenwerte ω_k^2 des Differentialgleichungssystems Gl. (5.30) und somit n Eigenkreisfrequenzen ω_k bestimmen lassen. Somit sind:

ω_k^2 : Eigenwert
  (Für positiv definite, symmetrische Matrizen $\underline{M}$ und $\underline{K}$ sind die Eigenwerte reell und positiv, $\omega^2 > 0$).

ω_k : Eigenkreisfrequenz

Jeder Eigenkreisfrequenz ω_k entsprechen die Eigenfrequenz

$$f_k = \frac{\omega_k}{2\pi} \qquad (5.35)$$

und die Eigenperiode

$$T_k = \frac{1}{f_k} = \frac{2\pi}{\omega_k} \qquad (5.36)$$

Die zu ω_k gehörende Lösung des Gleichungssystems Gl. (5.33) definiert den Eigenvektor $\underline{\varphi}_k$, der die $k-te$ Eigenschwingungsform (engl. "mode") darstellt. Somit ist:

$\underline{\varphi}_k$: Eigenvektor oder Eigenschwingungsform

Die Eigenvektoren

$$\underline{\varphi}_k = \left\{ \begin{array}{c} \varphi_{1,k} \\ \cdot \\ \cdot \\ \cdot \\ \varphi_{n,k} \end{array} \right\}$$

können zur modalen Matrix der Eigenvektoren oder Eigenschwingungsformen

$$\underline{\Phi} = [\underline{\varphi}_1 \cdots \underline{\varphi}_j \cdots \underline{\varphi}_n]$$

zusammengefasst werden. Die Eigenformen werden nach wachsenden Eigenkreisfrequenzen geordnet. Die zur niedrigsten Eigenkreisfrequenz ω_1 oder Eigenfrequenz f_1 (Grundfrequenz) bzw. zur höchsten Eigenschwingzeit T_1 (Grundschwingzeit) gehörende Eigenform wird als *Grundschwingungsform* bezeichnet.

Bei einem System mit n Freiheitsgraden resultieren n Eigenkreisfrequenzen ω_k und dazugehörige Eigenvektoren $\underline{\varphi}_k$.

Für praktische Zwecke wird das Eigenwertproblem mit Finite Elemente Programmen gelöst. Eine Übersicht über die dabei verwendeten numerischen Methoden findet man bei [Pfa 89].

Die Eigenwerte weisen die folgenden Eigenschaften auf:

$$\underline{\varphi}_i^T \underline{M} \underline{\varphi}_k = 0 \; ; \; i \neq k : \qquad \text{Orthogonalität bezüglich Massenmatrix}$$

$$\underline{\varphi}_i^T \underline{K} \underline{\varphi}_k = 0 \; ; \; i \neq k : \qquad \text{Orthogonalität bezüglich Steifigkeitsmatrix}$$

$$\underline{\varphi}_k^T \underline{M} \underline{\varphi}_k = m_k^* : \qquad \text{verallgemeinerte Masse des k-ten Eigenvektors}$$

$$\underline{\varphi}_k^T \underline{K} \underline{\varphi}_k = \omega_k^2 \underline{\varphi}_k^T \underline{M} \underline{\varphi}_k = \omega_k^2 m_k^* : \text{verallgemeinerte Steifigkeit des k-ten Eigenvektors}$$

Dieselben Resultate können in Matrizenform geschrieben werden:

$$\underline{\Phi}^T \cdot \underline{M} \cdot \underline{\Phi} = \underline{M}^* \tag{5.37}$$

$$\underline{\Phi}^T \cdot \underline{K} \cdot \underline{\Phi} = \underline{\Omega}^2 \cdot \underline{M}^* \tag{5.38}$$

mit

$$\begin{aligned}
\underline{\Phi} &= [\underline{\varphi}_1, \underline{\varphi}_2, \ldots \underline{\varphi}_n] &&: \quad \text{Matrix der Eigenvektoren} \\
\underline{M}^* &= diag(m_k^*) &&\left.\vphantom{\begin{array}{c}a\\b\end{array}}\right\} \; \text{Diagonalmatrizen} \\
\underline{\Omega}^2 &= diag(\omega_k^2) &&
\end{aligned}$$

Bild 5.3c zeigt die Eigenschwingungsformen des in Abschnitt 5.2.2a betrachteten Dreimassenschwingers. Eigenschwingungsformen von Systemen des Stahlbetonhochbaus sind im 6. Kapitel dargestellt.

c) Zerlegung nach Eigenschwingungsformen

In der sogenannten *"modalen Analyse"* wird die *gekoppelte Bewegungsgleichung Gl. (5.29)* unter Voraussetzung konstanter Koeffizienten $\underline{M}$, $\underline{C}$, und $\underline{K}$ *entkoppelt* und in ein *System von Einmassenschwingern* übergeführt.

Dieses Vorgehen wird auch "modale Dekomposition" oder "Zerlegung nach Eigenschwingungsformen" genannt. Dabei wird von den Orthogonalitätseigenschaften der Eigenschwingungsformen Gebrauch gemacht. Durch eine Variablentransformation erfolgt der Übergang auf *modale Koordinaten*.

Entkoppelung

Die Bewegungsgleichung für ein System auf starrer Unterlage und mit einer Erdbebenanregung in x-Richtung lautet gemäss Gl. (5.29):

$$\underline{M} \cdot \underline{\ddot{x}} + \underline{C} \cdot \underline{\dot{x}} + \underline{K} \cdot \underline{x} = -\underline{M} \cdot \underline{e}_x \cdot \ddot{x}_g(t) \tag{5.39}$$

Zur Variablentransformation wird folgender Ansatz gemacht:

$$\underline{x} = \sum_{k=1}^{n} \underline{\varphi}_k \cdot y_k = \underline{\Phi} \cdot \underline{y} \tag{5.40}$$

wobei:

$$
\begin{aligned}
n &= \text{Anzahl Freiheitsgrade} \\
y_k &= \text{modale Koordinate} \\
\underline{\varphi}_k &= \text{Eigenvektor}
\end{aligned}
$$

Im weiteren gilt

$$\underline{\dot{x}} = \underline{\Phi} \cdot \underline{\dot{y}} \quad \text{und} \quad \underline{\ddot{x}} = \underline{\Phi} \cdot \underline{\ddot{y}} \tag{5.41}$$

Einsetzen von Gl. (5.40) und ihrer Ableitungen in die Bewegungsgleichung Gl. (5.39) und Vormultiplikation mit $\underline{\Phi}^T$ ergibt:

$$\underbrace{\underline{\Phi}^T \cdot \underline{M} \cdot \underline{\Phi}}_{\underline{M}^*} \cdot \underline{\ddot{y}} + \underbrace{\underline{\Phi}^T \cdot \underline{C} \cdot \underline{\Phi}}_{\underline{C}^*} \cdot \underline{\dot{y}} + \underbrace{\underline{\Phi}^T \cdot \underline{K} \cdot \underline{\Phi}}_{\underline{K}^*} \cdot \underline{y} = -\underline{\Phi}^T \cdot \underline{M} \cdot \underline{e}_x \cdot \ddot{x}_g(t) \tag{5.42}$$

$$\underline{M}^* \cdot \underline{\ddot{y}} + \underline{C}^* \cdot \underline{\dot{y}} + \underbrace{\underline{K}^*}_{\underline{M}^* \cdot \underline{\Omega}^2} \cdot \underline{y} = -\underbrace{\underline{\Phi}^T \cdot \underline{M} \cdot \underline{e}_x}_{\underline{r}} \cdot \ddot{x}_g(t) = -\underline{r} \cdot \ddot{x}_g(t) \tag{5.43}$$

$$\underline{r} = \text{Vektor der Partizipationsfaktoren}$$

Aus Gl. (5.38) folgt, dass $\underline{M}^*$ und $\underline{\Omega}^2$ Diagonalmatrizen sind. Im weiteren wird vorausgesetzt, dass auch die transformierte Dämpfungsmatrix $\underline{C}^* = \underline{\Phi}^T \cdot \underline{C} \cdot \underline{\Phi}$ diagonalförmig sei.

Damit wird das entkoppelte Gleichungssystem:

$$
\begin{bmatrix} m_1^* & & & 0 \\ & \ddots & & \\ & & m_k^* & \\ & & & \ddots \\ 0 & & & m_n^* \end{bmatrix}
\cdot
\begin{Bmatrix} \ddot{y}_1 \\ \vdots \\ \ddot{y}_k \\ \vdots \\ \ddot{y}_n \end{Bmatrix}
+
\begin{bmatrix} c_1^* & & & 0 \\ & \ddots & & \\ & & c_k^* & \\ & & & \ddots \\ 0 & & & c_n^* \end{bmatrix}
\cdot
\begin{Bmatrix} \dot{y}_1 \\ \vdots \\ \dot{y}_k \\ \vdots \\ \dot{y}_n \end{Bmatrix}
+
\begin{bmatrix} m_1^* \cdot \omega_1^2 & & & 0 \\ & \ddots & & \\ & & m_k^* \cdot \omega_k^2 & \\ & & & \ddots \\ 0 & & & m_n^* \cdot \omega_n^2 \end{bmatrix}
\cdot
\begin{Bmatrix} y_1 \\ \vdots \\ y_k \\ \vdots \\ y_n \end{Bmatrix}
= -
\begin{Bmatrix} r_1 \\ \vdots \\ r_k \\ \vdots \\ r_n \end{Bmatrix}
\ddot{x}_g(t)
$$

Für die k-te Zeile ergibt sich unter Verwendung von $c_k^* = 2 \cdot \zeta_k \cdot \omega_k \cdot m_k^*$ und Division durch m_k^*:

$$\ddot{y}_k + 2 \cdot \zeta_k \cdot \omega_k \cdot \dot{y}_k + \omega_k^2 \cdot y_k = -\frac{r_k}{m_k^*} \cdot \ddot{x}_g(t) \; ; \; k = 1, ..., n \tag{5.44}$$

Gl. (5.44) hat die Gestalt der Gl. (5.5) des Einmassenschwingers

$$\ddot{x} \;+\; 2 \cdot \zeta \cdot \omega \cdot \dot{x} \;+\; \omega^2 \cdot x \;=\; -\ddot{x}_g(t) \tag{5.45}$$

mit dem Unterschied einer etwas modifizierten Erdbebeneinwirkung auf der rechten Seite, welche von der Eigenform abhängig ist.

Bei dieser Zerlegung nach Eigenschwingungsformen betrifft die einzige erforderliche Annahme den Aufbau der Dämpfungsmatrix $\underline{C}$. Falls $\underline{C}$ durch irgend einen Dämpfungsmechanismus gegeben ist, ist normalerweise $\mathbf{\Phi}^T \cdot \underline{C} \cdot \mathbf{\Phi}$ keine Diagonalmatrix, und das hier demonstrierte Verfahren führt nicht zum Ziel. Da die Dämpfungsmechanismen meistens nicht ausreichend bekannt sind, werden gewisse Annahmen getroffen. *Man setzt dabei eine Dämpfungsmatrix derart an, dass sich diese zusammen mit der Massen- und Steifigkeitsmatrix entkoppeln lässt.*

Ansätze für die Dämpfung

Es gibt verschiedene Ansätze für die Dämpfungsmatrix $\underline{C}$, damit diese in eine Diagonalmatrix umgewandelt werden kann.

1. Modale Dämpfung

Bei der modalen Analyse macht man nicht den Umweg über die Dämpfungsmatrix $\underline{C}$, sondern man setzt die transformierte Dämpfungsmatrix $\underline{C}^*$ direkt als diagonal voraus.

Für jede Eigenschwingung $\underline{\varphi}_k$ wählt man ein sog. "modales" Dämpfungsmass ζ_k. Bild 5.4 illustriert dieses Vorgehen. Den Dämpfungsterm der k-ten Zeile von $\underline{C}^*$ erhält man aus der Beziehung $c_k^* = 2\zeta_k\omega_k m_k^*$.

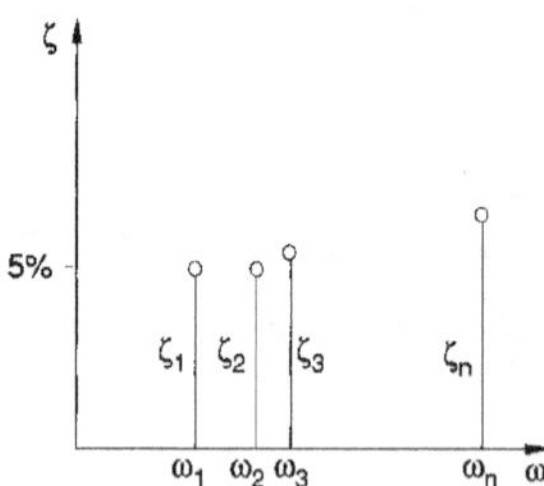

Bild 5.4: Dämpfungsmasse für modale Dämpfung

Damit besteht die Möglichkeit, jeder Eigenschwingung ein separates Dämpfungsmass zuzuordnen, welches z.B. aus Experimenten ermittelt worden ist.

Modale Dämpfungsmasse werden in erster Linie für das Antwortspektrenverfahren und die modale Analyse verwendet.

2. Rayleigh-Dämpfung

Die Dämpfungsmatrix sei eine lineare Kombination von Massen- und Steifigkeitsmatrix:

$$\underline{C} = \alpha_o \cdot \underline{M} \;+\; \alpha_1 \cdot \underline{K} \tag{5.46}$$

$$\underline{C}^* = \underline{\Phi}^T \cdot \underline{C} \cdot \underline{\Phi} = \alpha_o \cdot \underbrace{\underline{\Phi}^T \cdot \underline{M} \cdot \underline{\Phi}}_{\underline{M}^*} + \alpha_1 \cdot \underbrace{\underline{\Phi}^T \cdot \underline{K} \cdot \underline{\Phi}}_{\underline{M}^* \cdot \Omega^2} = \mathrm{diag}\,(2 \cdot \zeta_k \cdot \omega_k \cdot m_k{}^*)$$

wobei $\underline{M}^*$ und $\underline{\Omega}^2$ nach Gl. (5.38) Diagonalmatrizen sind.

Betrachtet man wiederum die k-te Zeile (Dämpfungsterm)

$$2 \cdot \zeta_k \cdot \omega_k \cdot m_k{}^* = \alpha_o \cdot m_k{}^* + \alpha_1 \cdot \omega_k^2 \cdot m_k{}^*, \tag{5.47}$$

dann kann eine Beziehung für das Dämpfungsmass ζ_k hergeleitet werden:

$$\zeta_k = \frac{1}{2} \cdot \left(\frac{\alpha_o}{\omega_k} + \alpha_1 \cdot \omega_k \right) \tag{5.48}$$

Die beiden Konstanten α_o und α_1 werden ermittelt aus der Bedingung, dass man für zwei beliebige Schwingungsformen m, n mit den Eigenkreisfrequenzen ω_m, ω_n die Dämpfungsmasse ζ_m, ζ_n erhält:

$$\alpha_o = \frac{2\omega_m \omega_n (\zeta_m \omega_n - \zeta_n \omega_m)}{\omega_n^2 - \omega_m^2} \tag{5.49}$$

$$\alpha_1 = \frac{2 (\zeta_n \omega_n - \zeta_m \omega_m)}{\omega_n^2 - \omega_m^2} \tag{5.50}$$

Die Werte für ζ_m, ζ_n können aufgrund der Erfahrung angenommen oder - bei bestehenden Bauwerken - allenfalls auch experimentell ermittelt werden (Systemidentifikation).

Für den Sonderfall der massenproportionalen Dämpfung ist $\alpha_1 = 0$ und man erhält aus Gl. (5.47) $\alpha_0 = 2\zeta_k \omega_k$ und damit

$$\zeta_k = \frac{\alpha_o}{2\omega_k} = \zeta_n \cdot \frac{\omega_n}{\omega_k}$$

Für den Sonderfall der steifigkeitsproportionalen Dämpfung ist $\alpha_o = 0$ und damit

$$\zeta_k = \frac{\alpha_1 \omega_k}{2} = \zeta_m \cdot \frac{\omega_k}{\omega_m}$$

Bild 5.5a zeigt die Abhängigkeit der ermittelten Dämpfungsmasse von der Kreisfrequenz. Es ist ersichtlich, dass für Rayleigh-Dämpfung ein über einen gewissen Frequenzbereich nahezu konstantes Dämpfungsmass resultiert. Dieser Bereich kann zwischen der Grundfrequenz und einer noch wesentlichen Oberfrequenz angesetzt werden. Die Rayleigh-Dämpfung wird vor allem bei nichtlinearen Zeitverlaufsberechnungen verwendet.

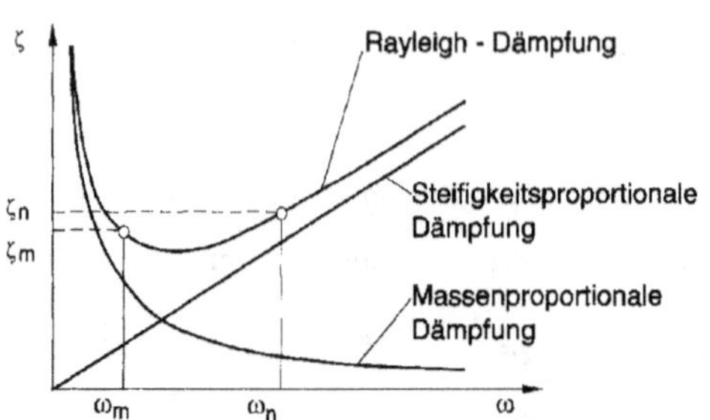

Bild 5.5: Dämpfungsmasse für Rayleigh-Dämpfung

Modale Antwort und Gesamtantwort

Die Differentialgleichung Gl. (5.44) kann in Analogie zu Gl. (5.20) für alle k wiederum direkt integriert werden:

$$y_k(t) = - \frac{r_k}{m_k^* \cdot \omega'_k} \int_o^t \ddot{x}_g(\tau) \cdot e^{-\zeta_k \cdot \omega_k \cdot (t-\tau)} \cdot \sin \omega'_k (t - \tau) d\tau \tag{5.51}$$

$$\text{mit} \quad \omega'_k = \omega_k \sqrt{1 - \zeta_k^2} \tag{5.52}$$

Insbesondere ergibt sich die modale Maximalantwort $y_{k\ max}$ unter Berücksichtigung von $\omega'_k \cong \omega_k$ zu

$$y_{k\ max} = \frac{|r_k|}{m_k^* \cdot \omega_k} \cdot max \left| -\int_o^t \ddot{x}_g(\tau) \cdot e^{-\zeta_k \cdot \omega_k \cdot (t-\tau)} \cdot \sin \omega_k (t - \tau) d\tau \right| \tag{5.53}$$

Aus den modalen Teilantworten $y_k(t)$ kann dann die Gesamtantwort des Systems ermittelt werden:

Verschiebungsantwort:

$$\underline{x}(t) = \sum_{k=1}^n \underline{\varphi}_k \cdot y_k(t) = \Phi \cdot \underline{y}(t) \tag{5.54}$$

Geschwindigkeitsantwort:

$$\underline{\dot{x}}(t) = \Phi \cdot \underline{\dot{y}}(t) \tag{5.55}$$

Beschleunigungsantwort (relative Beschleunigung):

$$\underline{\ddot{x}}(t) = \Phi \cdot \underline{\ddot{y}}(t) \tag{5.56}$$

Die Rücktransformation

$$x^{(k)}(t) \;=\; \underline{\varphi}_k \cdot y_k(t) \qquad\qquad (5.57)$$

stellt den Bewegungsablauf der k-ten Eigenschwingung dar.

Somit ist der linear-elastische Mehrmassenschwinger auf eine Reihe von Einmassenschwingern zurückgeführt worden. Aus den Deformationen lassen sich auch sämtliche erforderlichen Grössen ermitteln.

d) Ergänzungen zur Dämpfung

Im folgenden werden ergänzende Hinweise zur physikalischen Dämpfung und insbesondere zur Wahl des Dämpfungsmasses im Falle von Bauwerksschwingungen infolge Erdbebenanregung, sowie anschliessend einige Bemerkungen zur numerischen Dämpfung gegeben. Allgemeinere Darstellungen zur Dämpfung sind in der Literatur zu finden (z.B. [Bac+ 95]).

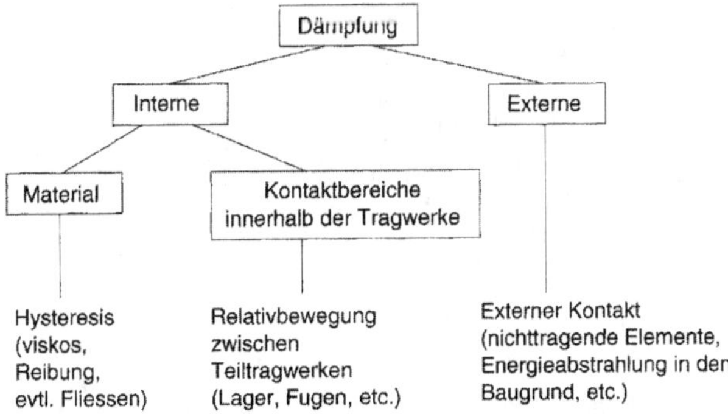

Bild 5.6: Verschiedene physikalische Arten der Dämpfung in einem Tragwerk

Physikalische Dämpfung

Dämpfung in einem schwingenden Tragwerk ist mit der Dissipation mechanischer Energie verbunden, insbesondere durch Umwandlung in Wärme. Die Energiedissipation entspricht bei linearen Systemen der durch die Dämpfungskraft geleisteten Arbeit. Im Falle einer freien Schwingung bewirkt die Dämpfung eine kontinuierliche Reduktion der Verschiebungsamplitude. Bei einer erzwungenen Schwingung wie durch Erdbebenanregung, bei der ständig Energie zugeführt wird, sind die erreichten Amplituden umso kleiner, je grösser die Dämpfung ist.

Physikalisch gesehen kann sich in einem Tragwerk die Dämpfung durch sehr verschiedene Mechanismen ereignen. Bild 5.6 gibt eine mögliche Einteilung der verschiedenen Arten der Dämpfung. Zur internen oder inneren Dämpfung gehört insbesondere die Materialdämpfung. Bei jedem Schwingungszyklus erfolgt eine Hysteresisdämpfung, die sich als viskose Dämpfung, als Reibungsdämpfung oder eventuell auch als Energiedissipation durch Fliessen des Materials ereignen kann. Die Dämpfung in Kontaktbereichen geschieht vor allem durch

Reibungsdämpfung bei Relativverschiebungen zwischen Teilen des Tragwerks (Lager, Fugen, etc.). Bei der externen oder äusseren Dämpfung können vorwiegend die Energiedissipation durch nichttragende Elemente - dort wiederum als viskose Dämpfung oder als Reibungsdämpfung - und die Energieabstrahlung in den Baugrund von Bedeutung sein.

Äquivalentes viskoses Dämpfungsmass

Wie in den vorangehenden Abschnitten dargelegt, wird in den Bewegungsgleichungen schwingender Tragwerke meist eine viskose, d.h. geschwindigkeitsproportionale Dämpfung angenommen. Dies bedeutet, dass ein zur tatsächlichen Dämpfung möglichst *äquivalentes viskoses Dämpfungsmass* (oder eine entsprechende äquivalente viskose Dämpfungskonstante) bekannt sein sollte. Dieses ist so definiert, dass pro Schwingungszyklus durch einen viskosen Dämpfer die gleiche Energie dissipiert wird wie durch die tatsächlichen, meist nicht genauer bekannten Dämpfungsmechanismen.

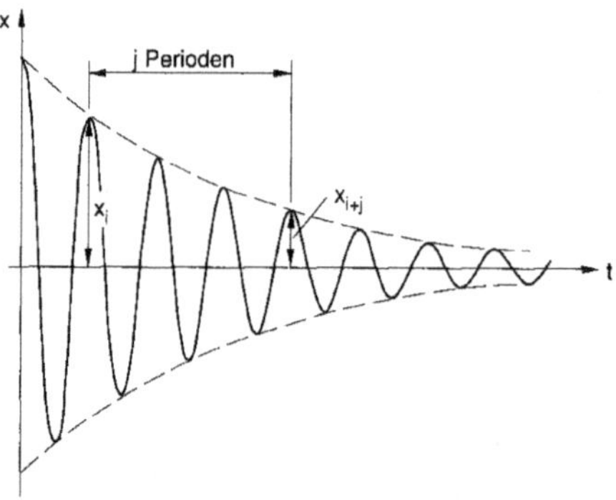

Bild 5.7: Abklingkurve zur Ermittlung der Dämpfung

Experimentell kann das äquivalente viskose Dämpfungsmass vor allem durch einen Ausschwingversuch ermittelt werden (andere Methoden, wie z.B. die Bandbreitenmethode, sind weniger geeignet). Z.B. kann ein Bauwerk durch ein Seil horizontal ausgelenkt und plötzlich frei gegeben werden. Oder das Bauwerk kann durch eine Exzentermaschine in einen Resonanzzustand versetzt und die Maschine rasch gebremst werden. Sofern nur eine Eigenform schwingt, entsteht eine Abklingkurve gemäss Bild 5.7. Daraus kann dann das logarithmische Dämpfungsdekrement

$$\Lambda = \frac{1}{j} \cdot ln\left\{\frac{x_i}{x_{i+j}}\right\} \tag{5.58}$$

und hiermit, für kleine Dämpfung gültig, das äquivalente viskose Dämpfungsmass bestimmt werden:

$$\zeta = \frac{\Lambda}{2\pi} \tag{5.59}$$

In Abhängigkeit vom Ort der Energiedissipation setzt sich das äquivalente viskose Dämpfungsmass eines Bauwerks aus den folgenden Beiträgen zusammen [Bac+ 95]:

- Dämpfung des nackten Tragwerks
  - Materialdämpfung
  - Dämpfung bei Lagern und Fugen
- Dämpfung durch nichttragende Elemente
- Dämpfung durch Energieabstrahlung in den Baugrund.

Alle diese Beiträge können sehr unterschiedlich sein, abhängig von zahlreichen Einflüssen und Parametern, und dementsprechend kann auch deren Summe sehr verschieden sein. Beim nackten Tragwerk hängt die Materialdämpfung von der Art des Materials und dessen Verarbeitung und Zustand ab, z.B. bei Stahlbetonkonstruktionen von Betonart, Bewehrungsart, Verbund, Rissebildung usw., bei Stahlkonstruktionen vor allem von der Verbindungstechnik (geschweisst/geschraubt/genietet). Und auch die Dämpfung bei Lagern und Fugen kann sehr unterschiedlich sein, z.B. bei verschiedenen Arten von Brücken, oder sie kann fast ganz fehlen, z.B. bei bestimmten Tragkonstruktionen des Hochbaus. Die Dämpfung durch nichttragende Elemente hängt natürlich davon ab, ob und wieviele solche vorhanden sind und wie sie ausgebildet sind. Und die Dämpfung durch Energieabstrahlung in den Baugrund hängt sehr stark von der Art des Baugrundes und der Art des Tragwerks ab.

Dies alles erklärt, weshalb sehr unterschiedliche äquivalente Dämpfungsmasse resultieren können

- für verschiedene Konstruktionsmaterialien,
- für verschiedene Bauwerksarten, auch wenn diese aus dem gleichen Konstruktionsmaterial sind,
- für verschiedene Bauwerke, auch wenn diese von gleicher Bauwerksart und aus dem gleichen Konstruktionsmaterial sind.

Zudem hat sich gezeigt, dass das äquivalente viskose Dämpfungsmass auch stark abhängig ist von der *Art der Anregung*, insbesondere von deren

- Richtung (vertikal/horizontal)
- Frequenzgehalt (höhere/tiefere Frequenzen)
- Beanspruchungshöhe (Amplituden)

Z.B. sollten bei Stahlbetonhochbauten für Wind- und Erdbebenanregung nicht die gleichen Dämpfungsmasse verwendet werden. Während für Wind eher kleine Werte von 1 bis 2% angemessen sind (mässige Amplituden, weitgehend ungerissener Zustand), kann für Erdbeben ein höherer Wert von 3 bis 7% angenommen werden (grössere Amplituden, signifikante Rissebildung bis hin zu plastischen Verformungen).

Zur Festlegung von elastischen Bemessungsantwortspektren für Erdbebenanregung hat sich in der neueren Fachliteratur und in modernen Normen für Hochbauten und Brücken die Annahme für das äquivalente viskose Dämpfungsmass $\zeta = 5\%$ weitgehend durchgesetzt.

Dieser Wert wird im allgemeinen für alle Konstruktionsmaterialien und Bauweisen verwendet. In besonderen Fällen, z.B. bei Tankanlagen, ist er zu überprüfen und allenfalls kleiner anzusetzen.

Numerische Dämpfung

Mit der physikalischen Dämpfung nicht zu verwechseln ist die sogenannte numerische Dämpfung, die bei Zeitschrittverfahren üblicherweise verwendet wird. Diese Dämpfung wird auch algorithmische Dämpfung genannt. Sie dient dazu, unerwünschte Anregungen von höheren Eigenformen, die durch die Diskretisierung hervorgerufen werden, zu unterdrücken. Wird bereits zur Modellierung der physikalischen Phänomene eine steifigkeitsproportionale Dämpfung (α_1 der Rayleigh-Dämpfung in Gl. (5.48)) verwendet, so ist eine zusätzliche numerische Dämpfung im allgemeinen nicht mehr nötig.

5.3 Ersatzkraftverfahren

Beim Ersatzkraftverfahren wird die Erdbebeneinwirkung durch eine horizontale statische "Erdbeben-Ersatzkraft" dargestellt. Es muss daher keine dynamische sondern nur eine statische Berechnung durchgeführt werden. Die benötigte Grundfrequenz kann durch Näherungsformeln oder mittels einer Eigenwertberechnung mit Hilfe eines Rechenprogramms abgeschätzt werden.

5.3.1 Grundlagen

Das ganze Bauwerk wird im wesentlichen durch einen *Einmassenschwinger* ersetzt. Dessen Frequenz ist die Grundfrequenz des Bauwerks. Zur Berechnung der Ersatzkraft wird die gesamte Masse des Bauwerks verwendet. Die Ersatzkraft wird nach einfachen Regeln über die Bauwerkshöhe verteilt.

Beim Einmassenschwinger von Bild 5.1 tritt im Zustand der maximalen Relativverschiebung x_{max} die maximale Federkraft F_{max} auf, die der maximalen Beanspruchung des Tragwerks entspricht (Die Geschwindigkeit und damit die Dämpfungskraft ist in diesem Zustand Null, vgl. auch Abschnitte 2.7.2 und 5.2.1a):

$$F_{max} = k \cdot x_{max} = k \cdot S_d$$

Unter Verwendung von $S_a \approx \omega^2 \cdot S_d$ wird

$$F_{max} = k \cdot \frac{S_a}{\omega^2} = m \cdot S_a$$

Die maximale Beanspruchung der Feder (entspricht dem Tragwerk) kann somit ermittelt werden aus der *statischen Einwirkung* einer

"Trägheitskraft" = Masse · Maximale Absolutbeschleunigung = Erdbeben-Ersatzkraft.

Die maximale Absolutbeschleunigung ist die *Spektralbeschleunigung S_a aus dem Bemessungs-Antwortspektrum* bei der Frequenz, die gleich der Grundfrequenz des Bauwerks ist (In älteren Normen wird noch ein frequenzunabhängiger sogenannter "seismischer Koeffizient" verwendet).

Zum gleichen Ergebnis gelangt man über eine einfache Gleichgewichtsüberlegung zu den am Einmassenschwinger angreifenden Kräften unter Vernachlässigung der Dämpfung (vgl. Gl. (5.1)): $m \cdot \ddot{x}_a + k \cdot x = 0$. Daraus wird für $x = x_{max}$: $k \cdot x_{max} = m \cdot \ddot{x}_{a,\,max} = m \cdot S_a$.

5.3.2   Erdbeben-Ersatzkraft

a) Definition

Die Erdbeben-Ersatzkraft ist die totale horizontal auf das Bauwerk wirkende statische Kraft
infolge der Erdbebenerregung im Fusspunkt:

$$F = M \cdot S_a$$

F :   Totale horizontale Erdbeben-Ersatzkraft

M :   Masse entsprechend den Dauerlasten und der wahrscheinlich vorhandenen
beweglichen Nutzlasten (mit ψ_{acc} = 0.3 ÷ 1.0 nach SIA 160) oberhalb der
Fundation (Einbindungshorizont) des gesamten Bauwerks.

S_a :   Spektralbeschleunigung

b) Abschätzung der Grundfrequenz

Die Grundfrequenz eines Bauwerks (Gebäude) kann mit verschiedenen Methoden, die sich
bezüglich Aufwand und Genauigkeit erheblich unterscheiden, abgeschätzt werden:

1.   Grobe Abschätzung mit empirischen Formeln aufgrund der Anzahl der Stockwerke oder
der Gebäudeabmessungen.
2.   Berechnung am Ersatzstab nach Rayleigh.
3.   Berechnung am Ersatzstab in elastischem Baugrund.
4.   Ermittlung mit Rechenprogramm am vollständig und diskret modellierten Tragwerk.

Die Wahl der Methode hängt insbesondere von den folgenden Aspekten ab:

- Stand der Projektierung:
  Für eine erste Orientierung genügt meist die grobe Abschätzung (1). Für Vorprojekte und
  Ausführungsprojekte werden eher die Methoden (2), (3) und (4) verwendet.
- Verlauf des Bemessungsspektrums im Bereich der Grundschwingzeit:
  Im mittleren Bereich des "Plateaus", d.h. von etwa 2 bis 10 Hz (vgl. Bild 3.22), bleibt die
  Spektralbeschleunigung bei einer Änderung der Grundschwingzeit konstant. Deshalb ist
  hier keine grosse Genauigkeit erforderlich. Bei stark variablem Verlauf (unterhalb 2 Hz
  im Bild 3.22) ist eine genauere Bestimmung jedoch wesentlich.
- Unsicherheiten der Modellbildung:
  Bei erheblichen Unsicherheiten, z.B. bezüglich der Nachgiebigkeit des Baugrundes, müs-
  sen Grenzwertbetrachtungen durchgeführt werden, wobei z.B. die nicht allzu aufwendige
  Methode (3) verwendet werden kann.

Im folgenden werden *Hinweise zu verschiedenen Methoden* gegeben.

1. Grobe Abschätzung

a) Einfachste Formel:

$$f_1 = 10/n \,[\text{Hz}] \tag{5.60}$$

n = Anzahl Stockwerke

Es resultiert z.B. 3.3 Hz bei 3 Stockwerken oder 1 Hz (T_1 = 1 sec) bei 10 Stockwerken.

b) Berücksichtigung der Art des Tragwerks und des Baugrundes:

- Gebäude, bei denen die Erdbebenkräfte durch Rahmen abgetragen werden:

$$f_1 = C_s \frac{12}{n} \quad \text{[Hz]} \tag{5.61}$$

- Gebäude, bei denen die Erdbebenkräfte durch Tragwände inkl. Kerne, Fachwerke u.a. abgetragen werden:

$$f_1 = 13 C_s \frac{\sqrt{l}}{H} \quad \text{[Hz]} \tag{5.62}$$

f_1 : Grundfrequenz (Grundschwingzeit $T_1 = 1/f_1$)
n : Anzahl Stockwerke ab Einbindungshorizont
l : Gebäudeabmessung in Schwingungsrichtung [m]
H : Gebäudehöhe ab Einbindungshorizont [m]
C_s : Baugrundbeiwert: Für steife Böden C_s = 0.9 bis 1.1, für mittelsteife Böden C_s = 0.7 bis 0.9

Weitere Abschätzungsformeln empirischer oder halbempirischer Art sind in Handbüchern und Normen zu finden.

2. Berechnung am Ersatzstab nach Rayleigh

Zur Abschätzung der Grundfrequenz des Bauwerks nach Rayleigh wird dieses durch einen Ersatzstab modelliert (Bild 5.8a und b). Dessen Steifigkeit entspricht derjenigen des Bauwerks. Die Massen pro Stockwerk werden auf der Höhe der Decken konzentriert.

Die Eigenfrequenz kann am Ersatzstab wie folgt berechnet werden [PBM 90]:

$$f_1 = \frac{1}{2\pi} \cdot \sqrt{\frac{\sum_{j=1}^{n} F_j d_j}{\sum_{j=1}^{n} m_j d_j^2}} \tag{5.63}$$

m_j : Stockwerkmasse auf der Höhe h_j
d_j : horizontale Verschiebung auf der Höhe h_j infolge der Stockwerk-Ersatzkräfte F_j
F_j : Stockwerk-Ersatzkraft auf der Höhe h_j (vgl. Bild 5.8f und Abschnitt 5.3.2f)

Mit den Verschiebungen d_j geht die Biegelinie infolge der Stockwerk-Ersatzkräfte in die Berechnung ein, die mit jedem "statischen" Rechenprogramm ermittelt werden kann. Die Stockwerk-Ersatzkräfte sind im Zeitpunkt der Durchführung dieser Berechnung oft noch nicht bekannt. Es kommt jedoch nicht auf die absolute sondern nur auf die relative Grösse der Stockwerk-Ersatzkräfte an, d.h. auf die Form der Verteilung der Erdbeben-Ersatzkraft über die Bauwerkshöhe, vgl. Abschnitt 5.3.2e (Genau genommen sollte beim Verfahren Rayleigh die - iterativ zu ermittelnde - Biegelinie der Grundschwingungsform verwendet werden, doch ist die Abweichung i.a. unbedeutend).

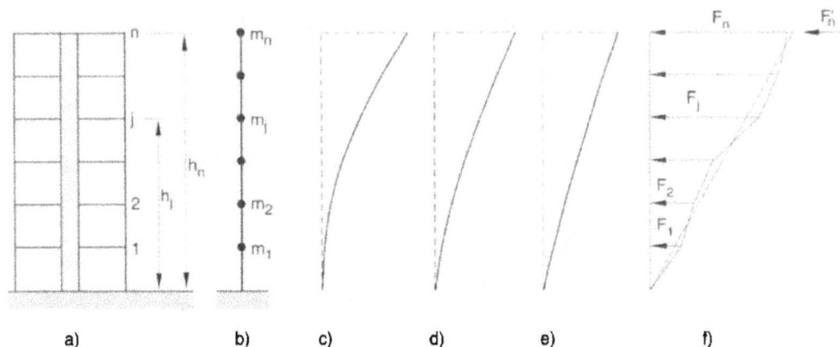

Bild 5.8: Bauwerk und Ersatzstab mit Grundschwingungsformen und Verteilung der Ersatzkraft

Für "einigermassen regelmässige" Bauwerke kann Gl. (5.63) wie folgt vereinfacht werden:

$$f_1 = \frac{1}{0.063\sqrt{\Delta_n}} \quad [\text{Hz, mm}] \tag{5.64}$$

Δ_n: horizontale Verschiebung der obersten Decke n des Tragsystems unter den horizontalen Kräften $F_j^W = W_j(h_j/H)$ in allen Geschossen auf der Höhe h_j, wobei $H = h_n$ (vgl. Bild 5.8a)

Die Verschiebung Δ_n kann auch hier mit einem "statischen" Rechenprogramm ermittelt werden. Vergleichsrechnungen zeigten für regelmässige Gebäude eine sehr gute Übereinstimmung mit den Resultaten aus der Eigenwertbestimmung ("dynamische" Rechenprogramme). Für stark unregelmässige Gebäude wird die Eigenschwingzeit leicht unterschätzt.

3. Berechnung am Ersatzstab in elastischem Baugrund

Eine ebenfalls auf der Methode von Rayleigh beruhende Formel zur Berechnung der Grundschwingzeit $T_1 = 1/f_1$ mit zusätzlicher Berücksichtigung einer elastischen Nachgiebigkeit des Baugrundes lautet [MK 84]:

$$T_1 \approx 1.5 \sqrt{\left(\frac{H}{3EI} + \frac{1}{C_k I_F}\right) \sum_{j=1}^{n} W_j h_j^2} \tag{5.65}$$

T_1:   Grundschwingzeit [sec]

H: gesamte Gebäudehöhe über der Fundamentsohle (Einbindungshorizont) [m]

EI: Biegesteifigkeit eines Ersatzstabes [kN/m²]

(Kann durch Ansetzen einer Einzelkraft im höchsten Punkt und Vergleich der Verschiebung mit derjenigen eines einfachen Kragstabes ermittelt werden. Damit werden auch Schubverformungen berücksichtigt)

C_k: Kippbettungsmodul: $C_k = 4 \cdot E_{s,dyn}/\sqrt{A}$

$E_{s,dyn}$: dynamischer Steifemodul des Baugrundes [kN/m²]
(Richtwerte vgl. [MK 84]; zwischen 50'000 kN/m² für steifen Ton und 400'000 kN/m² für Kies)

A : Fläche der Fundamentsohle [m²]

I_F : Trägheitsmoment der Fundamentsohle um die Kippachse [m⁴]

W_j : Dauerlasten des j-ten Stockwerks inklusive wahrscheinliche Nutzlasten [kN]

h_j : Höhe der Masse des j-ten Stockwerkes über der Fundamentsohle (Einbindungshorizont) [m].

Diese Formel mit Berücksichtigung der Fundamentkippung erscheint primär anwendbar für Hochbauten mit einem steifen und kompakten Fundationstragwerk. Falls der Anteil der Fundamentkippung für die Vorbemessung vernachlässigt werden soll, so kann in Gl. (5.65) der Ausdruck $1/(C_k I_F) = 0$ gesetzt werden.

Für n konstante Geschosshöhen $h = H/n$ und konstante Geschosslasten $W_j = W/n$ ergibt die Summe

$$\sum_{j=1}^{n} W_j h_j^2 = W_j h^2 \cdot \frac{n(n+1)(2n+1)}{6} \tag{5.66}$$

Weitere ähnliche Methoden zur Bestimmung der Grundschwingzeit sind der Literatur zu entnehmen.

4. Ermittlung mit einem Rechenprogramm (Diskretes Tragwerksmodell)

Bei Hochbauten mit mehreren Feldern und einer gewissen Anzahl von Stockwerken werden zur statischen Berechnung der elastischen Schnittkräfte und Verschiebungen häufig Rechenprogramme verwendet. Ist ein diskretes Tragwerksmodell bereits in den Computer eingegeben, so können mit den meisten Programmen auch die Eigenformen und Eigenfrequenzen ohne grossen Zusatzaufwand ermittelt werden. Zur Berechnung der Eigenfrequenzen müssen noch die Massen (Stockwerkmassen) eingegeben werden.

Bei der Berechnung der Eigenfrequenzen stellt sich allgemein die Frage, ob diese mit den Steifigkeiten des "nackten" Tragwerks ermittelt werden dürfen, oder ob die aussteifende Wirkung der nichttragenden Elemente (v.a. der Zwischenwände und der Fassadenbauteile) berücksichtigt werden soll. Wirken bei einem Erdbeben diese Elemente, zumindest anfänglich, noch mit, so kann dies wegen der grösseren Steifigkeit beim üblichen Verlauf der Bemessungsspektren, z.B. zwischen 1 und 3 Hz, eine erheblich grössere Erdbebenkraft bewirken. Die empirischen Formeln zur groben Abschätzung der Grundfrequenz (1.), die vor allem aufgrund von Messungen an Bauwerken mit naturgemäss sehr kleinen Verschiebungen entwickelt wurden, ergeben denn auch wesentlich höhere Frequenzwerte und somit eine erheblich grössere Ersatzkraft als bei der rechnerischen Ermittlung mit Steifigkeiten des Tragwerks allein, bei denen im Falle von Stahlbetontragwerken auch die Rissebildung durch pauschale Reduktion der Steifigkeiten der ungerissenen Querschnitte berücksichtigt werden kann.

Die Meinungen in der Fachwelt zu dieser Frage sind nicht einheitlich. In üblichen Fällen liegt das Ansetzen hoher Steifigkeiten auf der sicheren Seite. Die nachfolgenden Erwägungen zeigen jedoch, dass die aussteifende Wirkung der nichttragenden Elemente meist aus guten Gründen vernachlässigt werden darf.

Ist das Erdbeben erheblich schwächer als das Sicherheitsbeben, so absorbieren und dissipieren die nichttragenden Elemente Energie, und die Beanspruchung des Tragwerks ist geringer als der erhöhten Eigenfrequenz (höherer Spektralwert) entsprechen würde. Entspricht das Erdbeben jedoch etwa dem Sicherheitsbeben, so nimmt die Mitwirkung der nichttragenden Elemente rasch ab (Risse, Zerstörung). Die Grundfrequenz des Bauwerks verringert sich auf jene des Tragwerks und die Beanspruchung entspricht etwa der damit bestimmten Erdbeben-Ersatzkraft. Daher kann die Steifigkeit der nichttragenden Elemente zur Bestimmung von Tragwerksteifigkeit, -eigenfrequenz und Erdbeben-Ersatzkraft im allgemeinen vernachlässigt werden. Sind gewisse Anforderungen bezüglich eines Schadengrenzbebens zu erfüllen, so ist aus ökonomischen Gründen eine Abtrennung der nichttragenden Elemente einer Erhöhung des Tragwiderstandes oder der Tragwerksteifigkeit vorzuziehen [PBM 90].

c) Berücksichtigung der plastischen Verformungen

Bei jeder Erdbebenbemessung eines Bauwerks muss eine Bemessungs-Verschiebeduktilität μ_Δ festgelegt werden (vgl. Abschnitt 4.4).

Zur Berücksichtigung der entsprechenden plastischen Verformungen ist bei der Ermittlung der Ersatzkraft die zur Grundfrequenz f_1 und zur Bemessungsduktilität μ_Δ des Bauwerks gehörende Spektralbeschleunigung zu verwenden. Dafür gibt es insbesondere die beiden in den Abschnitten 3.5.3 und 3.6 beschriebenen Möglichkeiten des praktischen Vorgehens:

1.   Der zu f_1 gehörende Spektralwert des elastischen Bemessungsspektrums wird mit dem zu f_1 und μ_Δ gehörenden, mathematisch oder empirisch ermittelten Abminderungsfaktor α_μ multipliziert.
     Beispielsweise ergibt sich auf der Grundlage der Norm SIA 160 für ein Gebäude mit f_1 = 2Hz aus dem elastischen Bemessungsspektrum von Bild 3.9 für Zone 2 und steife Böden ein Wert von a_{el} = 1.5 m/s². Für z.B. μ_Δ = K = 2 kann für das Prinzip der gleichen Verschiebung aus Bild 3.19 ein Abminderungsfaktor α_μ = 0.50 herausgelesen werden (Annahme dass für ganzen Frequenzbereich gültig, vgl. Abschnitt 3.5.3). Die gesuchte Spektralbeschleunigung beträgt somit

$$a = a_{el} \cdot \alpha_\mu = 1.5 \cdot 0.50 = 0.75 \text{m/s}^2 \tag{5.67}$$

     (Den gleichen Wert erhält man natürlich auch durch direkte Anwendung der Normenbestimmungen: $a = a_{el}/K$).
2.   Der zu f_1 und μ_Δ gehörende Spektralwert wird direkt einem inelastischen Bemessungsspektrum entnommen.
     Der Wert des obigen Beispiels kann also in Bild 3.23 bei f_1 = 2Hz und μ_Δ = K = 2 herausgelesen werden.

d) Einfluss einer Nachgiebigkeit des Baugrundes

Sind unter Erdbebeneinwirkung elastische Baugrundverformungen und somit Verdrehungen des Ersatzstabes an der Einspannstelle zu erwarten, so ist bezüglich der Interpretation der Verschiebeduktilität und der entsprechenden Ermittlung der Ersatzkraft Vorsicht am Platz.

Bild 5.9 zeigt, dass sich die Verschiebung beim Fliessbeginn am obern Ende eines Kragarms aus zwei Anteilen zusammensetzt:

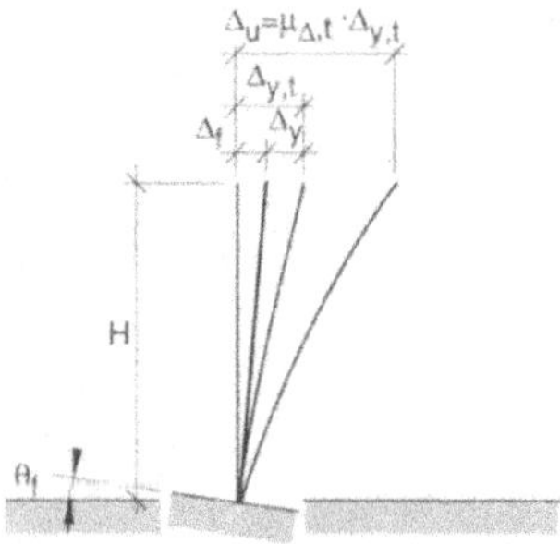

Bild 5.9: Einfluss der Baugrundverformungen auf die Verschiebungen bei einem Kragarm

$$\Delta_{y,t} = \Delta_f + \Delta_y \tag{5.68}$$

$\Delta_{y,t}$: Gesamte Verschiebung beim Fliessbeginn infolge Baugrund- und Tragwerks-
verformung

Δ_f : Verschiebung beim Fliessbeginn infolge der Fundamentverdrehung θ_f infolge
der Ersatzkräfte: $\Delta_f = \theta_f \cdot h$

Δ_y : Verschiebung beim Fliessbeginn infolge der elastischen Verformung des Tragwerks

Die Gesamtduktilität beträgt:

$$\mu_{\Delta,t} = \frac{\Delta_u}{\Delta_f + \Delta_y} \tag{5.69}$$

Die Tragwerksduktilität beträgt:

$$\mu_\Delta = \frac{\Delta_u - \Delta_f}{\Delta_y} \tag{5.70}$$

Geht man von einer bestimmten Tragwerksduktilität (Bemessungsduktilität entsprechend einer bestimmten Duktilitätsklasse, vgl. Abschnitt 4.4) aus, so ist *zur Ermittlung der Ersatzkraft eine reduzierte Duktilität, d.h. die Gesamtduktilität zu verwenden.* Es gilt die folgende, durch Kombination der obigen beiden Gleichungen erhaltene, Beziehung:

$$\mu_{\Delta,t} = \frac{\mu_\Delta + \Delta_f/\Delta_y}{1 + \Delta_f/\Delta_y} \tag{5.71}$$

Diese Beziehung ist in Bild 5.10 dargestellt. Man erkennt, dass sich bei starker Nachgiebigkeit des Baugrundes eine erheblich geringere Gesamtduktilität ergibt. Trotz der Frequenzverminderung infolge Nachgiebigkeit des Baugrundes (meist günstige Verschiebung im Bemessungs-Antwortspektrum) resultiert im allgemeinen eine grössere Ersatzkraft als ohne Baugrundverformung. Der Bemessung und konstruktiven Durchbildung des Tragwerks ist die angenommene Bemessungsduktilität (Duktilitätsklasse) zugrunde zu legen. Weitere Einzelheiten sind im Abschnitt 2.2.8b von [PBM 90] dargestellt.

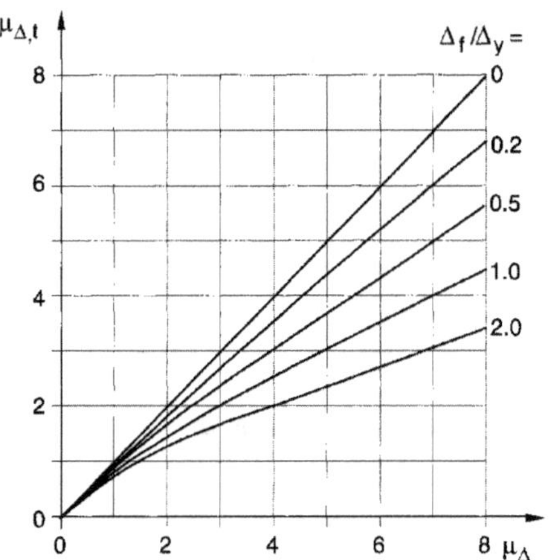

Bild 5.10: Zusammenhang zwischen Gesamtduktilität $\mu_{\Delta,t}$ und
Tragwerksduktilität μ_Δ bei Nachgiebigkeit des Baugrundes

e) Ersatzkraft nach Normen

Ansätze für die Ersatzkraft F in Normen haben etwa die folgende allgemeine Form:

$$F = \alpha_1\alpha_2\alpha_3\alpha_4\alpha_5\alpha_6\alpha_7\alpha_8 \cdot \bar{a}_g \cdot M \tag{5.72}$$

Die nachfolgend definierten Faktoren $\alpha_1 \ldots_8$ berücksichtigen wesentliche Einflüsse auf den anzusetzenden Spektralwert der Beschleunigung. Oft ist ein Teil dieser Einflüsse in eine graphische Darstellung eingebaut (z.B. direkt in Bemessungsantwortspektren), oder es werden mehrere Einflüsse durch einen einzigen Parameter erfasst.

Im folgenden werden die einzelnen Grössen der Gl. (5.72) kurz umschrieben. In Klammern ( ) wird im Sinne eines Beispiels jeweils der entsprechende Ansatz in der Norm SIA 160 [SIA 160] angegeben.

α_1 : Seismischer Faktor oder Zonenfaktor

Die meisten Länder sind in geographische Erdbebenzonen eingeteilt, denen je ein seismischer Faktor zugeordnet ist. Dieser Faktor, multipliziert mit dem Grundwert der maximalen Bodenbeschleunigung $\bar{a}_g$, ergibt die der Bemessung zugrunde zu legende maximale Bodenbeschleunigung a_g (SIA 160: Die maximale Bodenbeschleunigung ist direkt pro Zone angegeben, $\alpha_1\bar{a}_g = a_s$).

α_2 : Dynamischer Faktor

Der dynamische Faktor berücksichtigt die Tatsache, dass die Antwortschwingung des Bauwerks im allgemeinen wesentlich grösser ist als die Erregerfunktion an dessen Fusspunkt (Amplifikation). Er ist frequenzabhängig und berücksichtigt den Verlauf des Bemessungsspektrums. Der dynamische Faktor weist z.B. für kalifornische Verhältnisse und für eine Dämpfung von 5% der kritischen Dämpfung als Mittelwert im Bereich zwischen etwa 2 und 7 Hz gemäss Tabelle 2.8 einen Wert von 2.12 auf (SIA 160: Der dynamische Faktor ist in der graphischen Darstellung der Bemessungsantwortspektren enthalten).

α_3 : Baugrundfaktor

Der Baugrund kann einerseits zu Eigenschwingungen angeregt werden und anderseits Bodenbewegungen bestimmter Frequenzen stark vermindern (Filterwirkung), wodurch am Fusspunkt des Bauwerks eine in Amplitude und Frequenz von der Erdbebenbewegung im tieferen Untergrund (Grundgebirge) erheblich verschiedene Bodenbewegung entstehen kann. Die Bodenbeschleunigung wird deshalb in Abhängigkeit von Untergrund (Bodensteifigkeit, Schichtstärke, Baugrundeigenfrequenz, etc.) und Bauwerkeigenfrequenz mit einem Baugrundfaktor modifiziert (SIA 160: Der Baugrundfaktor für steife und mittelsteife Böden ist in der graphischen Darstellung der entsprechenden Bemessungsantwortspektren enthalten).

α_4 : Dämpfungsfaktor

Dieser Faktor berücksichtigt eine Veränderung der beim dynamischen Faktor angesetzten Dämpfung, welche für Hochbauten unter Erdbebeneinwirkung meist als 5% der kritischen Dämpfung angenommen wird (vgl. Abschnitt 5.2.2d). In speziellen Fällen wie bei Türmen, Schornsteinen, Masten usw. kann die Dämpfung jedoch sehr gering und dieser Faktor von erheblicher Bedeutung sein (SIA 160: Die Bemessungsantwortspektren gelten für 5% Dämpfung. Ein Faktor für andere Dämpfungen wird nicht gegeben. In speziellen Fällen kann aber vom Benützer der Norm eine andere Dämpfung nach üblichen Regeln, z.B. Tabelle 2.8, berücksichtigt werden).

α_5 : Abminderungsfaktor

Ein mehr oder weniger ausgeprägt duktiles Verhalten des Tragwerks führt zu einer entsprechenden Abminderung der Ersatzkraft (vgl. Abschnitt 3.5.3, Abminderungsfaktor mit α_μ bezeichnet). Diese basiert in der Regel auf einer angenommenen Bemessungsduktilität, d.h. auf einem entsprechenden Verschiebeduktilitätsfaktor μ_Δ (SIA 160: Der rechnerisch anzusetzende Verschiebeduktilitätsfaktor ist mit K bezeichnet, und für Bauwerksklasse I gilt $\alpha_5 = 1/K = 1/\mu_\Delta$).

α_6 : Risikofaktor

Um den zu erwartenden Schaden (akzeptierten Schaden) zu beeinflussen, kann ein Risikofaktor eingeführt werden (SIA: Für die Bauwerksklassen II und III mit geringeren akzeptierten Schäden und daher mit geringeren zulässigen plastischen Verformungen des Tragwerks als bei Bauwerksklasse I wird K verkleinert).

α_7 : Wichtigkeitsfaktor

Zur Berücksichtigung der Wichtigkeit (Bedeutung) eines Bauwerks kann ein Wichtigkeits-faktor eingeführt werden. Er entspricht weitgehend dem Risikofaktor (SIA 160: siehe bei α_6).

α_8 : Überfestigkeits-Reduktionsfaktor

Mit diesem Faktor kann die aus der Bemessung resultierende Überfestigkeit (vgl. auch Abschnitt 6.1.3) näherungsweise kompensiert werden (SIA 160: Der Bemessungsfaktor C_d = 0.65 entspricht einem Überfestigkeits-Reduktionsfaktor, vgl. auch [Bac+ 89]).

$\bar{a}_g$: Bodenbeschleunigung

Grundwert der maximalen Bodenbeschleunigung (SIA 160: Im Bemessungs-Antwortspektrum ist die Spektralbeschleunigung für die verschiedenen Zonen und Baugrundarten angegeben. Diese enthält somit α_1 , α_2 , α_3 und $\bar{a}_g = a_s$).

M : Gebäudemasse

Masse entsprechend den Dauerlasten des Bauwerks und den wahrscheinlich vorhandenen Nutzlasten mit $M = W/g$, W = Gewicht und g = Erdbeschleunigung (SIA 160: Der wahrscheinlich vorhandene Anteil an den Nutzlasten wird mit Faktoren $\psi_{acc} \leq 1$ erfasst).

f) Verteilung der Ersatzkraft über die Gebäudehöhe

Die totale Erdbeben-Ersatzkraft muss über die Gebäudehöhe verteilt werden. Zu diesem Zweck wird sie in Kräfte pro Stockwerk zerlegt, die in der Höhe der Decken angreifen und als *Stockwerk-Ersatzkräfte* bezeichnet werden.

Die Verteilung der Ersatzkraft über die Gebäudehöhe basiert im wesentlichen auf den in den Abschnitten 2.7.3 und 5.3.1 dargelegten Zusammenhängen. *Massgebend für die maximale Beanspruchung ist die maximale Relativverschiebung.* Die maximale Relativverschiebung ist proportional zur maximalen Federkraft, und diese ist gleich der einwirkenden Trägheits-kraft = Ersatzkraft. Daraus folgt, dass die *Ersatzkraft proportional zur maximalen Relativverschiebung zu verteilen ist.* Letztere entspricht der Grundschwingungsform, sofern die höheren Eigenformen vernachlässigt werden. Bei einem Bauwerk und Ersatzstab gemäss Bild 5.8a und b ist die Grundschwingungsform im Falle vorherrschender Biegeverformung (Tragwandsysteme) und fester Fusspunkteinspannung etwa eine Parabel (Bild 5.8c) und im Falle vorherrschender Schubverformung (Rahmensysteme) nahezu eine Gerade (Bild 5.8e). Der Fall der vorherrschenden Biegeverformung und nachgiebiger Fusspunkteinspannung liegt dazwischen (Bild 5.8d). Demnach wäre die Ersatzkraft je nach Verhältnissen parabel- bis dreieckförmig zu verteilen.

Für praktische Zwecke wird im allgemeinen von einer (bei über die Höhe etwa konstanten Massenbelegung) dreieckförmigen Verteilung der Ersatzkraft ausgegangen. Zur Berücksichtigung der aus der Anregung höherer Eigenformen resultierenden höheren Querkraftbeanspruchung wird jedoch in manchen Normen ein Teil der Ersatzkraft als besondere Einzelkraft zuoberst am Tragwerk angesetzt Die in Bild 5.8f dargestellte Verteilung der Ersatzkraft kann mathematisch wie folgt ausgedrückt werden:

$$F_j = (F - F'_n) \frac{m_j h_j}{\sum\limits_{j=1}^{n} m_j h_j} \tag{5.73}$$

F : Totale horizontale Erdbeben-Ersatzkraft
F_j : Stockwerk-Ersatzkraft
F'_n : Besondere Einzelkraft zuoberst am Tragwerk
m_j : Stockwerkmasse
h_j : Höhe ab Einbindungshorizont

Typischerweise werden der besonderen Einzelkraft rund 10% der Ersatzkraft zugeordnet, die restlichen 90% werden in die im Bild gezeigten, etwa linear vom Maximalwert F_n bis auf Null im Einbindungshorizont abnehmenden Einzelkräfte aufgeteilt.

Hier muss beigefügt werden, dass es *nicht möglich ist, mit einer einzigen Verteilung der Ersatzkraft eine zutreffende Grenzwertlinie über die Bauwerkshöhe sowohl für das Stockwerkmoment als auch für die Stockwerkquerkraft zu erhalten.* Zur Bewältigung dieses Problems existieren verschiedene Ansätze:

- Die aus der über die Höhe verteilten Ersatzkraft resultierenden Stockwerkquerkräfte werden in bestimmten Bereichen des Tragwerks erhöht, um den Einflüssen höherer Eigenschwingungsformen Rechnung zu tragen (Vorgehen Neuseeland).
- Die Ersatzkraft wird so über die Höhe verteilt, dass die resultierenden Stockwerkquerkräfte den Auswirkungen der höheren Eigenschwingungsformen entsprechen. Die daraus ermittelten Stockwerkmomente können dann aber etwas reduziert werden (Vorgehen USA, Kanada).
- Die Verteilung der Ersatzkraft wird in Abhängigkeit von der Grundschwingzeit vorgenommen (Vorgehen Japan).
- Durch eine konsequente Anwendung der Kapazitätsbemessung (vgl. [PBM 90] Kap. 4 bis 8) werden die elastisch bleibenden Teile des Tragwerks geschützt, wodurch auch die maximalen Stockwerkquerkräfte begrenzt werden. Die als Folge davon etwas ansteigenden Duktilitäsanforderungen können mit einer angemessenen konstruktiven Durchbildung problemlos erfüllt werden.

5.3.3 Berücksichtigung der Torsion

Bei nichtsymmetrischen Gebäuden entstehen Torsionsschwingungen, die im allgemeinen mit den Biegeschwingungen gekoppelt sind. Dies ist auch bei symmetrischen Gebäuden mit nichtsynchroner Anregung verschiedener Fundationsbereiche der Fall. Durch die Torsionsschwingungen werden in einem bestimmten betrachteten Stockwerk die horizontale Kräfte abtragenden Tragelemente stärker beansprucht als sich aus der Wirkung der Stockwerk-Ersatzkräfte der obenliegenden Stockwerke mit ihrer planmässigen Lage ergeben würde (Torsionsamplifikation). Dies wird durch eine Vergrösserung bzw. Verkleinerung der für das betrachtete Stockwerk zu ermittelnden planmässigen statischen Exzentrizität der Summe der

Stockwerk-Ersatzkräfte der obenliegenden Stockwerke berücksichtigt. Zudem müssen unplanmässige Lagen der Massen bzw. der Stockwerk-Ersatzkräfte in Betracht gezogen werden. Das Torsionsmoment im betrachteten Stockwerk kann deshalb wie folgt angesetzt werden:

$$T_j = (\lambda \bar{e}_j \pm e_{un}) \cdot \sum_{k=j}^{n} F_k = \bar{e}_{j,d} \cdot \sum_{k=j}^{n} F_k \qquad (5.74)$$

T_j : Torsionsmoment aller oberhalb des betrachteten Stockwerks j angreifenden Stockwerk-Ersatzkräfte bezüglich dem Steifigkeitszentrum dieses Stockwerks

$\bar{e}_j$: Planmässige statische Exzentrizität der Resultierenden aller oberhalb des betrachteten Stockwerks j angreifenden Stockwerk-Ersatzkräfte, d.h. Abstand zwischen dem Massenzentrum der oben liegenden Stockwerke zum Steifigkeitszentrum (Schubmittelpunkt, Rotationszentrum) des betrachteten Stockwerks (Bild 5.11):

$$\bar{e}_j = \frac{\displaystyle\sum_{k=j}^{n} e_k \cdot F_k}{\displaystyle\sum_{k=j}^{n} F_k} \qquad (5.75)$$

e_k : Planmässige statische Exzentrizität einer Stockwerk-Ersatzkraft F_k bezüglich dem Steifigkeitszentrum des betrachteten Stockwerks

λ : Torsions-Amplifikationsfaktor, z.B. 1.5 bzw. 0.5

e_{un} : Unplanmässige statische Exzentrizität (bereits amplifiziert), z.B. +0.05b bzw. -0.05b

b : Gebäudeabmessung rechtwinklig zur Ersatzkraft (rechtwinklig zur Richtung der Biegeschwingung)

$\bar{e}_{j,d}$: Bemessungsexzentrizität der Resultierenden aller oberhalb des betrachteten Stockwerks j angreifenden Stockwerk-Ersatzkräfte.

In gewissen Normen wird nur die mit λ multiplizierte planmässige statische Exzentrizität $\bar{e}_j$ und keine unplanmässige statische Exzentrizität e_{un} verwendet, oder es wird eine verhältnismässig grosse unplanmässige statische Exzentrizität e_{un} und dafür aber $\lambda = 1$ angesetzt.

5.3.4 Beurteilung des Ersatzkraftverfahrens

Das Ersatzkraftverfahren ist ein einfaches, weil im wesentlichen mit *statischen* Berechnungen auskommendes Verfahren zur Ermittlung der Schnittkräfte in Tragwerken aus Erdbebeneinwirkung. Einzige "dynamische" Grösse ist die Grundfrequenz des Bauwerks, die mit empirischen Formeln oder mit einem Näherungsverfahren, wiederum beruhend auf einer statischen Berechnung, abgeschätzt werden kann.

Das Ersatzkraftverfahren führt zu befriedigenden Resultaten, wenn beim Schwingungsverhalten des Bauwerks die Grundschwingungsform dominiert. Dies ist der Fall bei "einigermassen regelmässigen" Bauwerken. In verschiedenen Normen wird deshalb versucht, die

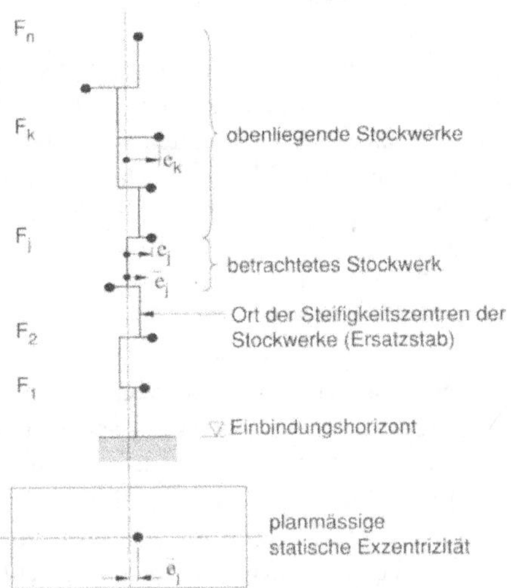

Bild 5.11: Ermittlung der planmässigen statischen Exzentrizität in einem betrachteten Stockwerk

Anwendbarkeit des Ersatzkraftverfahrens durch allgemeine Regelmässigkeitskriterien oder durch "Regelmässigkeitsparameter" einzugrenzen [EC 8]. Bei stark unregelmässigen Bauwerken können höhere Eigenschwingungen wesentlich sein. Diese können mit einem "dynamischen" Berechnungsverfahren (v.a. Antwortspektrenverfahren) angemessen berücksichtigt werden. Angesichts der meist erheblichen Unsicherheiten beim Bemessungsbeben (auch wenn dieses "exakt" in Normen gegeben ist!) und bei weiteren notwendigen Annahmen, z.B. bezüglich der verfügbaren Duktilität, sind indessen die Resultate von dynamischen Berechnungen oft nur scheinbar genauer. Deshalb bilden die mit Hilfe des Ersatzkraftverfahrens ermittelten Schnittkräfte in den meisten Fällen eine durchaus brauchbare Grundlage für die Bemessung der massgebenden Querschnitte. Dies gilt insbesondere bei Anwendung der Methode der Kapazitätsbemessung (s. Abschnitt 7.1).

5.4 Antwortspektrenverfahren

Beim Antwortspektrenverfahren werden ausser der Grundschwingungsform auch die massgebend angeregten höheren Eigenschwingungsformen berücksichtigt (z.B. [Cho 81], [CP 93]). Es wird auch "mehrmodales Antwortspektrenverfahren" genannt. Im Englischen sind die Begriffe "response spectrum analysis" oder "multimodal response spectrum analysis" gebräuchlich. Das Verfahren erfordert eine dynamische Berechnung, insbesondere die Bestimmung von Eigenvektoren.

5.4.1 Merkmale

Das Antwortspektrenverfahren basiert auf der Tatsache dass, für bestimmte Annahmen für die Dämpfung, die Schwingungsantwort jeder Eigenschwingungsform auf die Fusspunkterregung des Bauwerkes bzw. des Ersatzstabes unabhängig von den andern Eigenschwingungsformen berechnet werden kann (Zerlegung nach Eigenschwingungsformen, siehe Abschnitt 5.2.2b). Die Antworten der verschiedenen Eigenschwingungsformen können dann auf geeignete Weise zur Antwort des Gesamtsystems überlagert werden.

Jede Eigenschwingungsform reagiert auf ihre eigene Weise, d.h. mit ihrer Form φ_k, mit ihrer Eigenkreisfrequenz ω_k und mit ihrem modalen Dämpfungsmass ζ_k (vgl. Abschnitt 5.2.2). Für jede Eigenschwingungsform kann die Antwort an einem entsprechenden Einmassenschwinger mit ω_k und ζ_k ermittelt werden.

5.4.2 Antwortspektren

Der Begriff des Antwortspektrums wurde bereits im Abschnitt 2.7 vor allem im Zusammenhang mit der Auswertung von Beben-Aufzeichnungen eingeführt. Im Abschnitt 5.3 ist die Benützung von Bemessungs-Antwortspektren beim Ersatzkraftverfahren erläutert. Hier sollen nun die theoretischen Grundlagen dieses im Erdbebeningenieurwesen sehr wichtigen Werkzeugs Antwortspektrum vor allem im Hinblick auf seine Anwendung beim Antwortspektrenverfahren noch vertiefter dargestellt werden.

a) Definition

Unter einem Antwortspektrum versteht man die graphische Darstellung der maximalen Antworten (Beschleunigung, Geschwindigkeit oder Verschiebung) von Einmassenschwingern mit vorgegebenem gleichem Dämpfungsmass und unterschiedlicher Eigenfrequenz infolge einer bestimmten Erregung.

Die Differentialgleichung des Einmassenschwingers Gl. (5.5) lautet:

$$\ddot{x} + 2 \cdot \zeta \cdot \omega \cdot \dot{x} + \omega^2 \cdot x = -\ddot{x}_g(t) \tag{5.76}$$

Die Lösung Gl. (5.20) ist

$$x(t) = -\frac{1}{\omega'} \int_o^t \ddot{x}_g(\tau) \cdot e^{-\zeta\omega(t-\tau)} \cdot \sin\omega'(t-\tau)d\tau \tag{5.77}$$

Mit $\omega' \approx \omega$ (kleine Dämpfung: $\zeta \ll 1$) ergibt sich die maximale relative Verschiebung zu

$$x_{max}(\omega, \zeta) = \frac{1}{\omega} \underbrace{\left| -\int_{0}^{t} \ddot{x}_g(\tau) \cdot e^{-\zeta\omega(t-\tau)} \cdot \sin\omega(t-\tau)d\tau \right|_{max}}_{S_{pv}(\omega,\zeta)} \qquad (5.78)$$

$$x_{max}(\omega, \zeta) = \frac{1}{\omega} \cdot S_{pv}(\omega, \zeta) \qquad (5.79)$$

b) Arten von Antwortspektren:

Es werden die bereits in Abschnitt 2.7.2 eingeführten Bezeichnungen verwendet:

S = spectrum

$\cdots_d$ = **d**isplacement (relative, x)

$\cdots_{pv}$ = **p**seudo **v**elocity (relative $\neq \dot{x}$)

$\cdots_v$ = **v**elocity (relative, $\dot{x}$)

$\cdots_a$ = **a**cceleration (absolute, $\ddot{x}_a$)

Antwortspektrum der Relativverschiebung

$$S_d(\omega, \zeta) = x_{max}(\omega, \zeta) \qquad (5.80)$$

Antwortspektrum der Pseudogeschwindigkeit

$$S_{pv}(\omega, \zeta) = \omega \cdot x_{max}(\omega, \zeta) = \omega \cdot S_d(\omega, \zeta) \qquad (5.81)$$

Die Pseudogeschwindigkeit hat die Dimension einer Geschwindigkeit, und sie ist im allgemeinen verschieden von der Relativgeschwindigkeit $\dot{x}$ (vgl. Bild 2.27).

Antwortspektrum der Relativgeschwindigkeit

$$\dot{x}(t) = -\int_{0}^{t} \ddot{x}_g(\tau) \cdot e^{-\zeta\omega(t-\tau)} \cdot \cos\omega'(t-\tau)d\tau - \zeta \cdot \omega \cdot x(t) \qquad (5.82)$$

Mit $\omega' \approx \omega$ und $\zeta \ll 1$ resultiert bei Vernachlässigung von $\zeta \cdot \omega \cdot x(t)$:

$$\dot{x}_{max} = \underbrace{\left| -\int_{0}^{t} \ddot{x}_g(\tau) \cdot e^{-\zeta\omega\cdot(t-\tau)} \cdot \cos\omega(t-\tau)d\tau \right|_{max}}_{} \qquad (5.83)$$

$$S_v(\omega, \zeta) = \dot{x}_{max}(\omega, \zeta) \qquad (5.84)$$

Diese Grösse wird relativ selten gebraucht, zum Beispiel zur Bestimmung der kinetischen Energie ($E = m/2 \cdot \dot{x}^2$).

Der Unterschied zwischen Relativgeschwindigkeit und Pseudogeschwindigkeit besteht darin, dass bei der letzteren ein sin-Term anstelle eines cos-Terms im Integral steht. Bei sehr schwach gedämpften Systemen und für hohe Frequenzen entspricht S_v weitgehend S_{pv}.

Antwortspektrum der absoluten Beschleunigung

Das Antwortspektrum der absoluten Beschleunigung S_a kann aus der zweimaligen Ableitung der Verschiebungsfunktion $x(t)$, d.h. aus $\ddot{x}(t)$ und Addition des im jeweiligen Zeitpunkt vorhandenen $\ddot{x}_g$ ermittelt werden. Es kann jedoch auch die aus dem Antwortspektrum der Relativverschiebung durch Multiplikation mit ω^2 ermittelte Pseudobeschleunigung S_{pa} verwendet werden. Der Unterschied von S_{pa} zur Beschleunigung S_a ist i.a. gering und verschwindet völlig für $\zeta = 0$ (vgl. Bild 2.27).

Das Antwortspektrum der absoluten Beschleunigung kann heuristisch aus

$$\ddot{x}_a + 2 \cdot \zeta \cdot \omega \cdot \dot{x} + \omega^2 \cdot x = 0 \tag{5.85}$$

hergeleitet werden mit

$$x = x_o \cdot \cos \omega t \quad \rightarrow \quad \dot{x} = - x_o \cdot \omega \cdot \sin \omega t$$

Für $x = x_{max}$ folgt $\dot{x} = 0$ und $\ddot{x} = \ddot{x}_{max}$. Zusätzlich nimmt man an, dass gleichzeitig mit x und $\ddot{x}$ ebenfalls die Bodenbeschleunigung $\ddot{x}_g$ und damit die absolute Beschleunigung $\ddot{x}_a$ maximal wird. Diese Voraussetzung wird bei Erdbebenerregungen i.a. nicht erfüllt.

Einsetzen der Maximalwerte in die Bewegungsgleichung ergibt:

$$\ddot{x}_{a,\,max} + \omega^2 \cdot x_{max} = 0 \tag{5.86}$$

Führt man die Antwortspektren ein und vernachlässigt die Vorzeichen, die hier keine Rolle spielen, dann folgt

$$S_a(\omega, \zeta) = \omega^2 \cdot S_d(\omega, \zeta) \tag{5.87}$$

Damit ergibt sich die einfache Beziehung zwischen den Spektren (vgl. Abschnitt 2.7.2):

$$S_{pv} = \omega \cdot S_d = \frac{1}{\omega} \cdot S_a \tag{5.88}$$

c) Kombinierte doppelt-logarithmische Darstellung

Die drei Spektren S_d, S_{pv} und S_a lassen sich in einer einzigen doppelt-logarithmischen Zeichnung mit den Skalen gemäss Bild 5.12 (vgl. auch Bild 2.32) darstellen. Anstelle von 3 separaten Kurven kann eine einzige Kurve verwendet werden. Der Beweis wird kurz gezeigt.

Grundlage ist die Darstellung der Pseudogeschwindigkeit in Funktion der Kreisfrequenz, beide im logarithmischen Massstab (Bild 5.13). Aus der obigen Gleichung folgt:

$$\log S_{pv} = \log \omega + \log S_d \quad \text{(a)}$$
$$\log S_{pv} = \log S_a - \log \omega \quad \text{(b)}$$

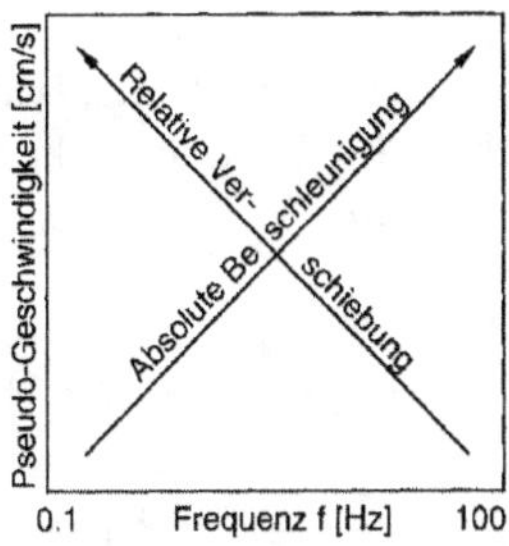
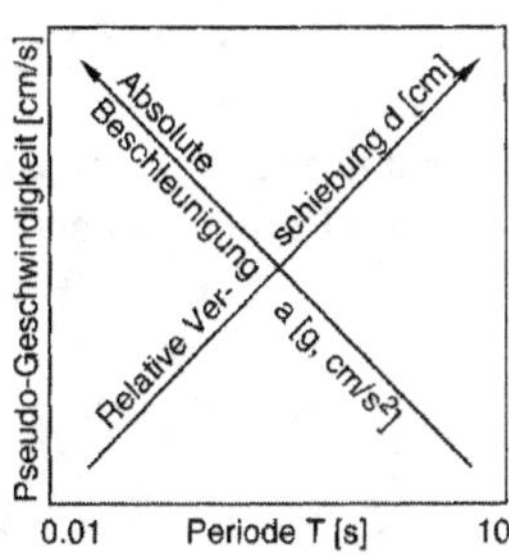

Bild 5.12: Möglichkeiten der kombinierten doppelt-logarithmischen Darstellung von Antwortspektren

Um in der Darstellung von Bild 5.13 die Skalen festzulegen, sollen die zum Punkt P (ω, S_{pv}) gehörenden Werte der Verschiebung und der Beschleunigung ermittelt werden. Für alle Punkte auf der Geraden (1) gilt:

$$\log S_{pv} = \log \omega + \log k_1 \qquad (5.89)$$

Die Gerade (1) entspricht einer konstanten relativen Verschiebung. Der Vergleich mit Gl. (a) zeigt, dass $\log k_1 = \underline{\log S_d}$. Auf der Achse der relativen Verschiebung ist somit der Punkt P' mit dem Wert von $\log k_1$ anzuschreiben.

Und analog gilt für alle Punkte auf der Geraden (2):

$$\log S_{pv} = \log k_2 - \log \omega \qquad (5.90)$$

Die Gerade (2) entspricht einer konstanten absoluten Beschleunigung. Der Vergleich mit Gl. (b) zeigt, dass $\log k_2 = \log S_a$. Auf der Achse der absoluten Bechleunigung ist daher der Punkt P" mit dem Wert von $\log k_2$ anzuschreiben.

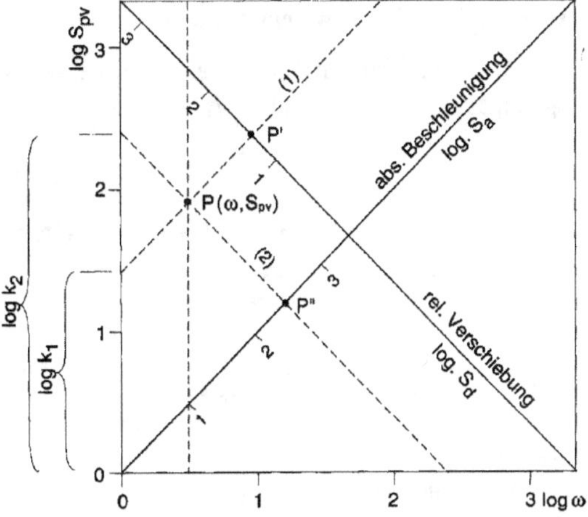

Bild 5.13: Kombinierte doppelt-logarithmische Darstellung von Antwortspektren

Auf der Abszisse wird - wie in Bild 5.12 angedeutet - normalerweise anstatt die Kreisfrequenz ω die Frequenz $f = \omega/2\pi$ oder die Periode $T = 2\pi/\omega$ abgetragen. Dadurch verschiebt sich jedoch nur die Abszissenskala um einen konstanten Betrag. Bild 5.14 zeigt ein Beispiel für die kombinierte doppelt-logarithmische Darstellung in Funktion der Periode. Bild 2.32 zeigt auch ein Beispiel in Funktion der Frequenz.

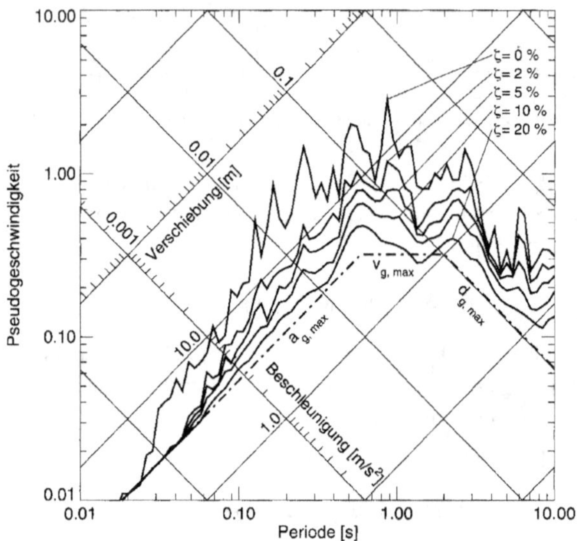

Bild 5.14: Kombinierte doppelt-logarithmische Darstellung von Antwortspektren der Nord-Süd-Komponente des El Centro-Bebens 1940 ([Wen 92] und [Cal 90])

d) Grenzwerte für sehr steife und sehr weiche Systeme

Aufgrund der Bewegungsgleichung kann man über Grenzwerte bei sehr steifen und sehr weichen Systemen Aussagen machen (vgl. Abschnitt 2.7.3).

Sehr steife Systeme ($\omega \rightarrow \infty$):

$$\ddot{x}_a + 2 \cdot \zeta \cdot \omega \cdot \dot{x} + \underbrace{\omega^2 \cdot x}_{} = 0 \quad \rightarrow \quad x(t) \equiv 0 \quad \rightarrow \quad \dot{x}(t) \equiv 0 \tag{5.91}$$
$$\text{Term dominiert da } \omega \text{ sehr gross}$$

Im weiteren folgt aus

$$\ddot{x}_a(t) = \underbrace{\ddot{x}(t)}_{= 0} + \ddot{x}_g(t) \tag{5.92}$$

für die maximale absolute Beschleunigung

$$\ddot{x}_{a,\,max} = \ddot{x}_{g,\,max} \quad \text{und} \quad \lim_{\omega \rightarrow \infty} S_a(\omega) = \ddot{x}_{g,\,max} = a_{g,\,max} \tag{5.93}$$

Die Masse bewegt sich wegen der sehr steifen Feder praktisch wie der Boden (Starrkörperverschiebung, keine relative Verschiebung, Bild 5.15a).

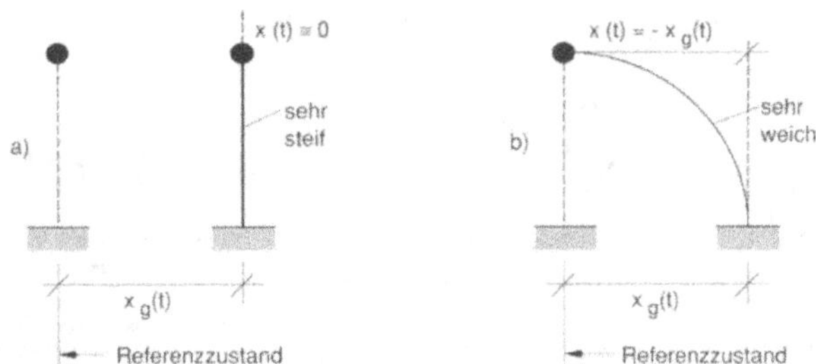

Bild 5.15: Verformung eines sehr steifen (a) und eines sehr weichen (b) Einmassenschwingers

Sehr weiche Systeme ($\omega \to 0$):

In der Bewegungsgleichung verschwindet der Term $\omega^2 \cdot x$. Daraus resultiert $\ddot{x}_a = 0$, und damit wird

$$\ddot{x}(t) = -\ddot{x}_g(t) \quad \to \quad x(t) = -x_g(t) \tag{5.94}$$

Für die maximalen Deformationen gilt somit:

$$x_{max} = x_{g,max} \quad \text{und} \quad \lim_{\omega \to 0} S_d(\omega) = x_{g,max} = d_{g,max} \tag{5.95}$$

Die Masse bleibt wegen der sehr weichen Feder praktisch an Ort (keine absolute Beschleunigung, Bild 5.15b).

Bei sehr steifen Systemen entspricht somit S_a der maximalen Bodenbeschleunigung der Erdbebenanregung $a_{g,max} = a_o$, und bei sehr weichen Systemen entspricht S_d der maximalen Bodenverschiebung $d_{g,max} = d_o$. Diese Eigenschaften werden bei der Konstruktion von Antwortspektren benützt.

e) Konstruktion von Bemessungs-Antwortspektren nach Newmark

Die Konstruktion elastischer Bemessungs-Antwortspektren wurde bereits im Abschnitt 3.3, diejenige inelastischer Bemessungs-Antwortspektren der Beschleunigung im Abschnitt 3.6 behandelt. Hier soll nun noch das Verfahren von Newmark für die Konstruktion inelastischer Bemesssungs-Antwortspektren der Beschleunigung und der Verschiebung in kombinierter doppelt-logarithmischer Darstellung gezeigt werden.

Vorerst wird - für eine bestimmte Dämpfung - ein elastisches Bemessungsspektrum gemäss Bild 5.16 konstruiert, basierend auf den maximalen Bodenbewegungsgrössen a_o, v_o und d_o und den grössten Überhöhungsfaktoren der Spektralwerte z.B. aus Tabelle 2.8. Die obere Eckfrequenz wird zu 8 Hz angenommen, die untere ergibt sich automatisch durch die relative Grösse von v_o und a_o bzw. der zugehörigen Überhöhungsfaktoren.

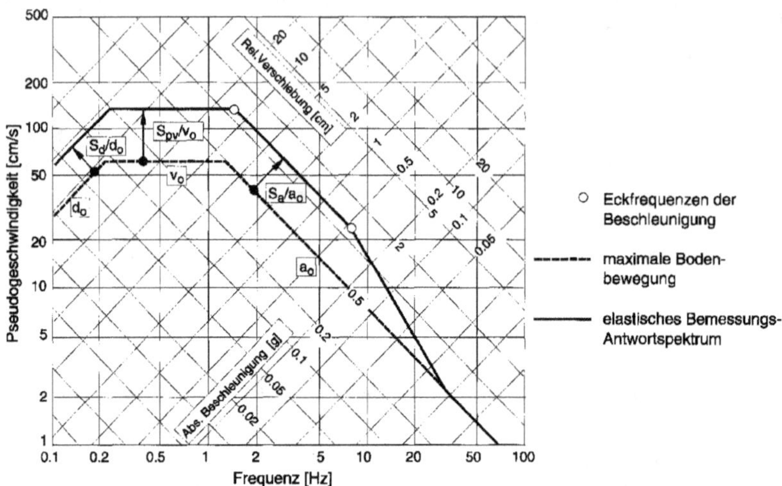

Bild 5.16: Konstruktion eines elastischen Bemessungs-Antwortspektrums nach Newmark

Anschliessend werden inelastische Spektren gemäss Bild 5.17 konstruiert. Dabei muss unterschieden werden zwischen dem Beschleunigungsspektrum und dem Verschiebungsspektrum:

- Inelastisches Beschleunigungsspektrum $S_a(\mu_\Delta)$:
  Im Frequenzbereich bis etwa 1.5 Hz wird das elastische Spektrum mit dem Faktor $1/\mu_\Delta$ (Prinzip der gleichen Verschiebung) reduziert. Im Bereich konstanter Beschleunigung von etwa 2 bis 8 Hz wird das elastische Spektrum mit dem Faktor $1/\sqrt{2\mu_\Delta - 1}$ (Prinzip der gleichen Formänderungsarbeit) reduziert. Oberhalb von 33 Hz ist keine Reduktion vorzunehmen. Durch Verbinden der Punkte bei 8 und 33 Hz wird das inelastische Beschleunigungsspektrum vervollständigt.

- Inelastisches Verschiebungsspektrum $S_d(\mu_\Delta)$:
  Dieses stimmt im Bereich bis etwa 1.5 Hz, in dem beim Beschleunigungsspektrum die Abminderung mit dem Prinzip der gleichen maximalen Verschiebung des linear-elastischen Einmassenschwingers und des elastisch-plastischen Einmassenschwingers vorgenommen wurde, naturgemäss mit dem elastischen Beschleunigungsspektrum überein. Im Bereich oberhalb von 2 Hz, in dem für das inelastische Beschleunigungsspektrum die Abminderung mit dem Prinzip der gleichen Energie der beiden Schwinger vorgenommen wurde, werden die Verschiebungen des plastischen Schwingers grösser als diejenigen des elastischen Schwingers. Hier muss das inelastische Beschleunigungsspektrum mit dem Faktor μ_Δ vergrössert werden.

Wie die Pfeile in Bild 5.17 andeuten, kann die Reduktion bzw. Vergrösserung in Richtung der Pseudogeschwindigkeit S_{pv} vorgenommen werden, da dies zum gleichen Ergebnis führt wie eine Reduktion bzw. Vergrösserung in Richtung von S_a und S_d.

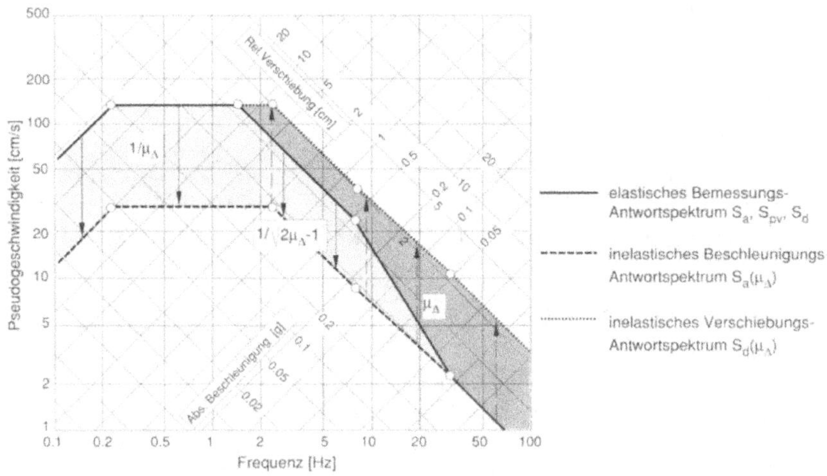

Bild 5.17: Konstruktion inelastischer Beschleunigungs- und Verschiebungs-Antwortspektren
(nach Newmark)

5.4.3 Verfahren beim Einmassenschwinger

Bei der Erdbebenberechnung von Bauwerken interessiert man sich vor allem für die Maximalwerte der Beanspruchung sowie der Verschiebungen.

Im Fall des elastischen Einmassenschwingers liefern die elastischen Antwortspektren, die definitionsgemäss die Maximalwerte der Antwort eines Einmassenschwingers wiedergeben, direkt die gewünschten Resultate, z.B.:

Maximale absolute Beschleunigung: $\qquad a_{max} \;\; = \;\; S_a(\omega, \zeta)$

Maximale relative Verschiebung: $\qquad x_{max} \;\; = \;\; \dfrac{1}{\omega^2} \cdot S_a(\omega, \zeta)$

Maximale Federkraft (Beanspruchung): $\quad f_{e,\,max} \;\; = \;\; k \cdot x_{max}$

Bild 5.18 zeigt einen einstöckigen Rahmen mit starrem Riegel und weichen Stützen sowie das zugehörige Bemessungs-Antwortspektrum der Beschleunigung für ein Zahlenbeispiel. Die Daten des Rahmens sind:

G = 200 kN, k = 600 kN/m, c = 4.424 kNs/m, h = 4 m.

Daraus ergeben sich die dynamischen Kenngrössen des Systems zu

$$m \;=\; \frac{G}{g} \;=\; \frac{200\ \text{kN}}{9.81\ \text{m/s}^2} \;=\; 20.4\,\text{kNs}^2/\text{m} \qquad\qquad (5.96)$$

$$\omega \;=\; \sqrt{\frac{k}{m}} \;=\; \sqrt{\frac{600\,\text{kN/m}}{20.4\ \text{kNs}^2/\text{m}}} \;=\; 5.42/\text{s} \qquad\qquad (5.97)$$

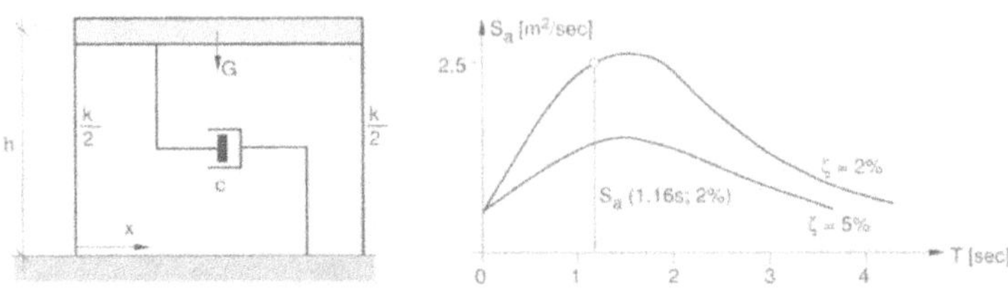

Bild 5.18: Einstöckiger Rahmen und Bemessungs-Antwortspektren der Beschleunigung

$$f = \frac{\omega}{2\pi} = 0.86\,\text{Hz} \ ; \ T = \frac{2\pi}{\omega} = \frac{1}{f} = 1.16\,\text{s} \tag{5.98}$$

$$\zeta = \frac{c}{2m\omega} = \frac{4.424\,\text{kNs/m}}{2 \cdot 20.4\text{kNs}^2/\text{m} \cdot 5.42/\text{s}} = 0.02 = 2\% \tag{5.99}$$

Aus dem Antwortspektrum wird herausgelesen:

$$S_a\,(1.16\text{s}\,,2\%) = 2.5\,\text{m/s}^2 \tag{5.100}$$

Dies entspricht der maximalen Beschleunigung:

$$a_{max} = S_a = 2.5\,\text{m/s}^2 \tag{5.101}$$

Die maximale Relativverschiebung wird:

$$x_{max} = \frac{1}{\omega^2} \cdot S_a = \frac{2.5\text{m/s}^2}{5.42^2/\text{s}^2} = 0.085\text{m} \tag{5.102}$$

Der maximale Horizontalschub wird:

$$H_{max} = m \cdot S_a = 20.4\text{kNs}^2/\text{m} \cdot 2.5\text{m/s}^2 = 51\text{kN} \tag{5.103}$$

Dieser muss gleich der maximalen Federkraft sein:

$$f_{e,max} = k \cdot x_{max} = 600\text{kN/m} \cdot 0.085\text{m} = 51\text{kN} \quad \text{q.e.d.} \tag{5.104}$$

Beim Einmassenschwinger entspricht das Ersatzkraftverfahren mit Bemessungs-Antwortspektrum genau dem Antwortspektrenverfahren. Bei beiden Verfahren resultieren somit die gleichen Schnittkräfte.

Beim Mehrmassenschwinger jedoch entspricht das Ersatzkraftverfahren nicht dem "einmodalen" Antwortspektrenverfahren, bei dem nur die Grundschwingungsform berücksichtigt wird. Durch die Berücksichtigung der gesamten Masse anstelle der modalen Masse der Grundschwingungsform, sowie durch die relativ willkürlichen Regeln zur Verteilung der Ersatzkraft über die Gebäudehöhe, ergeben sich im allgemeinen erhebliche Unterschiede.

5.4.4 Verfahren beim Mehrmassenschwinger

Man interessiert sich hier wiederum für die Maximalantwort des Systems (Verschiebung, Geschwindigkeit, Beschleunigung, elastische Kräfte, etc.).

Ausgangspunkt für die Berechnung ist die entkoppelte Bewegungsgleichung für die k-te Eigenform Gl. (5.44)

$$\ddot{y}_k \; + \; 2 \cdot \zeta_k \cdot \omega_k \cdot \dot{y}_k \; + \; \omega_k^2 \cdot y_k = - \; \underbrace{\frac{r_k}{m_k^*}}_{l_k} \cdot \ddot{x}_g(t) \tag{5.105}$$

wobei:

$$l_k = \frac{r_k}{m_k^*} = \frac{\underline{\varphi}_k^T \cdot \underline{M} \cdot \underline{e}_x}{\underline{\varphi}_k^T \cdot \underline{M} \cdot \underline{\varphi}_k} \tag{5.106}$$

Diese Gleichung entspricht derjenigen eines Einmassenschwingers mit den dynamischen Eigenschaften ζ_k und ω_k mit der Fusspunkterregung $l_k \cdot \ddot{x}_g(t)$.

Modale Maximalantwort

Die modale Maximalantwort der k-ten Eigenform ergibt sich für $\omega'_k \cong \omega_k$ in Analogie zum Einmassenschwinger (siehe Gl. (5.20) und (5.53)):

$$y_{k,\,max} = \frac{|l_k|}{\omega_k} \cdot S_{pv}(\omega_k, \zeta_k) = |l_k| \cdot S_d(\omega_k, \zeta_k) = \frac{|l_k|}{\omega_k^2} \cdot S_a(\omega_k, \zeta_k) \; ; \; k = 1, \dots n \tag{5.107}$$

Auf diese Weise können die Maximalbeiträge $y_{k,\,max}$ ($y_{1,\,max}$, $y_{2,\,max}\dots$) bestimmt werden, indem z.B. ein gegebenes Bemessungs-Antwortspektrum gemäss Bild 5.19 graphisch ausgewertet wird. Die verschiedenen Eigenschwingungen können jeweils ein separates Dämpfungsmass ζ_k aufweisen.

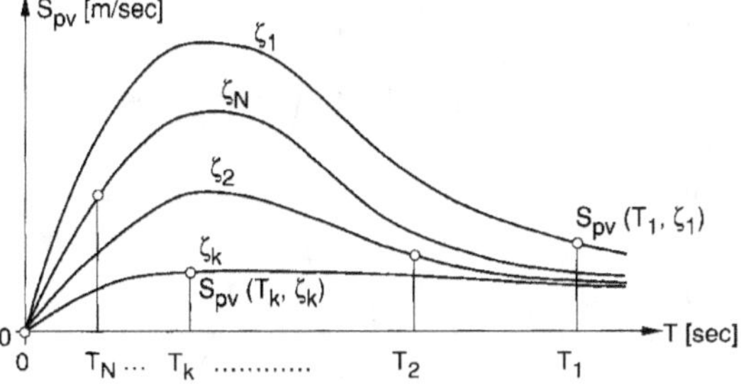

Bild 5.19: Bemessungs-Antwortspektren der Pseudogeschwindigkeit

Rücktransformation

Der Übergang von den maximalen modalen Koordinaten $y_{k,\,max}$ auf die natürlichen Koordinaten x_{max} des Bauwerks kann nicht mit der Transformationsgleichung

$$x_{max} = \Phi \cdot y_{max} \tag{5.108}$$

wobei

$$y_{max} = \begin{Bmatrix} y_{1\,,max} \\ \vdots \\ y_{k,\,max} \\ \vdots \\ y_{n\,,max} \end{Bmatrix}$$

durchgeführt werden, es ist $x_{max} \neq \Phi \cdot y_{max}$!

Der Grund liegt darin, dass, wie Bild 5.20 zeigt, die Maximalausschläge $y_{k,\,max}$ der einzelnen Einmassenschwinger normalerweise zu ganz verschiedenen Zeitpunkten auftreten. Eine simple Addition der Maximalwerte der Teilschwingungen würde zu unrealistisch grossen Resultaten führen.

Jede modale Koordinate muss separat zurücktransformiert werden:

$$x_{max}^{(k)} = \varphi_k \cdot y_{k,\,max} \tag{5.109}$$

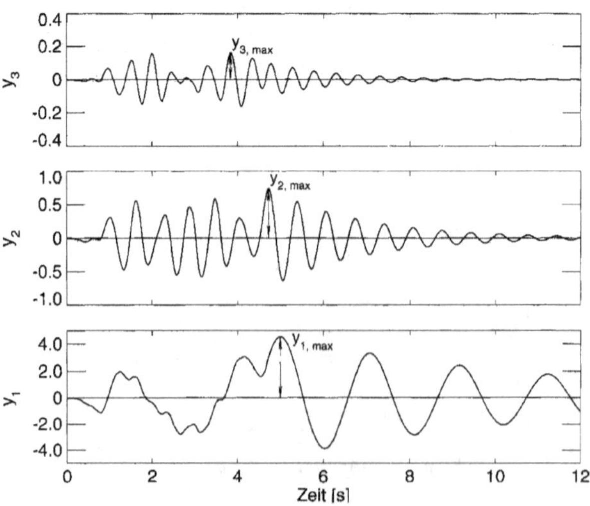

Bild 5.20: Schwingungen der einzelnen Eigenformen eines Dreimassenschwingers
angeregt durch die Bodenbeschleunigung gemäss Bild 3.10

Daraus resultiert die Maximalantwort der k-ten Eigenschwingung. Für die folgenden Überlegungen wird jeweils nur der i-te Freiheitsgrad der k-ten Eigenschwingung $x^{(k)}_{i,\,max}$ betrachtet. Es gilt:

$$\underline{x}^{(k)}_{max} = \left\{ \begin{array}{c} x^{(k)}_{1,\,max} \\ \\ \\ \\ x^{(k)}_{n,\,max} \end{array} \right\} \qquad ; \qquad x^{(k)}_{i,\,max} = \varphi_{ik} \cdot y_{k,\,max}$$

φ_{ik} : i-te Komponente der k-ten Eigenform

Überlagerung der modalen Maximalantworten

Die Gesamtantwort ergibt sich aus einer geeigneten Überlagerung der modalen Maximalbeiträge $x^{(k)}_{i,\,max}$. Die einfache Addition der Absolutbeträge $\left| x^{(k)}_{i,\,max} \right|$ ergibt einen zu konservativen Wert, mit Ausnahme von Fällen, wo die massgebenden Eigenfrequenzen nahe beisammen liegen (z.B. Biegegrundfrequenz und Torsionsgrundfrequenz).

Für Hochbauten hat sich in der Praxis die Überlagerungsregel "Quadratwurzel der Summe der Quadrate" (engl. "SRSS: square root of the sum of the squares") bewährt:

$$x_{i,\,tot} = \sqrt{\sum x^{(k)\,2}_{i,\,max}} \tag{5.110}$$

Basierend auf Wahrscheinlichkeitsbetrachtungen kann dieses Ergebnis als Erwartungswert der Gesamtantwort stationärer Zufallsprozesse hergeleitet werden.

Liegen zwei oder mehrere Eigenfrequenzen sehr eng beieinander oder fallen gar zusammen, dann empfiehlt sich die Addition der Absolutbeträge der Werte der entsprechenden Eigenschwingungsformen.

Die bisherigen Überlegungen gelten für eine Erdbebenerregung in nur einer Richtung. Sollen alle drei Bebenkomponenten berücksichtigt werden, dann ist mit diesen analog vorzugehen, indem die modalen Maximalbeiträge des dreidimensionalen Systems zur totalen Antwort überlagert werden.

Mit dem geschilderten Verfahren lassen sich die maximalen Verschiebungen bestimmen. Die Kräfte resp. Spannungen können auf analoge Art und Weise ermittelt werden. Es ist jedoch verboten, aus den maximalen Deformationen (Verschiebungen, Rotationen) gemäss Gl. (5.110) die maximalen Kräfte zu bestimmen:

$$\underline{f}_{tot} \neq \underline{K} \cdot \underline{x}_{tot} \; !! \tag{5.111}$$

Der Grund liegt darin, dass erstens die maximalen Deformationen in verschiedenen Punkten i des Systems nicht gleichzeitig auftreten und zweitens sämtliche Komponenten des Vektors $\underline{x}_{tot}$ positive Grössen sind.

Bestimmung der maximalen Kräfte

(i) Bestimmung der maximalen Deformationen jeder Eigenschwingung:

$$x^{(k)}_{max} = \underline{\varphi}_k \cdot y_{k,max} \quad ; \quad k = 1, \dots n \tag{5.112}$$

(ii) Bestimmung der maximalen Kräfte jeder Eigenschwingung

$$\underline{f}^{(k)}_{max} = \underline{K} \cdot \underline{x}^{(k)}_{max} = \underbrace{\underline{K} \cdot \underline{\varphi}_k}_{\omega_k^2 \cdot \underline{M} \cdot \underline{\varphi}_k} \cdot y_{k,max} = \omega_k^2 \cdot \underline{M} \cdot \underline{\varphi}_k \cdot \frac{|l_k|}{\omega_k^2} \cdot S_a(\omega_k, \zeta_k) \tag{5.113}$$

(aus Eigenwertproblem)

(iii) Superposition der maximalen Kräfte jeder Eigenschwingung; dabei betrachten wir wiederum nur die i-te Kraftkomponente $f^{(k)} = f^{(k)}_{i,max}$ (Maximum der i-ten Kraftkomponente der k-ten Eigenschwingung):

$$f_{tot} = \sqrt{\sum_{k=1}^{j} \left| f^{(k)} \right|^2} \tag{5.114}$$

Die Grenzwertlinien der Schnittkräfte können analog durch Superposition der entsprechenden Resultatgrössen bestimmt werden (vgl. Beispiele in den Abschnitten 6.4.3 und 6.5.3).

5.4.5 Verwendung inelastischer Antwortspektren

Das Antwortspektren-Verfahren setzt linear elastisches Verhalten des Tragwerks voraus. Dies ermöglicht die Verwendung der Beziehungen elastischer Ein- und Mehrmassenschwinger und des allgemeinen Superpositionsgesetzes.

Die exakte Anwendung inelastischer Bemessungs-Antwortspektren ist nur für den elastisch-plastischen Einmassenschwinger möglich. Als Näherung können jedoch für die einzelnen - nach wie vor elastischen - Eigenschwingungsformen die für die Bemessungsduktilität gültigen *Spektralwerte aus einem inelastischen Bemessungs-Antwortspektrum* verwendet werden. Eine andere Berücksichtigung plastischer Verformungen ist mit dem Antwortspektrenverfahren nicht möglich.

5.4.6 Beurteilung des Antwortspektrenverfahrens

Das Antwortspektrenverfahren erfordert eine dynamische Modellierung des Bauwerks und somit einen wesentlich grösseren Rechenaufwand als das Ersatzkraftverfahren. Durch die heutigen benützerfreundlichen Computerprogramme des Erdbebeningenieurwesens wird die Bedeutung dieses Aspektes zwar relativiert. Der Einsatz solcher Programme erfordert jedoch spezifische baudynamische Kenntnisse und Erfahrungen.

Die Anwendung des Antwortspektrenverfahrens rechtfertigt sich dann, wenn beim Schwingungsverhalten des Bauwerks nebst der Grundschwingung auch höhere Eigenschwingungen wesentlich sind. Dies ist vor allem der Fall bei unregelmässigen Bauwerken mit erheblichen

Steifigkeitssprüngen in vertikaler und/oder horizontaler Richtung, und bei solchen mit wesentlichen Torsionsschwingungen, d.h. mit erheblichen Exzentritzitäten zwischen Massenzentren und Steifigkeitszentren.

Oft genügt es, die ersten paar Eigenschwingungsformen und -frequenzen eines Gebäudes zu berücksichtigen. Anhaltspunkte für die Anzahl zu berücksichtigender Eigenschwingungsformen gibt das Verhältnis der Summe der modalen Massen zur Gesamtmasse. Ebenfalls zu beachten sind die Partizipationsfaktoren, die im allgemeinen bei den höheren Eigenformen rasch abnehmen. Vor allem bei den Querkräften ist mit massgeblichen Beiträgen höherer Eigenschwingungsformen zu rechnen.

Ein wesentlicher Nachteil des Antwortspektrenverfahrens ist, dass "die Zeit verloren geht". Vor allem hat die Dauer des Erdbebens, die für die Schadenwirkung sehr wichtig ist, keinen Einfluss auf das Ergebnis, und man erhält auch keine Auskunft über den Schwingungsverlauf. Auch können plastische Verformungen nur relativ pauschal berücksichtigt werden. Anderseits erlaubt das Verfahren doch eine gute Einsicht in und ein tieferes Verständnis des Schwingungsverhaltens eines Tragwerks, was gerade bei unregelmässigen Bauwerken zu konzeptionellen Verbesserungen genutzt werden sollte.

5.5   Zeitverlaufsverfahren

Zeitverlaufsverfahren - auch Methoden im Zeitbereich genannt - gehen aus von der Bewegungsgleichung

$$\underline{M} \cdot \underline{\ddot{x}} + \underline{C} \cdot \underline{\dot{x}} + \underline{K} \cdot \underline{x} = -\underline{M} \cdot \underline{e}_x \cdot \ddot{x}_g(t) \, , \qquad (5.115)$$

die hier der Einfachheit halber für eine lineare Struktur auf starrer Fundation mit nur einer Erregung $\ddot{x}_g(t)$ in einer Koordinatenrichtung angegeben ist. Für ein nichtlineares System kann eine Bewegungsgleichung von der Form

$$\underline{M} \cdot \underline{\ddot{x}} + \underline{f}_i(\underline{x}, \underline{\dot{x}}, t) = -\underline{M} \cdot \underline{e}_x \cdot \ddot{x}_g(t) \qquad (5.116)$$

resultieren. Je nach Nichtlinearität können die internen Kräfte $\underline{f}_i$ von den Verschiebungen $\underline{x}$, deren Ableitungen und von der Zeit abhängen.

Für die Integration des Differentialgleichungssystems Gl. (5.115), stehen zwei unterschiedliche Lösungsverfahren zur Auswahl:

- modale Lösung (modal superposition), nur für lineare Systeme
- direkte Integration (direct integration), für lineare und nichtlineare Systeme

5.5.1   Modale Lösung der Bewegungsgleichung

Die modale Lösung der Bewegungsgleichung kann wegen der Verwendung von Eigenformen und des Superpositionsprinzips nur bei linearen Systemen angewendet werden. Das gekoppelte Differentialgleichungssystem Gl. (5.115), dessen Koeffizientenmatrizen gewisse Bedingungen erfüllen müssen, wird mittels einer Variablentransformation entkoppelt (siehe Gl. (5.44)):

$$\ddot{y}_k + 2 \cdot \zeta_k \cdot \omega_k \cdot \dot{y}_k + \omega_k^2 \cdot y_k = - \frac{r_k}{m_k^*} \cdot \ddot{x}_g(t) \qquad (5.117)$$

Voraussetzungen

Die folgenden Voraussetzungen sind wesentlich:

- Die Bewegungsgleichung Gl. (5.115) stellt ein lineares Differentialgleichungssystem mit konstanten Koeffizienten dar (d.h. $\underline{C}$ und $\underline{K}$ sind konstant);
- Die transformierte Dämpfungsmatrix $\Phi^T \cdot \underline{C} \cdot \Phi$ muss eine Diagonalmatrix sein (z.B. modale Dämpfung).

Vorgehen

Das Vorgehen ist in bezug auf die Entkoppelung der Bewegungsgleichung identisch mit demjenigen des Antwortspektrenverfahrens (vgl. Abschnitte 5.2.2 und 5.4.4):

- Bestimmung der Eigenvektoren $\underline{\varphi}_k$ und Eigenkreisfrequenzen ω_k der freien Schwingung;
- Übergang von natürlichen Koordinaten $\underline{x}$ zu modalen Koordinaten $\underline{y}$ durch Variablentransformation mit Eigenvektoren $\Phi \rightarrow$ Entkoppelung;

- Integration der entkoppelten Bewegungsgleichungen (5.117) mit Standardverfahren der numerischen Mathematik $\rightarrow \underline{y}\,(t)$;
- Rücktransformation: modale $\rightarrow$ natürliche Koordinaten;
- Addition der einzelnen modalen Zeitverläufe der Deformationen und Schnittkräfte in natürlichen Koordinaten;
- Bestimmung der maximalen Deformationen und Schnittkräfte.

Vorteile

- Gegenüber dem Antwortspektrenverfahren kann die Maximalantwort genauer bestimmt werden;
- Gegenüber der direkten Integration ist der Rechenaufwand geringer, da im allgemeinen nur wenige Eigenschwingungen berücksichtigt werden müssen.

Nachteile

- Nichtlineares Materialverhalten kann nicht berücksichtigt werden;
- Für die Integration der Bewegungsgleichung müssen Zeitverläufe der Bodenbewegung vorhanden sein;
- Grosser Rechenaufwand, da im allgemeinen die Berechnung für mehrere Zeitverläufe der Bodenbewegung wiederholt werden muss.

5.5.2 Direkte Integration der Bewegungsgleichung

Die direkte Integration der Bewegungsgleichung kann bei linearen und bei nichtlinearen Systemen angewendet werden.

Bei dieser Methode wird Gl. (5.115) bzw. (5.117) direkt mit Hilfe eines numerischen Integrationsverfahrens gelöst.

Vorteile

- Behandlung beliebiger linearer oder nichtlinearer Werkstoffgesetze;
- Behandlung beliebiger Dämpfungsmechanismen.

Nachteile

- Sehr grosser Rechenaufwand;
- Numerische Modelle zur Beschreibung des nichtlinearen Materialverhaltens unter zyklischer Beanspruchung sind erforderlich;
- Für die Integration der Bewegungsgleichung müssen Zeitverläufe der Bodenbewegung vorhanden sein.

5.5.3 Beurteilung der Zeitverlaufsverfahren

Methoden im Zeitbereich werden für Bemessungszwecke selten verwendet. Der Rechenaufwand liegt um eine Grössenordnung höher als beim Antwortspektrenverfahren und noch viel höher als beim Ersatzkraftverfahren.

Der Anwendungsbereich liegt vorwiegend in der Überprüfung bereits bemessener oder bestehender Bauwerke, d.h. Berechnung von Duktilitätsbedarf, Verschiebungen und Beanspruchungen infolge spezifischer Erdbeben [BWL 92].

Die modale Lösung der Bewegungsgleichung hat als Berechnungsmethode an Bedeutung verloren, da es heute möglich ist, grössere nichtlineare Systeme mit direkter Integration zu berechnen.

Zur Durchführung von Zeitverlaufsberechnungen sind vertiefte Kenntnisse entsprechender Finite Element-Programme wie beispielsweise FLOWERS [And+ 93] oder ABAQUS [ABA 93] nötig. Die Auswertung der sehr grossen Datenmengen erfordert zusätzliche Grafikprogramme.

Praktische Beispiele zum Zeitverlaufsverfahren befinden sich in den Abschnitten 6.4.4 (Stahlbetontragwand) und 6.5.4 (Stahlbetonrahmen).

6 Berechnung von Hochbauten

T. Wenk, H. Bachmann

Im 5. Kapitel wurden die wichtigsten Berechnungsverfahren für Tragwerke mit Erdbebeneinwirkung behandelt. Im vorliegenden 6. Kapitel sollen nun die *praktische Berechnung der Schnittkräfte und Verformungen von Tragwerken des Hochbaus* dargestellt werden. Ziel der Berechnung ist somit die *Bereitstellung sämtlicher Eingangsdaten für die Bemessung und konstruktive Durchbildung* eines Hochbaus (siehe 7. Kapitel).

Vorerst werden als wichtige Grundlagen Definitionen von später benötigten Grössen von *Beanspruchungen und Widerständen* dargestellt, darunter auch die bedeutsame Grösse "Widerstand bei Überfestigkeit". Anschliessend folgen Ausführungen zur *Modellbildung* und zur *Ermittlung der Schnittkräfte*. Die eigentliche Berechnung wird an ausführlichen numerischen *Beispielen eines symmetrischen Tragwandsystems und eines symmetrischen Rahmensystems* erläutert. Dabei werden jeweils die drei im 5. Kapitel behandelten Berechnungsverfahren Ersatzkraftverfahren, Antwortspektrenverfahren und nichtlineares Zeitverlaufsverfahren angewendet und die Resultate miteinander verglichen. Ein numerisches *Beispiel eines unsymmetrischen Tragwandsystems*, bei dem der Torsionsbeanspruchung besondere Beachtung geschenkt werden muss, schliesst das Kapitel ab.

Beim Gefährdungsbild Erdbeben steht in aller Regel die Erhaltung der Tragsicherheit im Vordergrund, so auch gemäss der Norm SIA 160. Die Gebrauchstauglichkeit, d.h. die Erhaltung der Funktionstüchtigkeit, ist nur in speziellen Fällen wesentlich (z.B. Begrenzung der Verformungen bei Bauwerken der Bauwerksklasse III nach SIA 160).

6.1 Beanspruchungen und Widerstände

Bei Erdbebeneinwirkung besteht meist eine ausgesprochene Wechselwirkung zwischen Beanspruchungen und Widerständen. Daher sollen hier, ausgehend von der allgemeinen Bemessungsbedingung, wichtige relevante Definitionen betrachtet werden.

6.1.1 Allgemeine Bemessungsbedingung

Die allgemeine Bemessungsbedingung für den Nachweis der Tragsicherheit eines Tragwerks lautet nach SIA 160 bzw. EC 8:

$$S_d \leq \frac{R}{\gamma_R} = R_d \quad \text{bzw.} \quad S_d \leq R_d \tag{6.1}$$

S_d : Bemessungswert der Beanspruchung
R : Tragwiderstand
R_d : Bemessungswert des Tragwiderstandes
γ_R : Widerstandsbeiwert

6.1.2 Beanspruchungen

Der *Bemessungswert der Beanspruchung* S_d (Schnittkraftgrösse) ist gemäss SIA 160 für alle relevanten Gefährdungsbilder als Kombination von Bemessungswerten der Einwirkungen zu bestimmen. Für das Gefährdungsbild Erdbeben als *aussergewöhnliche Einwirkung* gilt:

$$S_d = S\,(G_m, Q_{acc}, \Sigma\psi_{acc} \cdot Q_r) \tag{6.2}$$

S_d :   Bemessungswert der Beanspruchung

Q_{acc} :   Kennwert der Leiteinwirkung Erdbeben (ist *nicht* mit einem Lastfaktor γ_Q zu multiplizieren, ist somit bereits der Bemessungswert)

G_m :   Mittelwert der Eigenlasten des Tragwerks (ist *nicht* mit einem Lastfaktor γ_G zu multiplizieren, ist somit bereits der Bemessungswert)

$\Sigma\psi_{acc}Q_r$:   Summe der Begleiteinwirkungen (alle ständigen und in der Regel eine veränderliche Einwirkung): Die Auflasten mit $\psi_{acc} = 1.0$ als ständige Einwirkungen und die Nutzlast in Gebäuden mit $\psi_{acc} = 0.3$ bis 1.0 je nach Nutzungskategorie als veränderliche Einwirkung (wahrscheinlicher Wert der Nutzlast während des Erdbebens).

Im 7. Kapitel wird S_d infolge Erdbeben allein mit S_E bzw. M_E für Biegemoment und V_E für Querkraft bezeichnet.

6.1.3 Widerstände

Bei der Erdbebenbemessung werden die in Bild 6.1 eingetragenen Widerstände (Schnittkraftgrösse) unterschieden [PBM 90]:

R_d	:	Bemessungswert des Tragwiderstandes
R	:	Tragwiderstand
R_m	:	Mittlerer Widerstand
R_o	:	Widerstand bei Überfestigkeit
γ_R	:	Widerstandsbeiwert
λ_m	:	Faktor für den mittleren Widerstand
λ_o	:	Faktor für den Widerstand bei Überfestigkeit

Ebenfalls angedeutet ist in Bild 6.1 der Bemessungswert der Beanspruchung S_d.

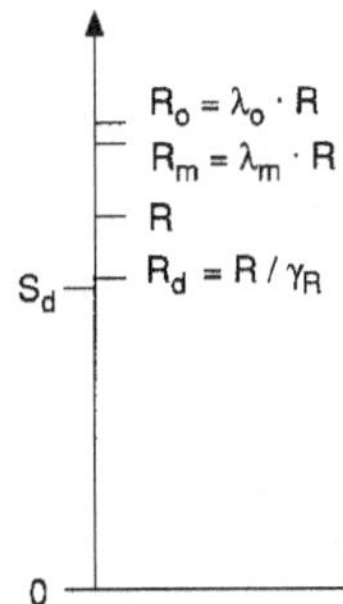

Bild 6.1: Niveaus der verschiedenen Widerstände und des Bemessungswertes der Beanspruchung

a) Tragwiderstand R und Bemessungswert des Tragwiderstandes R_d

Der *Tragwiderstand R* (nomineller Widerstand) wird mit den in Normen festgelegten *Rechenwerten der Baustofffestigkeiten* (Rechenfestigkeiten, nominelle Festigkeiten) bestimmt. Z.B. für Stahlbeton gilt:

$$R = R(f_y, f_c) \tag{6.3}$$

f_y:	nominelle Fliessspannung
f_c:	nominelle Betonfestigkeit

Z.B. nach der Norm SIA 162 gelten:

Bewehrungsstahl S 500:	$f_y = 460\ \text{N/mm}^2$
Beton allgemein:	$f_c = 0.65\, f_{cw,min}$

Der *Bemessungswert des Tragwiderstandes R_d* (auch reduzierter Tragwiderstand genannt) wird durch Abminderung des Tragwiderstandes bestimmt:

$$\text{Nach SIA 160:} \quad R_d = \frac{R}{\gamma_R}$$

mit γ_R : Widerstandsbeiwert, abhängig von der Bauweise ($\gamma_R = 1.2$ für Stahlbeton, $\gamma_R = 1.1$ für Stahl)

Nach EC 8: $\qquad R_d \; = \; R\left(\dfrac{f_y}{\gamma_s}, \dfrac{f_c}{\gamma_c}\right)$

$\qquad\qquad$ mit $\quad \gamma_s, \gamma_c$:   Widerstandsbeiwert des Baustoffes

$\qquad\qquad\qquad\qquad\qquad$ (γ_s = 1.15 für Bewehrungsstahl, γ_c = 1.5 für Beton,

$\qquad\qquad\qquad\qquad\qquad$ γ_s = 1.15 für Stahl allgemein).

Die Abminderung des Tragwiderstandes berücksichtigt gemäss SIA 160:

- Abweichungen des wirklichen von dem der Berechnung zugrundeliegenden Tragsystem
- Vereinfachungen und Ungenauigkeiten des Widerstandsmodells
- Querschnittsungenauigkeiten.

Der Tragwiderstand R und der Bemessungswert des Tragwiderstandes R_d werden für den Nachweis der Tragsicherheit für das Gefährdungsbild Erdbeben verwendet.

b) Mittlerer Widerstand R_m

Der *mittlere Widerstand R_m* wird mit den *Mittelwerten der Baustofffestigkeiten* (wahrscheinliche Werte) bestimmt. Z.B. für Stahlbeton gilt:

$$R_m = R(f_{ym}, f_{cm}) \qquad\qquad\qquad (6.4)$$

f_{ym} : mittlere Fliessspannung
f_{cm} : mittlere Betonfestigkeit

Diese Werte müssen statistisch bestimmt oder geschätzt werden. Z.B. wurde für Bewehrungsstahl S 500 c gemäss der Norm SIA 162 f_{ym} = 550 N/mm^2 ermittelt [PBM 90].

Es wird angesetzt:

$$R_m = \lambda_m \cdot R \qquad\qquad\qquad (6.5)$$

λ_m :   Faktor für den mittleren Widerstand

Z. B. wird bei reiner Biegung eines normal bewehrten Stahlbetonquerschnittes für λ_m praktisch allein die mittlere Fliessspannung des Bewehrungsstahles massgebend, da die Betonfestigkeit nur einen verschwindend geringen Einfluss hat. Bei Verwendung von Bewehrungsstahl S 500 c gemäss der Norm SIA 162 mit f_{ym} = 550 N/mm^2 wird bei diesem Biegequerschnitt λ_m= 550/460 $\cong$ 1.20 .

Der mittlere Widerstand R_m wird verwendet, wenn das wahrscheinlichste Verhalten des Tragwerks unter Erdbebeneinwirkung erfasst werden soll. Beispiele sind:

- Vorberechnung bzw. Nachrechnung von Versuchen
- nichtlineare Zeitverlaufsberechnungen

c) Widerstand bei Überfestigkeit R_o

Der *Widerstand bei Überfestigkeit R_o* wird mit den *Baustofffestigkeiten bei starker Plastifizierung* bestimmt. Z.B. für Stahlbeton werden im Vergleich zu den Mittelwerten der Baustofffestigkeiten die folgenden Phänomene berücksichtigt:

- Verfestigung des Bewehrungsstahls
- Erhöhung der Betondruckfestigkeit durch Umschnürungsbewehrung

Es wird angesetzt:

$$R_o = \lambda_o \cdot R \tag{6.6}$$

λ_o: Faktor für den Widerstand bei Überfestigkeit (nicht zu verwechseln mit dem Überfestigkeitsfaktor Φ_o für Zwecke der Bemessung gemäss Abschnitt 7.1.5)

Z.B. wird bei reiner Biegung eines normal bewehrten Stahlbetonquerschnittes für λ_o praktisch allein die effektive Spannung des Bewehrungsstahles im Verfestigungsbereich massgebend, da die Betonfestigkeit nur einen verschwindend kleinen Einfluss hat. Diese Spannung ist gegenüber der (mittleren) Fliessspannung je nach Spannungs-Dehnungs-Diagramm des Stahles mehr oder weniger erhöht. Bei Verwendung von Bewehrungsstahl S 500 c gemäss der Norm SIA 162 kann bei diesem Biegequerschnitt $\lambda_o \cong 1.25$ gesetzt werden [PBM 90].

Für den Widerstand bei Überfestigkeit R_o ist - vor allem bei geringem Einfluss der Verfestigung - der mittlere Widerstand R_m ein unterer Grenzwert.

Der Widerstand bei Überfestigkeit R_o bzw. der Faktor für den Widerstand bei Überfestigkeit λ_o wird bei der Kapazitätsbemessung verwendet (z.B. zur Bestimmung der Bemessungsquerkraft im plastischen Gelenk am Fuss einer Stahlbetontragwand, vgl. Abschnitt 7.2.6, Schritt 6).

d) Bemessungsbeiwert C_d

Bei der Erdbebenbemessung nach der Norm SIA 160 wird zur Berücksichtigung des Unterschiedes zwischen dem Bemessungswert des Tragwiderstandes R_d und dem Widerstand bei Überfestigkeit R_o die Ersatzkraft bzw. die spektrale Bauwerksbeschleunigung a_h mit dem sogenannten Bemessungsbeiwert $C_d = 0.65$ abgemindert:

$$Q_{acc} = C_d \, \frac{a_h}{g} \cdot \frac{1}{K} \, (G_m + \Sigma \psi_{acc} \cdot Q_r) \tag{6.7}$$

Damit können das "wirkliche" Erdbebenverhalten bzw. die akzeptierten Schäden entsprechend den massgebenden Normschadenbildern gemäss [Bac+ 89] angestrebt und trotzdem die gleiche Bemessungsbedingung wie für andere aussergewöhnliche Einwirkungen verwendet werden:

$$S_d = S\,(G_m, Q_{acc}, \Sigma \psi_{acc} \cdot Q_r) \le \frac{R}{\gamma_R} = R_d \tag{6.8}$$

Genauer genommen sollte jedoch die folgende Bedingung eingehalten werden:

$$S\left(G_m, \frac{Q_{acc}}{C_d}, \Sigma \psi_{acc} \cdot Q_r\right) \le R_o \tag{6.9}$$

Es sollten also die Schnittkräfte infolge Eigenlast, nicht mit C_d reduzierter Erdbebeneinwirkung und wahrscheinlichen Nutzlasten den Widerstand bei Überfestigkeit nicht überschreiten.

Unter der Annahme, dass die Leiteinwirkung Q_{acc} die Beanspruchung der massgebenden Konstruktionselemente dominiert, kann näherungsweise gesetzt werden:

$$S\left(G_m, \frac{Q_{acc}}{C_d}, \Sigma\psi_{acc}\cdot Q_r\right) \approx \frac{1}{C_d}\cdot S\left(G_m, Q_{acc}, \Sigma\psi_{acc}\cdot Q_r\right) = \frac{1}{C_d}\cdot S_d \qquad (6.10)$$

Mit Gl. (6.9) erhält man

$$\frac{1}{C_d}\cdot S_d \leq R_o = \lambda_o\cdot R = \lambda_o\cdot\gamma_R\cdot R_d \,, \qquad (6.11)$$

und unter Berücksichtigung von $S_d \leq R_d$ gemäss Gl. (6.8) folgt

$$\frac{1}{C_d} = \lambda_o\cdot\gamma_R \qquad \text{oder} \qquad C_d = \frac{1}{\lambda_o\cdot\gamma_R} \qquad (6.12)$$

Bei dominierender Biegung ergibt sich unter Zugrundelegung des obigen Zahlenbeispiels für den Querschnitt eines Stahlbetonriegels

$$C_d = \frac{1}{1.25\cdot 1.2} \approx 0.65 \qquad (6.13)$$

Der Bemessungsbeiwert kann auch als "Reduktionsfaktor zur Berücksichtigung der Überfestigkeit" bzw. als "Überfestigkeits-Reduktionsfaktor" ("overstrength reduction factor") bezeichnet werden.

Der Bemessungsbeiwert kann auch in einen direkten Zusammenhang mit dem Verhaltensfaktor q (vgl. Abschnitt 3.5.3) gebracht werden. In bestimmten Normen werden grosse Verhaltensfaktoren verwendet, die nicht allein durch entsprechende Duktilitätsfaktoren erklärt werden können (z.B. amerikanische Normen mit "behaviour factors" - dort mit R bezeichnet - von bis zu 8 und mehr). Diese grossen Verhaltensfaktoren enthalten - ausgesprochen oder unausgesprochen - auch einen Überfestigkeits-Reduktionsfaktor.

Wird zur Unterscheidung gegenüber dem Verhaltensfaktor $q = 1/\mu_\Delta$ gemäss Abschnitt 3.5.3 ein modifizierter (vergrösserter) Verhaltensfaktor $\bar{q}$ eingeführt, so ergibt sich - mindestens für langperiodische bzw. niederfrequente Tragwerke - die folgende Beziehung [Faj 94]:

$$\frac{1}{\bar{q}} = \frac{1}{\mu_\Delta}\cdot C_d = \frac{1}{q_1}\cdot\frac{1}{q_2} \qquad (6.14)$$

mit

$\bar{q}$:   modifizierter Verhaltensfaktor

μ_Δ: Duktilitätsfaktor (entspricht dem Verformungsbeiwert K von Bauwerksklasse I in SIA 160)

q_1:   Verhaltens(teil)faktor zur Berücksichtigung des duktilen Verhaltens ($q_1 = \mu_\Delta$)

q_2:   Verhaltens(teil)faktor zur Berücksichtigung der Überfestigkeit ($q_2 = 1/C_d$).

6.2 Modellbildung

Für die Berechnung der Schnittkräfte und Verformungen müssen Modelle gebildet werden. Ein Modell ist ein idealisiertes Abbild des wirklichen Tragwerks bzw. Bauwerks. Zur Definition der Modelle gehören verschiedene Annahmen, die nachfolgend behandelt werden (siehe auch [Bac 94]).

6.2.1 Trennung der orthogonalen Richtungen

Eine erste wichtige Annahme betrifft die Trennung der orthogonalen Richtungen im Grundriss.

Es ist allgemein üblich - zumindest für das Ersatzkraftverfahren und das Antwortspektrenverfahren bei einigermassen regelmässigen Tragwerken - ebene Modelle zu verwenden und somit getrennte Berechnungen in x- und y-Richtung durchzuführen. Zudem müssen in der Regel die entsprechenden Beanspruchungen nicht überlagert werden (SIA 160 Art. 4 19 503). Man nimmt somit an, dass eine für die orthogonalen Richtungen getrennte Berechnung und Bemessung zu einer genügenden Erdbebensicherung auch für die gleichzeitig in mehreren Richtungen auftretenden Einwirkungen führt.

6.2.2 Ersatzstab

a) Ganzer Hochbau

Ein ganzer Hochbau kann modelliert werden als ein einziger vertikaler und somit kragarmartiger Ersatzstab, der in der Fundation eingespannt ist.

Es sind *zwei verschiedene Definitionen* für den Ersatzstab gebräuchlich:

1. Ort der Steifigkeitszentren der Stockwerke (vgl. Bild 5.11)
2. Gerader Stab etwa im Schwerpunkt des Grundrisses (vgl. Bild 6.4).

Beim Ersatzstab gemäss der ersten Definition ergeben sich horizontale Versetzungen sofern die Steifigkeiten der vertikalen Tragelemente für horizontale Kräfte sich über die Bauwerkshöhe ändern (Änderung der Lage des Steifigkeitszentrums).

Der Ersatzstab gemäss der zweiten Definition weist keine horizontalen Versetzungen auf. Er kann als Referenzachse für weitere Berechnungen, vor allem für die Verteilung der Stockwerkquerkraft, dienen.

Zum Ersatzstab gehören entweder eine kontinuierlich verteilte Masse oder diskrete Stockwerksmassen (vgl. Abschnitt 6.2.3).

Ein Ersatzstab eines ganzen Hochbaus wird insbesondere für folgende Zwecke verwendet:

- Berechnung der Grundfrequenz des Bauwerks beim Ersatzkraftverfahren (vgl. Abschnitt 5.3.2b)
- Berücksichtigung der Torsion beim Ersatzkraftverfahren (vgl. Abschnitt 5.3.3)

b) Einzelne Tragwände

In analoger Weise kann eine einzelne Tragwand als Ersatzstab modelliert werden (s. Bild 6.11).

6.2.3 Diskretes Tragwerksmodell

Ein ganzer Hochbau kann auch modelliert werden als diskretes Tragwerksmodell, und zwar in grundsätzlich ähnlicher Weise wie für statische Berechnungen. Dies bedeutet, dass alle Tragelemente wie Riegel, Stützen, Wände usw. je für sich modelliert werden, in der Regel mittels Finiten Elementen. Zum diskreten Tragwerksmodell gehören im allgemeinen diskrete Stockwerksmassen (vgl. Abschnitt 6.2.4).

Ein diskretes Tragwerksmodell eines ganzen Hochbaus kann insbesondere für folgende Zwecke verwendet werden:

- Berechnung der Eigenfrequenz(en) des Bauwerks für das Ersatzkraftverfahren und bei dynamischen Verfahren
- Berechnung der Schnittkräfte beim Ersatzkraftverfahren (statische Berechnung) und bei dynamischen Verfahren.

Bei einem diskreten Tragwerksmodell stellt sich insbesondere die Frage nach den anzunehmenden Steifigkeiten von Tragelementen und Verbindungen. Nachfolgend werden Hinweise zu möglichen Annahmen gegeben.

a) Steifigkeiten der Tragelemente

Geschossdecken

Im allgemeinen werden die Geschossdecken *in ihrer Ebene als starr* (unendlich steif), *senkrecht dazu als vollkommen biegeweich* angenommen. Die Decken verschieben und verdrehen sich horizontal als starre Körper. Die Abstände zwischen den einzelnen Tragwänden und Stützen bleiben gleich. Die Biegesteifigkeit der Decken wird im allgemeinen vernachlässigt.

Stahlbetonrahmen

Rahmen aus Stahlbeton bzw. deren Elemente weisen eine Biegesteifigkeit auf, die von der *Rissebildung* und damit auch von der *Normalkraft* abhängt. Sie kann näherungsweise wie folgt angenommen werden:

Rahmenriegel: $\quad EI_{eff} \approx (0.4 \div 0.5) \cdot EI_{Beton}$

Rahmenstützen: $\quad EI_{eff} \approx (0.5 \div 0.7) \cdot EI_{Beton}$ (kleine Normalkraft)

$\qquad\qquad\quad EI_{eff} \approx (0.8 \div 1.0) \cdot EI_{Beton}$ (grosse Normalkraft)

Stahlbetontragwände

Bei Tragwänden aus Stahlbeton mit Rechteckquerschnitt werden die Biegesteifigkeit um die schwache Achse sowie die Drillsteifigkeit normalerweise vernachlässigt. Die Reduktion der Biegesteifigkeit um die starke Achse infolge Rissebildung kann wie folgt berücksichtigt werden:

$$EI_{eff} \approx 0.6 \cdot EI_{Beton}.$$

Schwerelaststützen

Auch bei Schwerelaststützen kann der Einfluss der Normalkraft berücksichtigt werden:

$$EI_{eff} \approx (0.9 \div 1.0) \cdot EI_{Beton}.$$

b) Steifigkeit von Verbindungen

Rahmenknoten

Rahmenknoten werden normalerweise als unnachgiebig angenommen (Winkel zwischen den angeschlossenen Stäben bleibt erhalten). Diese Annahme trifft für Erdbebenbeanspruchung oft nicht zu (Schlupf der Biegebewehrungen der Riegel im Knoten infolge ungenügender Verankerung für zyklische Beanspruchung).

Anschluss von Schwerelaststützen

Schwerelaststützen können im Modell des Gesamtsystems mit einer gelenkigen Verbindung zu den Decken angenommen werden, d.h. sie wirken als Pendelstützen. Wenn jedoch in Wirklichkeit ein Ende oder beide Enden der Schwerelaststützen nicht mit speziellen Drehlagern versehen sondern eingespannt sind, werden den weichen Stützen die Deckenverformungen aufgezwungen.

Anschluss der Fundamente

Fundamente werden in der Regel als drehstarr angenommen (starre Einspannung von Stützen und Wänden). Diese Annahme sollte jedoch gegebenenfalls überprüft werden (Nachgiebigkeit des Baugrundes).

6.2.4 Gebäudemassen

Für Erdbebeneinwirkung werden die Gebäudemassen meist auf die Höhen der Geschossdecken konzentriert (Bild 6.2). Dazu werden die Massen der vertikalen Elemente (Wände, Stützen, Fassaden) anteilmässig auf die darüber- und darunterliegenden Geschossdecken verteilt. Somit wird eine Punktmasse pro Stockwerk bestimmt, die *"Stockwerksmasse"*. Die Stockwerksmassen können exzentrisch zum Ersatzstab liegen (vgl. Bild 5.11).

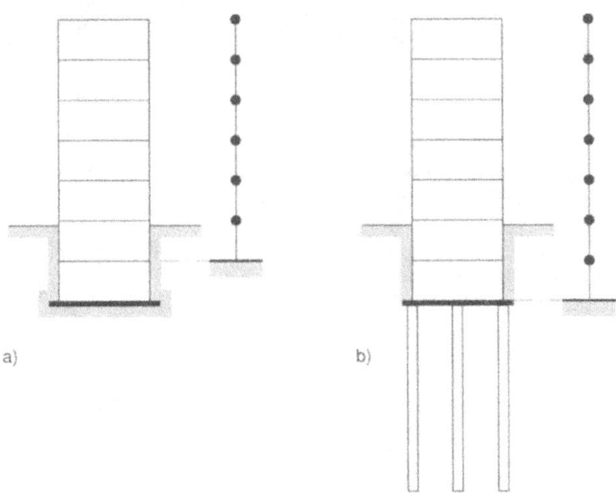

Bild 6.2: Einbindungshorizont für Ersatzstab mit Stockwerksmassen bei Gebäuden
a) mit steifen Untergeschossen und Flachfundation, b) mit Pfahlfundation

6.2.5 Baugrund

Bei *steifen und mittelsteifen Böden* wird bei der Modellbildung die Nachgiebigkeit des Baugrundes im allgemeinen nicht berücksichtigt, d.h. es wird eine *starre Einspannung* des Ersatzstabes (bzw. der vertikalen Tragelemente für die horizontalen Kräfte) auf der Höhe des sogenannten "Einbindungshorizontes" vorausgesetzt. Nach der Norm SIA 160 kann der *Einbindungshorizont* gemäss Bild 6.2 wie folgt angenommen werden:

- Gebäude mit steifen Untergeschossen und Flachfundation: In der Bodenebene des ersten Untergeschosses
- Gebäude mit Pfahlfundation: In der Pfahlkopfebene.

Auf der Höhe des Einbindungshorizontes muss keine Masse berücksichtigt werden.

Bei *weichen Böden* wird bei der Modellbildung die Nachgiebigkeit des Baugrundes im allgemeinen berücksichtigt, d.h. es wird eine *elastische Einspannung* des Ersatzstabes (bzw. der vertikalen Tragelemente für die horizontalen Kräfte) vorausgesetzt. Dies ist vor allem für die Ermittlung der Eigenfrequenzen von Bedeutung. Es kann ein einfaches Federmodell gemäss Bild 6.3 verwendet werden [MK 84].

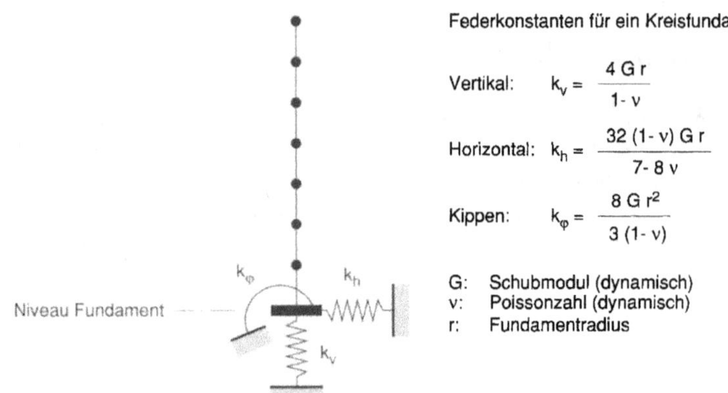

Bild 6.3: Einfaches Federmodell zur Berücksichtigung der Nachgiebigkeit des Baugrundes beim Ersatzstab mit Stockwerksmassen (nach [MK 84])

6.3 Ermittlung der Schnittkräfte

Für die Ermittlung der Schnittkräfte nach dem Ersatzkraftverfahren und dem Antwortspektrenverfahren wird jeweils ein elastisches Tragwerksverhalten vorausgesetzt. Eine allfällige gewisse Umverteilung der resultierenden "elastischen" Schnittkräfte soll im Rahmen der Bemessung durchgeführt werden.

6.3.1 Schnittkräfte am Ersatzstab

Vorerst werden die Schnittkräfte infolge der Ersatzkräfte an einem Ersatzstab gemäss der zweiten Definition (vgl. Abschnitt 6.2.2a) ermittelt (Anstelle des Ersatzstabes - etwa im Schwerpunkt des Grundrisses - kann auch eine andere Referenzachse, z.B. in einer Ecke des Gebäudes, verwendet werden, vgl. Beispiel Abschnitt 6.6) In Bild 6.4 sind die Schnittkräfte für in x-Richtung einwirkende Ersatzkräfte dargestellt [Bac 94]. Näher betrachtet wird der Horizontalschnitt $A - A$ am Fuss eines beliebigen Stockwerks (Bei über die ganze Gebäudehöhe unveränderter Grundrissform und unverändertem Querschnitt der vertikalen Tragelemente für die horizontalen Kräfte ist vor allem der Horizontalschnitt unmittelbar über dem Untergeschoss-Kasten zu betrachten).

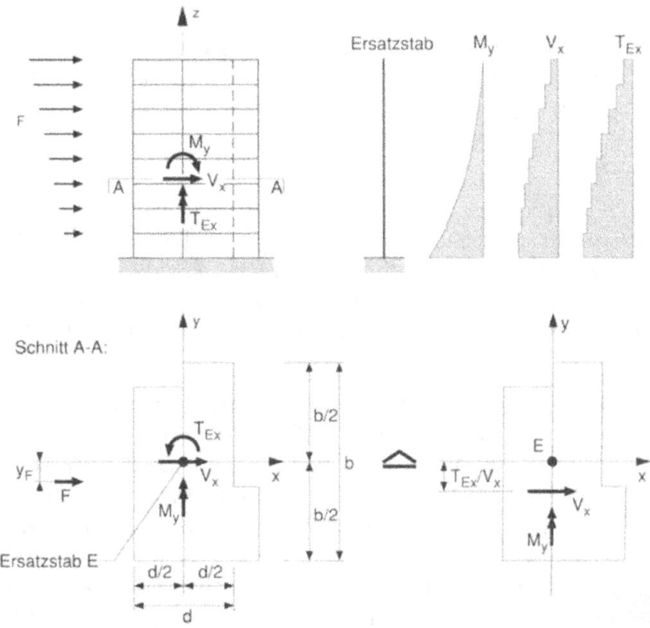

Bild 6.4: Hochbau mit Ersatzstab und Schnittkräften aus Erdbebeneinwirkung in x-Richtung

Für den Horizontalschnitt $A - A$ mit den Schnittkräften

- Stockwerkmoment M
- Stockwerkquerkraft V
- Stockwerktorsionsmoment T_E

sind allein die oberhalb von $A - A$ angreifenden horizontalen Kräfte von Bedeutung (statisch bestimmter Kragarm). Im Falle von $T_E \neq 0$ kann die vorerst in der Achse des Ersatzstabes definierte Stockwerkquerkraft (Bild 6.4 unten links) um T_E/V verschoben und das Torsionsmoment dafür weggelassen werden (statische Äquivalenz, siehe Bild 6.4 unten rechts).

6.3.2 Verteilung der Stockwerkquerkraft auf die vertikalen Tragelemente

Im folgenden wird die Verteilung der Stockwerkquerkraft des Ersatzstabes auf die vertikalen Tragelemente für die horizontalen Kräfte (Tragwände, Rahmen) schrittweise erklärt und hergeleitet (siehe auch [Bac 94] und [PBM 90]). Die Darlegungen erfolgen vorerst für Tragwandsysteme. Anschliessend werden Hinweise zum Vorgehen bei Rahmensystemen gegeben. Als Einwirkung werden wiederum statische Ersatzkräfte angenommen. Die Verteilung einer Stockwerkquerkraft, die durch ein dynamisches Berechnungsverfahren (Antwortspektrenverfahren, Zeitverlaufsverfahren) am Ersatzstab ermittelt worden ist, erfolgt indessen analog.

Durch die Verteilung der Stockwerkquerkraft auf die vertikalen Tragelemente werden diesen Anteile der Stockwerkquerkraft zugewiesen. Alle diese Anteile sind somit insgesamt *statisch äquivalent zur Stockwerkquerkraft*.

a) Allgemeines

Bild 6.5 zeigt die allgemeinen Zusammenhänge. Betrachtet wird ein Tragwandsystem mit der am Ersatzstab ermittelten Stockwerkquerkraft V_x im Horizontalschnitt $A - A$. Ein allfälliges Torsionsmoment T_{Ex} im Ersatzstab aus der Einwirkung in x-Richtung sei bereits berücksichtigt worden durch Verschiebung von V_x um T_{Ex}/V_x (vgl. Bild 6.4 unten rechts). Die an die Decken als gelenkig angeschlossen angenommenen Schwerelaststützen sind nicht gezeichnet.

Die in ihrer Ebene starren, senkrecht dazu jedoch vollkommen biegeweichen Geschossdecken (vgl. Abschnitt 6.2.3a) wirken im Modell zwischen den Tragwänden wie in sich unverformbare horizontale Gelenkstäbe (vgl. Bild 7.9b). Die Decke oberhalb des Schnittes $A - A$ verteilt die dortige Stockwerkquerkraft auf die einzelnen Tragwände. Die Deckenscheibe erfährt im allgemeinen Translationen (Verschiebungen) in x- und y-Richtung sowie eine Rotation (Verdrehung). Dabei wirken in einem als elastisch angenommenen System die einzelnen Tragwände in beiden Achsenrichtungen wie Federn. Die jeweilige Federsteifigkeit entspricht der Biegesteifigkeit der Wand um die Achse senkrecht zur Translationsrichtung. Zusätzlich kann für Wände mit zusammengesetztem Querschnitt die Torsionssteifigkeit - im Modell führt sie zu einer Torsionsfeder - wesentlich sein.

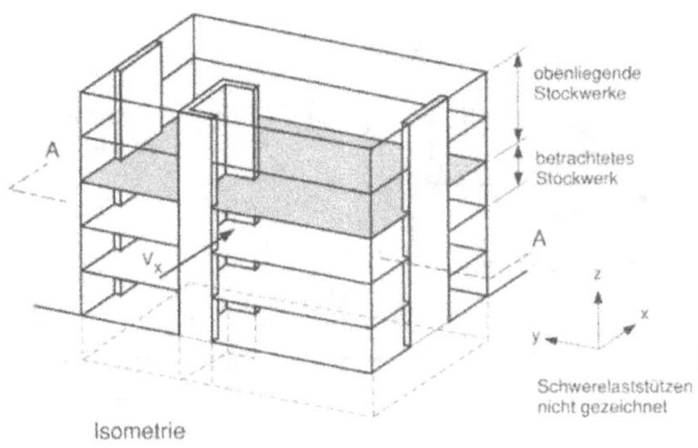

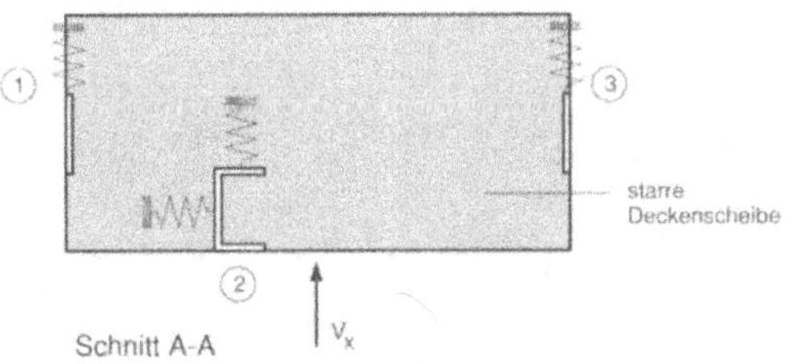

Bild 6.5: Verteilung der Stockwerkquerkraft auf die vertikalen Tragelemente (nach [Fav+ 90])

b) Statisch bestimmtes Tragwandsystem

Betrachtet wird ein Tragwandsystem bestehend aus drei Tragwänden mit Rechteckquerschnitt, deren Biegewiderstand um die schwache Achse vernachlässigt wird. Die Mittelebenen der drei Tragwände sollen weder parallel sein noch sich im Grundriss in einem Punkte schneiden. Dieses Tragwandsystem ist statisch bestimmt, und die Verteilung der Stockwerkquerkraft kann *allein über die Gleichgewichtsbedingungen* bestimmt werden.

Für das Beispiel von Bild 6.6 ergibt sich:

Verteilung von V_x:

$$V_x = V_{2x} \qquad \rightarrow \qquad V_{2x} = V_x$$

$$V_y = 0 = V_{1y} + V_{3y} \qquad \rightarrow \qquad V_{3y} = -V_{1y}$$

$$T_{Ex} = 0 = -V_{1y}\,x_1 + V_{2x}\,y_2 + V_{3y}\,x_3 \qquad \rightarrow \qquad V_{1y} = V_x \frac{y_2}{x_1 + x_3}$$

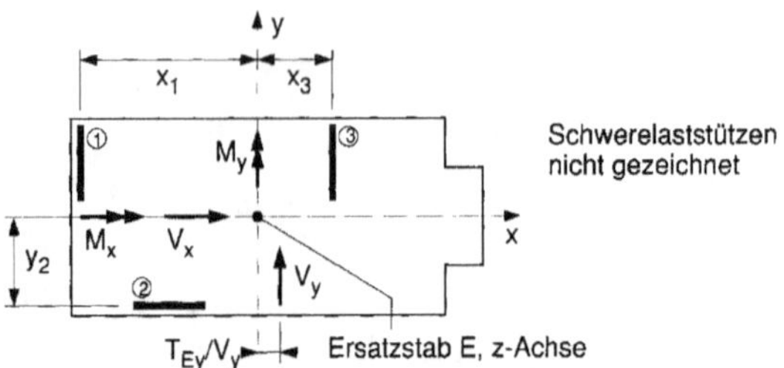

Bild 6.6: Grundriss eines statisch bestimmten Tragwandsystems (nach [Bac 94])

Verteilung von V_y:

$$V_x = 0 = V_{2x} \qquad\qquad \rightarrow \qquad V_{2x} = 0$$

$$V_y = V_{1y} + V_{3y} \qquad\qquad \rightarrow \qquad V_{3y} = V_y - V_{1y}$$

$$T_{Ey} = -V_{1y}\, x_1 + V_{2x}\, y_2 + V_{3y}\, x_3 \qquad \rightarrow \qquad V_{1y} = \frac{V_y x_3 - T_{Ey}}{x_1 + x_3}$$

Die gesamte Querkraft der einzelnen Wände ist die Summe der beiden Anteile aus der Verteilung von V_x und V_y.

c) Symmetrisches Tragwandsystem mit Stockwerkquerkraft in Symmetrieachse

Sind mehr als drei Tragwände mit Rechteckquerschnitt vorhanden, so liegt ein statisch unbestimmtes Tragwandsystem vor. Zur Verteilung der Stockwerkquerkraft sind zusätzlich zu den Gleichgewichtsbedingungen *auch Verträglichkeitsbedingungen* zu berücksichtigen.

Im Spezialfall eines symmetrischen Tragwandsystems mit in der Symmetrieachse angreifender Stockwerkquerkraft erfährt die Deckenscheibe nur eine Translation und keine Rotation. Die Stockwerkquerkraft verteilt sich im Verhältnis der Biegesteifigkeiten um die Achse senkrecht zur Verschiebungsrichtung.

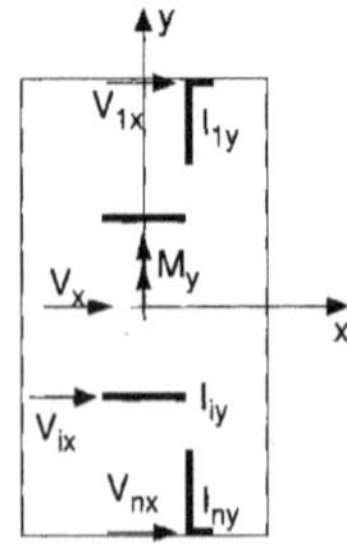

Bild 6.7: Grundriss eines symmetrischen Tragwandsystems
mit in der Symmetrieachse angreifender Stockwerkquerkraft

Für das Beispiel von Bild 6.7 gilt:

$$V_{ix} = V_x \cdot \frac{I_{iy}}{\Sigma I_{iy}} \qquad (6.15)$$

V_{ix} : Querkraft der Wand i infolge V_x
V_x : Stockwerkquerkraft in x-Richtung
I_{iy} : Trägheitsmoment der Wand i um die y-Achse durch deren Schwerpunkt

d) Allgemeines Tragwandsystem

Im allgemeinen Fall eines unsymmetrischen Tragwandsystems mit mehr als 3 Wänden und angreifender Stockwerkquerkraft erfährt die Deckenscheibe eine Translation und eine Rotation. Die Rotation erfolgt um das Steifigkeitszentrum (Schubmittelpunkt, Drehzentrum) des Tragwandsystems.

Für die nachfolgenden Darlegungen gelten die folgenden Bezeichnungen (vgl. Bild 6.8):

V_x : Stockwerkquerkraft in x-Richtung
V_y : Stockwerkquerkraft in y-Richtung
V_{ix} : Querkraft der Wand i infolge V_x und T_{Ex} im Ersatzstab
V_{iy} : Querkraft der Wand i infolge V_y und T_{Ey} im Ersatzstab
M_x : Stockwerkmoment um die x-Achse aus Einwirkungen in y-Richtung
M_y : Stockwerkmoment um die y-Achse aus Einwirkungen in x-Richtung
I_{ix} : Trägheitsmoment der Wand i um die x-Achse durch deren Schwerpunkt
I_{iy} : Trägheitsmoment der Wand i um die y-Achse durch deren Schwerpunkt
T_{Ex} : Torsionsmoment im Ersatzstab aus Einwirkungen in x-Richtungen
T_{Ey} : Torsionsmoment im Ersatzstab aus Einwirkungen in y-Richtungen
T_{Sx} : Torsionsmoment im Steifigkeitszentrum aus Einwirkungen in x-Richtung
T_{Sy} : Torsionsmoment im Steifigkeitszentrum aus Einwirkungen in y-Richtung
x_S, y_S : Abstand zwischen Schubmittelpunkt und Ersatzstab
x_i, y_i : Abstand des Schubmittelpunktes der Wand i zum Ersatzstab
$\bar{x}_i, \bar{y}_i$: Abstand des Schubmittelpunktes der Wand i zum Steifigkeitszentrum

Für die Vorzeichen gilt folgendes:

Momente, Kräfte und Abstände sind positiv, wenn sie in Richtung der entsprechenden Achsen zeigen.

Bestimmung des Steifigkeitszentrums

Betrachtung für eine Querkraft in x-Richtung:
Eine Querkraft V_x im Steifigkeitszentrum S erzeugt nur eine Translation in x-Richtung und keine Rotation. Dies bedeutet gleiche Durchbiegung sämtlicher Tragwandkragarme in x-Richtung. Die Querkraft V_x verteilt sich in diesem Fall auf die einzelnen Wände proportional zu deren Steifigkeiten und, weil das statische System aller Tragwände gleich ist (Kragarm), proportional zu den Trägheitsmomenten um die y-Achse:

$$V_{1x} = V_x \cdot \frac{I_{1y}}{\Sigma I_{iy}} \quad ; \quad V_{2x} = V_x \cdot \frac{I_{2y}}{\Sigma I_{iy}} \quad ; \quad \dots \text{usw.} \qquad (6.16)$$

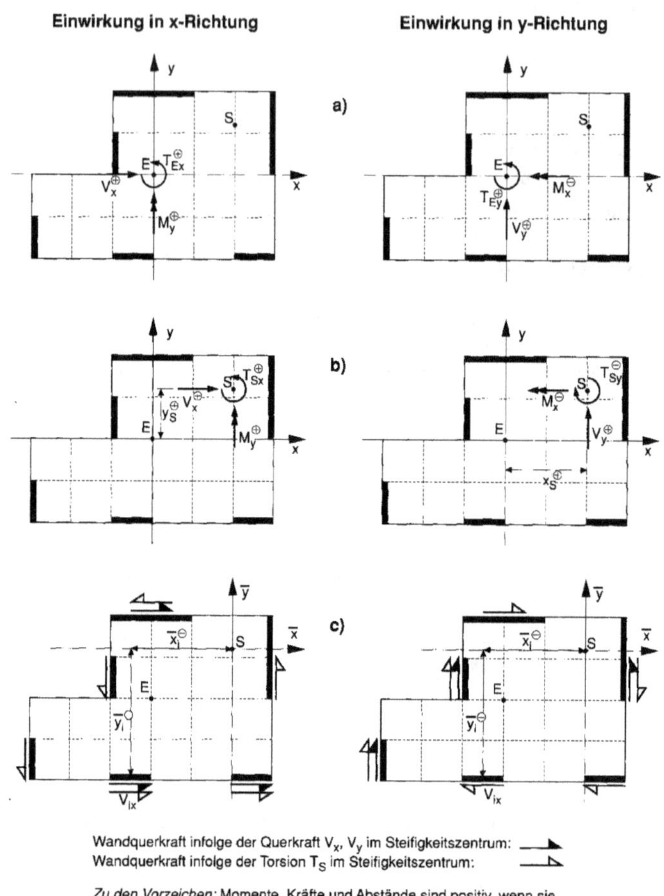

Bild 6.8: Grundriss eines allgemeinen Tragwandsystems mit Verteilung der Stockwerkquerkräfte

Das Steifigkeitszentrum muss im Schwerpunkt der Querkräfte V_{ix} und somit - weil die Querkräfte proportional zu den Trägheitsmomenten sind - im "Schwerpunkt der Trägheitsmomente I_{iy}" liegen. Dieser wird ermittelt durch eine "Momentenbedingung der Trägheitsmomente I_{iy}" um die Querschnittsachsen des Ersatzstabes:

$$y_S = \frac{\Sigma(I_{iy} \cdot y_i)}{\Sigma I_{iy}} \tag{6.17}$$

Betrachtung analog für eine Querkraft in y-Richtung:

$$x_S = \frac{\Sigma(I_{ix} \cdot x_i)}{\Sigma I_{ix}} \tag{6.18}$$

Verteilung der Querkräfte

Das im folgenden beschriebene Vorgehen und die entsprechenden Grössen sind in Bild 6.8 mit getrennten Darstellungen für die Einwirkungen bzw. die Stockwerkquerkräfte in x- und y-Richtung erläutert.

Die am Ersatzstab E bestimmten Schnittkräfte (Bild 6.8a) können pro Stockwerk nach den Regeln der Mechanik in das Steifigkeitszentrum S verschoben werden (Bild 6.8b). Dort wirken dann die folgenden statisch äquivalenten Kräfte:

$$V_x, V_y, M_y, M_x \tag{6.19}$$

$$T_{Sx} = T_{Ex} + V_x \cdot y_S \qquad \text{und} \qquad T_{Sy} = T_{Ey} - V_y \cdot x_S$$

wobei

$$T_E = T_{Ex} + T_{Ey} \;, T_S = T_{Sx} + T_{Sy}$$

Zur Unterscheidung werden die Schnittkräfte in E mit dem Index E und die Schnittkräfte in S mit dem Index S bezeichnet, so weit sie nicht identisch sind.

Die Querkräfte V_x und V_y im Steifigkeitszentrum S erzeugen eine *Translation* der starren Deckenscheibe in x- und y-Richtung, und sie verteilen sich deshalb proportional zu den massgebenden Trägheitsmomenten. Die Querkräfte $V_{1x}, V_{2x}, ..., V_{1y}, V_{2y}, ...$ der einzelnen Wände infolge der Querkräfte V_x, V_y werden

$$V_{1x} = V_x \frac{I_{1y}}{\Sigma I_{iy}} \;, ..., V_{1y} = V_y \frac{I_{1x}}{\Sigma I_{ix}} \;, ... \tag{6.20}$$

Das Torsionsmoment T_S im Steifigkeitszentrum S erzeugt eine *Rotation* der starren Deckenscheibe um das Steifigkeitszentrum. Es wird von sämtlichen Wänden übernommen:

$$T_S = - (V_{1x} \cdot \bar{y}_1 + V_{2x} \cdot \bar{y}_2 + ...) + V_{1y} \cdot \bar{x}_1 + V_{2y} \cdot \bar{x}_2 + ... ; \tag{6.21}$$

Die Durchbiegungen der Tragwandkragarme infolge der Rotation der starren Deckenscheibe sind proportional zu den Hebelarmen $\bar{y}_1, \bar{y}_2, ..., \bar{x}_1, \bar{x}_2, ...$. Die Querkräfte $V_{1x}, V_{2x}, ..., V_{1y}, V_{2y}$, der einzelnen Wände infolge des Torsionsmomentes T_S sind daher proportional zu den Trägheitsmomenten und zu den Hebelarmen (k = Konstante):

$$V_{1x} = - k \cdot I_{1y} \cdot \bar{y}_1, ..., V_{1y} = k \cdot I_{1x} \cdot \bar{x}_1, ... \tag{6.22}$$

Damit wird das Torsionsmoment:

$$T_S = k \cdot I_{1y} \cdot \bar{y}_1^2 + k \cdot I_{2y} \cdot \bar{y}_2^2 + ... + k \cdot I_{1x} \cdot \bar{x}_1^2 + k \cdot I_{2x} \cdot \bar{x}_2^2 + ... \tag{6.23}$$

$$= k \cdot \Sigma(I_{iy} \cdot \bar{y}_1^2 + I_{ix} \cdot \bar{x}_i^2)$$

Die Anteile der einzelnen Wände am Torsionsmoment ergeben sich zu:

$$T_{1x} = T_S \cdot \frac{I_{1y} \cdot \bar{y}_1^2}{\Sigma\,(I_{iy} \cdot \bar{y}_i^2 + I_{ix} \cdot \bar{x}_i^2)}, \ldots, T_{1y} = T_S \cdot \frac{I_{1x} \cdot \bar{x}_1^2}{\Sigma\,(I_{iy} \cdot \bar{y}_1^2 + I_{ix} \cdot \bar{x}_1^2)}, \ldots \qquad (6.24)$$

Und mit $V_{1x} = -T_{1x}/\bar{y}_1, \ldots, V_{1y} = T_{1y}/\bar{x}_1, \ldots$, werden die Querkräfte der einzelnen Wände infolge des Torsinsmomentes T_S im Steifigkeitszentrum

$$V_{1x} = -T_S \cdot \frac{I_{1y} \cdot \bar{y}_1}{\Sigma\,(I_{iy} \cdot \bar{y}_i^2 + I_{ix} \cdot \bar{x}_i^2)}, \ldots, V_{1y} = T_S \cdot \frac{I_{1x} \cdot \bar{x}_1}{\Sigma\,(I_{iy} \cdot \bar{y}_i^2 + I_{ix} \cdot \bar{x}_i^2)}, \ldots \qquad (6.25)$$

Die gesamte Querkraft einer Wand i aus V_x, V_y, T_E im Ersatzstab bzw. aus V_x, V_y und T_S im Steifigkeitszentrum ergibt sich somit zu

$$V_{ix} = V_x \, \frac{I_{iy}}{\Sigma I_{iy}} - (T_E + V_x y_S - V_y x_S) \cdot \frac{I_{iy} \cdot \bar{y}_i}{\Sigma\,(I_{iy} \cdot \bar{y}_i^2 + I_{ix} \cdot \bar{x}_i^2)} \qquad (6.26)$$

$$= V_x \, \frac{I_{iy}}{\Sigma I_{iy}} - T_S \cdot \frac{I_{iy} \cdot \bar{y}_i}{\Sigma\,(I_{iy} \cdot \bar{y}_i^2 + I_{ix} \cdot \bar{x}_i^2)}$$

$$V_{iy} = V_y \, \frac{I_{ix}}{\Sigma I_{ix}} + (T_E + V_x y_S - V_y x_S) \cdot \frac{I_{ix} \cdot \bar{x}_1}{\Sigma\,(I_{iy} \cdot \bar{y}_i^2 + I_{ix} \cdot \bar{x}_i^2)} \qquad (6.27)$$

$$= V_y \, \frac{I_{ix}}{\Sigma I_{ix}} + T_S \cdot \frac{I_{ix} \cdot \bar{x}_i}{\Sigma\,(I_{iy} \cdot \bar{y}_i^2 + I_{ix} \cdot \bar{x}_i^2)}$$

In Bild 6.8c sind die entsprechenden, statisch äquivalenten Querkräfte in den Tragwänden getrennt für die Einwirkungen bzw. die Stockwerkquerkräfte in x- resp. y-Richtung dargestellt (Biegung der Wände um die weiche Achse und somit entsprechendes V_i vernachlässigt). Dabei wurden die Beanspruchungen der einzelnen Wände aus V_x, V_y und T_S getrennt gezeichnet.

Für praktische Berechnungen und für die Überprüfung und die Beurteilung von Anordnung und Querschnitten von Tragwänden empfiehlt es sich, vorerst die *Verteilung der Stockwerkquerkraft für eine Einheitsquerkraft* ($V_x = 1$ bzw. $V_y = 1$ im Ersatzstab oder im Steifigkeitszentrum) vorzunehmen [PBM 90].

Bei Tragwänden mit nicht rechteckigem Querschnitt (Querschnitte mit Flanschen, Winkelquerschnitte, U-Querschnitte, Hohlkastenquerschnitte usw.) müssen die Querkräfte in den jeweiligen Schubmittelpunkten der einzelnen Wände ermittelt werden. Dabei wird die Eigentorsionssteifigkeit vernachlässigt. In besonderen Fällen (z.B. grössere Hohlkastenquerschnitte) können verfeinerte Betrachtungen angebracht sein [PBM 90].

e) Rahmensysteme

Bei Rahmensystemen geht es um die Verteilung der Stockwerkquerkraft auf sämtliche Rahmenstützen. Eine eingehende Beschreibung von Annahmen und Vorgehen wird in [PBM 90] gegeben.

Wie bei Tragwandsystemen sind die Translation und die Rotation der starren Deckenscheiben wesentlich. Massgebend ist die Schubsteifigkeit der Stützen. Diese kann auf einfache Weise und mit guter Näherung an einem Teilrahmen gemäss Bild 6.9 abgeschätzt werden. Wichtig für die Schubsteifigkeit einer Stütze und somit für die Verteilung der Stockwerkquerkraft ist neben dem Trägheitsmoment der Stütze auch die elastische Einspannung der Stützenenden, d.h. die Nachgiebigkeit der Riegel und der oben und unten anschliessenden Stützen. Deshalb wird angenommen, dass sich die Steifigkeit jedes Riegels gleich auf die Stützen darüber und darunter auswirkt. Der Riegel bzw. dessen Steifigkeit wird in zwei hypothetische Hälften geteilt [PBM 90]. Es resultieren sehr ähnliche Formeln wie bei Tragwandsystemen.

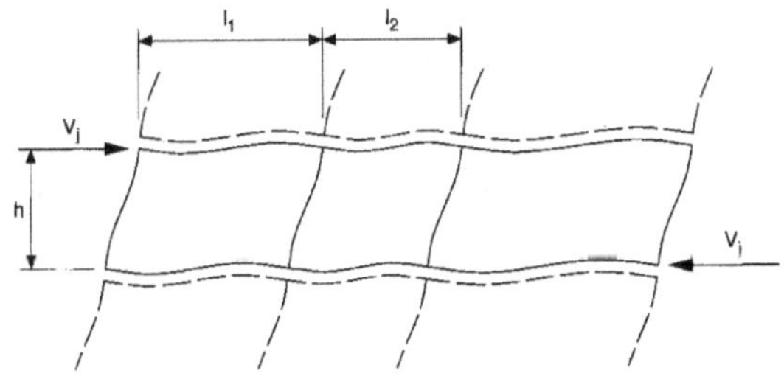

Bild 6.9: Vereinfachter Teilrahmen zur Ermittlung der Schubsteifigkeit von Rahmenstützen (nach [PBM 90]

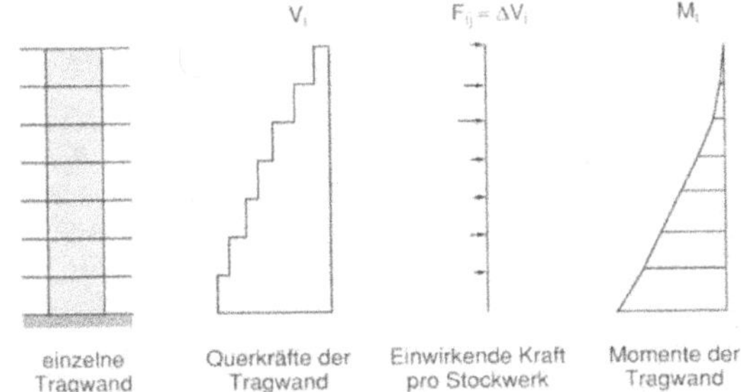

Bild 6.10: Ermittlung der Biegemomente in einer einzelnen Tragwand

6.3.3 Ermittlung der Biegemomente in den einzelnen vertikalen Tragelementen

Sofern sich die Lage der einwirkenden Kräfte im Grundriss und/oder der Querschnitt der vertikalen Tragelemente über die Bauwerkshöhe ändern (vgl. auch Abbildung 5.35 in [Bac 94]), müssen vorerst die Verteilung der Stockwerkquerkraft V und damit die Querkräfte V_i in jedem vertikalen Tragelement i in sämtlichen Stockwerken ermittelt werden. Daraus können die pro Stockwerk einwirkende Kraft (Stockwerk-Ersatzkraft F_{ij})und das entsprechende Biegemoment bestimmt werden. Bild 6.10 zeigt die Zusammenhänge bei einer Tragwand.

Selbstverständlich muss in jeder Höhe des Tragsystems die Summe der Querkräfte bzw. der Momente der einzelnen vertikalen Tragelemente gleich der Gesamtquerkraft bzw. dem Gesamtmoment gemäss Bild 6.8 sein.

6.4 Beispiel symmetrisches Tragwandsystem

Nachfolgend wird als numerisches Beispiel die Berechnung der Schnittkräfte (und Verformungen) eines symmetrischen Tragwandsystems unter Einwirkung von Erdbeben und Schwerelasten gezeigt. Dabei kommen das Ersatzkraftverfahren und das Antwortspektrenverfahren auf der Grundlage der Norm SIA 160 sowie ein nichtlineares Zeitverlaufverfahren zur Anwendung.

6.4.1 Grundlagen

a) Beschreibung des Objektes

Bild 6.11 zeigt das Tragwerk eines Bürogebäudes als symmetrisches Tragwandsystem mit folgenden Merkmalen:

- Skelettbauweise in Stahlbeton mit Erdgeschoss und 3 Obergeschossen sowie 2 Untergeschossen (sehr steif)
- Symmetrisch angeordnete Tragwände in x- und y Richtung
- Flachdecken
- Vorfabrizierte Schwerelaststützen
- Bauwerksklasse I, Erdbebenzone 3b, mittelsteifer Boden (SIA 160).

Aus Symmetriegründen wird nur eine Tragwand betrachtet.

b) Baustoffe

Die für die Tragwände verwendeten Baustoffe und deren Eigenschaften sind:

- Bewehrungsstahl S 500c (SIA 162):
  Rechenwert der Fliessgrenze $\quad\quad f_y \quad = \quad 460\ \text{N/mm}^2$
  Mittelwert der Fliessgrenze $\quad\quad f_{ym} \quad = \quad 550\ \text{N/mm}^2$
- Beton B 40/30 (SIA 162):
  Rechenwert der Druckfestigkeit $\quad\quad f_c \quad = \quad 19.5\ \text{N/mm}^2$
  Mittelwert der Druckfestigkeit $\quad\quad f_{cm} \quad = \quad 30\ \text{N/mm}^2$
  Elastizitätsmodul (SIA 162 Figur 31) $\quad E_c \quad = 33'000\ \text{N/mm}^2$

Für die Ermittlung der Schnittkräfte spielen die Festigkeiten nur beim nichtlinearen Zeitverlaufverfahren eine Rolle.

c) Gefährdungsbild und Beanspruchungen

Es wird nur das *Gefährdungsbild Erdbeben* auf der Grundlage von SIA 160 betrachtet:

- Eigenlasten des Tragwerks
- Leiteinwirkung: Erdbebeneinwirkung
- Begleiteinwirkungen: Auflasten und Nutzlasten

Der Bemessungswert der Beanspruchung ist

$$S_d = S(G_m, Q_{acc}, \Sigma\psi_{acc} \cdot Q_r) \tag{6.28}$$

G_m :   Eigenlasten des Tragwerks

Q_{acc} :   Erdbebeneinwirkung (abhängig vom angewandten Berechnungsverfahren)

$\psi_{acc} \cdot Q_r$: Summe der gleichzeitig mit dem Erdbeben auftretenden Begleiteinwirkungen (wahrscheinliche Lasten):
- Auflasten (Beläge, nichttragende Wände etc.): $\psi_{acc} = 1$
- Nutzlasten (für Bürogebäude = Kategorie B): $\psi_{acc} = 0.3$.

Es muss kein Torsionseinfluss berücksichtigt werden (Massenzentrum ≈ Steifigkeitszentrum).

Im allgemeinen wären auch die Gefährdungsbilder Nutzlast, Schnee, Wind zu betrachten. Beim vorliegenden Tragwandsystem werden diese jedoch nicht massgebend.

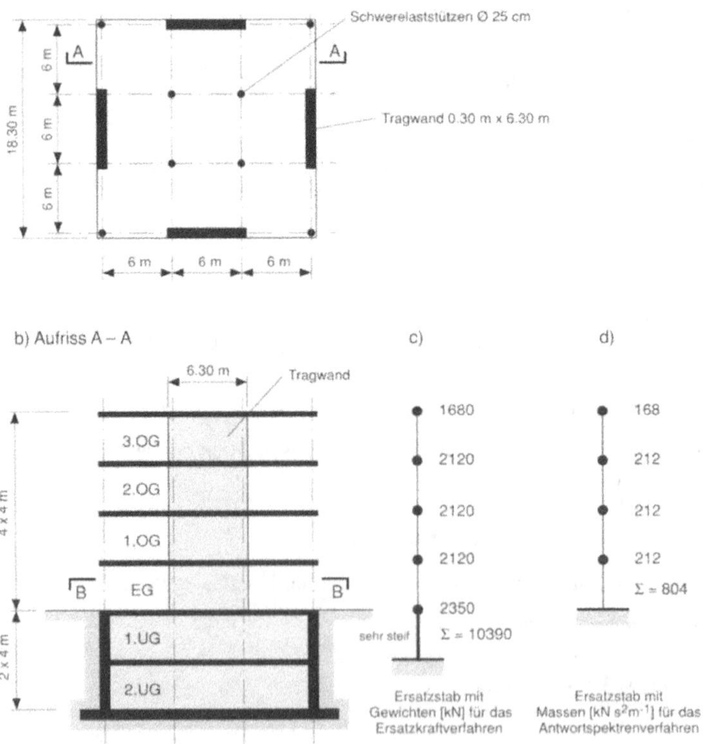

Bild 6.11: Tragwerk eines Bürogebäudes als symmetrisches Tragwandsystem sowie Ersatzstäbe

d) Allgemeine Modellbildung

Steifigkeiten, Baugrund

- Die Decken werden in ihrer Ebene als starre Scheiben und senkrecht dazu als vollkommen biegeweich angenommen.
- Die Biegesteifigkeit der Wände um die starke Achse wird zu $EI_{eff} = 0.6\ EI_{Beton}$ angesetzt.
- Biegesteifigkeit und Biegewiderstand der Wände um die schwache Achse werden vernachlässigt.
- Die horizontale Steifigkeit der Schwerelaststützen wird vernachlässigt (gelenkige Verbindung zwischen Stützen und Decken angenommen).
- Die Nachgiebigkeit des Bodens wird vernachlässigt.

Gewichte und Massen

Massgebend für die Gewichte und Massen des Gebäudes ist die Grösse $G_m + \Sigma\psi_{acc} \cdot Q_r$ (s. Abschnitt 6.4.1c). Vorerst werden die Gewichte (Schwerelasten) pro Decke ermittelt und je zur Hälfte auf die beiden Tragwände verteilt.

Dachdecke
- Eigenlasten

· 25 cm Betondecke	18.3^2 m$^2 \cdot 0.25$ m $\cdot 25$ kN/m^3	= 2090 kN
· Wände	$4 \cdot 0.3$ m $\cdot 6.3$ m $\cdot 3.75$ m $/ 2 \cdot 25$ kN/m^3	= 354 kN
· Stützen	$8 \cdot 0.050$ m$^2 \cdot 3.75$ m $/ 2 \cdot 25$ kN/m^3	= 19 kN

- Auflasten ($\psi_{acc} = 1.0$)
  - Isolierung, Kies auf Dachdecke ~ 2 kN/m^2

    $1.0 \cdot 18.3$ m$^2 \cdot 2$ kN/m^2 = 670 kN
  - Fassade ~ 1.5 kN/m^2

    $1.0 \cdot 4 \cdot 18.3$ m $\cdot 2$ m $\cdot 1.5$ kN/m^2 = <u>220 kN</u>

Total auf Höhe Dach **3350 kN**
Verteilt sich gleichmässig auf 2 Wände: pro Wand $1/2 \cdot 3350$ kN = **1680 kN**

Bürodecken
- Eigenlasten

· 25 cm Betondecke	18.3^2 m$^2 \cdot 0.25$ m $\cdot 25$ kN/m^3	= 2090 kN
· Wände	$4 \cdot 0.3$ m $\cdot 6.3 \cdot 3.75 \cdot 25$ kN/m^3	= 709 kN
· Stützen	$8 \cdot 0.050$ m$^2 \cdot 3.75$ m $\cdot 25$ kN/m^3	= 38 kN

- Auflasten ($\psi_{acc} = 1.0$)
  - Beläge, untergehängte Decke, nichttragende Wände ~ 2kN/m^2

    $1.0 \cdot 18.3^2$ m$^2 \cdot 2$ kN/m^2 = 670 kN
  - Fassade ~ 1.5 kN/m^2

    $1.0 \cdot 4 \cdot 18.3$ m $\cdot 4$ m $\cdot 1.5$ kN/m^2 = 440 kN
- Nutzlasten ($\psi_{acc} = 0.3$) 3 kN/m^2

    $0.3 \cdot 18.3^2$ m$^2 \cdot 3$ kN/m^2 = <u>301 kN</u>

Total pro Bürodecke **4250 kN**
Pro Wand $1/2 \cdot 4250$ kN = **2120 kN**

Decke über 1. UG
- Eigenlasten
  - 25 cm Betondecke   = 2090 kN
  - Wände   Anteil über Decke 1/2 · 709 kN   = 355 kN
  - Wände   Anteil unter Decke
                     4 · 18.3 m · 0.3 m · 3.75 m/2 · 25 kN/m^3 = 1030 kN
  - Stützen   = 40 kN

- Auflasten (ψ_{acc} = 1.0)
  - Beläge, untergehängte Decke, nichttragende Wände ~ 2 kN/m^2 = 670 kN
  - Fassade   1/2 · 440 kN   = 220 kN

- Nutzlasten (ψ_{acc} = 0.3) 3 kN/m^2 = 301 kN

Total Decke über 1. UG   **4710 kN**
Pro Wand 1/2 · 4710 kN   = **2350 kN**

Resultierende Gewichte und Massen

Beim *Ersatzkraftverfahren* (Formel für Q_{acc}) können direkt die Gewichte gemäss Bild 6.11c verwendet werden. Das totale Gewicht pro Tragwand beträgt

$$1.68 + 3 \cdot 2.12 + 2.35 = 10.39 \text{ MN} \approx 10.4 \text{ MN}$$

Die entsprechende Masse beträgt 10.4 MN/10ms^{-2} = 1.04 MNs^{2}m^{-1}.

Bei den *dynamischen Verfahren* (diskretes Tragwerksmodell) werden die Punktmassen gemäss Bild 6.11d benötigt.

6.4.2   Ersatzkraftverfahren

a) Spezifische Modellbildung

Für das Ersatzkraftverfahren wird ein Ersatzstab mit dem Einbindungshorizont auf der Höhe der Bodenebene des ersten Untergeschosses gemäss Bild 6.11c angenommen (SIA 160 Art. 4 19 507).

b) Abschätzung der Grundfrequenz
1. f_1 = 10/n = 10/4 = **2.5 Hz** (nach Gl. (5.60))
   n = 4 (Anzahl Stockwerke)
2. f_1 = 13 C_s $\sqrt{l/H}$ (nach Gl. (5.62))
   C_s = 0.7 bis 0.9 für mittelsteife Böden
   l = 18.30 m   Gebäudeabmessung in Schwingrichtung
   H = 5 · 4 m = 20 m   Gebäudehöhe ab Einbindungshorizont
   f_1 = 13 · 0.9 $\sqrt{18.3/20}$ = **2.5 Hz**

Die Grundfrequenz von 2.5 Hz liegt im Plateaubereich des Bemessungsspektrums für mittelsteife Böden (2 Hz bis 10 Hz), sodass sie nicht genauer berechnet werden muss.

In Abschnitt 6.4.3 Antwortspektrenverfahren ergibt sich mit einer Finite Elemente Berechnung eine Grundfrequenz von **2.7 Hz**. Die Berechnung liefert in diesem Falle eine höhere Grundfrequenz als die groben Abschätzformeln, da es sich um ein ausserordentlich steifes Gebäude handelt (Die Tragwandlänge 6.30 m ist sehr gross für nur vier Stockwerke).

c) Ersatzkraft

Die totale horizontale Ersatzkraft Q_{acc} beträgt (SIA 160 Art. 4 19 506):

$$Q_{acc} = \frac{a_h}{g} \cdot \frac{C_d}{K}(G_m + \Sigma\psi_{acc} \cdot Q_r) \qquad (6.29)$$

a_h — Horizontale Beschleunigung aus dem Bemessungs-Antwortspektrum (für Zone 3b und mittelsteife Böden), abhängig von der Grundfrequenz des Gebäudes

g — Erdbeschleunigung

C_d — Bemessungsbeiwert $C_d = 0.65$ (SIA 160 Art. 4.19.73)

K — Verformungsbeiwert: Für Stahlbetontragwände und Bauwerksklasse I ist $K = 2$ (SIA 160 Tab. 33). K entspricht der Bemessungs-Verschiebeduktilität μ_Δ

$G_m + \Sigma\psi_{acc} \cdot Q_r$ — Gemäss Abschnitt 6.4.1c

Aus dem elastischen Bemessungs-Antwortspektrum für Zone 3b und mittelsteife Böden gemäss Bild 3.9 ergibt sich für eine Grundfrequenz von 2.5 Hz eine auf die Erdbeschleunigung bezogene Bauwerksbeschleunigung $a_h/g = 0.34$. Mit den andern, oben aufgeführten Grössen wird die totale horizontale Ersatzkraft für eine Tragwand

$$Q_{acc} = 0.34 \cdot \frac{0.65}{2} \cdot 10.4 \text{ MN} = 0.11 \cdot 10.4 \text{ MN} = 1.15 \text{ MN}$$

Demnach beträgt die totale Ersatzkraft 11% des für die Erdbebenbemessung massgebenden Gebäudegewichtes; der Ersatzkraft-Index I_F gemäss Abschnitt 4.7.1 beträgt 0.11.

d) Verteilung der Ersatzkraft über die Gebäudehöhe

Die totale horizontale Ersatzkraft für eine Tragwand $Q_{acc} = 1'150$ kN ist wie folgt über die Gebäudehöhe zu verteilen (Index j für betrachtetes Stockwerk):

$$Q_{acc, j} = Q_{acc} \frac{(G_m + \Sigma\psi_{acc} \cdot Q_r)_j \cdot h_j}{\Sigma(G_m + \Sigma\psi_{acc} \cdot Q_r)_j \cdot h_j} \qquad (6.30)$$

Die resultierenden Stockwerk-Ersatzkräfte (Anteile an der totalen Ersatzkraft pro Stockwerk) sind in Tabelle 6.1 angegeben und links im Bild 6.12 dargestellt..

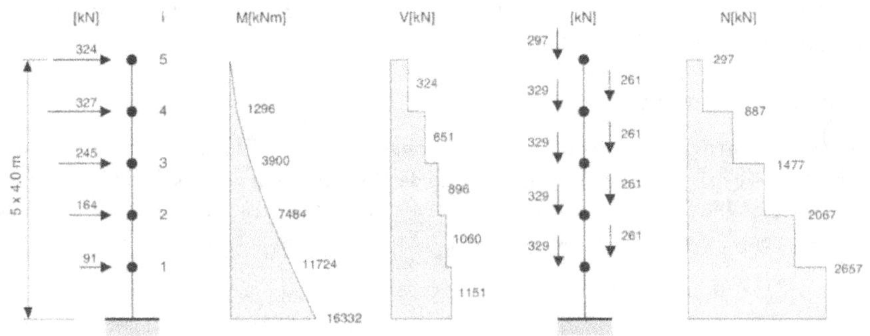

Bild 6.12: Schnittkräfte einer Tragwand aus Ersatzkräften und Schwerelasten

j	$(G_m + \Sigma\psi_{acc} \cdot Q_r)_j$ [kN]	h_j [m]	$(G_m + \Sigma\psi_{acc} \cdot Q_r)_j \cdot h_j$ [MNm]	$Q_{acc,j}$ [kN]
5	1680	20	33.6	324
4	2120	16	33.9	327
3	2120	12	25.4	245
2	2120	8	17.0	164
1	2350	4	9.4	91
Σ	10390		119.3	1150

Tabelle 6.1: Verteilung der Ersatzkraft einer Tragwand über die Gebäudehöhe

e) Schnittkräfte

Die aus der Wirkung der Ersatzkräfte resultierenden Biegemomente M und Querkräfte V sind ebenfalls im Bild 6.12 dargestellt.

Bei der Bemessung der Wand ist auch die beim Gefährdungsbild Erdbeben stets wirkende Normalkraft aus Schwerelasten $(G_m + \psi_{acc} \cdot Q_r)$ zu berücksichtigen:

- Die Einzugsfläche für Schwerelasten beträgt gemäss Bild 6.11: 12 m x 3 m = 36 m²
- Pro Geschossdecke wirken
  - Eigenlasten: 0.25 m · 25 kN/m³ · 36 m   =   225 kN
  - Auflasten: 2 kN/m² · 36 m²   =   72 kN
  - Dauerlasten: =   297 kN
  - Nutzlasten (ausser Dachdecke):   0.3 · 3 kN/m² · 36 m²   =   32 kN
- Eigenlast der Wand inkl. 12 m Fassade pro Stockwerk:
  4 m (0.3 m · 6.3 m · 25 kN/m³ + 12 m · 1.5 kN/m²)   =   261 kN

Die resultierenden Schwerelasten und die entsprechenden Normalkräfte N sind rechts im Bild 6.12 dargestellt.

Der für die Bemessung der Wand vor allem massgebende Schnitt befindet sich in der Bodenebene des Erdgeschosses.

6.4.3 Antwortspektrenverfahren

Die Berechnung der Tragwand nach dem Antwortspektrenverfahren erfolgt mit dem Computerprogramm ABAQUS [ABA 93].

a) Spezifische Modellbildung

Für das Antwortspektrenverfahren wird ein Ersatzstab mit dem Einbindungshorizont auf der Höhe der Bodenebene des Erdgeschosses und den Punktmassen gemäss Bild 6.11d verwendet. Dieser Einbindungshorizont ist gerechtfertigt, da dort die Tragwand in der sehr viel steiferen Aussenwand des Untergeschosses praktisch voll eingespannt ist.

Im weiteren werden für die Tragwand die folgenden zusätzlichen Kenngrössen angenommen:

Fläche: $A_c = 0.3 \text{ m} \cdot 6.3 \text{ m} = 1.89 \text{ m}^2$

Trägheitsmoment: $I_c = 6.3^3 \cdot 0.3/12 = 6.25 \text{ m}^4$

Biegesteifigkeit: $0.6 \, E_c I_c = 0.6 \cdot 33'000 \text{ MN/m}^2 \cdot 6.25 \text{ m}^4 = 124'000 \text{ MNm}^2$

Schubsteifigkeit: $\dfrac{0.6 E_c A_c}{2(1+\nu_c)\cdot 1.2} = \dfrac{0.6 \cdot 33000\,\text{MN/m}^2 \cdot 1.89\,\text{m}^2}{2(1+0.15)\cdot 1.2} = 13'600 \text{ MN}$

b) Eigenfrequenzen und Eigenschwingungsformen

Aus Bild 6.13 sind die horizontalen Eigenschwingungsformen und in Tabelle 6.2 die Eigenfrequenzen sowie weitere Kenngrössen ersichtlich.

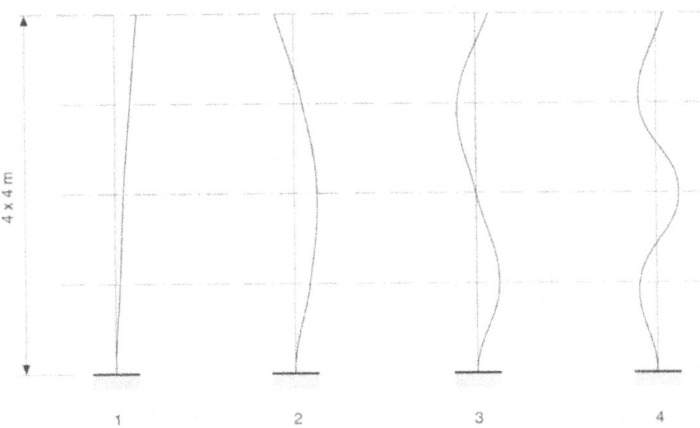

Bild 6.13: Eigenschwingungsformen der Tragwand

Eigenschwingungsform	1.	2.	3.	4.
Eigenfrequenz [Hz]	2.7	13	27	37
Verallgemeinerte Masse m* [kNs² m⁻¹]	293	464	407	471
Partizipationsfaktor r/m*	1.40	0.63	0.31	0.12
Modale Masse r²/m* [kNs² m⁻¹]	574	183	40	7.2

Tabelle 6.2: Eigenfrequenzen und weitere Kenngrössen der Tragwand

Ein Vergleich der Eigenschwingungsformen zeigt:

- Die 1. und die 2. Eigenschwingung sind vorwiegend Biegeschwingungen
- Bei der 3. und der 4. Eigenschwingung werden die Schubverformungen im Verhältnis zu den Biegeverformungen wichtiger.

c) Bemessungs-Antwortspektrum

Bild 6.14 zeigt, wie für die Berechnung der Schnittkräfte nach dem Antwortspektrenverfahren das elastische Bemessungsspektrum für Zone 3b und mittelsteife Böden aus der Norm SIA 160 mit dem Verformungsbeiwert $K = 2$ zu einem inelastischen Spektrum abgemindert (Multiplikation mit $1/K$ für $f \leq 10$ Hz, Prinzip der gleichen Verschiebung) und zusätzlich mit dem Bemessungsbeiwert $C_d = 0.65$ reduziert wird (vgl. Abschnitt 6.1.3d). Das resultierende Spektrum dient für die Eingabe der Spektralwerte. Damit werden die Schnittkräfte direkt vergleichbar mit denjenigen aus dem Ersatzkraftverfahren.

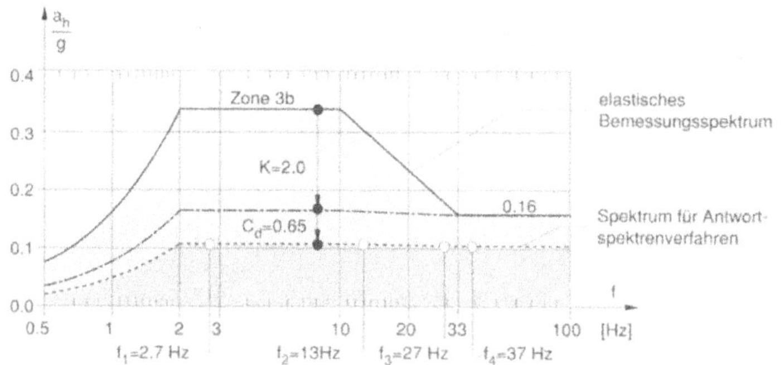

Bild 6.14: Abgemindertes elastisches Bemessungs-Antwortspektrum
für das Antwortspektrenverfahren bei der Tragwand

d) Modale Schnittkräfte

Bild 6.15 zeigt die Maximalantworten bzw. die maximalen Schnittkräfte M und V der ersten vier horizontalen Eigenschwingungsformen. Die beim Antwortspektrenverfahren resultierenden Grössen sind immer positiv; sie sind daher auf der gleichen Seite aufgetragen. M und V sind stets im gleichen Massstab dargestellt, und einige Werte sind angeschrieben.

Man erkennt, dass die Schnittkräfte der 1. Eigenform stark überwiegen. Die Biegemomente der höheren Eigenformen (2., 3. und 4. Eigenform) sind verhältnismässig klein. Die Querkräfte der höheren Eigenformen hingegen sind vergleichsweise wichtiger als die Biegemomente.

e) Überlagerung der modalen Schnittkräfte

Zur Bestimmung der Maximalantwort der Tragwand werden die Schnittkräfte der einzelnen Eigenschwingungsformen überlagert (Quadratwurzel aus der Summe der Quadrate). Es werden alle 4 Eigenformen berücksichtigt, d.h. alle horizontalen Eigenformen im Falle von 4 Punktmassen.

Bild 6.16 zeigt die Gesamtantwort. Ein Vergleich mit den Schnittkräften der 1. Eigenform ergibt:

- Das maximale Moment wird von den höheren Eigenformen nur vernachlässigbar vergrössert (+ 0.3%)
- Der Einfluss der höheren Eigenformen auf die maximale Querkraft ist tendenziell grösser und besonders in den oberen Stockwerken ausgeprägt (+ 5% im 1. OG, + 8% im 4. OG).

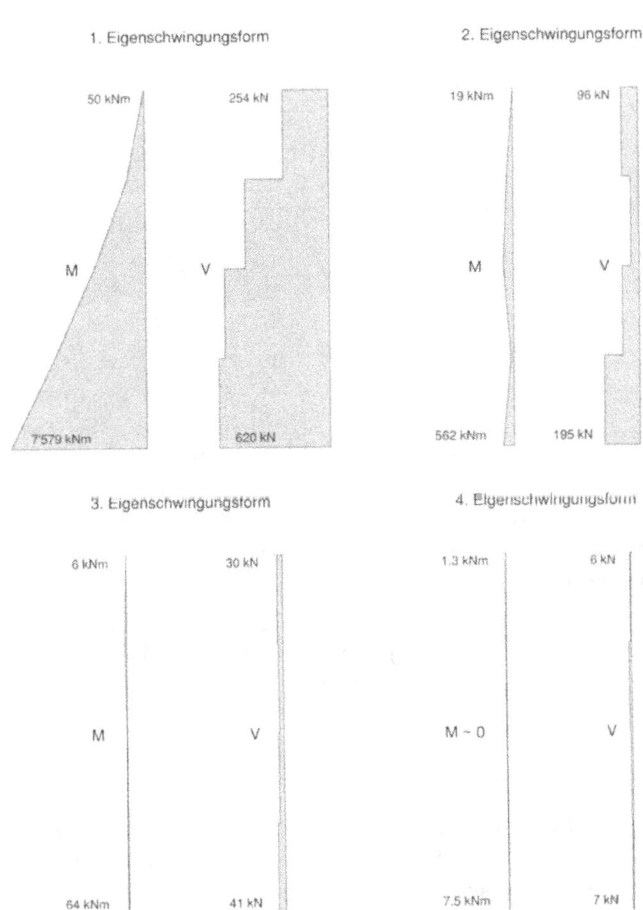

Bild 6.15: Maximale Biegemomente und Querkräfte der ersten vier Eigenschwingungsformen der Tragwand nach dem Antwortspektrenverfahren

f) Vergleich mit dem Ersatzkraftverfahren

Das Antwortspektrenverfahren ergibt, auch bei Berücksichtigung der höheren Eigenformen, geringere Schnittkräfte als das Ersatzkraftverfahren:

Schnittkräfte auf Höhe der Boden-ebene des Erdgeschosses	M [MNm]	V [kN]
Ersatzkraftverfahren (EKV)	11.7	1060
Antwortspektrenverfahren (ASV)	7.6	651
ASV/EKV · 100 %	65 %	61 %

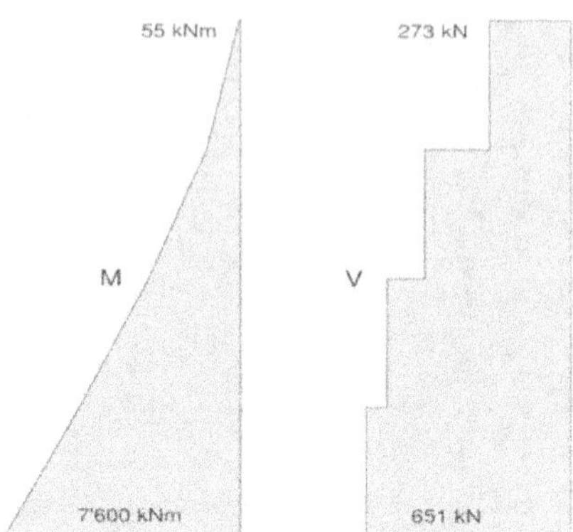

Bild 6.16: Totale maximale Biegemomente und Querkräfte der Tragwand
nach dem Antwortspektrenverfahren

Die Unterschiede haben mehrere Ursachen. Vor allem beruht das Ersatzkraftverfahren auf einigen konservativen Annahmen, die sich insbesondere im Fall eines sehr regelmässigen Gebäudes relativ stark auswirken:

- Die Ersatzkraft wird mit der totalen Gebäudemasse anstatt nur mit der modalen Masse der dominierenden 1. Eigenform berechnet. Es kann das Verhältnis der Grössen aus Tabelle 6.2 und Bild 6.11d gebildet werden:

$$\frac{m_{1.EF}}{m_{tot}} = \frac{574}{804} = 71\% \tag{6.31}$$

- Beim Ersatzkraftverfahren führt der tiefere Einbindungshorizont zu einer grösseren totalen Masse (vgl. Bild 6.11 c und d). Diese bzw. die entsprechende Ersatzkraft wird relativ willkürlich über die Gebäudehöhe verteilt.

6.4.4   Nichtlineares Zeitverlaufsverfahren

Die nichtlineare Zeitverlaufsberechnung der Tragwand erfolgt mit dem Computerprogramm ABAQUS/QUAKE [BLW 94]. Dieses ist eine am Institut für Baustatik und Konstruktion der ETH Zürich entwickelte Erweiterung des Programms ABAQUS [ABA 93] für die nichtlineare dynamische Berechnung von Stahlbetontragwerken.

a) Spezifische Modellbildung

Die Tragwand wird gemäss Bild 6.17 in den Bereich mit dem plastischen Gelenk am Wandfuss (6 m hoch) und den darüber liegenden elastisch bleibenden Bereich unterteilt.

Die Massenverteilung ist die gleiche wie beim Antwortspektrenverfahren (Bild 6.11d).

Der Bereich des plastischen Gelenkes wird durch drei Makro-Wandelemente modelliert [Lin 93]. Diese bestehen aus starren Balken, die durch vier nichtlineare Federn miteinander verbunden sind. Die Makroelemente sind "Benützerelemente" ("userelements") und können im Programm ABAQUS/QUAKE wie ein Finites Element behandelt werden.

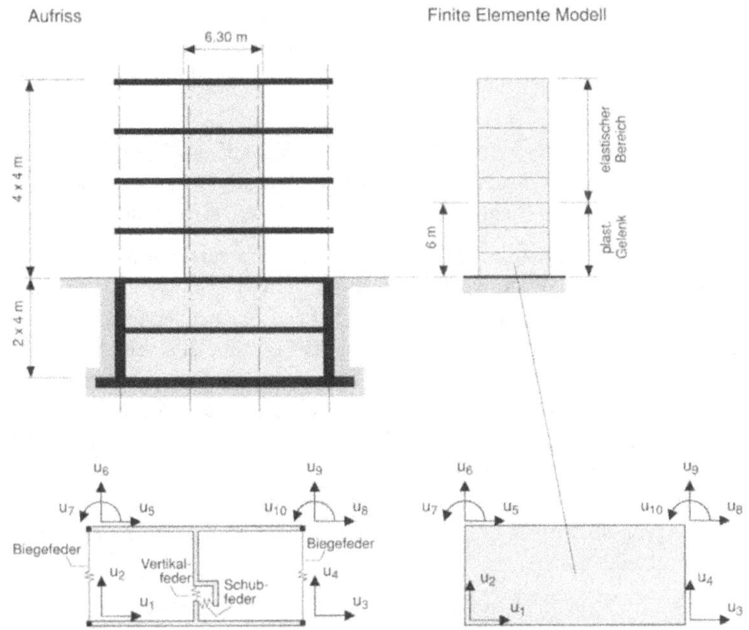

*Bild 6.17: Modellierung der Tragwand durch Makro-Wandelemente
für die nichtlineare Zeitverlaufsberechnung [Lin 93]*

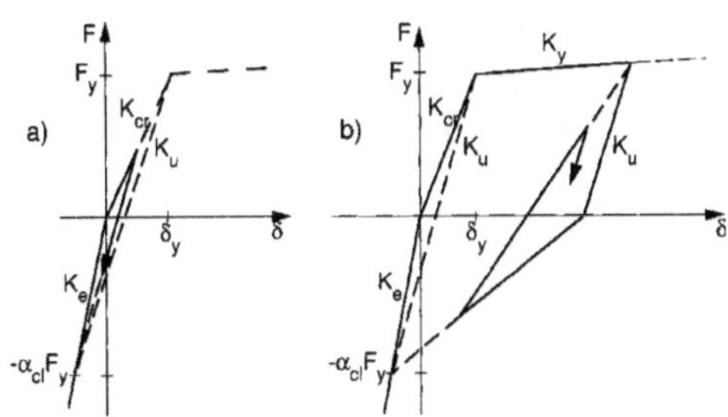

*Bild 6.18: Federgesetze der Biegefedern des Makro-Wandelementes als Hystereseregeln:
a) für kleine Zyklen, b) für grosse Zyklen [Lin 93]*

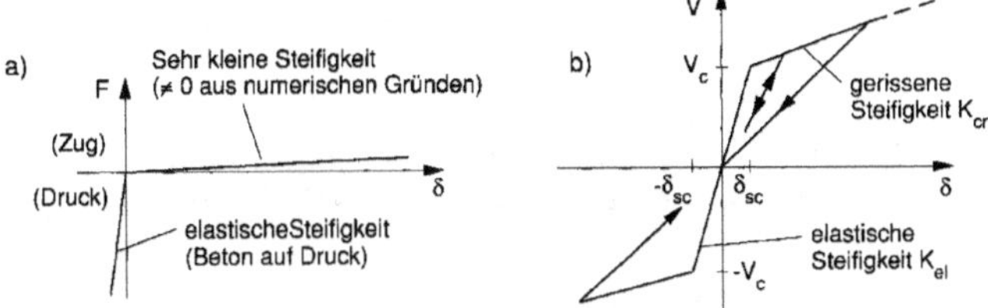

Bild 6.19: Federgesetze von a) Vertikalfeder und b) Schubfeder des Makro-Wandelementes [Lin 93]

Die äusseren beiden Federn sind "Biegefedern". Die gleichgerichtete innere Feder ist eine "Vertikalfeder", und die horizontale Feder eine "Schubfeder". Bild 6.18 zeigt die Federgesetze der Biegefedern als Hystereseregeln, wobei zwischen kleinen und grossen Zyklen unterschieden ist. In Bild 6.19 sind die Federgesetze für die Vertikalfeder und für die Schubfeder dargestellt.

Die Parameter für die Federgesetze, d.h. die verschiedenen Kraft- und Steifigkeitsgrössen, müssen möglichst wirklichkeitsnah angenommen werden. Als Beispiel sei die Bestimmung der Parameter für die beiden Biegefedern kurz beschrieben. Das Vorgehen ist folgendes:

1. Vorerst wird die Wand für die Schnittkräfte aus dem Ersatzkraftverfahren bemessen. Dabei wird die Methode der Kapazitätsbemessung verwendet, was im plastischen Gelenk vor allem zu einer verstärkten Schubbewehrung und zu einer sorgfältig gestalteten Stabilisierungsbewehrung führt (vgl. Abschnitt 7.2.6). Bild 6.20a zeigt die resultierende Bewehrung des Wandquerschnittes im Bereich des plastischen Gelenkes.

2. Für diesen Wandquerschnitt wird für monodirektionale Beanspruchung die Momenten-Krümmungs-Beziehung berechnet. Bild 6.20b zeigt das Ergebnis für eine Normalkraft Null und für verschiedene Annahmen für
    - Fliessspannung f_y des Bewehrungsstahles [N/mm^2]
    - Verfestigungskoeffizient α_y des durch ein bilineares σ-ε-Diagramm modellierten Bewehrungsstahles:

$$\alpha_y = E_{plastisch} / E_{elastisch} \qquad\qquad (6.32)$$

    - Druckfestigkeit f_c des Betons [N/mm^2].

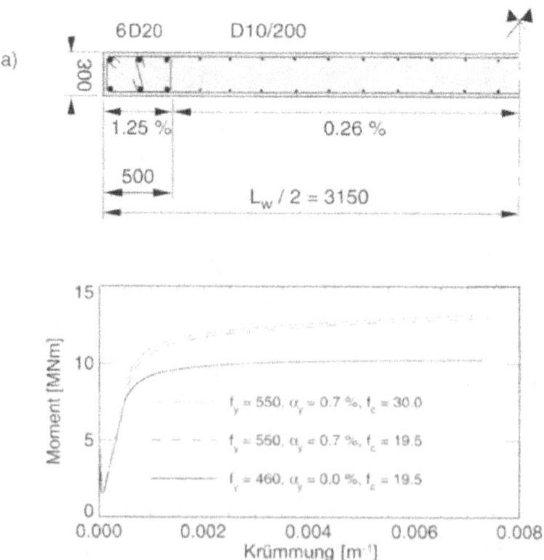

Bild 6.20: Wandquerschnitt (a) und Momenten-Krümmungs-Beziehung
für verschiedene Baustoffeigenschaften (b) [Lin 93]

3. Die oberste, d.h. "wirklichkeitsnächste" Kurve von Bild 6.20b wird vorerst durch Division mit dem Abstand der Biegefedern in eine Kraft-Verformungs-Kurve für die Biegefedern (Bild 6.17) umgerechnet. Daraus wird die "Umhüllungskurve" der Hystereseregeln der Biegefeder bilinear approximiert, und es werden die weiteren benötigten Festigkeits- und Steifigkeitsgrössen hergeleitet.

b) Zeitverlauf der Bodenbeschleunigung

Für die nichtlineare Zeitverlaufsberechnung wird als Erdbebeneinwirkung der künstlich erzeugte Zeitverlauf der Bodenbeschleunigung konform zum Bemessungs-Antwortspektrum gemäss Bild 3.10 verwendet. Gegenüber einem während eines Erdbebens gemessenen Zeitverlauf hat ein spektrumskonformer künstlicher Zeitverlauf den Vorteil, dass alle Bauwerksfrequenzen gerade dem Bemessungsspektrum entsprechend angeregt werden (Ein Nachteil besteht anderseits meist darin, dass der künstliche Zeitverlauf im Vergleich zu einem natürlichen Erdbeben insgesamt zu energiereich ist). Die Ergebnisse (maximale Schnittkräfte und Verformungen) aus der Zeitverlaufsberechnung können folglich besser mit denjenigen aus dem Ersatzkraftverfahren und dem Antwortspektrenverfahren verglichen werden.

Bei diesem Beispiel wurde nur eine Berechnung mit einem einzigen Zeitverlauf der Bodenbeschleunigung durchgeführt. Die Zuverlässigkeit der Resultate könnte allenfalls durch Berechnungen mit anderen Zeitverläufen der Bodenbeschleunigung überprüft werden.

c) Schnittkräfte und Verformungen

Bild 6.21 zeigt die Zeitverläufe des Biegemomentes und der Querkraft am Fuss der Tragwand. Das unter Berücksichtigung der Normalkraft aus Schwerlasten ermittelte Fliessmoment wird infolge der Verfestigung in der Momenten-Krümmungs-Beziehung (Bild 6.20b) mehrmals überschritten.

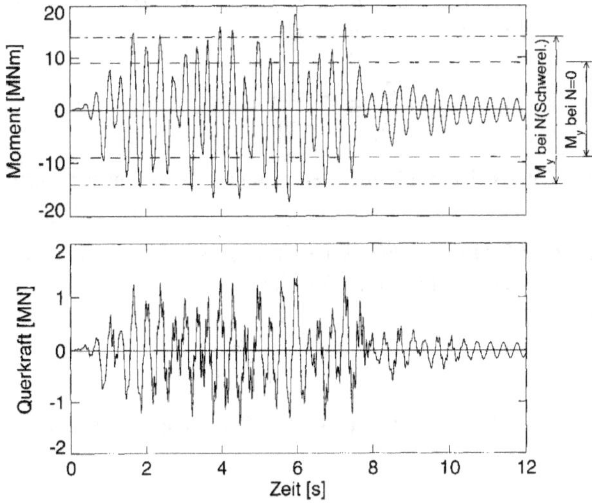

Bild 6.21: Zeitverläufe von Biegemoment und Querkraft am Wandfuss

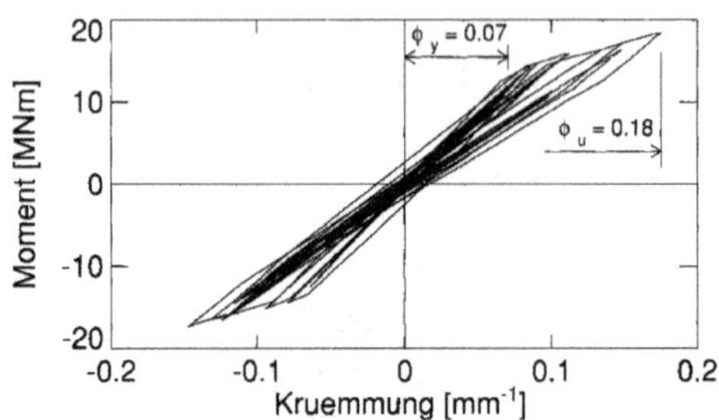

Bild 6.22: Momenten-Krümmungs-Hysterese-Kurven im plastischen Gelenk am Wandfuss

Bild 6.22 zeigt die Hysteresekurven der Momenten-Krümmungs-Beziehung im untersten Makroelement des plastischen Gelenkes am Wandfuss. Eingetragen sind die maximal aufgetretene Krümmung ϕ_u und die Fliesskrümmung ϕ_y. Sie führen zu einer maximalen Krümmungsduktilität

$$\mu_\phi = \frac{\phi_u}{\phi_y} = \frac{0.18}{0.07} \approx 2.6 \qquad (6.33)$$

Für einen groben Vergleich kann das Diagramm von Bild 3.15 herangezogen werden. Daraus ergibt sich für die angenommene Bemessungsduktilität $K = \mu_\Delta = 2$ und für die Schlankheit der betrachteten Wand von $h_w/l_w = 16$ m / 6 m $\approx$ 2.7 ein Bedarf an Krümmungsduktilität von $\mu_\phi \approx 3$. Die Übereinstimmung kann als befriedigend bezeichnet werden.

Bild 6.23 zeigt den Zeitverlauf der relativen Verschiebung am oberen Ende der Tragwand (Dach). Eingetragen sind die maximal aufgetretene Verschiebung Δ_u nach etwa 6 s und die Verschiebung beim erstmaligen Fliessen der Bewehrung am Wandfuss nach etwa 1.5 s. Sie führen zu einer maximalen Verschiebeduktilität

$$\mu_\Delta = \frac{\Delta_u}{\Delta_y} = \frac{14 \ \text{mm}}{8 \ \text{mm}} \approx 1.8 \qquad (6.34)$$

Dieser Wert liegt nahe bei der für die Bemessung angenommenen Verschiebeduktilität $K = \mu_\Delta = 2$.

Schliesslich zeigt Bild 6.24 die während des Erdbebens auftretenden maximalen relativen Stockwerkverschiebungen als "Interstory Drift Index"

$$\text{IDI} = Max \left(\frac{\Delta_{i+1} - \Delta_i}{h} \right) \qquad (6.35)$$

Diese Werte sind wegen der grossen Steifigkeit der Tragwand relativ klein.

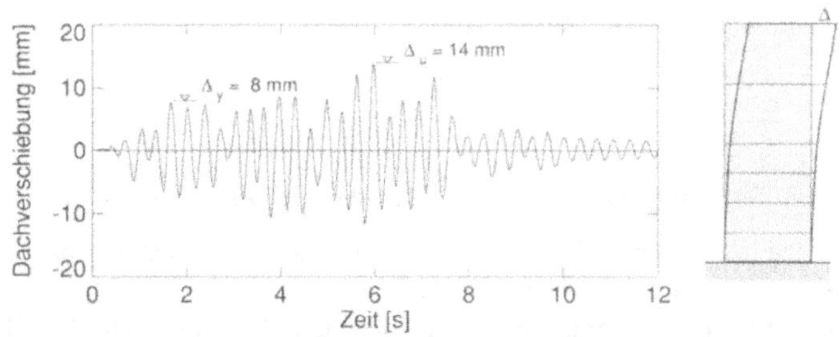

Bild 6.23: Zeitverlauf der Relativverschiebung am oberen Ende der Tragwand

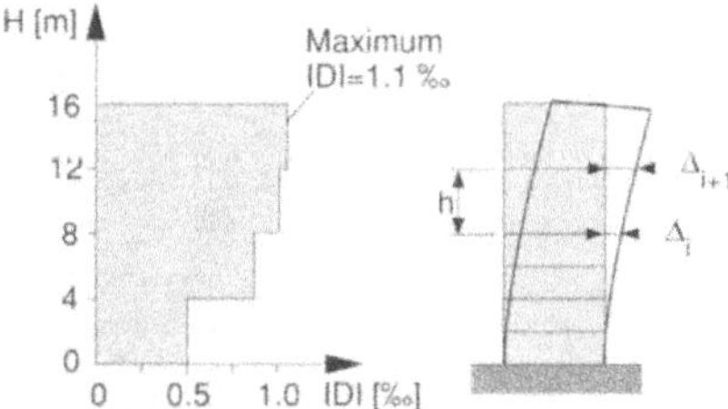

Bild 6.24: Maximale relative Stockwerkverschiebungen (IDI)

d) Vergleich mit dem Ersatzkraftverfahren

Ein Vergleich der maximalen Schnittkräfte aus der nichtlinearen Zeitverlaufsberechnung mit denjenigen aus dem Ersatzkraftverfahren zeigt folgendes:

Schnittkräfte auf Höhe der Bodenebene des Erdgeschosses	M [MNm]	V [kN]
Ersatzkraftverfahren (EKV)	11.7	1060
Nichtlineare Zeitverlaufsberechnung (NLZ)	18.5	1500
NLZ/EKV · 100 %	160 %	140 %

Dieser Vergleich ist jedoch aus folgenden Gründen mit Vorsicht zu betrachten:

- Beim Ersatzkraftverfahren erscheinen die Schnittkräfte aus der mit $C_d = 0.65$ abgeminderten Erdbebeneinwirkung; das sind die Beanspruchungen auf Bemessungsniveau.
- Beim nichtlinearen Zeitverlaufsverfahren erscheinen bei den Biegemomenten einfach die Querschnittswiderstände bei Überfestigkeit entsprechend den Spannungen der Bewehrungen bei den erreichten Verformungen (Verfestigung) und den angenommenen Betonfestigkeiten.

Idealerweise würden die Biegemomente aus der Zeitverlaufsberechnung im Vergleich zu denjenigen aus dem Ersatzkraftverfahren um

$$\gamma_R \cdot \lambda_o = \frac{1}{C_d} = \frac{1}{0.65} \approx 1.5 = 150\% \tag{6.36}$$

höher liegen. Effektiv wirken sich aber etwa die folgenden Einflüsse aus:

- Keine Linearität zwischen Erdbebeneinwirkung und Beanspruchung bzw. Widerstand (z.B. bei Tragwänden Einfluss der Normalkraft)
- Effektiv eingelegte Bewehrung grösser als rechnerisch erforderliche Bewehrung (z.B. wegen Bedingung für Mindestbewehrung)
- Beiträge der höheren Eigenschwingungsformen.

6.5 Beispiel symmetrisches Rahmensystem

Als weiteres numerisches Beispiel wird die Berechnung der Schnittkräfte eines symmetrischen Rahmensystems unter Einwirkung von Erdbeben und Schwerelasten gezeigt. Das Rahmensystem gehört zu einem im übrigen praktisch gleichen Gebäude wie beim Beispiel von Abschnitt 6.4. Es kommen wiederum das Ersatzkraftverfahren, das Antwortspekrenverfahren und ein nichtlineares Zeitverlaufsverfahren zur Anwendung.

6.5.1 Grundlagen

a) Beschreibung des Objektes

Bild 6.25 zeigt das Tragwerk eines Bürogebäudes als symmetrisches Rahmensystem (nicht massstäblich) mit folgenden Merkmalen:

- Skelettbauweise in Stahlbeton mit Erdgeschoss und 3 Obergeschossen sowie 2 Untergeschossen (sehr steif)
  Symmetrisch angeordnete Rahmen in beiden Richtungen
- Decken mit kreuzweisen Unterzügen
- Bauwerksklasse I, Erdbebenzone 3b, mittelsteifer Boden (SIA 160).

Es wird nur der in Bild 6.25 markierte Rahmen betrachtet.

b) Baustoffe

Es gilt Abschnitt 6.4.1b.

c) Gefährdungsbild und Beanspruchungen

Es gilt Abschnitt 6.4.1c mit Ausnahme des letzten Satzes. Beim vorliegenden Rahmensystem werden in bestimmten Querschnitten auch andere Gefährdungsbilder massgebend (s. auch Abschnitt 6.5.2e).

d) Allgemeine Modellbildung

Steifigkeiten, Baugrund

- Die Decken werden in ihrer Ebene als starre Scheiben angenommen.
- Die Biegesteifigkeit der Riegel wird zu $EI_{eff} = 0.4 \cdot E_c I_c$ angenommen.
- Die Biegesteifigkeit der Stützen wird zu $EI_{eff} = 0.8 \cdot E_c I_c$ angenommen.
- Die äusseren Rahmen sind etwas weniger steif als die inneren, da der Riegel nur einen einseitigen Plattenbalkenquerschnitt aufweist. Dies wird bei der Verteilung der Gewichte und Massen vernachlässigt.
- Die Nachgiebigkeit des Bodens wird vernachlässigt.

Gewichte und Massen

Massgebend für die Gewichte und Massen des Gebäudes ist die Grösse $G_m + \Sigma \psi_{acc} \cdot Q_r$ (s. Abschnitt 6.5.1c).

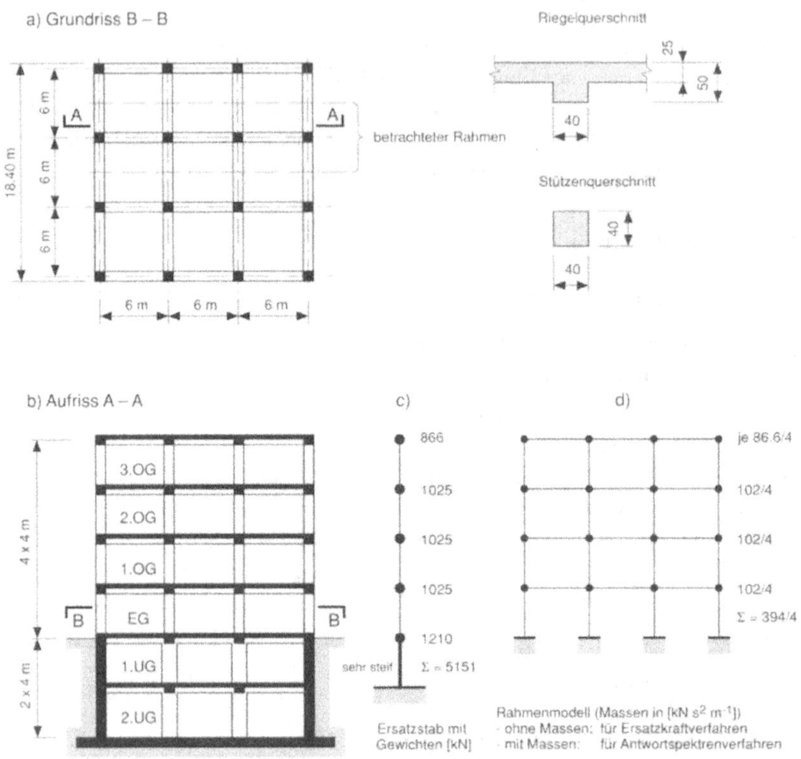

Bild 6.25: *Tragwerk eines Bürogebäudes als symmetrisches Rahmensystem (nicht massstäblich) sowie Ersatzstab und Rahmenmodell*

Vorerst werden die Gewichte (Schwerelasten) pro Decke ermittelt und je zu einem Viertel auf die vier Rahmen verteilt.

Dachdecke
- Eigenlasten

· 25 cm Betondecke	18.4^2 m² · 0.25 m · 25 kN/m³	=	2116 kN
· Unterzüge	24 · 0.4 m · 0.25 m · 5.60 m· 25 kN/m³	=	336 kN
· Stützen	16 · 0.4^2 m² · 3.50 m / 2 · 25 kN/m³	=	112 kN

- Auflasten (ψ_{acc} = 1.0)

· Isolierung, Kies	1.0 · 18.4^2 m² · 2 kN/m²	=	677 kN
· Fassade	1.0 · 4 · 18.4 m · 2 m · 1.5 kN/m²	=	221 kN

Total auf Höhe Dach   **3462 kN**

Verteilung auf 4 Rahmen: pro Rahmen 1/4 · 3462 kN   =   **866 kN**

Bürodecken
- Eigenlasten
  - Decke und Unterzüge (wie Dachdecke) $\quad = \quad$ 2452 kN
  - Stützen $\qquad$ 2 · 112 kN $\qquad = \quad$ 224 kN

- Auflasten ($\psi_{acc} = 1.0$)
  - Beläge, Zwischenwände usw. 1.0 · 18.4^2 m^2 · 2 kN/m^2 $\quad = \quad$ 677 kN
  - Fassade $\qquad$ 2 · 221 kN $\qquad = \quad$ 441 kN

- Nutzlasten ($\psi_{acc} = 0.3$) 3 kN/m^2
  - $\qquad$ 0.3 · 18.4^2 m^2 · 3 kN/m^2 $\qquad = \quad$ 305 kN

Total pro Bürodecke $\qquad = \quad$ **4099 kN**
Pro Rahmen $\qquad$ 1/4 · 4099 kN $\qquad = \quad$ **1025 kN**

Decke über 1. UG
- Eigenlasten
  - Decke und Unterzüge $\qquad = \quad$ 2452 kN
  - Stützen $\qquad = \quad$ 200 kN
  - Wände (unter der Decke) $\qquad = \quad$ 1000 kN

- Auflasten ($\psi_{acc} = 1.0$)
  - Beläge, usw. $\qquad = \quad$ 677 kN
  - Fassade (wie Dachdecke) $\qquad = \quad$ 221 kN

- Nutzlasten (wie Bürodecke) $\qquad = \quad$ 305 kN

Total Decke über 1. UG $\qquad = \quad$ **4855 kN**
Pro Rahmen $\qquad$ 1/4 · 4855 kN $\qquad = \quad$ **1210 kN**

Resultierende Gewichte und Massen

Beim *Ersatzkraftverfahren* (Formel für Q_{acc}) können direkt die Gewichte gemäss Bild 6.25c verwendet werden. Das totale Gewicht pro Rahmen beträgt

$$0.866 + 3 · 1.025 + 1.210 = 5.151 \text{ MN}$$

Die entsprechende Masse beträgt 5.151 MN/10 ms^{-2} = 0.515 MN s^{2}m^{-1}.

Bei den *dynamischen Verfahren* (diskretes Tragwerksmodell) werden die Punktmassen gemäss Bild 6.25d benötigt.

6.5.2 Ersatzkraftverfahren

a) Spezifische Modellbildung

Für die Bestimmung von Grösse und Verteilung der Ersatzkraft wird ein Ersatzstab mit dem Einbindungshorizont auf der Höhe der Bodenebene des ersten Untergeschosses gemäss Bild 6.25c verwendet (SIA 160 Art. 4 19 507).

Für die Berechnung der Schnittkräfte wird entsprechend dem wirklichen Tragverhalten ein Rahmenmodell gemäss Bild 6.25d verwendet.

b) Abschätzung der Grundfrequenz

1. f_1 = 10/n = 10/4 = **2.5 Hz** (nach Gl. (5.60))
   n = 4 (Anzahl Stockwerke)
2. f_1 = $C_s \cdot 12/n$ (nach Gl. (5.61))
   C_s = 0.7 bis 0.9 für mittelsteife Böden
   n = 5 (Anzahl Stockwerke ab Einbindungshorizont)
   f_1 = 0.9 · 12/5 = **2.2 Hz**

Die Berechnung der Eigenfrequenzen des reinen Tragwerkes im Abschnitt 6.5.3 ergibt eine Grundfrequenz von nur **0.82 Hz**.

Um Vergleiche mit dynamischen Verfahren zu ermöglichen, wird für die Bestimmung der Ersatzkraft der Wert der Grundfrequenz aus der genaueren Berechnung verwendet: f_1 = **0.82 Hz**.

c) Ersatzkraft

Die totale horizontale Ersatzkraft Q_{acc} beträgt (SIA 160 Art. 4 19 506):

$$Q_{acc} = \frac{a_h}{g} \cdot \frac{C_d}{K} (G_m + \Sigma \psi_{acc} \cdot Q_r) \qquad (6.37)$$

a_h Horizontale Beschleunigung aus dem Bemessungs-Antwortspektrum (für Zone 3b und mittelsteife Böden), abhängig von der Grundfrequenz des Gebäudes

g Erdbeschleunigung

C_d Bemessungsbeiwert C_d = 0.65 (SIA 160 Art. 4.19.73)

K Verformungsbeiwert: Für Stahlbetonrahmen und Bauwerksklasse I ist K = 2.5 (SIA 160 Tab. 33). K entspricht der Bemessungs-Verschiebeduktilität μ_Δ.

$G_m \cdot \Sigma \psi_{acc} \cdot Q_r$ Gemäss Abschnitt 6.5.1c bzw. Abschnitt 6.4.1c.

Aus dem elastischen Bemessungs-Antwortspektrum für Zone 3b und mittelsteife Böden gemäss Bild 3.6 ergibt sich für eine Grundfrequenz von 0.82 Hz eine auf die Erdbeschleunigung bezogene Bauwerksbeschleunigung a_h/g = 0.14. Mit den andern, oben aufgeführten Grössen wird die totale horizontale Ersatzkraft für einen Rahmen

$$Q_{acc} = 0.14 \cdot \frac{0.65}{2.5} \cdot 5.15 \text{ MN} = 0.0364 \cdot 5.15 \text{ MN} = 0.187 \text{ MN} \qquad (6.38)$$

Demnach beträgt in diesem Fall die totale Ersatzkraft 3.6% des für die Erdbebenbemessung massgebenden Gebäudegewichtes; der Ersatzkraft-Index I_F gemäss Abschnitt 4.7.1 beträgt 0.036.

d) Verteilung der Ersatzkraft über die Gebäudehöhe

Die totale horizontale Ersatzkraft für einen Rahmen Q_{acc} = 187 kN ist analog wie beim Beispiel des Tragwandsystems (s. Abschnitt 6.4.2d) über die Gebäudehöhe zu verteilen.

Die resultierenden Stockwerk-Ersatzkräfte (Anteile an der totalen Ersatzkraft pro Stockwerk) sind in Tabelle 6.3 angegeben und links im Bild 6.26 dargestellt.

j	$(G_m + \Sigma \psi_{acc} \cdot Q_r)_j$ [kN]	h_j [m]	$(G_m + \Sigma \psi_{acc} \cdot Q_r)_j \cdot h_j$ [MNm]	$Q_{acc,j}$ [kN]
5	866	20	17.3	54.8
4	1025	16	16.4	52.0
3	1025	12	12.3	39.0
2	1025	8	8.2	26.0
1	1210	4	4.8	15.2
Σ	5151		59.0	187

Tabelle 6.3: Verteilung der Ersatzkraft eines Rahmens über die Gebäudehöhe

e) Schnittkräfte

Die aus der Wirkung der Ersatzkräfte resultierenden Biegemomente M sind im Bild 6.26 dargestellt.

Bei der Bemessung des Rahmens sind auch die beim Gefährdungsbild Erdbeben stets wirkenden Schwerelasten $(G_m + \psi_{acc} \cdot Q_r)$ zu berücksichtigen:

- Lasten auf die Riegel:
    - Eigenlasten und Auflasten: 52 kN/m   (Maximalwerte der dreick-
    - Nutzlasten (ausser Dachdecke): 5.4 kN/m   förmigen Belastung)

Die aus den Schwerelasten resultierenden Biegemomente M sind in Bild 6.27 dargestellt.

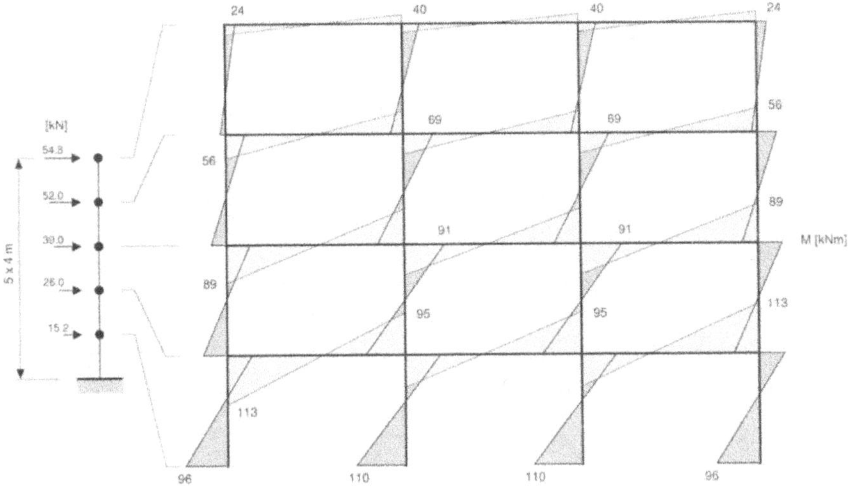

Bild 6.26: Ersatzkräfte und Biegemomente am Rahmen aus Erdbebeneinwirkung

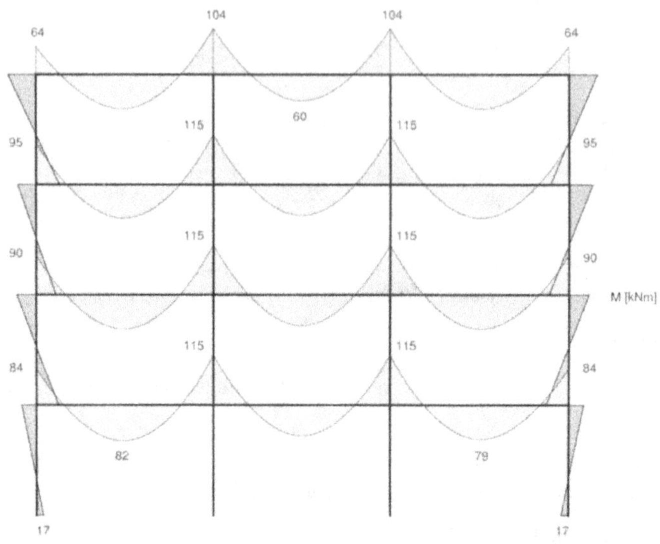

Bild 6.27: Biegemomente am Rahmen aus Schwerelasten

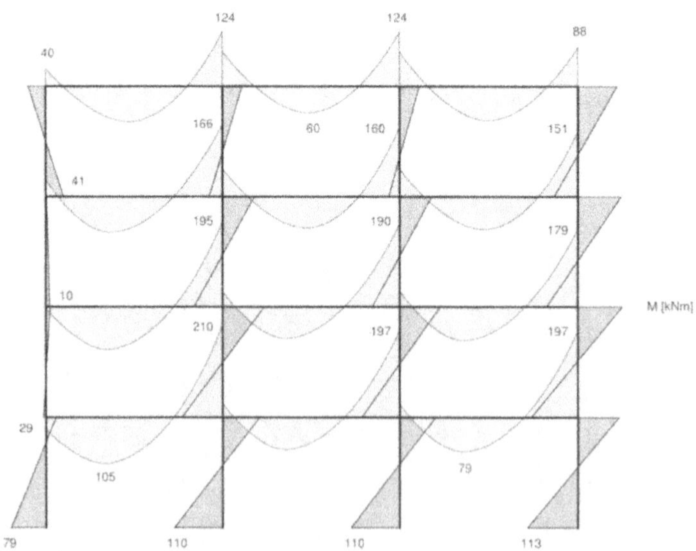

Bild 6.28: Biegemomente am Rahmen aus dem Gefährdungsbild Erdbeben

Für das Gefährdungsbild Erdbeben sind die Schnittkräfte aus den Ersatzkräften und aus den Schwerelasten zu überlagern. Bild 6.28 zeigt die entsprechenden Biegemomente. Zusätzlich müssen auch die Querkräfte V und die Normalkräfte N ermittelt werden.

Es sei nochmals darauf hingewiesen, dass beim vorliegenden Rahmensystem das Gefährdungsbild Wind bzw. das Gefährdungsbild Nutzlast in einigen Schnitten massgebend wird. Dies ist eine Folge der relativ geringen Erdbebeneinwirkung infolge der niedrigen Grundfrequenz und des hohen Verformungsbeiwertes.

6.5.3 Antwortspektrenverfahren

Die Berechnung des Rahmens nach dem Antwortspektrenverfahren erfolgt mit dem Computerprogramm ABAQUS [ABA 93].

a) Spezifische Modellbildung

Für das Antwortspektrenverfahren wird ein Rahmen mit dem Einbindungshorizont auf der Höhe der Bodenebene des Erdgeschosses und den Punktmassen gemäss Bild 6.25d verwendet. Dieser Einbindungshorizont ist gerechtfertigt, da dort die Stützen des Erdgeschosses in den sehr viel steiferen Aussenwänden bzw. Stützen des ersten Untergeschosses praktisch voll eingespannt sind.

Im weiteren werden für den Rahmen die folgenden zusätzlichen Kenngrössen angenommen:

Biegesteifigkeit:

Riegel: $\quad 0.4 E_c I_c = 0.4 \cdot 33'000 \ \text{MN/m}^2 \cdot 0.0066 = 87.1 \ \text{MN/m}^2$

Stützen: $\quad 0.8 E_c I_c = 0.8 \cdot 33'000 \ \text{MN/m}^2 \cdot 0.4^4 \ \text{m}^4 / 12 = 56.3 \ \text{MN/m}^2$

Mitwirkende Breite der Platte (SIA 162):

$$b_{ef} = b_w + 0.2\alpha l = 0.4 + 0.2 \cdot 0.6 \cdot 6.0 = 1.12 \ \text{m}$$

b) Eigenfrequenzen und Eigenschwingungsformen

Aus Bild 6.29 sind die ersten vier horizontalen Eigenschwingungsformen ersichtlich. Tabelle 6.4 enthält die entsprechenden Eigenfrequenzen sowie weitere Kenngrössen.

Ohne Berücksichtigung der Normalkraftverformungen in Riegeln und Stützen hat der Rahmen nur diese vier Eigenschwingungsformen (entsprechend den vier Massenniveaus).

Eigenschwingungsform	1.	2.	3.	4.
Eigenfrequenz [Hz]	0.82	2.5	4.3	5.8
Verallgemeinerte Masse m* [kNs^2 m^{-1}]	210	240	230	250
Partizipationsfaktor r/m*	1.27	0.41	0.24	0.12
Modale Masse r^2/m* [kNs^2 m^{-1}]	337	40	13	4

Tabelle 6.4: Eigenfrequenzen und weitere Kenngrössen des Rahmens

c) Bemessungs-Antwortspektrum

Für die Berechnung der Schnittkräfte nach dem Antwortspektrenverfahren wird analog wie beim Beispiel der Tragwand (Abschnitt 6.4.3c) das elastische Bemessungsspektrum für Zone 3b und mittelsteife Böden aus SIA 160 mit 1/K und C_d abgemindert, wobei hier $K = 2.5$ statt $K = 2$ gilt. Bild 6.30 zeigt das resultierende Spektrum (analog zu Bild 6.14).

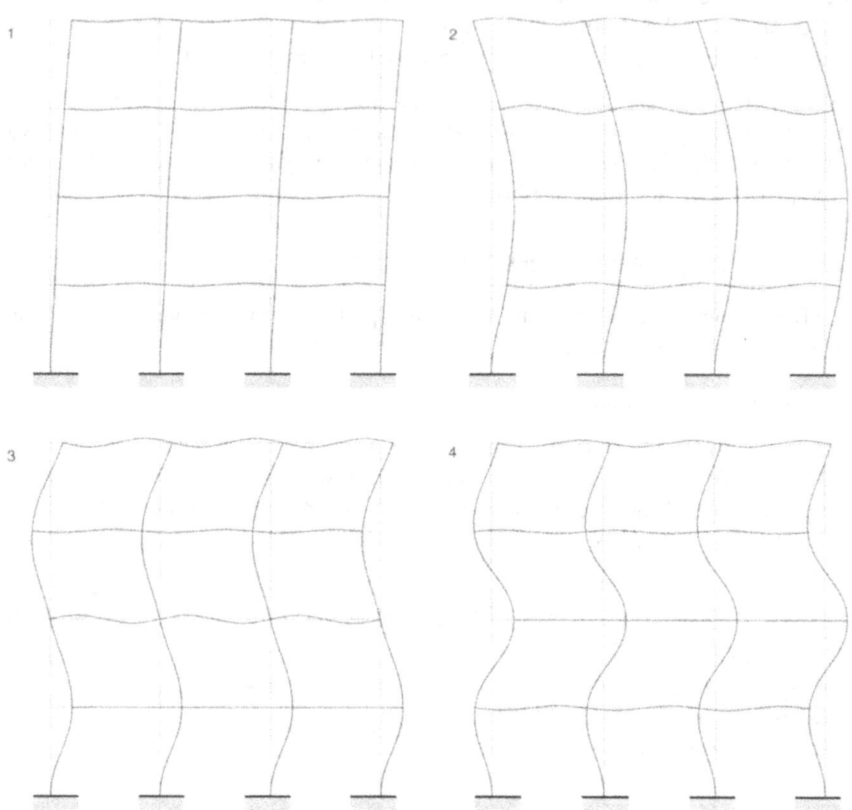

Bild 6.29: Eigenschwingungsformen des Rahmens

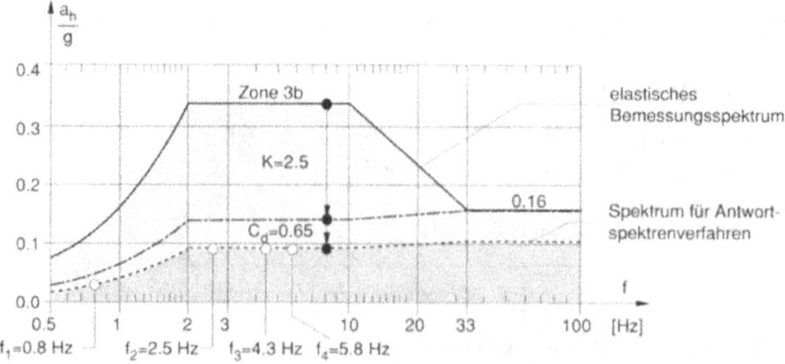

Bild 6.30: Abgemindertes elastisches Bemessungs-Antwortspektrum
für das Antwortspektrenverfahren beim Rahmen

d) Modale Schnittkräfte

Bild 6.31 zeigt die maximalen Biegemomente der ersten beiden Eigenschwingungsformen. Die stets positiv resultierenden Werte sind jeweils auf der gleichen Seite aufgetragen. Entsprechend den geringen modalen Massen und Partizipationsfaktoren (Tabelle 6.4) sind die Momente der 3. und 4. Eigenformen vernachlässigbar klein.

e) Überlagerung der modalen Schnittkräfte

Zur Bestimmung der Maximalantwort des Rahmens werden die Schnittkräfte der einzelnen Eigenschwingungsformen überlagert (Quadratwurzel aus der Summe der Quadrate).

Bild 6.32 zeigt die Gesamtantwort. Die Momente der höheren Eigenformen wirken sich nur im obersten Teil des Rahmens etwas aus. Ein Vergleich ergibt, dass die Momente der 1. Eigenform durch die Momente der 2. Eigenform noch um maximal etwa 10% vergrössert werden (Riegel über 2. OG). Der Einfluss der 3. und 4. Eigenform ist vernachlässigbar klein.

f) Vergleich mit dem Ersatzkraftverfahren

Das Antwortspektrenverfahren gibt nur im unteren Bereich des vierstöckigen Rahmens geringere Biegemomente als das Ersatzkraftverfahren:

Ort	Ersatzkraftverfahren (siehe 6.5.2) [MNm]	Antwortspektrenverfahren (siehe 6.5.3) [MNm]	$\dfrac{ASV}{EKV} \cdot 100\%$
3. Riegel über 2. OG	0.05	0.05	100 %
2. Riegel über 1. OG	0.08	0.065	80 %
1. Riegel über EG	0.09	0.07	78 %
Stützen unten	0.11	0.075	68 %

Die Unterschiede haben ähnliche Ursachen wie bei der Tragwand:

- Die Ersatzkraft wird mit der totalen Gebäudemasse anstatt nur mit der modalen Masse der beim Rahmen allerdings stärker als bei der Tragwand dominierenden 1. Eigenform berechnet. Es kann das Verhältnis der Grössen aus Tabelle 6.4 und Bild 6.25d gebildet werden:

$$\frac{m_{1.EF}}{m_{tot}} = \frac{337}{394} = 86\% \tag{6.39}$$

- Beim Ersatzkraftverfahren führt der tiefere Einbindungshorizont zu einer grösseren totalen Masse (vgl. Bild 6.25c und d). Diese bzw. die entsprechende Ersatzkraft wird relativ willkürlich über die Gebäudehöhe verteilt.

Die Verhältnisse bei den - hier nicht gezeigten - Querkräften sind gleich wie bei den Momenten, da bei Rahmen die Querkräfte proportional zu den Biegemomenten sind.

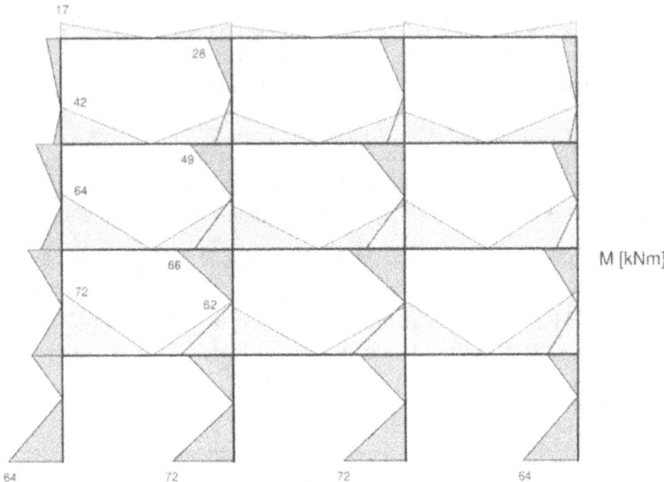

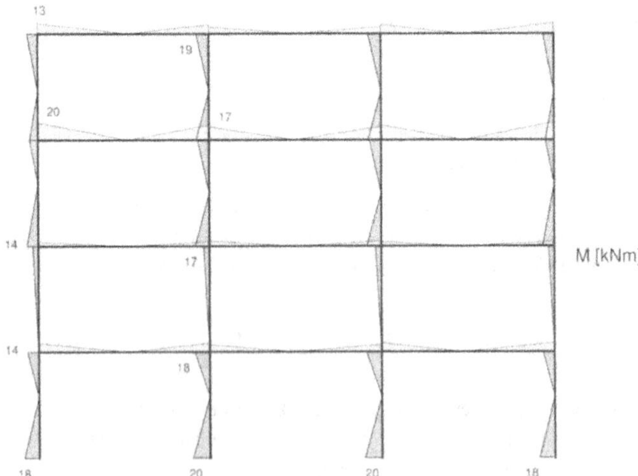

Bild 6.31: Maximale Biegemomente der ersten beiden Eigenschwingungsformen des Rahmens nach dem Antwortspektrenverfahren

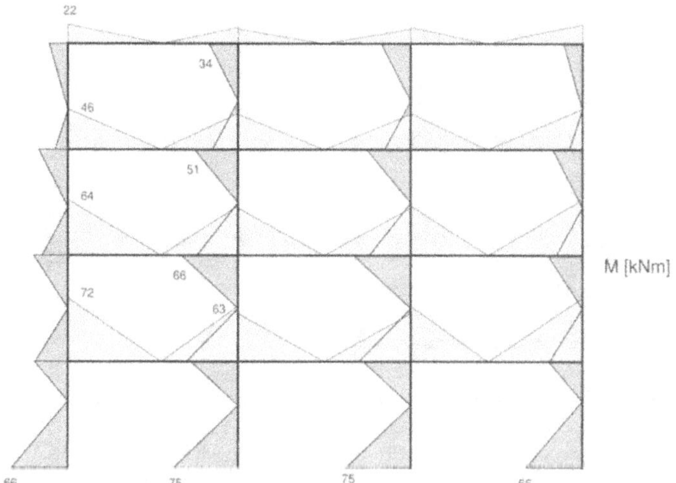

Bild 6.32: Totale maximale Biegemomente des Rahmens nach dem Antwortspektrenverfahren

6.5.4 Nichtlineares Zeitverlaufsverfahren

Die nichtlineare Zeitverlaufsberechnung des Rahmens erfolgt wie beim Beispiel der Tragwand mit dem Computerprogramm ABAQUS/QUAKE [BLW 94].

a) Spezifische Modellbildung

Der Rahmen wird gemäss Bild 6.33 durch ein Finite Element Modell erfasst.

Dabei werden die Bereiche mit möglichen plastischen Verformungen durch spezielle in das Programm ABAQUS eingebaute Stahlbetongelenkelemente ("userelements") modelliert [Wen 90]. Für die übrigen, elastisch bleibenden Bereiche werden lineare Stabelemente verwendet.

Die Massenverteilung ist die gleiche wie beim Antwortspektrenverfahren (Bild 6.25d).

Plastische Gelenke in Riegeln werden durch Riegelgelenkelemente modelliert. Bild 6.34a zeigt die Momenten-Krümmungs-Beziehung mit Hystereseregeln. Die Fliessmomente M_y^+ und M_y^- (verschieden bei unsymmetrischer Riegelbewehrung) werden mit den mittleren Festigkeiten f_{ym} und f_{cm} bestimmt. EI_{el} ist die elastische und EI_{pl} die plastische Biegesteifigkeit. Diese können durch bilineare Approximation von für monodirektionale Beanspruchung berechneten Momenten-Krümmungs-Beziehungen abgeschätzt werden (vgl. Abschnitt 6.4.4a und Bild 6.20b).

Plastische Gelenke in Stützen werden durch Stützengelenkelemente modelliert. Da bei Stützen im Gegensatz zu Riegeln die Normalkraft wesentlich ist, werden bei den Stützengelenkelementen die Fliessmomente M_y^+ und M_y^- in Funktion der aktuellen Normalkraft (aus Schwerelasten und dynamischer Erdbebeneinwirkung) variiert. Bild 6.34b zeigt die Zusammenhänge zwischen der M-N-Interaktionskurve und der Momenten-Krümmungs-Beziehung mit Hystereseregeln.

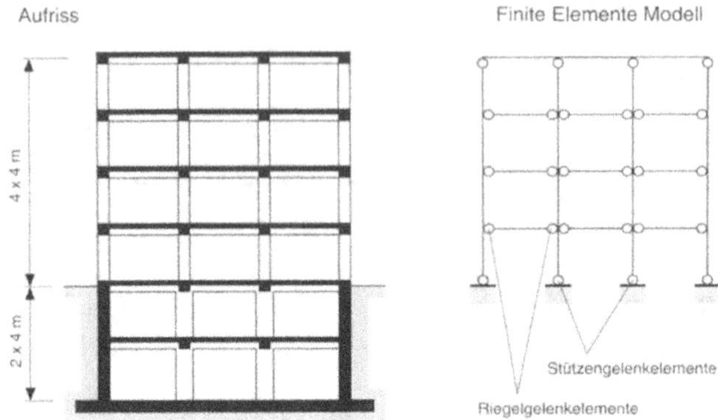

Bild 6.33: Modellierung des Rahmens für die nichtlineare Zeitverlaufsberechnung

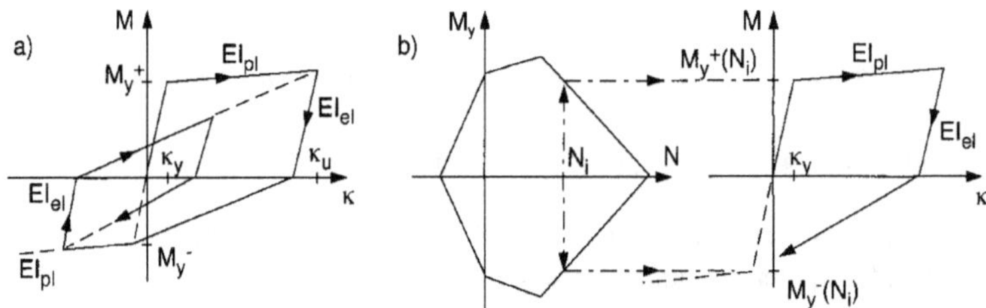

*Bild 6.34: Momenten-Krümmungs-Beziehung mit Hystereseregeln für a) Riegelgelenkelemente und
b) Stützengelenkelemente [Wen 90]*

b) Zeitverlauf der Bodenbeschleunigung

Es wird der gleiche Zeitverlauf der Bodenbeschleunigung wie bei der Tragwand verwendet
(s. Abschnitt 6.4.4b).

c) Duktilitätsbedarf in den plastischen Gelenken

Als Beispiel für die Resultate der nichtlinearen Zeitverlaufsberechnung zeigt Bild 6.35 den
maximalen Rotations-Duktilitätsbedarf in den im Rahmen während des Erdbebens entstehenden plastischen Gelenken. Dieser ist wie folgt definiert:

$$\mu_\theta = \frac{\theta_u}{\theta_y} = \frac{\text{maximaler Winkel während des ganzen Erdbebens}}{\text{Winkel bei Fliessbeginn}} \tag{6.40}$$

Der berechnete maximale Rotations-Duktilitätsbedarf tritt in einem Riegelgelenk in der
Decke über 1. OG auf und beträgt $\mu_\theta = 5.1$.

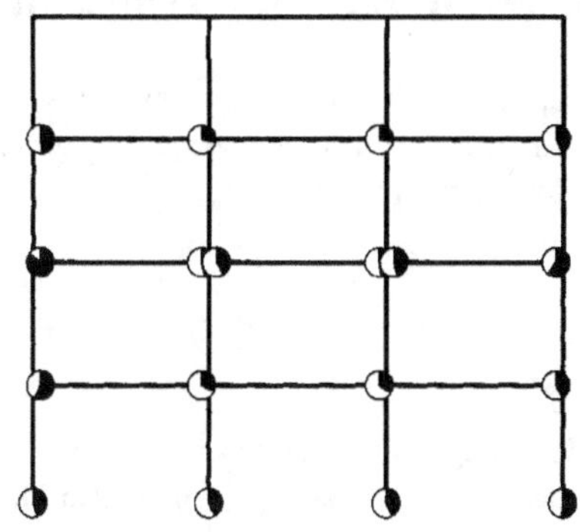

Bild 6.35: Maximaler Rotations-Duktilitätsbedarf in den plastischen Gelenken des Rahmens

Innerhalb eines plastischen Gelenkes ist die Krümmung kaum gleichmässig verteilt. Wird jedoch ein Mittelwert der Krümmung als massgebend betrachtet, so kann der Krümmungs-Duktilitätsbedarf gleich dem Rotations-Duktilitätsbedarf gesetzt werden:

$$\mu_\phi = \mu_\theta \tag{6.41}$$

Der Duktilitätsbedarf kann im wesentlichen durch eine Beschränkung der Lage der neutralen Achse sichergestellt werden (vgl. [PBM 90]).

6.6   Beispiel unsymmetrisches Tragwandsystem

Als drittes numerisches Beispiel wird die Berechnung eines unsymmetrischen Tragwandsystems unter Einwirkung von Erdbeben und Schwerelasten gezeigt. Die Darstellung beschränkt sich auf das Ersatzkraftverfahren.

6.6.1   Grundlagen

a) Beschreibung des Objektes

Bild 6.36 zeigt den Grundriss (Erdgeschoss und Obergeschosse) des Tragwerks eines Bürogebäudes als unsymmetrisches Tragwandsystem mit folgenden Merkmalen:

- Skelettbauweise in Stahlbeton mit Erdgeschoss und 3 Obergeschossen sowie 2 Untergeschossen (sehr steif, analog wie beim Beispiel des symmetrischen Tragwandsystems in Kapitel 6.4, vgl. Bild 6.11)
- Unsymmetrisch angeordnete Tragwände in x- und y-Richtung. Die Tragwände haben folgende Abmessungen:
  Wände 1, 3 und 4:   0.3 m · 6.3 m
  Wand 2:   0.3 m · 3.0 m
- Flachdecken
- Vorfabrizierte Schwerelaststützen
- Bauwerksklasse I, Erdbebenzone 3b, mittelsteifer Boden (SIA 160).

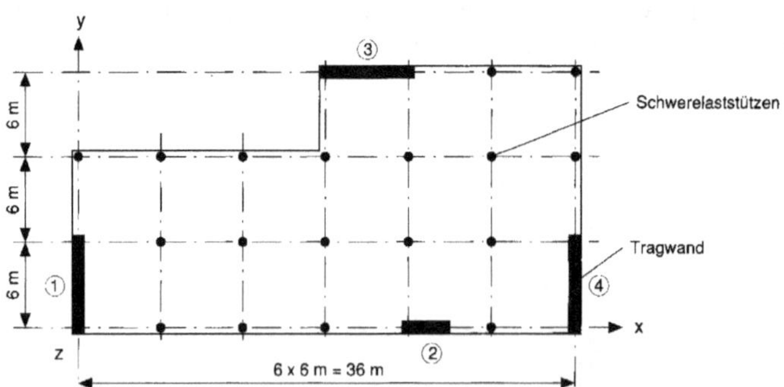

Bild 6.36: Grundriss eines Bürogebäudes als unsymmetrisches Tragwandsystem

b) Baustoffe

Es gilt Abschnitt 6.4.1b.

c) Gefährdungsbild und Beanspruchungen

Es gilt Abschnitt 6.4.1c mit Ausnahme der Feststellung betreffend Torsionseinfluss.

d) Allgemeine Modellbildung

Es gilt Abschnitt 6.4.1d bezüglich Steifigkeiten und Baugrund.

6.6.2 Ersatzkraftverfahren

Es werden nur Schritte gezeigt, die beim Beispiel des symmetrischen Tragwandsystems in Kapitel 6.4 nicht vorkommen. Dabei wird anstelle eines eigentlichen Ersatzstabes für das ganze Tragwerk die Referenzachse z in der Ecke des Gebäudes gemäss den Bildern 6.36 und 6.37 verwendet (vgl. Abschnitt 6.3.1).

a) Bestimmung des Steifigkeitszentrums

Eine Querkraft durch das Steifigkeitszentrum erzeugt nur eine Translation und keine Rotation. Oder umgekehrt: Die durch eine reine Translation hervorgerufenen Querkräfte in den Tragwänden haben eine Resultierende, die durch das Steifigkeitszentrum geht.

Die Wände 1 und 4 sind gleich, somit wird

$$x_S = 36 \text{ m} / 2 = 18.00 \text{ m} \tag{6.42}$$

Und gemäss Gl. (6.17) ergibt sich mit den Summenwerten der Tabelle 6.5

$$y_S = \frac{\Sigma (I_{iy} \cdot y_i)}{\Sigma I_{iy}} = \frac{112.5}{6.93} = 16.24 \text{ m} \tag{6.43}$$

Die Lage des Steifigkeitszentrums ist in Bild 6.37 eingetragen.

Wand	I_{iy}	y_i	$I_{iy} \cdot y_i$
1	-	-	-
2	$0.3 \cdot 3.0^3/12 = 0.675$	0	0
3	$0.3 \cdot 6.3^3/12 = 6.25$	18.0	112.5
4	-	-	-
Σ	6.93		112.5

Tabelle 6.5:

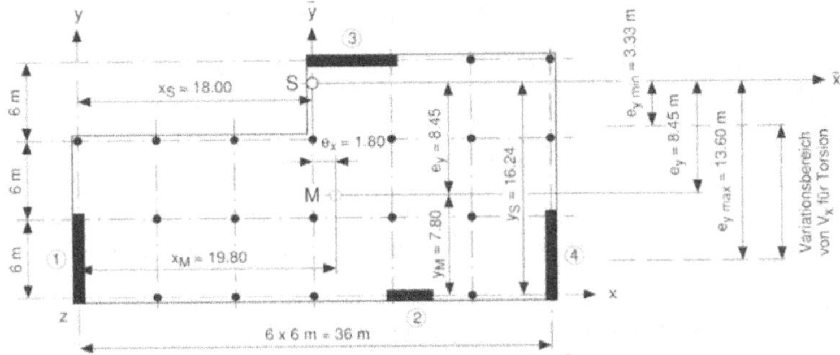

Bild 6.37: Grundriss des Tragwandsystems mit Steifigkeitszentrum, Massenzentrum und Variationsbereich der Querkraft V_x

b) Bestimmung des Massenzentrums

Vereinfachend wird angenommen, dass die Massen auf den Geschossdecken gleichmässig verteilt sind. Damit liegt das Massenzentrum im Schwerpunkt der Deckenfläche:

$$x_M = \frac{18 \cdot 12 \cdot 36 + 27 \cdot 6 \cdot 18}{12 \cdot 36 + 6 \cdot 18} = \frac{10692}{540} = 19.80 \text{ m}$$

$$y_M = \frac{6 \cdot 12 \cdot 36 + 15 \cdot 6 \cdot 18}{540} = \frac{4212}{540} = 7.80 \text{ m}$$

Die Lage des Massenzentrums ist in Bild 6.37 eingetragen.

Die Exzentrizitäten vom Massenzentrum zum Steifigkeitszentrum werden:

$$e_x = x_M - x_S = 19.80 - 18.00 = 1.80 \text{ m}$$
$$e_y = y_M - y_S = 7.80 - 16.24 = -8.45 \text{ m}$$

c) Berücksichtigung der Torsion

Gemäss SIA 160 Art. 4 19 50 ist der Einfluss der Torsion zu berücksichtigen und hiefür die Exzentrizitäten zu vergrössern bzw. zu verkleinern sofern

$$e \geq 0.1 d \qquad\qquad (6.44)$$

e : Exzentrizität der resultierenden Ersatzkraft der obenliegenden Stockwerke gegenüber dem Steifigkeitszentrum des betrachteten Stockwerks

d : Gebäudeabmessung senkrecht zur betrachteten Schwingungsrichtung

Erdbebeneinwirkung in y-Richtung:

$$\frac{e_x}{d_x} = \frac{1.80}{36} = 0.05 < 0.1 \quad : \quad \text{Torsion muss nicht berücksichtigt werden}$$

Erdbebeneinwirkung in x-Richtung:

$$\frac{e_y}{d_y} = \frac{8.45}{18} = 0.47 > 0.1 \quad : \quad \text{Torsion muss berücksichtigt werden}$$
$$e_{y,max} = 1.5 \, e_y + 0.05 d_y = 1.5 \cdot 8.45 + 0.05 \cdot 18 = 13.60 \text{ m}$$
$$e_{y,min} = 0.5 \, e_y - 0.05 d_y = 0.5 \cdot 8.45 - 0.05 \cdot 18 = 3.33 \text{ m}$$

Diese Exzentrizitäten sind im folgenden negativ einzuführen, da sie im Bereich der negativen y-Achse liegen.

d) Verteilung der Stockwerkquerkraft V_x

Für eine Einheits-Stockwerkquerkraft $V_x = 1$ wird die Verteilung auf die vier Tragwände berechnet. Zu verteilen sind die folgenden im Steifigkeitszentrum angreifenden Schnittkräfte:

1. $V_x = 1$
2. Maximales bzw. minimales Torsionsmoment T_S:
   a) $T_{S,max} = -1 \cdot e_{y,max} = 13.6 \text{ m}$
   b) $T_{S,min} = -1 \cdot e_{y,min} = 3.33 \text{ m}$

Wand Nr.	I_{ix} [m^4]	$\bar{x}_i$ [m]	$I_{ix} \cdot \bar{x}_i$ [m^5]	I_{iy} [m^4]	$\bar{y}_i$ [m]	$I_{iy} \cdot \bar{y}_i$ [m^5]	$I_{ix} \cdot \bar{x}_i^2 + I_{iy} \cdot \bar{y}_i^2$ [m^6]
1	6.25	18.0	-112.5	0	-13.24	0	2025
2	0	7.35	0	0.675	-16.24	-11.0	178
3	0	3.0	0	6.25	1.76	11.0	19
4	6.25	18.0	112.5	0	-13.24	0	2025
Σ	12.5	-	0	6.89	-	0	4247

Tabelle 6.6: Hilfsgrössen zur Verteilung der Stockwerkquerkraft

Die Verteilung erfolgt mittels der in Abschnitt 6.3.2d hergeleiteten Beziehungen Gl. (6.26) und Gl. (6.27):

$$V_{ix} = V_x \frac{I_{iy}}{\Sigma I_{iy}} - T_S \cdot \frac{I_{iy} \cdot \bar{y}_i}{\Sigma(I_{iy} \cdot \bar{y}_i^2 + I_{ix} \cdot \bar{x}_i^2)} \tag{6.45}$$

$$V_{iy} = V_y \frac{I_{ix}}{\Sigma I_{ix}} + T_S \cdot \frac{I_{ix} \cdot \bar{x}_i}{\Sigma(I_{iy} \cdot \bar{y}_i^2 + I_{ix} \cdot \bar{x}_i^2)} \tag{6.46}$$

Die benötigten Hilfsgrössen werden am besten tabellarisch berechnet (Tabelle 6.6). Die Anteile der Einheits-Querkraft der einzelnen Tragwände ergeben sich wie folgt:

a) Fall $e_{y,max} = +13.6\,m$:

Wand 1: $V_{1x} = 0 - 0$ $=$ 0

$V_{1y} = 0 + \dfrac{-112.5}{4247} \cdot 13.6$ $=$ -0.36 massgebend

Wand 2: $V_{2x} = \dfrac{0.675}{6.89} - \dfrac{-11}{4247} \cdot 13.6$ $=$ 0.13 massgebend

$V_{2y} = 0 + 0$ $=$ 0

Wand 3: $V_{3x} = \dfrac{6.25}{6.89} - \dfrac{11}{4247} \cdot 13.6$ $=$ 0.87

$V_{3y} = 0 + 0$ $=$ 0

Wand 4: $V_{4x} = 0 - 0$ $=$ 0

$V_{4y} = 0 + \dfrac{112.5}{4247} \cdot 13.6$ $=$ 0.36 massgebend

Kontrolle des Gleichgewichts:

$\Sigma V_{ix} = 0 \quad + 0.13 \quad + 0.87 + 0 = 1.0 = V_x$

$\Sigma V_{iy} = -0.36 \quad + 0 \quad + 0.36 - 0 = 0$

b) Fall $e_{y,min} = +3.33\ m$:

Wand 1: $\quad V_{1x} = 0 - 0 \qquad\qquad\qquad = \qquad 0$

$$V_{1y} = 0 + \frac{-112.5}{4247} \cdot 3.33 \qquad = \quad -0.090$$

Wand 2: $\quad V_{2x} = \dfrac{0.675}{6.89} - \dfrac{-11}{4247} \cdot 3.33 \qquad = \quad 0.099$

$$V_{2y} = 0 + 0 \qquad\qquad\qquad = \qquad 0$$

Wand 3: $\quad V_{3x} = \dfrac{6.25}{6.89} - \dfrac{11}{4247} \cdot 3.33 \qquad = \quad 0.890 \qquad$ massgebend

$$V_{3y} = 0 + 0 \qquad\qquad\qquad = \qquad 0$$

Wand 4: $\quad V_{4x} = 0 - 0 \qquad\qquad\qquad = \qquad 0$

$$V_{4y} = 0 + \frac{112.5}{4247} \cdot 3.33 \qquad = \quad 0.090$$

Für die Tragwände 1, 2 und 4 ist der Fall a) mit der maximalen Exzentrizität $e_{y,max}$ massgebend, während für die Tragwand 3 der Fall b) massgebend wird.

Auf analoge Weise wäre die Verteilung für $V_y = 1$ zu berechnen.

Beim Vergleich der Schnittkräfte einer Tragwand aus $V_x = 1$ und aus $V_y = 1$ ist zu beachten, dass in Längs- und Querrichtung die Ersatzkräfte im allgemeinen nicht gleich sind, da auch die Grundfrequenzen und somit die massgebenden spektralen Beschleunigungen unterschiedlich sein können.

7 Bemessung und konstruktive Durchbildung von Hochbauten

Im 4. Kapitel wurden für den erdbebengerechten Entwurf von Hochbauten wichtige Grundsätze dargelegt und aufgezeigt, worauf vor allem zu achten ist. Es wurde ausdrücklich darauf hingewiesen, dass Fehler und Mängel beim konzeptionellen Entwurf sowohl des Tragwerks als auch der nichttragenden Elemente durch eine noch so ausgeklügelte ingenieurmässige Berechnung und Bemessung nicht kompensiert werden können. Im 5. und 6. Kapitel wurden die Berechnungsverfahren und die praktische Berechnung der Schnittkräfte und Verformungen im Tragwerk von Hochbauten dargestellt. Zum Zwecke der Bemessung und der konstruktiven Durchbildung können die Schnittkräfte in den allermeisten Fällen mit dem statischen Ersatzkraftverfahren ermittelt werden. Die dynamischen Verfahren, d.h. das Antwortspektrenverfahren und das Zeitverlaufsverfahren, dienen vor allem für spezielle Nachweise, die am fertig bemessenen und konstruktiv durchgebildeten Tragwerk geführt werden. Sie betreffen beispielsweise den Einfluss höherer Eigenschwingungsformen oder den Duktilitätsbedarf in den plastifizierenden Bereichen. Solche Nachweise und damit die Anwendung dynamischer Verfahren sind jedoch nur in Ausnahmefällen erforderlich. Normalerweise wird die Arbeit des Bauingenieurs abgeschlossen mit der Bemessung und konstruktiven Durchbildung des Tragwerks und der nichttragenden Elemente, was im folgenden behandelt wird.

Vorerst werden die Grundzüge der sehr wichtigen *Methode der Kapazitätsbemessung* dargestellt. Sie ist eine an die Besonderheiten der Erdbebenbeanspruchung optimal angepasste Bemessungsmethode und der bisher üblichen konventionellen Bemessung klar überlegen. Anschliessend werden die verschiedenen Arten von Tragwerken zur Abtragung der Erdbebenkräfte behandelt: *Stahlbetontragwände* und *Stahlbetonrahmen* sowie von solchen gebildete *gemischte Tragsysteme*, *Stahlrahmen* und *Stahlfachwerke* sowie *Mauerwerkstragwände*. Die *Füllwände aus Mauerwerk* bilden den Übergang zu den *nichttragenden Zwischenwänden* und *Fassadenbauteilen*. Die letzten beiden Abschnitte geben Hinweise zur Bemessung und konstruktiven Durchbildung von *Anlagen und Einrichtungen* sowie von *Fundationen*.

7.1   Methode der Kapazitätsbemessung

7.1.1   Besonderheiten der Erdbebenbeanspruchung

Es bestehen wesentliche Unterschiede zwischen den Lastfällen "Einwirkung von Schwerelasten" einerseits und "Einwirkung von Erdbeben" anderseits. Dazu gehören die folgenden Merkmale der Beanspruchungen:

1)   Einwirkung von Schwerelasten (und auch von Windkräften):
   - Das Tragwerk erfährt im wesentlichen *Beanspruchungen im elastischen Bereich*. Erhebliche inelastische bzw. plastische Beanspruchungen ereignen sich im allgemeinen nicht; sie gehören zu einem fiktiven Grenzzustand, der bei fachgerechter Berechnung und Bemessung real nicht auftritt.
   - Die inelastischen bzw. plastischen Beanspruchungen des fiktiven Grenzzustandes können behandelt werden als *monodirektionale (monotone) Beanspruchungen* (die Einwirkungsrichtung bleibt gleich, die Beanspruchungen und Verformungen nehmen stetig zu).
2)   Einwirkung von Erdbeben:
   - Das Tragwerk erfährt im wesentlichen *Beanspruchungen im inelastischer Bereich*. Erhebliche inelastische bzw. plastische Beanspruchungen sind eine Realität.
   - Die inelastischen bzw. plastischen Beanspruchungen müssen grundsätzlich behandelt werden als *zyklische Beanspruchungen* (die Einwirkungsrichtung wechselt ständig, die Beanspruchungen und Verformungen nehmen in unregelmässiger Weise zu und ab).

Diese wichtigen Unterschiede erfordern vom Ingenieur *andere Betrachtungsweisen und Massnahmen* bei Beanspruchungen durch Erdbebeneinwirkung als bei Beanspruchungen durch Schwerelasten und Windkräfte.

Die Unterschiede sollen noch durch einige Beispiele aus dem Gebiete des Stahlbetonbaus illustriert werden:

Biegebeanspruchung von Stäben:

- Bei 1) findet in einem bestimmten Querschnitt im allgemeinen kein Wechsel der Biegezugzone und der Biegedruckzone statt. Es nehmen die Rissbreiten in der Zugzone und die Betonstauchungen in der Druckzone stetig zu.
- Bei 2) kann ein ständiger Wechsel der Biegezugzone und der Biegedruckzone stattfinden. Dabei müssen in breiten Rissen auf Zug geflossene Eisen zuerst auf Druck fliessen, bevor sich die Risse schliessen und der Beton auf Druck wieder mitwirken kann.

Schubbeanspruchung von Stäben:

- Bei 1) bilden sich schräge Risse in einer Richtung.
- Bei 2) bilden sich schräge Risse in beiden orthogonalen Richtungen, d.h. Kreuzrisse. Dadurch wird der Stegbeton wesentlich ungünstiger beansprucht (niedrigere obere Schubspannungsgrenze). Ein allfälliges Fliessen der Längsbewehrung oder der Bügel kann bedeutend rascher zu einem Schubversagen führen.

Verankerung von Bewehrungsstäben durch Verbund:

- Bei 1) bleibt die Beanspruchungsrichtung stets gleich.
- Bei 2) kann ein ständiger Wechsel der Beanspruchungsrichtung erfolgen (z.B. bei der oberen Riegelbewehrung in einem Rahmenknoten). Die Hin- und Herbewegung ist für den Verbund viel ungünstiger.

Auswirkungen der Überfestigkeit der Baustoffe:

- Bei 1) wirkt sich die Überfestigkeit z.B. der Bewehrung (grössere Fliessspannung als rechnerisch angesetzt) stets günstig und als zusätzliche Sicherheit aus.
- Bei 2) kann - beispielsweise in einer Kragarm-Tragwand - die Überfestigkeit der Biegebewehrung zu einer starken Erhöhung der rechnerischen Querkraft und dadurch zu einem vorzeitigen, katastrophalen Schubversagen führen.

Diese Beispiele aus dem Bereich des Stahlbetonbaus liessen sich leicht vermehren und durch solche aus andern Bereichen und Bauweisen ergänzen. Die Beispiele bestätigen, dass im Vergleich zur Einwirkung von Schwerelasten und Windkräften *bei Erdbebeneinwirkung andere und zusätzliche Phänomene* auftreten. Dies bedeutet, dass

- *andere Modelle*
- *andere Bemessungsmethoden*
- *andere konstruktive Durchbildungen*

erforderlich oder zumindest erwünscht sind.

7.1.2 Konventionelle Bemessung und Kapazitätsbemessung

Bei der Bemessung von Tragwerken für Erdbebeneinwirkung stellt sich somit die Frage nach dem zweckmässigen Vorgehen, nach der besten Strategie. Wie soll der Gang der Bemessung sein, der am besten zum Ziel führt?

Es können zwei Möglichkeiten unterschieden werden:

- *Konventionelle Bemessung*: Bemessung für die resultierenden Schnittkräfte wie für Schnittkräfte aus Schwerelasten und Windkräften.
- *Kapazitätsbemessung*: An die Besonderheiten der Erdbebenbeanspruchung angepasste Bemessungsmethode.

Die beiden Bemessungsmethoden werden im folgenden kurz charakterisiert.

Das Vorgehen bei den Bemessungsmethoden ist in Tabelle 7.1 festgehalten. Die ersten beiden Schritte sind gleich bei beiden Methoden. Zuerst muss ein erdbebengerechter Entwurf des Tragwerks erfolgen (s. 4. Kapitel). Dann müssen ein Tragwerksmodell gebildet und daran die Schnittkräfte aus Schwerelasten und Erdbebeneinwirkung ermittelt werden. Letzteres kann meist mit dem Ersatzkraftverfahren oder eventuell mit dem Antwortspektrenverfahren erfolgen. Diese Verfahren setzen elastisches Verhalten des Tragwerks voraus. Der Unterschied zwischen konventioneller Bemessung und Kapazitätsbemessung erscheint erst im dritten Schritt, d.h. bei der Bemessung der Tragelemente.

Bei der konventionellen Bemessung werden im dritten Schritt vorerst die Abmessungen der Tragelemente kontrolliert und definitiv gewählt. Dann werden die Nachweise und die kon-

Bemessungsmethode	
Konventionelle Bemessung	Kapazitätsbemessung
1. Schritt: Entwurf des Tragwerks	1. Schritt: Entwurf des Tragwerks
2. Schritt: Bildung eines Tragwerkmodells und Berechnung der Schnittkräfte für - Schwerelasten - Erdbebeneinwirkung (Ersatzkraftverfahren, Antwortspektrenverfahren, usw.)	2. Schritt: Bildung eines Tragwerkmodells und Berechnung der Schnittkräfte für - Schwerelasten - Erdbebeneinwirkung (Ersatzkraftverfahren, Antwortspektrenverfahren, usw.)
3. Schritt: Bemessung der Tragelemente: - Kontrolle und definitive Wahl der Abmessungen - Durchführen von Nachweisen - Konstruktive Durchbildung	3. Schritt: Bemessung der Traglemente: - Wahl eines geeigneten Mechanismus - Definitive Wahl der Abmessungen und konstruktive Durchbildung der plastifizierenden Bereiche nach relevanten Regeln - Definitive Wahl der Abmessungen und konstruktive Durchbildung der elastisch bleibenden Bereiche nach den Regeln der konventionellen Bemessung und abgestimmt auf die Überfestigkeit der plastifizierenden Bereiche

Tabelle 7.1: Vorgehen bei der konventionellen Bemessung und bei der Kapazitätsbemessung

struktive Durchbildung für die im zweiten Schritt berechneten Schnittkräfte durchgeführt. Das Vorgehen im dritten Schritt ist grundsätzlich das gleiche wie es der Bauingenieur seit eh und je für die Einwirkung von Schwerelasten und Windkräften gewohnt ist.

Bei der Kapazitätsbemessung erfolgt im dritten Schritt ein grundsätzlich anderes Vorgehen. Vorerst muss ein geeigneter plastischer Mechanismus gewählt werden. Für die Annahme der plastifizierenden Bereiche (plastische Gelenke) sind entsprechende Regeln und Erfahrungen zu beachten. Unter Berücksichtigung der zu erwartenden inelastischen Beanspruchungen kann auch eine gewisse Umlagerung der im zweiten Schritt an einem elastischen Tragwerksmodell ermittelten Schnittkräfte durchgeführt werden. Dann erfolgen die definitive Wahl der Abmessungen und die konstruktive Durchbildung der plastifizierenden Bereiche nach relevanten Regeln. Und schliesslich sind die definitive Wahl der Abmessungen und die konstruktive Durchbildung der elastisch bleibenden Bereiche durchzuführen. Dies kann nach den Regeln der konventionellen Bemessung erfolgen. Dabei müssen die Schnittkräfte aus den in den plastifizierenden Bereichen entwickelten Widerständen bei Überfestigkeit berücksichtigt werden.

Eine Beurteilung des Erdbebenverhaltens von konventionell bemessenen und von kapazitätsbemessenen Tragwerken zeigt Tabelle 7.2.

Erdbebenverhalten	
Konventionell bemessene Tragwerke	Kapazitätsbemessene Tragwerke
• Plastifizierungen sind mehr oder weniger überall möglich • Der plastische Mechanismus ist zufällig und nicht näher bekannt • Die lokale Duktilität in den plastifizierenden Bereichen ist sehr unterschiedlich, und die globale Duktilität des Tragwerks ist im allgemeinen gering und nicht näher bekannt • Das Verhalten unter Erdbebeneinwirkung ist nicht näher bekannt	• Plastifizierungen sind nur in bewusst gewählten Bereichen möglich • Der plastische Mechanismus ist geeignet und bekannt • Die lokale Duktilität in den plastifizierenden Bereichen und die globale Duktilität des Tragwerks sind aufeinander abgestimmt und entsprechen der für die Bemessung gewählten Duktilitätsklasse • Das Verhalten unter Erdbebeneinwirkung ist gut bekannt
Beschränkter Schutzgrad gegen Einsturz	**Hoher Schutzgrad gegen Einsturz**

Tabelle 7.2: Erdbebenverhalten von konventionell bemessenen und von kapazitätsbemessenen Tragwerken

Häufige schwerwiegende Folgen konventioneller Bemessung für Erdbebeneinwirkung sind:

- Schubversagen von Stützen und Riegeln von Rahmen
- Schub- und Verbundversagen in Knoten von Rahmen
- unerwartete Bildung von plastischen Gelenken in Stützen
- Schubversagen von Stahlbetontragwänden
- Versagen von Stahlfachwerken (Druckstäbe).

Diese Versagensarten sind vorwiegend verantwortlich für den Einsturz von Hochbauten und Brücken unter Erdbebeneinwirkung.

Durch eine konventionelle Bemessung kann nur ein sehr beschränkter und nicht näher bekannter Schutzgrad gegen Einsturz bewirkt werden. Durch eine Kapazitätsbemessung hingegen kann ein hoher und gut bekannter Schutzgrad gegen Einsturz erreicht werden.

7.1.3 Definition der Kapazitätsbemessung

Die Methode der Kapazitätsbemessung ist eine grundlegende deterministische Methode für die Bemessung und konstruktive Durchbildung von Tragwerken. Sie wurde während der letzten 20 Jahre in Neuseeland an der University of Canterbury in Christchurch vor allem durch Professor T. Paulay und Kollegen und Mitarbeiter für Erdbebeneinwirkung entwickelt [PP 92] [PBM 90]. Die Kapazitätsbemessung hat sich in der letzten Zeit stark verbreitet, und sie ist aus modernen Normen und Normentwürfen (z.B. [EC 8]) nicht mehr wegzudenken.

Die *Zielsetzung* der Kapazitätsbemessung ist folgende:

Ein Tragwerk soll sich unter dem Bemessungsbeben bei mehrfacher zyklischer inelastischer Beanspruchung genügend duktil verhalten. Dies bedeutet, dass die Bemessungsduktilität entsprechend der gewählten Duktilitätsklasse mehrfach erreicht werden kann, ohne dass irgendwo ein Versagen auftritt.

Die *Definition* der Kapazitätsbemessung lautet in Anlehnung an T. Paulay wie folgt:

In einem Tragwerk mit Erdbebeneinwirkung werden die plastifizierenden Bereiche bewusst gewählt und so festgelegt, dass ein geeigneter plastischer Mechanismus entsteht.

Die plastifizierenden Bereiche werden so bemessen und konstruktiv durchgebildet, dass sie genügend duktil sind.

Die übrigen Bereiche werden mit zusätzlichem Tragwiderstand (Kapazität) versehen, damit sie elastisch bleiben, wenn die plastifizierenden Bereiche ihre Überfestigkeit entwickeln.

Mit diesem Vorgehen wird sichergestellt, dass sich einzig und allein der gewählte Mechanismus zur Energiedissipation entwickeln kann, und dass dieser auch bei grossen Tragwerksverformungen ohne wesentlichen Verlust an Tragwiderstand erhalten bleibt. Es entsteht eine klare *Hierarchie des Tragwiderstandes (Kapazität)*.

Eine *Kurzbeschreibung* der Kapazitätsbemessung kann etwa wie folgt lauten:

- Man "sagt" dem Tragwerk ganz genau, wo es plastifizieren darf und soll, und wo nicht:
  - Einbau von Schwachstellen = plastifizierende Bereiche
  - Verstärkung der übrigen Teile = elastische Bereiche
- Geschickte Wahl der Schwachstellen:
  - Ausbildung eines günstigen plastischen Mechanismus' (Beschränkung des lokalen Duktilitätsbedarfs)
- Duktile Gestaltung der Schwachstellen.

Das Resultat ist ein überaus "gutmütiges" Verhalten unter den massgebenden Einwirkungen.

Die Definition der plastifizierenden Bereiche und deren Bemessung und konstruktive Durchbildung für volle und beschränkte Duktilität sind in der Literatur [PP 92] [PBM 90] sowie - für schlanke Stahlbeton-Tragwände mit beschränkter Duktilität - in Abschnitt 7.2 beschrieben. Im folgenden sollen noch einige allgemeine Hinweise im Zusammenhang mit den Begriffen "geeigneter Mechanismus" und "Überfestigkeit plastifizierender Bereiche" gegeben werden.

7.1.4   Ungeeignete und geeignete Mechanismen

In Bild 7.1 sind mögliche plastische Mechanismen eines einfachen Rahmens unter Erdbebeneinwirkung dargestellt. Bild 7.1a zeigt einen völlig ungeeigneten sogenannten Stützenmechanismus. Um eine bestimmte Verschiebung Δ der Dachgeschossdecke, die für eine bestimmte globale Duktilität benötigt wird, zu erzeugen, wären in den Erdgeschossstützen je zwei plastische Gelenke mit einem extrem grossen Rotationswinkel θ_1 erforderlich. Grosse plastische Winkel sind in Stützen jedoch kaum möglich, da die Normalkraft den Querschnitt versprödet. Ferner wird bei diesem Mechanismus durch den N-Δ-Effekt (Einfluss 2. Ordnung) die Fähigkeit der Stütze, Horizontalkräfte zu übertragen, dramatisch vermindert, und auch die Schwerelasten können kaum mehr abgetragen werden. Stützenmechanismen von konventionell bemessenen Rahmen sind häufig Einsturzursache von Hochbauten unter Erdbebeneinwirkung.

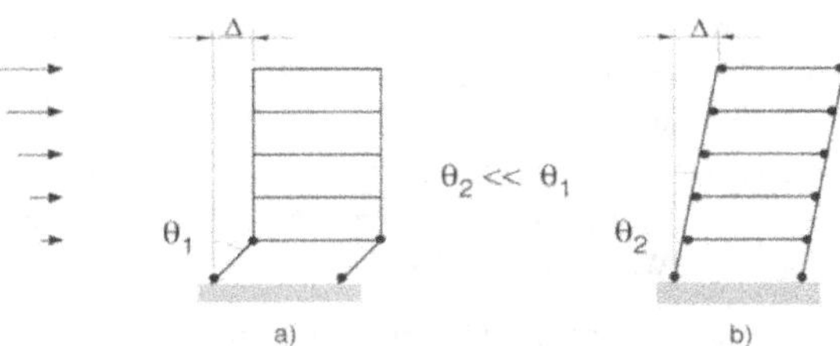

Bild 7.1: Plastische Mechanismen eines einfachen Rahmens mit Erdbebeneinwirkung: a) ungeeigneter
Stützenmechanismus, b) besser geeigneter Riegelmechanismus

Viel besser geeignet ist der sogenannte Riegelmechanismus gemäss Bild 7.1b. Die plastischen Gelenke befinden sich vorwiegend am Ende der Riegel, in den Stützen ist nur je ein Gelenk erforderlich mit einem zum Erreichen der gleichen Verschiebung Δ wie beim Stützenmechanismus viel kleineren Rotationswinkel θ_2. Für die entsprechende Bemessung und konstruktive Durchbildung der Riegel und der Stützen sowie der dortigen plastischen Gelenke gibt die Methode der Kapazitätsbemessung einfache Regeln.

Bild 7.2 zeigt mögliche plastische Mechanismen einer Stahlbetontragwand mit Erdbebeneinwirkung und Schwerelasten. Bei den meisten konventionell bemessenen Tragwänden, bei denen die Biege- und Schubwiderstände in jeder Höhe den aus den Einwirkungen ermittelten Schnittkräften entsprechen, ist zu erwarten, dass sich ungeeignete Mechanismen mit hohen lokalen Duktilitätsanforderungen entwickeln. Die konventionelle Bemessung kann insbesondere bewirken:

- Schubbruch am Wandfuss bevor sich dort die erwünschte Duktilität entwickelt hat (Bild 7.2b)
- Starkes Fliessen der Vertikalbewehrung in oberen Stockwerken, wo keine dementsprechende konstruktive Durchbildung vorhanden ist (Bild 7.2c).

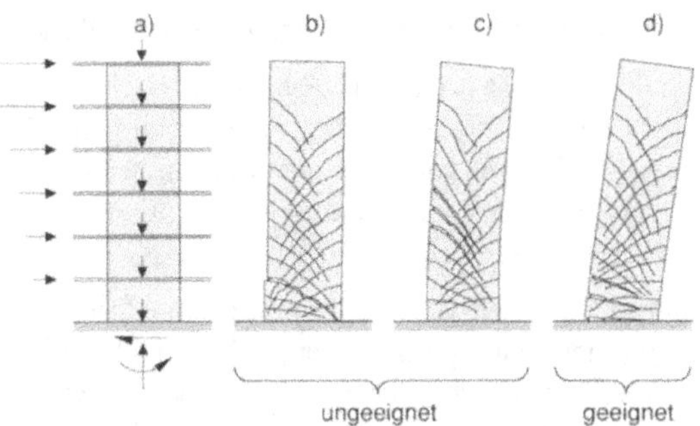

Bild 7.2: Plastische Mechanismen einer Stahlbetontragwand: a) Wand mit Erdbebeneinwirkung und Schwe-
relasten, b) Schubbruch am Wandfuss, c) Fliessen der Vertikalbewehrung in oberen Stockwerken,
d) plastisches Gelenk am Wandfuss

Die Kapazitätsbemessung hingegen sorgt dafür, dass der Schubwiderstand am Wandfuss grösser ist als die Querkraft, die sich simultan mit der Biege-Überfestigkeit im dortigen plastischen Gelenk entwickeln kann; zusätzlich müssen dynamische Effekte berücksichtigt werden (vgl. Abschnitt 7.2.6, Schritt 6). Eine Abstufung der Vertikalbewehrung in Übereinstimmung mit einer passenden Umhüllenden der Biegemomente stellt sicher, dass die oberen Bereiche der Wand immer elastisch bleiben. Es kann sich deshalb nur ein Mechanismus mit einem plastischen Gelenk am Wandfuss entwickeln (Bild 7.2d).

Zur Illustration der obigen Ausführungen über ungeeignete und geeignete plastische Mechanismen bei Stahlbetontragwänden werden Resultate experimenteller Untersuchungen betrachtet. Bild 7.3 zeigt zwei am Institut für Baustatik und Konstruktion (IBK) der ETH Zürich geprüfte Versuchskörper [DWB 95]. Die Wände im Massstab 1:3 entsprechen der Wand eines zweistöckigen Stahlbetonhochbaus, die für Erdbebeneinwirkung der Zone 3b der Norm SIA 160 (Wallis) bemessen worden ist. Um einen direkten Vergleich des Verhaltens zu ermöglichen, wurden beide Wände für die gleiche, mit $K = \mu_\Delta = 2$ ermittelte, Ersatzkraft bemessen; die Biegebewehrungen der beiden Tragwände sind somit identisch. Im übrigen wurde die Wand WS2 gemäss der Norm SIA 162 ausgebildet, was der konventionellen Bemessung entspricht. Bei der Wand WS1 hingegen wurde die Methode der Kapazitätsbemessung angewendet. Der rechnerische Überfestigkeitsfaktor Φ_o (s. Abschnitt 7.1.5) betrug 1.57, was zu einer verstärkten Schubbewehrung führte.

Beide Tragwände wurden im Labor einer statisch-zyklischen Beanspruchung entsprechend globalen Verschiebeduktilitätsfaktoren von $\mu_\Delta = 1, 2, \ldots$ mit jeweils zwei vollständigen Zyklen unterworfen.

Die Versuchsergebnisse belegen auf eindrückliche Weise die oben formulierten Erkenntnisse. Die konventionell bemessene Tragwand WS2 versagte unmittelbar nach Abschluss der Messungen des zweiten Zyklus der Kraft- bzw. Verschiebungsstufe mit $\mu_\Delta = 2$ durch einen Schubbruch. Dieser erfolgte während des Fliessens und teilweise Reissens der Bügelbewehrung (Bild 7.4). Der Duktilitätsfaktor $\mu_\Delta = 2$ entspricht zwar dem in der Norm SIA 160 angegebenen und für die Ermittlung der Ersatzkraft verwendeten Konstruktionsfaktor $K = 2$. Da jedoch vorgängig des Bruches nur je zwei volle Zyklen für $\mu_\Delta = 1$ und $\mu_\Delta = 2$ gefahren wurden, ist das Erdbebenverhalten der konventionell bemessenen Wand ungenügend.

Besser verhielt sich die kapazitätsbemessene Wand WS1. Nach einem Zyklus mit $\mu_\Delta = 3$ kippte sie aber seitlich aus, da - anders als bei der später geprüften Wand WS2 - am oberen Ende keine entsprechende Führung vorhanden war. Ohne dieses versuchstechnisch bedingte Versagen hätte die kapazitätsbemessene Wand wesentlich grössere zyklische Verformungen erfahren können.

Die Versuche bestätigen, dass konventionell bemessene Stahlbetontragwände im allgemeinen wohl ihren Biegewiderstand erreichen, aber bei Vorhandensein erheblicher Querkräfte keine wesentliche Duktilität entwickeln können. Die meisten konventionell bemessenen Stahlbetontragwände dürften wegen zu geringer Schubbewehrung durch einen vorzeitigen relativ spröden Schubbruch versagen.

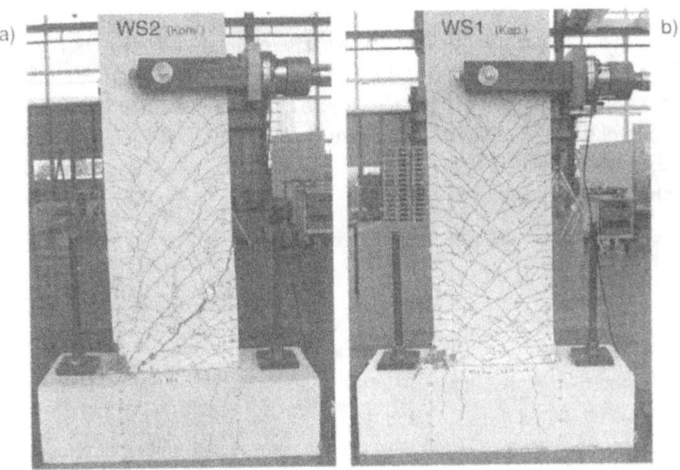

Bild 7.3: Statisch-zyklisch geprüfte Stahlbetontragwände im Massstab 1:3: a) konventionell bemessene Wand WS2 mit vorzeitigem Schubbruch, b) kapazitätsbemessene Wand WS1 mit duktilerem Verhalten [DWB 95]

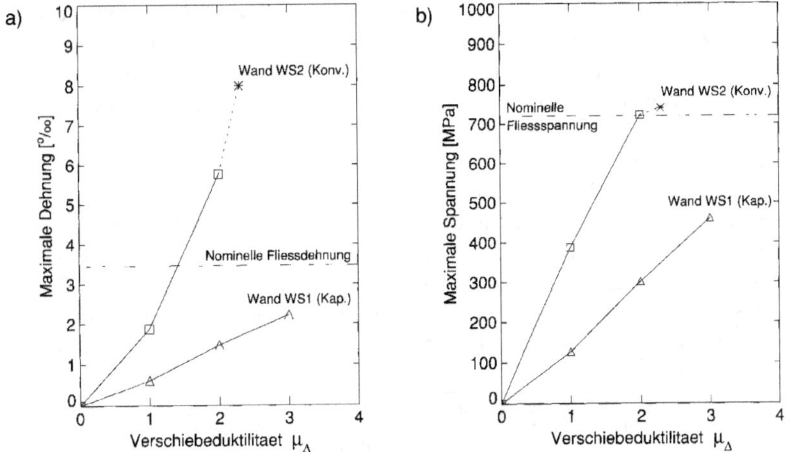

Bild 7.4: Beanspruchung der Bügel im plastischen Gelenk der geprüften Stahlbetonwände WS2 und WS1: a) maximale Dehnungen, b) maximale Spannungen [DWB 95]

7.1.5 Überfestigkeit

Die Überfestigkeit ("overstrength") ist die Kurzbezeichnung für den "Widerstand bei Überfestigkeit" R_o (vgl. Abschnitt 6.1.3). Er wird meist in Form einer Querschnitts-Schnittkraft ausgedrückt. Zum Beispiel ist die Biegeüberfestigkeit eines Stahlbetonwandquerschnittes der mit den effektiven Festigkeiten der Baustoffe, der effektiv eingelegten Bewehrung (nicht der rechnerisch erforderlichen) und der wahrscheinlichst vorhandenen Normalkraft ermittelte plastische Biegewiderstand.

Für Bemessungszwecke ist folgender Ansatz zweckmässig:

$$\Phi_o = \frac{R_o}{S_E} \tag{7.1}$$

Φ_o : Überfestigkeitsfaktor
R_o : Widerstand bei Überfestigkeit
S_E : Bemessungswert der Beanspruchung infolge Erdbeben allein

Der Bemessungswert der Beanspruchung S_E ist die für die Bemessung verwendete Querschnitts-Schnittkraft infolge Erdbebeneinwirkung allein. Zum Beispiel ist der Bemessungswert der Biegebeanspruchung eines Stahlbetonwandquerschnittes infolge Erdbeben das Biegemoment aus der Erdbebeneinwirkung allein.

In Bild 7.5 sind die bei einem Stahlbetonbiegequerschnitt wesentlichen Gründe für die Überfestigkeit bzw. für den Unterschied zwischen dem Widerstand bei Überfestigkeit und dem Bemessungswert der Beanspruchung sowie entsprechende typische Teilfaktoren aufgeführt. Der Faktor für den Widerstand bei Überfestigkeit λ_o ist mit guter Näherung gleich dem Verhältnis zwischen der effektiven Spannung des Bewehrungsstahles im Verfestigungsbereich und der nominellen Fliessspannung und beträgt typischerweise etwa 1.25 (Die Überfestigkeit des Betons ist für einen Biegequerschnitt unwesentlich, müsste aber z.B. für den Querschnitt einer Stütze als Folge der erforderlichen Umschnürungsbewehrung ebenfalls berücksichtigt werden). Der Widerstandsbeiwert γ_R in der allgemeinen Bemessungsbedingung gemäss SIA 160 beträgt für Stahlbeton nach der Norm SIA 162 $\gamma_R = 1.2$. Oft wird effektiv eine grössere als die statisch erforderliche Bewehrung eingelegt (Mindestbewehrung, konstruktive Gründe), was typischerweise einen Faktor zwischen 1.0 und 1.3 ausmachen kann.

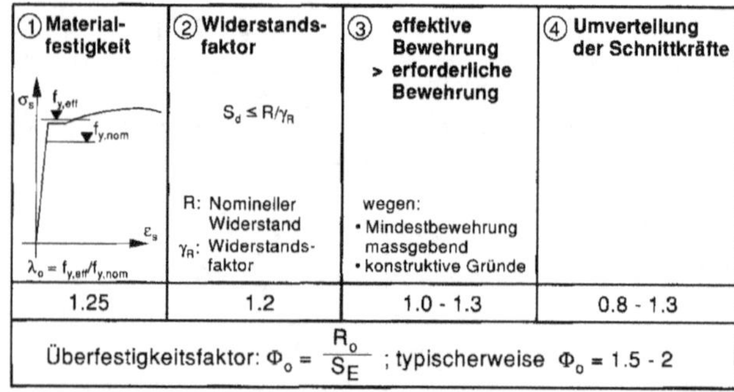

① Material-festigkeit	② Widerstands-faktor	③ effektive Bewehrung > erforderliche Bewehrung	④ Umverteilung der Schnittkräfte
1.25	1.2	1.0 - 1.3	0.8 - 1.3

Überfestigkeitsfaktor: $\Phi_o = \dfrac{R_o}{S_E}$; typischerweise $\Phi_o = 1.5 - 2$

Bild 7.5: Hauptsächliche Gründe für die Überfestigkeit eines Stahlbetonbiegequerschnittes

In besonderen Fällen kann bei statisch unbestimmten Systemen eine plastische Umverteilung der Schnittkräfte vorgenommen werden, was Teilfaktoren unter oder über 1 bewirken kann. Ohne Berücksichtigung solcher Fälle und mit den genannten Teilfaktoren ergibt sich ein Überfestigkeitsfaktor Φ_o von im allgemeinen etwa 1.5 bis 2. Bei der Bemessung für die Schnittkräfte bei Überfestigkeit kann dann allerdings der Widerstandsbeiwert γ_R im allgemeinen zu 1.0 angesetzt werden (vgl. Abschnitt 7.2.6a, Schritt 6). Damit wird beispielsweise die Querkraft in einer Stahlbetontragwand mit Erdbebeneinwirkung bei der Kapazitätsbemessung gegenüber einer konventionellen Bemessung um mindestens etwa den Faktor 1.3 bis 1.7 vergrössert, um zu verhindern, dass während des Fliessens der Längsbewehrung ein Schubbruch und somit ein ungeeigneter Mechanismus eintritt. Mit dieser Massnahme kann ein duktiles Verhalten der Wand sichergestellt werden.

7.1.6 Anwendung der Kapazitätsbemessung

In diesem Abschnitt sollen noch einige Hinweise auf die Anwendung der Methode der Kapazitätsbemessung gegeben werden.

Tabelle 7.3 zeigt eine mögliche Zuordnung der Bemessungsmethoden "Konventionelle Bemessung" und "Kapazitätsbemessung" zu den in Abschnitt 4.4 definierten Duktilitätsklassen. Bei offensichtlichem Ungenügen der konventionellen Bemessung empfiehlt es sich indessen, auch für natürliche Duktilität relevante Erkenntnisse aus der Kapazitätsbemessung zu berücksichtigen. Ein Beispiel hiefür ist, bei Stahlbetontragwänden eine wesentliche Verstärkung der Schubbewehrung vorzunehmen.

Bemessungsmethoden	Duktilitätsklassen
Konventionelle Bemessung	Elastisches Verhalten Natürliche Duktilität
Kapazitätsbemessung	Beschränkte Duktilität Volle Duktilität

Tabelle 7.3: Zuordnung von Bemessungsmethoden und Duktilitätsklassen

In Normen sind die folgenden Bemessungsmethoden zugrundegelegt (Beispiele):

- Die Erdbebenbestimmungen von Neuseeland basieren vollständig und konsequent auf der Kapazitätsbemessung.
- Die Erdbebenbestimmungen des Eurocodes 8 [EC 8] und der USA [UBC 88] enthalten einzelne Regeln und ganze Teile, die auf der Kapazitätsbemessung basieren.
- Die Erdbebenbestimmungen der Norm SIA 160 [SIA 160] beruhen auf der natürlichen Duktilität und der konventionellen Bemessung:
  - Es werden verhältnismässig niedrige Duktilitätsfaktoren μ_Δ (= Verformungsfaktoren K der Bauwerksklasse I) bis maximal 2.5 verwendet.
  - Die Bemessung erfolgt nach den Normen SIA 161, SIA 162 usw.

Es bereitet jedoch keine besonderen Schwierigkeiten, auf der Basis der Norm SIA 160 eine Kapazitätsbemessung etwa mit den in Tabelle 4.1 enthaltenen Duktilitätsfaktoren $\mu_\Delta = K$ durchzuführen. Eine Abminderung der elastischen Ersatzkraft mit dem Faktor $1/K$ auch für $K > 2.5$ (vgl. Art. 4 19 71 der Norm) im ganzen Frequenzbereich erscheint wegen dem durch die Kapazitätsbemessung bewirkten hohen Schutzgrad gegen Einsturz als zulässig. Dabei ist jedoch im Hinblick auf die Beschränkung der akzeptierten Schäden (Normschadenbilder, vgl. [Bac+ 89]) den Verformungen des Tragwerks und der dadurch möglichen Gefährdung der nichttragenden Elemente besondere Beachtung zu schenken.

- Die Erdbebenbestimmungen der Norm DIN 4149 [DIN 4149] beruhen ebenfalls auf der natürlichen Duktilität (keine Differenzierung nach Tragwerksart) und der konventionellen Bemessung (mit einigen Sonderbestimmungen zugunsten der Duktilität).

Allgemein ist festzustellen, dass sich die Kapazitätsbemessung international immer mehr durchsetzt.

7.2 Stahlbetontragwände

Hinweise zu Definition, Eignung und Gestaltung von Stahlbeton-Tragwänden wurden bereits im 4. Kapitel, insbesondere in den Abschnitten 4.2.2, 4.4, 4.5, 4.6.1 und 4.7.6 sowie im vorstehenden Abschnitt 7.1.4 gegeben. Die kragarmförmigen und relativ steifen Tragwände gehen über mehrere Geschosse eines Gebäudes, und sie werden vorwiegend durch Biegemomente und Querkräfte infolge der horizontalen Erdbebenkräfte beansprucht (Bild 7.6).

Stahlbetontragwände können durch besondere Bemessung und konstruktive Durchbildung (Kapazitätsbemessung) duktil gestaltet werden [Bac+ 02]. Ohne eine solche Bemessung und konstruktive Durchbildung besteht die Gefahr von baldigen relativ spröden Brüchen, insbesondere von Schubbrüchen im plastischen Gelenk am Wandfuss, was zum Versagen und Einsturz des ganzen Tragwerks eines Hochbaus führen kann.

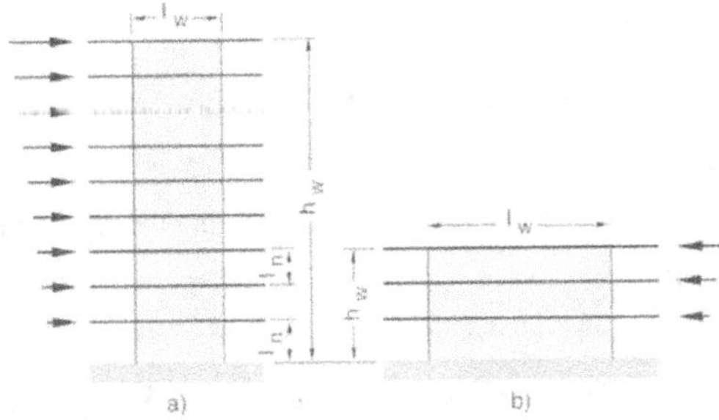

Bild 7.6: Kragarmförmige Tragwände mit Erdbeben-Ersatzkräften:
a) schlanke Tragwand, b) gedrungene Tragwand (nach [PBM 90])

Solche Tragwände in Skelettbauten zur Abtragung horizontaler Erdbebenkräfte werden gelegentlich auch als "Schubwände" bezeichnet. Dieser Begriff scheint jedoch nicht sehr glücklich gewählt, weil solche Wände meist wie Stäbe behandelt werden können, die als Kragarme im Fundament eingespannt sind. Ihre primäre Beanspruchung ist meist die Biegung und weniger die Querkraft. Solche Wände sollten deshalb besser als Tragwände denn als Schubwände bezeichnet werden.

7.2.1 Arten und Begriffe

Bei Stahlbetontragwänden könne die folgenden Arten und Begriffe unterschieden werden:

Schlanke Tragwände

Wenn das Verhältnis Wandhöhe h_w zu Wandlänge l_w grösser als etwa 3 ist, überwiegt die Biegung, und die Wände können als "schlanke Tragwände" bezeichnet werden (Bild 7.6a).

Gedrungene Tragwände

Wenn h_w / l_w kleiner als etwa 3 ist, so ist der Einfluss der Querkraft auf das plastische Verhalten wesentlich, und die Wände können als "gedrungene Tragwände" bezeichnet werden (Bild 7.6b).

Zusammenwirkende Tragwände

Oft sind in einem Skelettbau mehrere Tragwände als parallele Kragarme vorhanden, die durch die Geschossdecken zum Zusammenwirken gezwungen werden. Die Geschossdecken werden in ihrer Ebene als starr jedoch senkrecht dazu als biegeweich angenommen, und sie müssen dementsprechend ausgebildet werden (vgl. Abschnitt 4.3.2). Dadurch sind die Verschiebungen und Verdrehungen der einzelnen Tragwände eines Gebäudes in bestimmter Höhe durch die Starrkörperverschiebungen und -Verdrehungen der betreffenden Deckenscheibe bestimmt. Diese Wände können deshalb als "zusammenwirkende Tragwände" bezeichnet werden (Bild 4.5).

Gekoppelte Tragwände

Wenn zwei Tragwände in ihrer Ebene durch biege- und schubsteife Riegel gekoppelt sind ("Koppelungsriegel"), werden sie als "gekoppelte Tragwände" bezeichnet (Bild 4.4).

7.2.2 Querschnittsformen

Bild 7.7 zeigt häufig vorkommende Querschnittsformen von Stahlbeton-Tragwänden:

a) Rechteckquerschnitt

Die Wandstärke b_w liegt in der Regel zwischen 0.22 m und 0.30 m. Die Wandlänge l_w beträgt meist etwa 2 m bis 6 m.

b) Rechteckquerschnitt mit ein- oder beidseitiger Endverstärkung

Eine Endverstärkung wirkt sich günstig aus bezüglich Ausbeulen (s. Abschnitte 4.7.5 und 7.2.7), und sie erhöht die Biegesteifigkeit und den Biegewiderstand der Wand. Eine Endverstärkung passt auch in den Grundrissraster und erleichtert den Anschluss von Rahmenriegeln bei kombinierten oder gemischten Tragwand-Rahmensystemen. Vor allem bei beidseitiger Endverstärkung kann die Stegstärke so gering wie konstruktiv und ausführungstechnisch möglich gehalten werden ($b_w \approx 0.22$ m). Endverstärkungen können ähnlich wie Stützen ausgebildet werden.

c) Querschnitt mit ein- oder beidseitigem Flansch

Ein Flansch bietet sich vor allem bei beschränkter Wandlänge l_w zur Erzielung des erforderlichen Biegewiderstandes an, oder infolge bestimmter gegebener Platzverhältnisse (z.B. Hausecke). Solche Querschnitte müssen indessen - anders als bei relativ dünnen Rechteck-

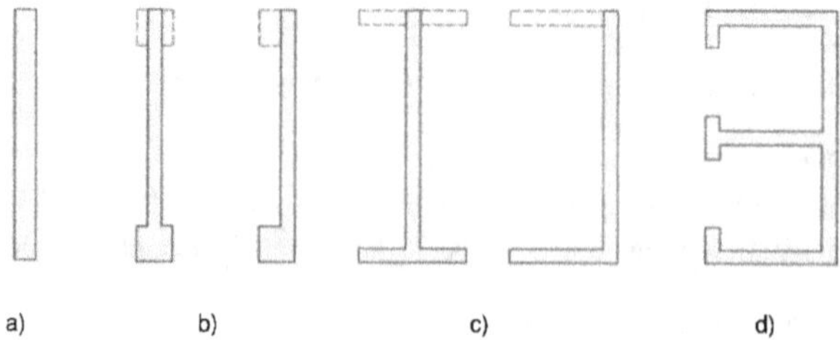

Bild 7.7: Häufig vorkommende Querschnittsformen von Stahlbeton-Tragwänden: a) Langes schmales Rechteck, b) mit Endverstärkungen, c) mit Flanschen, d) Kern

querschnitten mit und ohne Endverstärkungen - für Erdbebeneinwirkungen in beiden orthogonalen Richtungen bemessen werden, was eine Verkomplizierung darstellen kann.

d) Querschnitte von Kernen

Bei Servicekernen für Liftschächte, Treppenhäuser, Versorgungs- und Entsorgungsleitungen usw. entstehen kompliziertere Querschnitte, die ebenfalls für Erdbebenkräfte in beiden orthogonalen Richtungen wirksam sind und hiefür bemessen werden müssen. Solche Querschnitte werden wegen der Öffnungen für Türen usw. meist zweckmässigerweise als offene (Hohl-)Querschnitte aufgefasst und ausgebildet. Dementsprechend sind die Türstürze als nichttragend in nur leicht bewehrtem Beton oder (besser) mittels nachgiebigen Füllmaterialien zu gestalten.

Weitere, seltener vorkommende Tragwandquerschnitte sind in [PBM 90] beschrieben.

7.2.3 Versagensarten

In Bild 7.8 sind typische Versagensarten kragarmartiger Stahlbeton-Tragwände schematisch dargestellt. Die Versagensarten gemäss Bild 7.8b und c entsprechen den in Bild 7.2d bzw. b dargestellten geeigneten bzw. ungeeigneten Mechanismen.

Die Energiedissipation sollte hauptsächlich durch Fliessen der vertikalen Biegebewehrung im Bereich des plastischen Gelenks, normalerweise am Wandfuss, erfolgen. Es ist daher eine Versagensart gemäss Bild 7.8b, d.h. Versagen auf Biegung, anzustreben. Versagensarten, die unbedingt verhindert werden müssen, sind solche, die durch die Querkraft hervorgerufen werden: Versagen infolge schrägen Drucks, d.h. Bruch des Betons vor dem Fliessen der Bügelbewehrung, Versagen infolge schrägen Zugs gemäss Bild 7.8c, d.h. Fliessen der horizontalen Bügel auf Zug, oder Versagen infolge Gleitschubs, d.h. Gleiten entlang einer Arbeitsfuge gemäss Bild 7.8d.

Weitere zu verhindernde Versagensarten sind: Ausbeulen dünner Wandteile, Instabilität, d.h. Ausknicken der Vertikalbewehrung bei Druckbeanspruchung nach Zugfliessen, sowie Verankerungsbruch der Vertikalbewehrung durch Überbeanspruchung des Verbundes vor allem im Bereich von Bewehrungsstössen.

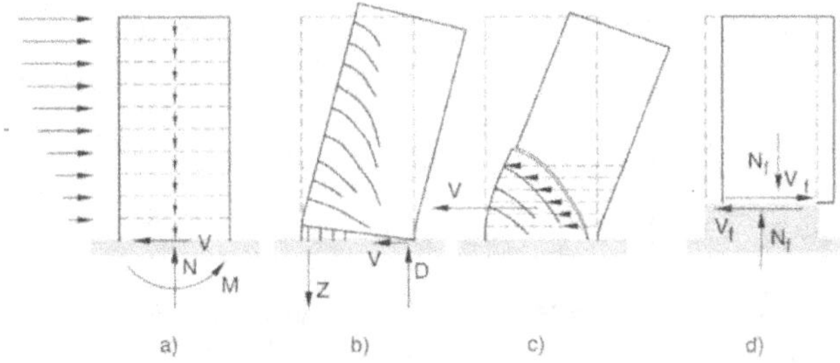

Bild 7.8: Versagensarten von Stahlbeton-Tragwänden (schematisch):
a) Kräfte und Reaktionen, b) Biegung, c) Schrägzug, d) Gleitschub (nach [PBM 90])

Die *Hauptgefahr* bei Tragwänden ist die *Wirkung der Querkraft im plastischen Gelenk* und somit eine ungenügende Schubbemessung. Denn wenn eine Tragwand nur für die Querkraft aus den statischen Erdbeben-Ersatzkräften bemessen wird (konventionelle Bemessung), ist es sehr wahrscheinlich, dass sie im Bereich des plastischen Gelenks eine zu geringe Schubbewehrung aufweist und deshalb infolge schrägen Zugs vorzeitig versagt. Die Querkraft beim Fliessen der Biegebewehrung kann nämlich wesentlich grösser werden als die Querkraft aus den Erdbeben-Ersatzkräften, und die zyklische Beanspruchung mit plastischen Verformungen der Vertikalbewehrung und sich kreuzenden Biegeschubrissen vergrössert zusätzlich die Bügelkräfte und Bügelverformungen. Diese Gefahr kann jedoch durch die Anwendung der Methode der Kapazitätsbemessung abgewendet werden.

7.2.4   Geeignete Mechanismen

Bei der Plastifizierung von Stahlbeton-Tragwänden können je nach Ort der sich bildenden plastischen Gelenke grundsätzlich sehr verschiedene Mechanismen entstehen. Zur stabilen Energiedissipation geeignete und daher mit allen zur Verfügung stehenden Mitteln und Massnahmen anzustrebende Mechanismen sind in Bild 7.9 schematisch dargestellt. Wichtige Hinweise dazu sind:

- In sämtlichen Tragwänden sollte das plastische Gelenk stets am Wandfuss entstehen. Plastische Gelenke in oberen Stockwerken sind unzulässig.
- Bei zusammenwirkenden Tragwänden sind die in den dünnen Decken elastisch oder in plastischen Gelenken entstehenden Biegemomente und Querkräfte verhältnismässig klein. Sie dürfen deshalb in der Regel vernachlässigt werden.
- Bei gekoppelten Tragwänden hingegen sind die in den plastischen Gelenken der Koppelungsriegel entstehenden Biegemomente und Querkräfte wesentlich. Sie müssen wegen ihres Einflusses auf die Normalkräfte, Biegemomente und Querkräfte in den beiden Tragwänden unbedingt berücksichtigt werden [PBM 90].

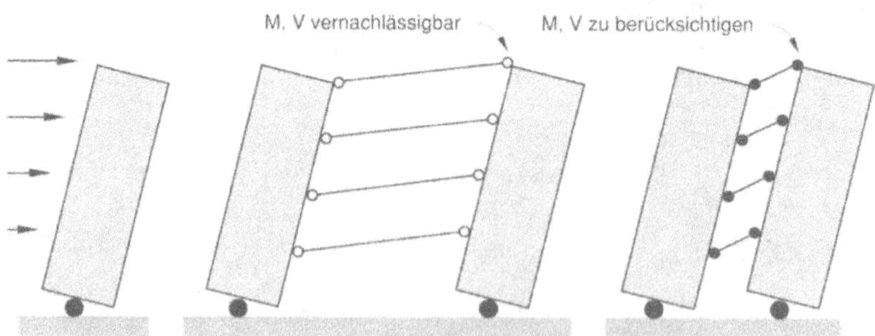

Bild 7.9: Geeignete Mechanismen von Tragwänden (schematisch):
a) Einzelne Tragwand, b) Zusammenwirkende Tragwände, c) Gekoppelte Tragwände (nach [PBM 90])

7.2.5 Konventionelle Bemessung

Eine konventionelle Bemessung einer Tragwand, d.h. eine direkte Bemessung für die Schnitt-kräfte M und V infolge der Erdbeben-Ersatzkräfte (sowie N aus Schwerelasten) auf analoge Weise wie für Schnittkräfte aus Schwerelasten und Windkräften, führt zu einem eher zufälli-gen und unkontrollierten Erdbebenverhalten. Vor allem besteht die Gefahr, dass bereits bei oder bald nach Beginn der Plastifizierung der Vertikalbewehrung am Wandfuss ein Schub-bruch infolge Fliessen der Schubbewehrung eintritt (vgl. Abschnitt 7.1.4). Von einer "reinen" konventionellen Bemessung ist daher auch für kleine (natürliche) Duktilität grundsätzlich ab-zuraten. Zumindest sollte die Schubbewehrung im plastischen Gelenk gemäss den Regeln der Kapazitätsbemessung wesentlich verstärkt werden (Abschnitt 7.2.6a). Aber auch dann sollte die rechnerisch ansetzbare Duktilität den Wert $\mu_\Delta = 2$ (vgl. Abschnitt 4.4) nicht überschrei-ten.

7.2.6 Kapazitätsbemessung schlanker Tragwände

a) Kapazitätsbemessung schlanker Tragwände für beschränkte Duktilität $\mu_\Delta \approx 3$

Nachfolgend wird das Vorgehen bei der Kapazitätsbemessung einer einzelnen schlanken Tragwand gezeigt. Dabei wird vorausgesetzt, dass eine Bemessung für die Duktilitätsklasse "beschränkte Duktilität", d.h. für eine Gesamtduktilität entsprechend einem Verschiebeduk-tilitätsfaktor $\mu_\Delta \approx 3$ durchgeführt werden soll. Dies entspricht gemäss Bild 3.15 je nach Ver-hältnis h_w/l_w im plastischen Gelenk am Wandfuss einem Krümmungsduktilitätsfaktor von bis zu $\mu_\phi \sim 9$. Dies bedeutet, dass dort zyklische plastische Dehnungen der Vertikalbeweh-rung bis etwa zum Neunfachen der Dehnung beim Fliessbeginn zu erwarten sind.

Es wird angenommen, dass die Schnittkräfte

- M und V infolge Erdbeben-Ersatzkräften (oder aus einer Berechnung mit dem Antwort-spektrenverfahren)
- N aus den Schwerelasten (Dauerlasten = Eigenlasten des Tragwerks und Auflasten, plus die bei einem Erdbeben vorhandenen wahrscheinlichen Nutzlasten)

über die ganze Wandhöhe bereits bestimmt worden seien (vgl. 6. Kapitel) und zur Verfügung stehen.

Die Kapazitätsbemessung wird in 10 Schritten durchgeführt [BP 90].

Schritt 1: Wahl des plastischen Mechanismus und der Länge des plastischen Gelenks

Es soll am Wandfuss ein plastisches Biegegelenk entstehen können.

Die Ausdehnung (Höhe) des potentiellen plastischen Gelenks kann zum grösseren der beiden folgenden Werte angenommen werden [PBM 90]:

- Wandlänge l_w
- ein Sechstel der Gesamthöhe h_w, höchstens aber $2\,l_w$.

In vielen Fällen ist $h_w/l_w < 6$ und somit der erstgenannte Wert massgebend.

Die tatsächliche Ausdehnung des plastischen Bereichs hängt von verschiedenen Parametern ab. Die oben angegebenen Werte sollen sicherstellen, dass sich die Zone mit den besonders sorgfältig zu gestaltenden Querbewehrungen

- für die Stabilisierung der Vertikalbewehrung
- für die Querkraft

auf den grösstmöglichen plastischen Bereich erstreckt.

Schritt 2: Biegebemessung im plastischen Gelenk

Der Einspannquerschnitt einer Tragwand wird für die Schnittkräfte Biegemoment M (infolge der Ersatzkräfte) und Normalkraft N (infolge von Dauerlasten und der bei einem Erdbeben vorhandenen wahrscheinlichen Nutzlasten) mit den bekannten Grundlagen des Stahlbetons bemessen. Ein bewährtes Hilfsmittel sind Interaktionsdiagramme. Bild 7.10 zeigt als Beispiel Interaktionsdiagramme für eine Tragwand mit Rechteckquerschnitt und unterschiedlichen jedoch stets symmetrischen Bewehrungen. Sie wurden mit in der Norm SIA 162 enthaltenen Annahmen und Baustoff-Kennwerten berechnet.

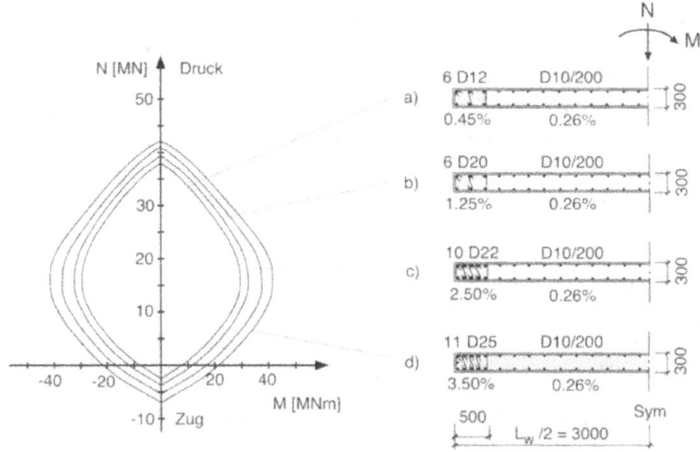

Bild 7.10: Interaktionsdiagramme für Biegung mit Normalkraft einer Tragwand mit Rechteckquerschnitt und unterschiedlichen symmetrischen Bewehrungen

Bei einmalig vorkommenden aufgelösten Querschnitten wird es sich im allgemeinen nicht lohnen, Interaktionsdiagramme zu berechnen. Bei der Bemessung der Bewehrungen muss dann direkt auf die grundlegenden Beziehungen zurückgegriffen und eine Lösung "von Hand" erarbeitet werden. Die Berechnung besteht aus einer Anzahl ziemlich rasch konvergierender iterativer Schritte ("Probierverfahren" mit Annahme verschiedener Dehnungsebenen, Ermittlung der inneren Kräfte und Kontrolle des Gleichgewichts, dann Bestimmung des Biegewiderstandes, s. [PBM 90]). Sie eignet sich gut zur Programmierung auf Kleinrechnern.

Zur Illustration dient Bild 7.11. Die Dehnungsebene ist bestimmt durch die rechnerische Betonbruchstauchung ε_{cu} (normalerweise zu 0.0035 angenommen) und den Abstand x der neu-

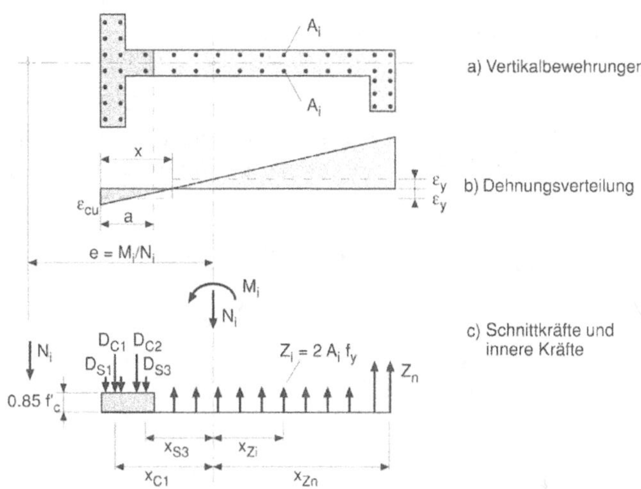

Bild 7.11: Aufgelöster Querschnitt einer Tragwand mit
a) Vertikalbewehrungen, b) Dehnungsverteilung, c) Schnittkräfte und innere Kräfte (nach [PBM 90])

tralen Achse von der Druckkante. ε_y ist die Fliessdehnung bzw. die Fliessstauchung des Stahls. a ist die Höhe des Spannungsblocks mit konstanter Betondruckspannung $0.85\,f_c'$, wobei f_c' der 5% Fraktilwert der Zylinderdruckfestigkeit ist [PBM 90]. Der Spannungsblock wird auf $a/x = 0.85$ begrenzt angenommen. Die Betondruckkräfte der einzelnen Teilflächen der Druckzone sind mit D_{ci}, die Stahldruckkräfte mit D_{si} und die Stahlzugkräfte mit Z_i bezeichnet.

Der örtliche Vertikalbewehrungsgehalt ρ_l, berechnet mit der Brutto-Betonquerschnittsfläche (siehe Gl. (7.5)), sollte nicht weniger als $0.8/f_y$ [N/mm^2] (0.17% für $f_y = 460$ N/mm^2) und nicht mehr als $16/f_y$ [N/mm^2] (3.5% für $f_y = 460$ N/mm^2) betragen. Diese Grenzen sollen breite Risse bei kleiner Beanspruchung vermeiden (Mindest-Bewehrungsgehalt) bzw. die praktische Ausführbarkeit sicherstellen (Höchst-Bewehrungsgehalt).

Schritt 3: Sicherstellung der Wandstabilität im plastischen Gelenk

In Wänden mit Rechteckquerschnitt (siehe Bild 7.7a) besteht im Bereich des plastischen Gelenks unter inelastischen zyklischen Beanspruchungen die Gefahr des seitlichen Ausbeulens gemäss Bild 7.12 und Bild 7.13. Um dieser zu begegnen sind die nachstehenden nach [PBM 90] für $\mu_\Delta = 3$ hergeleiteten Regeln zu beachten:

Vorerst ist zu prüfen, ob

$$x \leq 4b \tag{7.2}$$

$x:$ Abstand der neutralen Achse von der Druckkante unter den Bemessungsschnittkräften Biegemoment (infolge der Ersatzkräfte) und Normalkraft (infolge Dauerlasten und wahrscheinlicher Nutzlasten) (Bilder 7.11 und 7.13)

$b:$ Wandstärke in der Druckzone (Bild 7.13)

Ist diese Bedingung nicht erfüllt, so muss die Wandstärke über mindestens die Länge $x/2$ (von der Druckkante aus gemessen) vergrössert werden auf

$$b \geq l_n / 12 \qquad (7.3)$$

l_n : lichte Höhe der Wand zwischen zwei übereinanderliegenden benachbarten Decken (oder zwischen anderen seitlichen Halterungen der Wand)

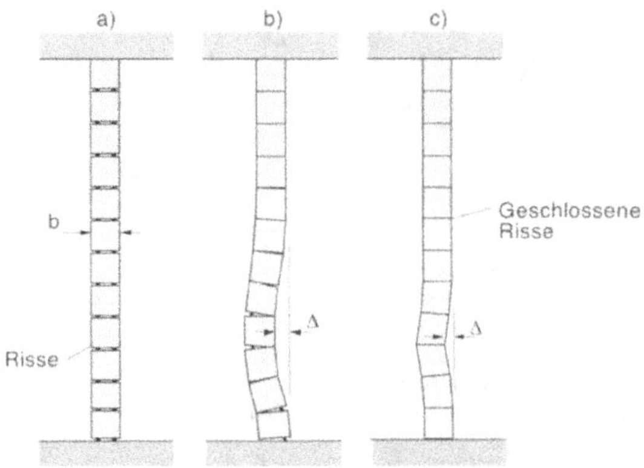

Bild 7.12: Verformungen im Beulbereich eines Wandquerschnitts: a) Wand nach inelastischer Zugdehnung, b) Grosse Querverformung, c) Kleine Querverformung (nach [PBM 90])

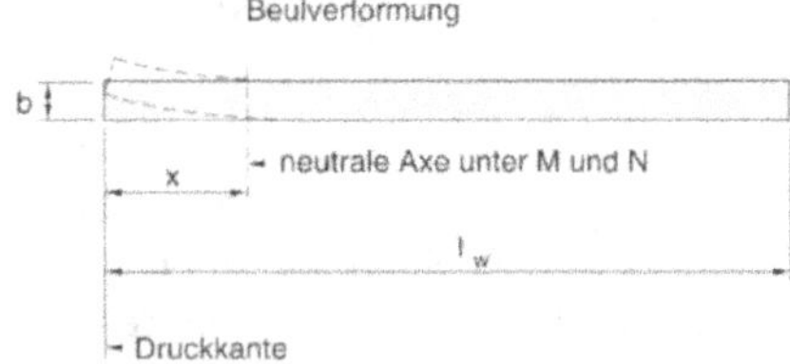

Bild 7.13: Rechteckquerschnitt einer Tragwand mit Beulverformung (nach [PBM 90])

Diese Bedingung, die nur im plastischen Gelenk gilt, lässt sich meist leicht erfüllen. Zum Beispiel ergibt sich für l_n = 3.60 m (lichte Höhe des Erdgeschosses) eine erforderliche Wanddicke von 0.30 m. In kritischen Fällen kann auf die differenzierteren und teilweise liberaleren Regeln von [PBM 90] und vor allem von [PP 92] zurückgegriffen werden.

Schritt 4: Sicherstellung der Krümmungsduktilität im plastischen Gelenk

Ein Mass für die Krümmungsduktilität im plastischen Gelenk ist die relative Höhe der Druckzone im Wandquerschnitt (Bilder 7.11 und 7.13). Der Abstand der neutralen Achse von der Druckkante sollte deshalb gemäss [PBM 90] für $\mu_\Delta \approx 3$ höchstens betragen:

$$x \leq 0.2 l_w \qquad (7.4)$$

l_w : Wandlänge

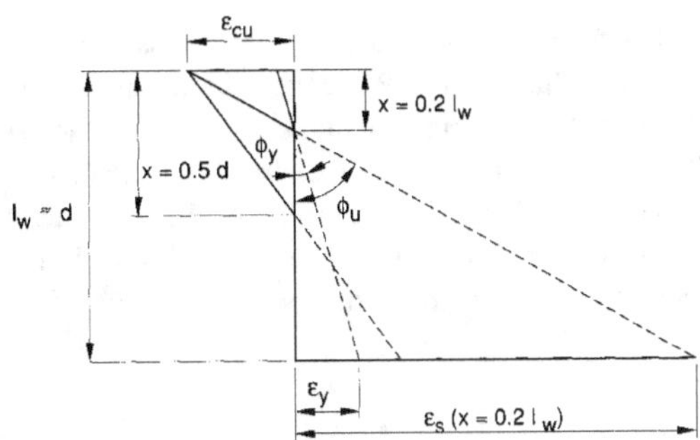

Bild 7.14: Dehnungsverteilungen für verschiedene Bedingungen

Ist diese Bedingung nicht erfüllt, muss der Wandquerschnitt vergrössert werden. Besonders effizient zur Verkleinerung von x/l_w ist die Beifügung einer Endverstärkung oder - noch besser - eines (Druck-)Flansches gemäss Bild 7.7b und c. Eine ebenfalls mögliche Verstärkung der (Druck-)Bewehrung führt zu einer Vergrösserung des Biegewiderstandes und einer Verkleinerung der Duktilität bei Erdbebeneinwirkung in umgekehrter Richtung, was je nach Verhältnissen unerwünscht sein kann.

Die Bedingung Gl. (7.4) kann mit Hilfe von Bild 7.14 verifiziert werden:

- Eingetragen zum Vergleich ist die Dehnungsverteilung entsprechend der Bedingung $x \le 0.5d$ nach SIA 162. Damit soll bei vorwiegend auf Biegung beanspruchten Bauteilen sichergestellt werden, dass die Bewehrung ins Fliessen kommt, d.h. dass kein Betonbruch vor Fliessbeginn des Stahles auftritt, was bekanntlich auf eine Begrenzung des Bewehrungsgehaltes hinausläuft ($\rho \le \rho_{Grenz}$). Allgemein ist *die Lage der neutralen Achse ein Mass für die Duktilität des Querschnittes*. Je kleiner der Abstand der neutralen Achse von der Druckkante, desto grösser ist die Duktilität.

- Im weitern ist im Bild 7.14 die Dehnungsebene mit ε_{cu} für $x = 0.2l_w$ dargestellt. Für $\varepsilon_{cu} = 3.5‰$ und $f_y = 460$ N/mm^2 gelten die folgenden rechnerischen Werte:

$$\varepsilon_y = f_y/E_s = 4.6/2.1 = 2.2‰$$
$$\varepsilon_s (x=0.2l_w) = 3.5 (1 - 0.2)/0.2 = 14‰$$
$$\mu_\varepsilon = \varepsilon_u/\varepsilon_y = 14/2.2 \approx 6$$

In Wirklichkeit sind ε_{cu} und f_y meist grösser, z.B. ist $\varepsilon_{cu} = 4$ ‰ (ohne besondere Umschnürung des Betons) und $f_y = 550$N/mm^2, was sich jedoch kaum auswirkt:

$$\varepsilon_y = f_y/E_s = 5.5/2.1 = 2.6‰$$
$$\varepsilon_s (x=0.2l_w) = 4(1-0.2)/0.2 = 16‰$$
$$\mu_\varepsilon = \varepsilon_u/\varepsilon_y = 16/2.6 \approx 6$$

- Die Krümmungsduktilität $\mu_\phi = \phi_u/\phi_y$ ist etwa gleich der Dehnungsduktilität $\mu_\varepsilon = \varepsilon_u/\varepsilon_y$, d.h. $\mu_\phi \approx \mu_\varepsilon$, sofern die Lage der neutralen Achse für ϕ_y wie für ϕ_u angenommen wird (Bild 7.14). Dies erscheint angesichts anderer Näherungen als zulässig.

- Gemäss Bild 3.15 wird bei Stahlbeton-Tragwänden für $\mu_\Delta = 3$ eine Krümmungsduktilität $\mu_\phi \approx 6$ für eine Wandschlankheit $h_w/l_w \le \sim 4$ erforderlich. Für grössere Wandschlankheiten wird deshalb die Bedingung gemäss Gl. (7.4) verschärft. Z.B. für die - sehr seltene - Wandschlankheit $h_w/l_w = 12$ wird $\mu_\phi = 9$, was mit $x \le 0.15l_w$ erreicht werden kann.

Schritt 5: Stabilisierung der Vertikalbewehrung im plastischen Gelenk

Im plastischen Gelenk erfahren die vertikalen Bewehrungsstäbe in der für eine Verschiebungsrichtung entstehenden Zugzone des Wandquerschnitts eine erhebliche plastische Zugdehnung. Nach Umkehr der Verschiebungsrichtung müssen die Stäbe zuerst auf Druck fliessen, bevor sich die Risse schliessen und eine Betondruckkraft entstehen kann. In dieser Phase und nach Abplatzen der Betonüberdeckung besteht, auch wegen des Bauschinger-Effekts, die Gefahr des Ausknickens der Vertikalstäbe (siehe [PBM 90]). Daher sollte eine "Stabilisierungs"- oder "Haltebewehrung" in Form von horizontalen Bügeln und Verbindungsstäben angeordnet werden.

Stabilisierungszone

Es sind die Vertikalstäbe in denjenigen Bereichen des Wandquerschnitts zu stabilisieren, in denen die folgende Bedingung erfüllt ist:

$$\rho_l = \frac{\Sigma A_b}{b s_v} \geq \frac{3}{f_y} \quad [\text{N,mm}^2] \tag{7.5}$$

mit

ρ_l :   örtlicher Bewehrungsgehalt in vertikaler Richtung

ΣA_b :   Summe der Querschnittsflächen [mm^2] der vom Bügel bzw. vom Verbindungsstab umfassten Vertikalstäbe einschliesslich der nicht direkt gehaltenen Zwischenstäbe; Vertikalstäbe, die mehr als 75 mm innerhalb der Innenkante eines Bügels liegen, müssen bei der Ermittlung des Wertes ΣA_b nicht berücksichtigt werden

b :   Wanddicke

s_v :   horizontaler Abstand der vertikalen Stäbe

f_y :   Rechenwert der Fliessspannung der Vertikalbewehrung.

Diese Bedingung ist im Bild 7.15 erläutert. Für den linken Wandteil gilt $\rho_l = 2A_b/bs_v$. Im Falle eines geringen örtlichen Bewehrungsgehalts ($\rho_l < 3/f_y \approx 0.65\,\%$ für $f_y = 460$ N/mm^2) tragen die Vertikalstäbe wenig zum Druckwiderstand bei, und ihr Ausknicken hat keinen Einfluss auf den Gesamttragwiderstand, so dass keine Stabilisierungsbewehrung erforderlich ist.

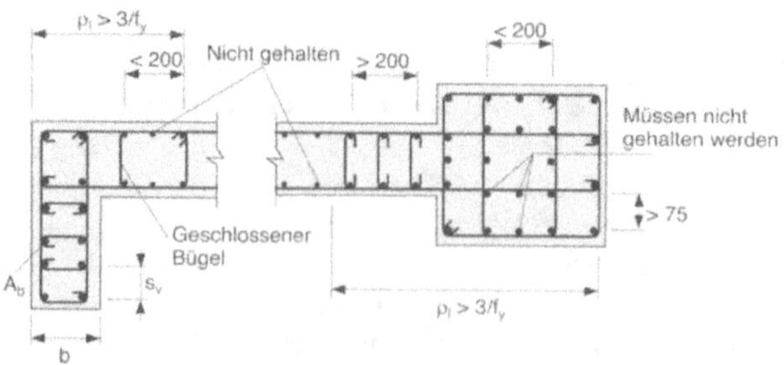

Bild 7.15: Horizontale Bügel und Verbindungsstäbe zur Stabilisierung der Vertikalbewehrung im plastischen Gelenk von Tragwänden (nach [PBM 90])

Stabilisierungsbewehrung

Als Stabilisierungsbewehrung sollen horizontale Stäbe, d.h. Bügel und die Vertikalstäbe umfassende Verbindungsstäbe, wie folgt vorgesehen werden:

a)   Die Bewehrung soll so angeordnet werden, dass jeder einzelne Vertikalstab bzw. jedes ganze Bündel von Vertikalstäben nahe der Betonoberfläche von einer 90°-Abbiegung eines Bügels oder mindestens von einem 135°-Endhaken eines Verbindungsstabes gehalten werden. Beträgt der Abstand zweier Vertikalstäbe weniger als 200 mm, so dürfen Zwischenstäbe ungehalten bleiben (Bild 7.15).

b)   Der erforderliche Bewehrungsquerschnitt kann ermittelt werden gemäss

$$A_{te} = \frac{A_b f_y s_h}{16 f_{yh} 100} \;[\text{mm}] \tag{7.6}$$

A_{te}:   Querschnittsfläche [mm^2] eines horizontalen Stabes in der Richtung des möglichen Ausknickens des gehaltenen Vertikalstabes mit der Querschnittsfläche A_b [mm^2]. Bei A_b sind allfällige ungehaltene Zwischenstäbe anteilmässig zu berücksichtigen.

f_{yh}:   Rechenwert der Fliessspannung der horizontalen Stabilisierungsbewehrung

s_h: vertikaler Abstand der horizontalen Bügel und Verbindungsstäbe.

Für s_h = 100 mm und $f_{yh} = f_y$ beträgt somit der Querschnitt der Stabilisierungsbewehrung 1/16 des Querschnittes der stabilisierten Vertikalbewehrung. Die Stabilisierung kann also durch relativ dünne horizontale Stäbe erreicht werden (z.B. ein Stab vom Durchmesser 8 mm mit s_h = 100 mm zur Stabilisierung von 2 Stäben vom Durchmesser 22 mm).

c)   Der vertikale Abstand s_h soll nicht mehr als der fünffache Durchmesser des gehaltenen Vertikalstabs betragen, d.h. $s_h \leq 5$ Durchmesser (Dies bedeutet z.B. $s_h \leq 60\,\text{mm}$ für Stäbe vom Durchmesser 12 mm oder $s_h \leq 100\,\text{mm}$ für Stäbe vom Durchmesser 20 mm)

d)   Die Bügel und Verbindungsstäbe dürfen, wenn geeignet, gleichzeitig auch zur Querkraftübertragung verwendet werden.

Schritt 6: Schubbemessung im plastischen Gelenk

Ermittlung der grössten möglichen Querkaft am Wandfuss

Das Biegemoment im Einspannquerschnitt am Wandfuss bei Plastifizierung der Vertikalbewehrung ist erheblich grösser als das Moment infolge Erdbeben (Ersatzkräfte). Es wird die Überfestigkeit der Baustoffe aktiviert - bei vorherrschender Biegung ist der Bewehrungsstahl massgebend -, die erheblich über dem Rechenwert dieser Baustoffe liegen kann (vgl. Abschnitt 6.1.3). Zur Vergrösserung des Momentes tragen ferner der Widerstandsbeiwert γ_R und meist auch die effektive Anordnung und Menge der Vertikalbewehrung anstelle der statisch erforderlichen Bewehrung bei (vgl. Abschnitt 7.1.5). Diese Einflüsse werden erfasst durch den Ansatz

$$\Phi_{o,w} = M_o / M_E \tag{7.7}$$

$\Phi_{o,w}$:   Überfestigkeitsfaktor für das Moment infolge der Ersatzkräfte

M_E: Moment infolge der Ersatzkräfte

M_o: Überfestigkeitsmoment

Das Überfestigkeitsmoment wird angesetzt zu

$$M_o = \lambda_o M_R \qquad (7.8)$$

λ_o: Faktor für den Biegewiderstand bei Überfestigkeit (z.B. $\lambda_o = 1.25$ bei Verwendung von Bewehrungsstahl S 500a, vgl. Abschnitt 7.1.5)

M_R: mit den Rechenfestigkeiten der Baustoffe ermittelter Biegewiderstand

Es sei nochmals betont, dass im allgemeinen der mit den Rechenfestigkeiten der Baustoffe ermittelte Biegewiderstand M_R des Einspannquerschnitts verschieden vom und meist grösser ist als der ursprünglich rechnerisch erforderliche Biegewiderstand. Grössere Abweichungen können insbesondere dort entstehen, wo die vertikale Mindestbewehrung wesentlich grösser als die statisch erforderliche Bewehrung ist, oder wo eine plastische Umverteilung der Schnittkräfte vorgenommen wurde. Massgebend für M_R bzw. für M_o ist immer die effektiv eingelegte Bewehrung.

In Sonderfällen jedoch ist M_R nicht verschieden vom sondern gerade gleich dem ursprünglich rechnerisch erforderlichen Biegewiderstand, d.h. die effektive Vertikalbewehrung stimmt genau überein mit der statisch erforderlichen Bewehrung. Dann gilt:

$$M_R = \gamma_R \cdot M_E \qquad (7.9)$$

γ_R: Widerstandsbeiwert (z.B. für Stahlbeton $\gamma_R = 1.2$ nach SIA 162)

In diesen Sonderfällen wird somit

$$\Phi_{o,w} = \lambda_o \cdot \gamma_R \qquad (7.10)$$

Mit den genannten Zahlenwerten wird $\Phi_{o,w} = 1.25 \cdot 1.2 = 1.50$. Im allgemeinen ist $\Phi_{o,w}$ jedoch verschieden von und meist grösser als dieser Wert.

Auch die grösste mögliche Querkraft im Einspannquerschnitt beim Fliessen der Vertikalbewehrung ist erheblich grösser als die Querkraft infolge Erdbeben (Ersatzkräfte). Die Querkraft vergrössert sich etwa entsprechend der Erhöhung des Biegemoments ($V = dM/dz$, mit z als Vertikalachse der Tragwand); zusätzlich kann die Anregung höherer Eigenschwingungsformen eine weitere, dynamisch begründete, Vergrösserung bewirken. Es wird daher vorgeschlagen [PBM 90], die der Bemessung zugrunde liegende Querkraft der Wand wie folgt zu ermitteln:

$$V_w = \omega_v \Phi_{o,w} V_E \qquad (7.11)$$

V_w: Bemessungsquerkraft (Querkraft bei Überfestigkeit)

ω_v: Dynamischer Vergrösserungsfaktor für die Querkraft; für Gebäude mit bis zu sechs Geschossen $\omega_v = 0.9 + n/10$, und für Gebäude mit mehr als sechs Geschossen $\omega_v = 1.3 + n/30 \leq 1.8$, wobei n = Anzahl Geschosse (ein verfeinerter Ansatz für ω_v ist in [Kei 88] gegeben)

V_E: Querkraft infolge der Ersatzkräfte

Die Vergrösserung der Querkraft V_E ist beträchtlich. Die Erfahrung zeigt jedoch, dass sich daraus nur ein unerheblicher Mehraufwand an horizontaler Bügelbewehrung ergibt. Bei der

Bemessung für die mit Gl. (7.11) ermittelte grösste mögliche Querkraft ist es nicht erforderlich, einen Widerstandsbeiwert $\gamma_R > 1$ einzuführen, da dieser bereits in $\Phi_{o,w}$ berücksichtigt ist.

Begrenzung des schrägen Drucks

Um ein Versagen des Betons im plastischen Gelenk infolge schrägen Drucks zu verhindern, ist die nominelle Schubspannung v_w infolge Querkraft

$$v_w = \frac{V_w}{0.8 l_w b_w} \tag{7.12}$$

zu begrenzen auf

$$v_w \le 0.9 \sqrt{f_c'} \; [\text{N/mm}^2] \tag{7.13}$$

l_w : Wandlänge ($0.8 \, l_w$ = innerer Hebelarm)
b_w : Wandstärke im Stegbereich
f_c' : Nennwert der Betonfestigkeit (5% Fraktilwert der Zylinderdruckfestigkeit, etwas grösser als f_c in SIA 162, siehe [PBM 90]).

Der maximal zulässige Wert für v_w nach Gl. (7.13) stellt somit die obere Schubspannungsgrenze dar. Diese ist tiefer angesetzt als für konventionelle Bemessung nach der Norm SIA 162, was in der sehr ungünstigen zyklischen Beanspruchung begründet ist.

Bemessung der Schubbewehrung

Die horizontale Bügelbewehrung für schrägen Zug im plastischen Gelenk ergibt sich aus

$$A_v = \frac{(v_w - v_c) \, b_w s_h}{f_y} \tag{7.14}$$

wobei

$$v_c = 0.6 \sqrt{N_d / A_g} \; [\text{N/mm}^2] \tag{7.15}$$

v_c : Beitrag des Betons zum Schubwiderstand
N_d : Bemessungs-Normalkraft in der Wand (Druckkraft)
A_g : Brutto-Betonquerschnittsfläche
v_w : nominelle Schubspannung nach Gl. (7.12) mit V_w nach Gl. (7.11)
s_h : vertikaler Abstand der horizontalen Bügel
f_y : Rechenwert der Fliessspannung der Bügelbewehrung

Der auf der sicheren Seite liegende Ansatz für v_c berücksichtigt die Einflüsse der zyklischen plastischen Beanspruchungen, durch welche die Beiträge der klassischen Mechanismen des Schubwiderstands vermindert werden.

Die Bemessungsgleichung Gl. (7.14) entspricht einer Schubbemessung nach dem 45°-Fachwerkmodell mit Schubübertragung in der Biegedruckzone (Schubrissmodell) [Bac 91].

Eine Bemessung der Bügelbewehrung nach dem 45°-Fachwerkmodell, d.h. nach Gl. (7.14) mit $v_c = 0$, liegt in allen Fällen auf der sicheren Seite.

Mit einer Schubbemessung nach Gl. (7.11) bis Gl. (7.15) hat das potentielle plastische Gelenk am Wandfuss eine Querkraft*kapazität* derart, dass dort kein Schubbruch möglich ist (*Kapazitätsbemessung*).

Mit den Schritten 1 bis 6 ist das plastische Gelenk bemessen und konstruktiv durchgebildet. Es hat nun noch die Bemessung und konstruktive Durchbildung der darüberliegenden Wandteile zu erfolgen.

Schritt 7: Biegebemessung der elastisch bleibenden Bereiche

Für die Biegebemessung der elastisch bleibenden Bereiche bzw. zur Abstufung der Vertikalbewehrung oberhalb des plastischen Gelenks dient Bild 7.16. Die gekrümmte Linie zeigt die Biegemomente infolge der Ersatzkräfte, welche im wesentlichen den Trägheitskräften aus der dynamischen Anregung der Grundschwingungsform entsprechen. Durch gleichzeitige Anregung höherer Eigenschwingungsformen können aber im oberen Bereich der Wand auch grössere Momente entstehen. Daher wird als Grundlage für die Bemessung, ausgehend vom Biegewiderstand M_R am Wandfuss (ermittelt mit der effektiv eingelegten Bewehrung und mit den Rechenwerten der Festigkeiten), der lineare Verlauf der gestrichelt gezeichneten Momentenlinie angenommen. Zur Berücksichtigung des Einflusses der Querkraft auf die Biegezugkraft ergibt sich daraus mit einem Versatzmass von l_w die ausgezogene Momentenlinie. Diese sichere Annahme für das Versatzmass soll auch den Einfluss der nach oben abnehmenden Normaldruckkraft, d.h. die Erfordernis einer verhältnismässig grösseren Biegebewehrung, berücksichtigen. Zudem ergibt sich im Bereich des Gelenks richtigerweise ein konstanter Verlauf.

Die im Einspannquerschnitt am Wandfuss vorhandene Vertikalbewehrung in Richtung der Wandhöhe kann somit proportional zur äusseren ausgezogenen Momentenlinie und ohne weitere Berücksichtigung der nach oben abnehmenden Normalkraft abgestuft werden, unter Beachtung einer zweckmässig gewählten Mindestbewehrung.

Damit hat die Wand oberhalb des potentiellen plastischen Gelenkes eine Biege*kapazität* derart, dass dort kein Fliessen der Vertikalbewehrung möglich ist (*Kapazitätsbemessung*). Es ist sichergestellt, dass ein plastisches Gelenk nur am Wandfuss entstehen kann und somit nur dort eine Bemessung und konstruktive Durchbildung für duktiles Verhalten erforderlich ist. Die darüberliegenden Bereiche werden immer elastisch bleiben.

Würde die Abstufung der Vertikalbewehrung entsprechend der gekrümmten Momentenlinie vorgenommen, könnte Fliessen der Bewehrung und damit ein plastisches Gelenk auf irgend einer Höhe der Wand eintreten. Dies würde eine Bemessung und konstruktive Durchbildung für duktiles Verhalten über die ganze Wandhöhe erfordern. Demgegenüber ist es viel einfacher, praktischer und wirtschaftlicher, oberhalb des gewollten plastischen Gelenks am Wandfuss einen zur Vermeidung des Fliessens der Bewehrung genügend grossen Biegewiderstand vorzusehen.

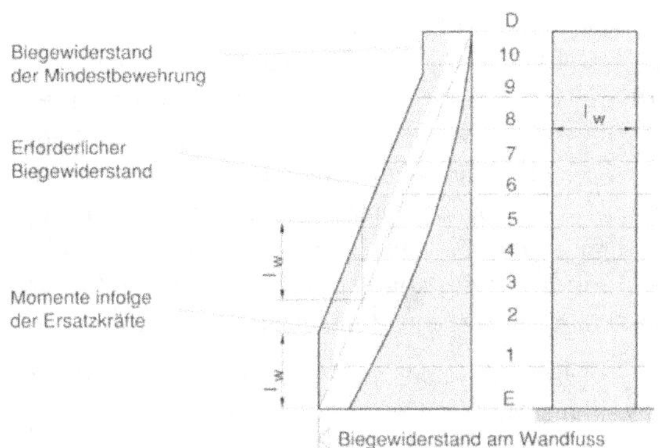

Bild 7.16: Momentenlinien für die Bemessung von Stahlbeton-Tragwänden (nach [PBM 90])

Schritt 8: Schubbemessung der elastisch bleibenden Bereiche

Die Schubbemessung der über dem plastischen Gelenk befindlichen, elastisch bleibenden Bereiche der Tragwand kann grundsätzlich nach den für Beanspruchungen aus Schwerelasten und Windkräften gültigen üblichen Regeln (konventionelle Bemessung) vorgenommen werden:

- allgemeines Fachwerkmodell mit $\tan\alpha \approx 0.7 \div 0.8$ oder
- 45°-Fachwerkmodell mit Schubübertragung in der Biegedruckzone (Schubrissmodell), wobei v_c gleich τ_c von SIA 162 gesetzt werden kann.

Für die Querkraft in bestimmter Höhe gilt jedoch ebenfalls Gl. (7.11), d.h. die dortige Querkraft aus den Ersatzkräften ist mit ω_v und $\Phi_{o,w}$ zu vergrössern. Bedingungen für die Mindest-Bügelbewehrung in Stegen von Stahlbetonträgern sind auch hier einzuhalten (z.B. $\rho_v \geq 0.2\,\%$). Oft wird eine solche Bedingung massgebend, d.h. die erforderliche Mindestbewehrung ist grösser als die statisch erforderliche Bügelbewehrung.

Damit hat die Wand oberhalb des potentiellen plastischen Gelenkes eine Querkraft*kapazität* derart, dass dort kein Schubbruch möglich ist (*Kapazitätsbemessung*).

Schritt 9: Stabilisierung der Vertikalbewehrung in den elastisch bleibenden Bereichen

In den Teilen der Wand oberhalb des plastischen Gelenks, wo der Gehalt an Vertikalbewehrung $\rho_l > 2/f_y$ [N/mm^2] ($\sim 0.4\%$ für $f_y = 460$ N/mm^2) beträgt und die erwartete Druckspannung im Bewehrungsstahl infolge eines Biegemoments, das dem nach Bild 7.16 erforderlichen Biegewiderstand entspricht, zwischen 0.5 und 1.0 f_y liegt, sollte die Stabilisierungsbewehrung (Bügel und Verbindungsstäbe) die Anforderungen erfüllen, die gemäss den üblichen Normen für konventionell bemessene Stützen oder Wände gelten (z.B. Halten jedes zweiten Vertikalstabes, sowie $s_h \leq 15$ Durchmesser des Vertikalstabes bzw. $s_h \leq b$ bzw. $s_h \leq 300$ mm)

Schritt 10: Kontrolle der Fundation

Schliesslich ist die Fundation, in die die Tragwand eingespannt ist, zu überprüfen. Sie muss die Überfestigkeits-Schnittkräfte M_o und V_w gemäss Gl. (7.8) und (7.11) sowie die Normalkraft N des plastischen Gelenkes aufnehmen und ohne Fliessen auf den Baugrund übertragen können [PBM 90]. Normalerweise sollten Fundamente keine plastifizierenden Bereiche enthalten, da diese zu einem unübersichtlichen Verhalten mit grossen zusätzlichen Verschiebungen des Oberbaus führen können. Zudem sind Reparaturen in der Fundation erheblich schwieriger auszuführen als im Oberbau. Ferner sollten plastische Verformungen des Bodens vermieden werden. Es ist daher eine konventionelle Bemessung der Fundation für die daran angreifenden Schnittkräfte M_o, V_w und N durchzuführen.

Damit hat die Fundation eine Trag*kapazität* derart, dass dort keine Plastifizierungen möglich sind (*Kapazitätsbemessung*).

b) Kapazitätsbemessung schlanker Tragwände für volle Duktilität $\mu_\Delta \approx 4 \div 6$

Die Kapazitätsbemessung von einzelnen schlanken Tragwänden für die Duktilitätsklasse "volle Duktilität", d.h. für eine Gesamtduktilität entsprechend einem Verschiebeduktilitätsfaktor $\mu_\Delta \approx 5$, ist in [PBM 90] ausführlich dargestellt. Das Vorgehen ist analog demjenigen für beschränkte Duktilität, mit wenigen Veränderungen. Im plastischen Gelenk ist zusätzlich zur Sicherstellung der Wandstabilität, zur Schubbemessung und zur Stabilisierung der Vertikalbewehrung noch die Umschnürung des Betons in den Druckzonen des Wandquerschnitts zu berücksichtigen. Dies ermöglicht Betonrandstauchungen $\varepsilon_{cu} > 4\,‰$ und Krümmungsduktilitätsfaktoren bis $\mu_\phi \approx 20$ (vgl. Bild 3.15). Durch die Notwendigkeit einer Umschnürung des Betons in den Druckzonen können dort für die horizontalen Bügel und Verbindungsstäbe etwas strengere Bedingungen als zur Stabilisierung der Vertikalbewehrung massgebend sein.

c) Kapazitätsbemessung zusammenwirkender Tragwände

Die Kapazitätsbemessung zusammenwirkender Tragwände, d.h. von Wänden, die durch in ihrer Ebene als starr jedoch senkrecht dazu als biegeweich angenommene Geschossdecken verbunden sind, setzt eine Verteilung der Ersatzkräfte bzw. der entsprechenden Stockwerkquerkräfte auf die einzelnen Tragwände (und allenfalls Rahmen bei gemischten Systemen) und die Bestimmung der entsprechenden Schnittkräfte voraus. Diese Verteilung wird zuerst immer "elastisch", d.h. nach den Steifigkeiten der Wände (Rahmen) vorgenommen (vgl. Abschnitt 6.3.2). Anschliessend kann eine "plastische" Umverteilung der Schnittkräfte, bei Wänden am besten anhand der Biegemomente, durchgeführt werden [PBM 90]. Als Regel mag gelten, dass die Biegemomente einer beschränkt duktilen Wand bis zu 20% und einer voll duktilen Wand bis zu 30% vermindert und beliebig auf die andern Tragwände verteilt werden dürfen.

Nach der endgültigen Bestimmung der Schnittkräfte kann die Kapazitätsbemessung jeder einzelnen Tragwand wie vorstehend beschrieben bzw. gemäss [PBM 90] durchgeführt werden.

d) Kapazitätsbemessung gekoppelter Tragwände für volle und beschränkte Duktilität

Bei der Kapazitätsbemessung gekoppelter Tragwände, d.h. von Wänden, die in ihrer Ebene durch biege- und schubsteife Riegel gekoppelt sind (Bild 4.4), müssen insbesondere die folgenden Punkte beachtet werden:

- Die Koppelungsriegel bewirken durch ihre Querkraft Normalkräfte N in den Wänden und somit eine erhebliche Veränderung der dortigen Normalkraft aus Schwerelasten. Für eine Richtung der Erdbebeneinwirkung entsteht eine "Zugwand" und eine "Druckwand".
- In der Zugwand (weicher) und der Druckwand (steifer) ergeben sich auch unterschiedliche Momente M und Querkräfte V.
- Eine zusätzliche plastische Umverteilung von M und V von der Zugwand auf die Druckwand nach den gleichen Regeln wie für zusammenwirkende Tragwände (siehe oben) kann vorteilhaft sein (Bild 7.17).
- Es ist eine sehr sorgfältige Bemessung und konstruktive Durchbildung der Koppelungsriegel erforderlich (Bild 7.18).

Gekoppelte Tragwände sind ein sehr effizientes System zur Energiedissipation. Deren Kapazitätsbemessung ist ausführlich behandelt in [PBM 90].

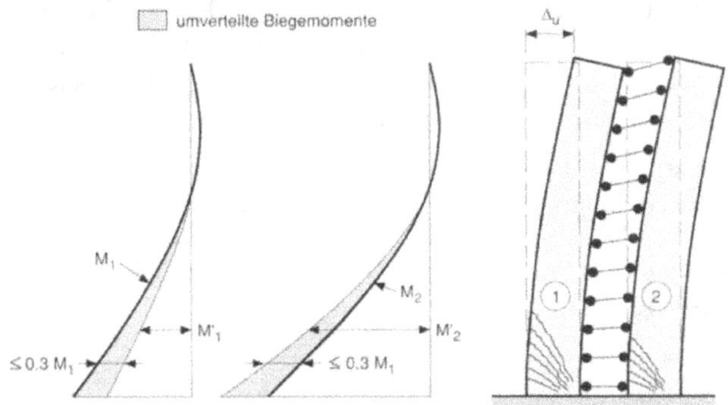

Bild 7.17: Momentenumverteilung bei einer gekoppelten Tragwand (nach [PBM 90])

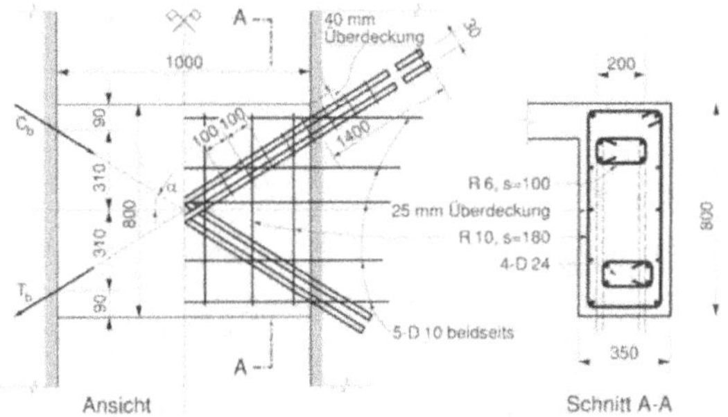

Bild 7.18: Beispiel für die konstruktive Durchbildung eines Koppelungsriegels [PBM 90]

7.2.7   Besonderheiten bei gedrungenen Tragwänden

Gedrungene Tragwände ($h_w/l_w < {\sim}3$) aus Stahlbeton kommen vor allem vor

- in niedrigen Gebäuden,
- als Stirnfassaden (Stirnscheiben) von länglichen Gebäuden,
- als Brandmauern bei aneinandergebauten Reihenhäusern.

Aufgrund ihres Verhaltens bei Erdbebeneinwirkung können die folgenden Arten unterschieden werden:

1. Elastisch bleibende gedrungene Wände:
    Oft ist der Tragwiderstand infolge der vertikalen Mindestbewehrung ($\rho \geq {\sim}\,0.2\%$) so gross, dass eine Wand unter der Einwirkung des Bemessungsbebens elastisch bleibt. In diesem Fall kann eine konventionelle Bemessung für die "elastische" Ersatzkraft ($\mu_\Delta = 1$, vgl. Abschnitte 3.5 und 4.6.2) durchgeführt werden.
2. Abhebende gedrungene Wände:
    Unter Umständen kann ein Abheben einer gedrungenen Tragwand von speziell konstruierten Unterlagsfundamenten vorgesehen werden [PBM 90].
3. Duktile gedrungene Wände:
    Bei solchen Wänden ist das Hauptproblem ein mögliches Schubversagen durch *Gleitschub* entlang von vorwiegend im Einspannquerschnitt der Wand aus Biegerissen entstandenen horizontalen Rissen oder auch entlang einer dortigen Betonierfuge. Gegenmassnahmen sind ausführlich dargestellt in [PBM 90].

Vor allem in den ersten beiden Fällen entstehen infolge Erdbeben *sehr grosse Kräfte auf die Fundamente und den Baugrund.* Es ist zu prüfen, ob der Baugrund diese Kräfte überhaupt übernehmen kann. Oft ist es besser die Wände zu verkleinern, d.h. in zwei oder mehr schlankere Wände aufzulösen, und so die Abtragung der Erdbebenkräfte in den Baugrund über den Bauwerksgrundriss besser zu verteilen.

7.3   Stahlbetonrahmen

Hinweise zu Definition, Eignung und Gestaltung von in der Fundation eingespannten Stahlbetonrahmen wurden bereits im 4. Kapitel, vor allem in den Abschnitten 4.2.1, 4.4,
4.5, 4.6.1, 4.7.2 und 4.7.4 gegeben. Die kragarmartigen relativ weichen Rahmen gehen in
der Regel über sämtliche Geschosse eines Gebäudes, und sie erfahren durch horizontale Erdbebenkräfte vor allem Querkräfte und entsprechende Biegemomente in den Stützen und in
den Riegeln.

Stahlbetonrahmen können durch besondere Bemessung und konstruktive Durchbildung (Kapazitätsbemessung) duktil gestaltet werden. Ohne eine solche Bemessung und konstruktive
Durchbildung besteht die Gefahr der Bildung von ungünstigen Mechanismen und baldiger
spröder Brüche, insbesondere in den Stützen, was zum Versagen und Einsturz des ganzen
Tragwerks eines Hochbaus führen kann.

7.3.1   Geeignete Mechanismen

Bereits im Abschnitt 7.1.4 wurde hingewiesen auf den eklatanten Unterschied zwischen Mechanismen, die für eine kontrollierte Energiedissipation ungeeignet bzw. geeignet sind. Beim
Riegelmechanismus gemäss Bild 7.1 findet die Energiedissipation zum grössten Teil in den
zahlreichen Fliessgelenken der Riegel statt, beim Stützenmechanismus ("soft storey mecha-
nism") in den durch Normalkraft stark beanspruchten Stützen eines einzigen Stockwerks.
Um die gleiche Gesamtverformung Δ zu erreichen, ist in den plastischen Gelenken des Riegelmechanismus ein wesentlich kleinerer plastischer Rotationswinkel θ_2 erforderlich als in
den plastischen Gelenken des Stützenmechanismus mit θ_1 (Im Beispiel Verhältnis 1 : 5).
Mit einem Riegelmechanismus kann deshalb ein duktiles Tragwerksverhalten über einen beträchtlichen Verformungsbereich erreicht werden. Ein Stützenmechanismus hingegen wird
bei starken Erdbeben oft bald zu einem Versagen des Tragwerks führen. Er ist die häufigste
Ursache bei Einstürzen von Rahmen bei Erdbebeneinwirkung.

Solche Betrachtungen führen dazu, bei Rahmen für Erdbebeneinwirkung wenn immer möglich ein "starke Stützen-schwache Riegel - Konzept" ("strong column-week beam - con-
cept") anzustreben. Das bedeutet, dass die Stützen in der Lage sein müssen, die von den plastischen Gelenken der Riegel ausgehenden Überfestigkeitsmomente ohne Fliessen aufzu-
nehmen, d.h. der Biegewiderstand der Stützen muss signifikant grösser sein als der Biegewiderstand der Riegel. Dies kann auf systematische Weise durch eine *Kapazitätsbemessung* sichergestellt werden.

Die bei einem Riegelmechanismus einzigen unvermeidbaren potentiellen plastischen Gelenke in Stützen sind diejenigen am Fuss der Erdgeschossstützen. Dort ist, obwohl nur ein relativ kleiner plastischer Rotationswinkel erforderlich ist, eine sehr sorgfältige Bemessung und
konstruktive Durchbildung erforderlich (Bild 3.25 in [PBM 90]). Unter Umständen können
auch in Innenstützen (nicht aber in Aussenstützen) - vor allem der obersten Stockwerke - plastische Gelenke zugelassen werden.

7.3.2   Konventionelle Bemessung

Eine konventionelle Bemessung eines Stahlbetonrahmens, d.h. eine direkte Bemessung für die Schnittkräfte M, V, N infolge Erdbeben-Ersatzkräften (und Schwerelasten) auf analoge Weise wie für Schnittkräfte aus Schwerelasten und Windkräften, führt zu einem eher zufälligen und unkontrollierten Erdbebenverhalten. Vor allem besteht die grosse Gefahr der Entstehung von Stützenmechanismen. Von einer "reinen" konventionellen Bemessung ist daher auch für kleine (natürliche) Duktilität grundsätzlich abzuraten. Zumindest sollte der Biegewiderstand der Stützen überall z.B. 20% grösser als derjenige der angrenzenden Riegel gemacht werden, und am Fuss der Erdgeschossstützen sollte über eine Höhe von 1.5 mal die (grössere) Abmessung des Stützenquerschnittes eine Stabilisierungs- und Umschnürungsbewehrung aus Bügeln und Verbindungsstäben nach den in [PBM 90] gegebenen Regeln für beschränkte Duktilität angeordnet werden. Aber auch dann sollte die rechnerisch ansetzbare Duktilität den Wert $\mu_\Delta = 2.5$ (vgl. Abschnitt 4.4) nicht überschreiten.

7.3.3   Kapazitätsbemessung

Die Kapazitätsbemessung von Rahmen mit voller und beschränkter Duktilität (vgl. Abschnitt 4.4) ist in [PBM 90] ausführlich dargestellt (siehe auch [MP 90]). Es ergibt sich ein günstiges und kontrolliertes Erdbebenverhalten und damit ein hoher Schutzgrad gegen Einsturz mit Reserven auch für stärkere Beben als das Bemessungsbeben.

Durch eine geschickte plastische Umverteilung der Momente (und damit auch der Querkräfte) aus Erdbeben-Ersatzkräften und Schwerelasten ist eine weitgehende *Standardisierung der konstruktiven Durchbildung und praktischen Ausführung der Bereiche der potentiellen plastischen Gelenke* möglich. Dadurch und wegen der möglichen erheblichen Abminderung des Tragwiderstandes dank Duktilität ist die Kapazitätsbemessung von Rahmen vor allem bei mässiger bis starker Seismizität sehr wirtschaftlich.

7.4 Gemischte Tragsysteme aus Stahlbetontragwänden und -rahmen

Hinweise zu Definition, Eignung und Gestaltung von gemischten Tragsystemen aus Stahlbetontragwänden und -rahmen wurden bereits im Abschnitt 4.2.3 gegeben. Wesentliche Merkmale sind das unterschiedliche Verformungsverhalten der beiden beteiligten Tragwerksarten im oberen Gebäudebereich (Bild 4.8) sowie die erheblichen Unterschiede zwischen statischem und dynamischem Verhalten des Gesamtsystems.

Auch gemischte Tragsysteme können durch besondere Bemessung und konstruktive Durchbildung (Kapazitätsbemessung) duktil gestaltet werden. Andernfalls besteht die Gefahr der Bildung von ungünstigen Mechanismen und baldiger spröder Brüche.

7.4.1 Geeignete Mechanismen

Bei den Tragwänden gemischter Tragsysteme ist in aller Regel ein plastisches Gelenk am Wandfuss anzustreben (Bild 7.19a, b, c). In Ausnahmefällen kann eine "abhebende Wand" vorgesehen werden (Bild 7.19d). Bei den Rahmen gemischter Tragsysteme besteht - anders als bei "reinen" Rahmen - keine Gefahr der Bildung von Stützenmechanismen (Bild 7.1a), da die horizontalen Verschiebungen weitgehend durch das Biegeverhalten der Tragwände bestimmt werden. Trotzdem ist es meist zweckmässig, plastische Gelenke in den Stützen - wie immer mit der Ausnahme am Stützenfuss über der Fundation - zu vermeiden (Bild 7.19a, b, d), da deren konstruktive Durchbildung komplizierter ist als bei den Gelenken in den Riegeln. Bei Riegeln grosser Spannweiten oder bei andern schwerelastdominierten Riegeln kann es jedoch vorteilhaft sein, die Entwicklung von Fliessgelenken an beiden Enden der Stützen über die gesamte Höhe des Bauwerks zuzulassen (Bild 7.19c). Dies ist auch der Fall bei dünnen Schwerelaststützen [BWL 92].

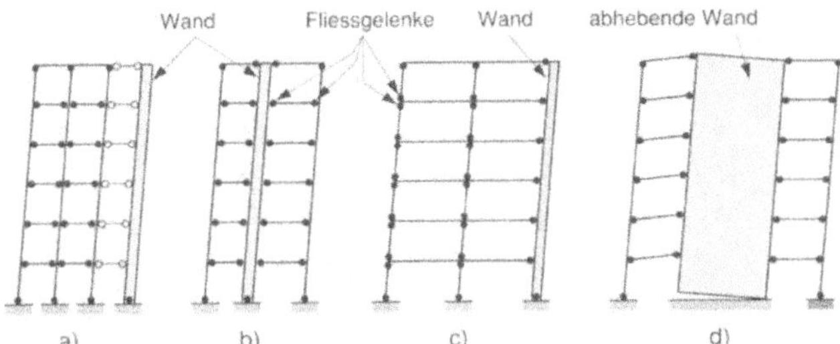

Bild 7.19: Mechanismen zur Energiedissipation bei gemischten Tragsystemen (nach [PBM 90])

7.4.2 Konventionelle Bemessung

Für eine konventionelle Bemessung gemischter Tragsysteme gelten weitestgehend die für die beteiligten beiden Tragwerksarten in den Abschnitten 7.2.5 und 7.3.2 gemachten Feststellungen. Von einer "reinen" konventionellen Bemessung ist auch für kleine (natürliche) Duktilität grundsätzlich abzuraten. Zumindest sollten die in den Abschnitten 7.2.5 und 7.3.2

empfohlenen Massnahmen ergriffen werden. Aber auch dann sollte die rechnerisch ansetzbare Duktilität den Wert $\mu_\Delta = 2$ nicht überschreiten (vgl. Abschnitt 4.4; bei Kombination verschiedener Tragwerksarten ist jeweils die kleinere Duktilität massgebend).

7.4.3   Kapazitätsbemessung

Die Kapazitätsbemessung von gemischten Tragsystemen aus Stahlbetontragwänden und -rahmen mit voller und beschränkter Duktilität ist in [PBM 90] ausführlich dargestellt. Sie führt auch bei diesen Systemen zu einem klar definierten und kontrollierten Erdbebenverhalten und wegen der möglichen erheblichen Abminderung des "elastischen" Tragwiderstandes zu sehr wirtschaftlichen Lösungen.

7.5   Stahlrahmen

Zur Definition, Eignung und Gestaltung von Stahlrahmen wurden im Abschnitt 4.2.1 einige
Hinweise gegeben, und es gelten hier auch die Ausführungen von Abschnitt 7.3 sinngemäss.

Stahlrahmen sind im allgemeinen noch erheblich weicher als entsprechende Stahlbetonrahmen, sodass sich die mit erheblichen Verformungen verbundenen Probleme noch akzentuie-
ren können. Vor allem bezüglich Schäden an nichttragenden Elementen (Zwischenwände,
Fassaden) und bezüglich Einflüssen 2. Ordnung auf Stützen ($N - \Delta$ -Effekt) ist bei Stahlrahmen besondere Vorsicht geboten.

Stahl ist an und für sich ein sehr duktiles Material und somit grundsätzlich geeignet für Tragwerke unter Erdbebeneinwirkung. Allerdings besteht die Gefahr von lokalen Instabilitäten
(z.B. lokales Beulen von Querschnittsteilen) bei zyklischer Beanspruchung (alternierendes
Zug- und Druckfliessen). Solche Instabilitäten haben die Tendenz, die Hysteresekurven plastischer Gelenke einzuschnüren ("pinching effect"), was eine wesentlich geringere Energiedissipation zur Folge hat, oder sie können direkt ein rasches Versagen von Teilen oder ganzen
Tragwerken bewirken. Beispielsweise ist der Einsturz des 20-stöckigen Hochhauses "Pinot
Suarez" beim Mexico-Erdbeben 1985 mit grosser Wahrscheinlichkeit auf ein lokales Beulen
von Flanschen in Stützen zurückzuführen.

7.5.1   Mechanismen und Bemessung

Bezüglich geeignete Mechanismen, konventionelle Bemessung und Kapazitätsbemessung
gelten die Abschnitte 7.3.1, 7.3.2 und 7.3.3 weitgehend unverändert. Insbesondere ist auch
bei Stahlrahmen ein "starke Stützen-schwache Riegel - Konzept" anzustreben.

7.5.2   Besonderheiten in plastischen Gelenken

Zur Vermeidung lokaler Instabilitäten in plastischen Gelenken von Stahlrahmen sind insbesondere die nachfolgend aufgeführten Regeln zu beachten (weitere Einzelheiten siehe z.B.
in [Key 88] [Dow 87]).

a) Riegelgelenke
- Die *Länge eines plastischen Gelenkes* in Riegeln kann im skalierten Momentendiagramm
  (Maximalmoment = plastisches Moment M_{pl}) ermittelt werden als Bereich mit
  $M \geq 0.85 M_{pl}$.
- Bei der *Querschnittsgestaltung* sind bestimmte geometrische Bedingungen einzuhalten.
  Vor allem ist das Verhältnis Breite zu Dicke von Flanschen und Höhe zu Dicke von Stegen
  beschränkt. Für volle Duktilität gelten die in Tabelle 7.4 mit den Bezeichnungen gemäss
  Bild 7.20 enthaltenen Werte (Tabelle 8.2 in [Key 88]).
- Über die oben definierte Länge des plastischen Gelenkes sind *seitliche Steifen* in maximal
  zulässigen Abständen erforderlich. Für volle Duktilität gelten die in Tabelle 7.5 wiedergegebenen Werte (Tabelle 8.3 in [Key 88]).

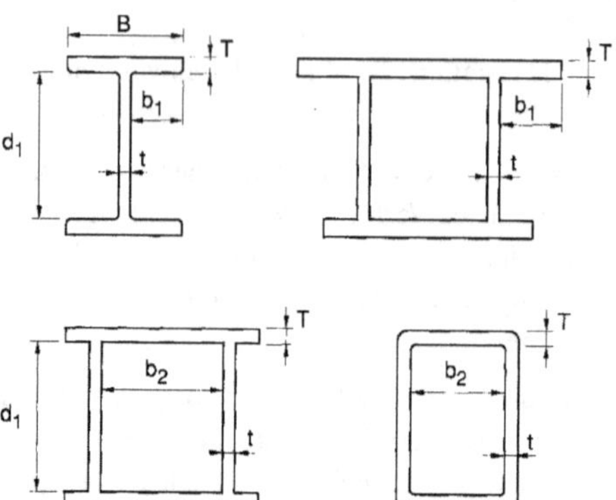

Bild 7.20: Definition der Abmessungen in den Tabellen 7.4 und 7.5

Die Bedingungen für die Querschnittsgestaltung und für die maximal zulässigen Abstände seitlicher Steifen in Riegelgelenken sind in [Dow 87] auch für beschränkte Duktilität und für elastisches Verhalten wiedergegeben.

• Flange and plates in compression with one unstiffened edge (flanges to beam and channel sections)	$b_1 \cdot \sqrt{f_y}/T \;\le 120$
• Flanges of welded box sections in compression	$b_2 \cdot \sqrt{f_y}/T \;\le 500$
• Flanges of rectangular hollow sections	$b_2 \cdot \sqrt{f_y}/T \;\le 350$
• Webs under flexural compression	$d_1 \cdot \sqrt{f_y}/t \;\le 1000$
• Webs under uniform compression	$d_1 \cdot \sqrt{f_y}/t \;\le 500$

Tabelle 7.4: Maximales Verhältnis Breite zu Dicke in Riegelgelenken von voll duktilen Stahlrahmen (mm, N/mm^2) [Key 88]

Flange length where $M > 0.85 M_{pl}$	$> 480 \cdot r_y / \sqrt{f_y}$	$\le 480 \cdot r_y / \sqrt{f_y}$
• Spacing of braces within length, where $M > 0.85 M_{pl}$	$\le 480 \cdot r_y / \sqrt{f_y}$	One brace required
• Spacing to brace adjacent to length, where $M > 0.85 M_{pl}$	$\le 720 \cdot r_y / \sqrt{f_y}$	$\le 720 \cdot r_y / \sqrt{f_y}$

Tabelle 7.5: Maximale Abstände von seitlichen Steifen in Riegelgelenken von voll duktilen Stahlrahmen (mm, N/mm^2, r_y = Trägheitsradius um die schwache Achse) [Key 88]

b) Stützengelenke (am Stützenfuss im Erdgeschoss)

- Die Länge der plastischen Gelenke wird ermittelt als Bereich mit $M \ge 0.75 M_{pl}$ bis $1.0 M_{pl}$.
- Die geometrischen Bedingungen für die Querschnittsgestaltung und
- die Bedingungen für die zulässigen Abstände von seitlichen Steifen

unterliegen strengeren Anforderungen als bei den Riegelgelenken. Sie sind in [Key 88] und [Dow 87] näher dargestellt, ebenso Regeln für die Gestaltung der *Rahmenknoten*.

7.6   Stahlfachwerke

Hinweise zu Definition, Eignung und Gestaltung von Stahlfachwerken wurden bereits im Abschnitt 4.2.4 gegeben. Funktion und Anordnung von Stahlfachwerken sind generell gesehen ähnlich wie bei Stahlbetontragwänden. Im Verhalten bestehen wesentliche Unterschiede zwischen Fachwerken mit zentrischen und solchen mit exzentrischen Anschlüssen.

7.6.1   Fachwerke mit zentrischen Anschlüssen

Klassische Fachwerke mit zentrischen Anschlüssen zeigen bei zyklischer Beanspruchung im plastischen Bereich im allgemeinen ein ungünstiges und wenig duktiles Systemverhalten. Dieses kann am Beispiel des in Bild 7.21 dargestellten einfachen Gelenkfachwerkes mit relativ gedrungenen zug- und druckfesten äusseren Stäben jedoch eher schlanken und dünnen Diagonalen erklärt werden:

- Im ersten Zyklus bei einer Verschiebung nach rechts knickt die Diagonale a bald aus, und die Diagonale b fliesst und verlängert sich entsprechend. Nach der Verschiebungsumkehr knickt die Diagonale b aus, und nach einer Bewegung nach links ohne wesentlichen Widerstand (nur Knicklast der Diagonalen b) wird die Diagonale a stossartig auf Zug beansprucht und ebenfalls plastisch verlängert.

- Im zweiten Zyklus, und - sofern noch möglich - in den weiteren Zyklen, wiederholen sich diese Vorgänge, wobei die plastischen Verlängerungen der Diagonalen, die Bewegungen ohne wesentlichen Widerstand und damit auch die Heftigkeit der anschliessenden Stösse progressiv zunehmen, was rasch zum Bruch führt.

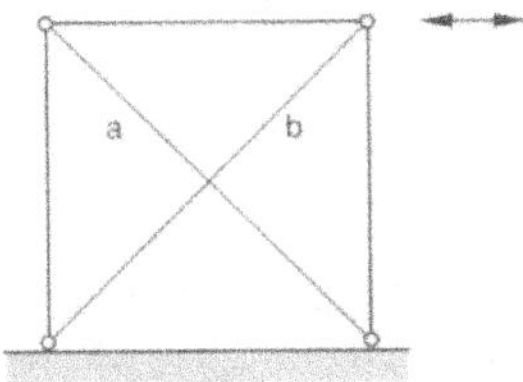

Bild 7.21: Einfaches Gelenkfachwerk mit gedrungenen äusseren und schlanken inneren Stäben

Das Verhalten von Fachwerken mit zentrischen Anschlüssen verbessert sich mit abnehmender Schlankheit bzw. zunehmender Knickfestigkeit der Diagonalen. Tabelle 7.6 (Tabelle 9.5 in [Dow 87] nach [Wal 85]) wiedergibt für verschiedene Fachwerktypen einen Vorschlag für die ansetzbare Bemessungs-Verschiebeduktilität μ_Δ bei unterschiedlicher Anzahl Stockwerken und verschiedenen Schlankheiten der Diagonalen [Wal 85]. Es wird empfohlen, solche Fachwerke nur bei Bauten bis zu höchstens 3 Stockwerken zu verwenden. Im Falle reiner Zugstangen muss $\mu_\Delta = 1$ gesetzt werden, d.h. dass das Fachwerk für die "elastische" Ersatzkraft (vgl. Abschnitt 3.5) bemessen werden muss.

Bracing Type		Number of Storeys	Bracing Slenderness $\frac{Kl}{r} \cdot \sqrt{f_y/250}$		
			< 40	41-80	81-135
		1	5.0	3.9	3.0
Pairs of braces between beam-column joints		2	4.5	3.5	2.4
		3	4.0	3.0	1.8
		1	3.7	2.4	1.5
V-bracing		2	3.0	1.8	1.2
		3	2.7	1.5	1.0

Tabelle 7.6: Bemessungsduktilität μ_Δ für Fachwerke mit Diagonalen unterschiedlicher Schlankheit (mm, N/mm^2, Kl = Knicklänge der Diagonalen, r = Trägheitsradius um die schwache Achse) [Dow 87]

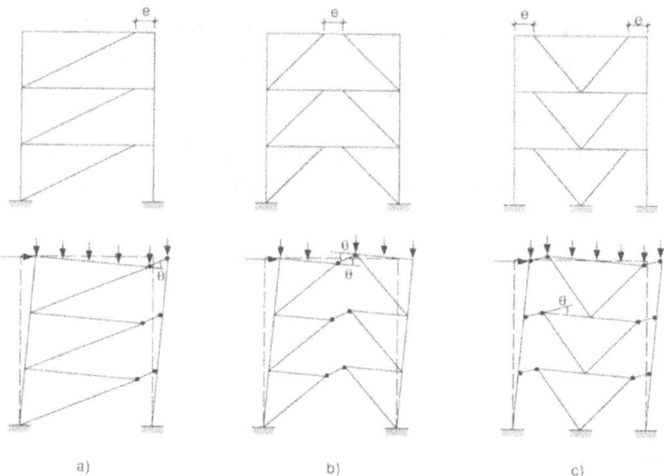

Bild 7.22: Geeignete Systeme und Mechanismen von Fachwerken mit exzentrischen Anschlüssen [Dow 87]

7.6.2 Fachwerke mit exzentrischen Anschlüssen

Für Erdbebeneinwirkungen erheblich besser geeignet als Fachwerke mit zentrischen Anschlüssen sind solche mit exzentrischen Anschlüssen. Sie weisen die folgenden Merkmale auf:

- Die plastischen Verformungen werden durch Biegemomente und Querkräfte erzeugt und bewusst auf kurze Stabteile bei den Knoten ("link beam") beschränkt. Bild 7.22 zeigt geeignete Systeme und Mechanismen [Dow 87].
- Alle übrigen Teile müssen stabil und elastisch bleiben, d.h. sämtliche Stäbe dürfen nicht auf Druck knicken oder auf Zug und Druck fliessen.

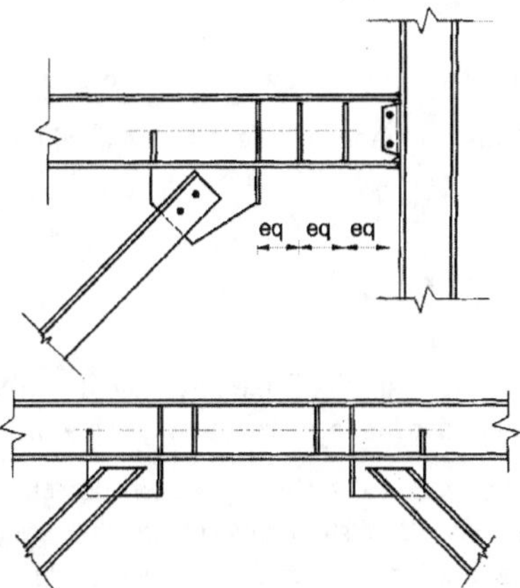

Bild 7.23: Typische Schubfliessbereiche ("shear links") in Fachwerken
mit exzentrischen Anschlüssen [Key 88]

Dies kann erreicht werden durch die Anwendung der Prinzipien der Kapazitätsbemessung sowie bestimmter Bemessungs- und Konstruktionsregeln für die Stäbe und die plastifizierenden Bereiche. Letztere werden so ausgebildet, dass entweder ein Schubfliessen ("shear link", Bild 7.23) oder ein Biegefliessen ("moment link") eintritt [Dow 87] [Key 88].

Die Vorteile von Fachwerken mit exzentrischen Anschlüssen sind insbesondere:

* Es kann ein günstiges und duktiles Verhalten planmässig erreicht werden
* Es treten relativ kleine Gesamtverformungen (kleiner als bei Rahmen) auf

Fachwerke mit exzentrischen Anschlüssen werden oft in gemischten Systemen aus Stahlfachwerken und Stahlrahmen verwendet.

7.7   Mauerwerkstragwände

Erste Hinweise zu Mauerwerkstragwänden wurden in Abschnitt 4.2.5 gegeben.

Im Vordergrund stehen Wände mit einer Stärke $\geq$ 12 cm aus künstlichen Steinen:

- Backsteine (gebrannter Ton)
- Kalksandsteine
- Hohlblocksteine (Mörtel oder Beton)
- usw.

Es besteht eine grosse Vielfalt bezüglich Materialien, Formen und Abmessungen, Festig-keitseigenschaften der Steine, der Mauermörtel, usw. [Bac 94].

Die Verwendung von Mauerwerk ist verbreitet wegen der einfachen Verarbeitung (keine Schalung) und den vor allem bei Backsteinmauerwerk sehr guten bauphysikalischen Eigen-schaften (Wärmedämmung und -speicherung). Unbewehrte Mauerwerkstragwände sind je-doch spröde und somit für Erdbebenbeanspruchung wenig geeignet. Durch Bewehren kann eine gewisse Duktilität und ein Verhalten ähnlich demjenigen beschränkt duktiler Stahlbe-tontragwände erreicht werden.

7.7.1   Unbewehrte Mauerwerkstragwände

Bei unbewehrten Mauerwerkstragwänden sind besonders wichtig (Bild 7.24):

- Seitliche Halterungen durch Querwände bilden für Erdbebeneinwirkung quer zur Wand-ebene (Plattenbeanspruchung) willkommene Auflager
- Vertikale Belastungen durch Schwerelasten bewirken für Erdbebeneinwirkung in der Wandebene (Scheibenbeanspruchung) einen höheren Schubwiderstand (geringere Gleit-gefahr)
- Die Bemessung muss für $\mu_\Delta \approx 1$, d.h. für die "elastische" Ersatzkraft durchgeführt werden

Für Einwirkungen quer zur Wandebene sind die Mauerwerkstragwände i.a. für die Stock-werkbeschleunigung zu bemessen bzw. zu kontrollieren (s. Abschnitt 7.9.1 und auch [Mos 93]). Für Einwirkungen in der Wandebene können die Schnittkräfte M, V, N wie für Stahlbetontragwände ermittelt werden, und man kann versuchen, hiefür eine *konventionelle Bemessung* (z.B. nach SIA 177) durchzuführen. Es hat sich allerdings gezeigt, dass bereits für relativ geringe Erdbebeneinwirkungen der Nachweis der Tragsicherheit nicht möglich ist (vgl. Beispiel in Abschnitt 4.4.4 in [Bac 94]).

7.7.2   Bewehrte Mauerwerkstragwände

Weltweit wurden und werden grosse Anstrengungen unternommen zur Entwicklung vertikal und horizontal bewehrter Mauerwerkstragwände für Erdbebenbeanspruchung. Dazu bedarf es besonderer Steinformen und oft auch entsprechender Bewehrungen. Bild 7.25 zeigt Mög-lichkeiten der konstruktiven Gestaltung von Mauern aus Beton-Hohlblocksteinen, und in Bild 7.26 sind Beispiele für verschiedene in Neuseeland gebräuchliche Hohlblocksteine für Wandstärken von 150 bis 200 mm dargestellt. In der Schweiz sind bereits seit einiger Zeit spezielle Bewehrungselemente auf dem Markt, die in Backsteinwänden zum Zwecke der Rissebehinderung aus Temperaturänderungen usw. in die leicht verdickten Lagerfugen ein-

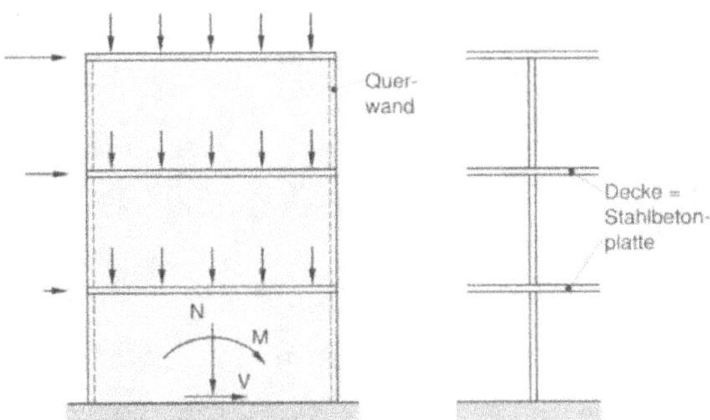

Bild 7.24: Mauerwerkstragwand mit Erdbeben-Ersatzkräften und Schwerelasten

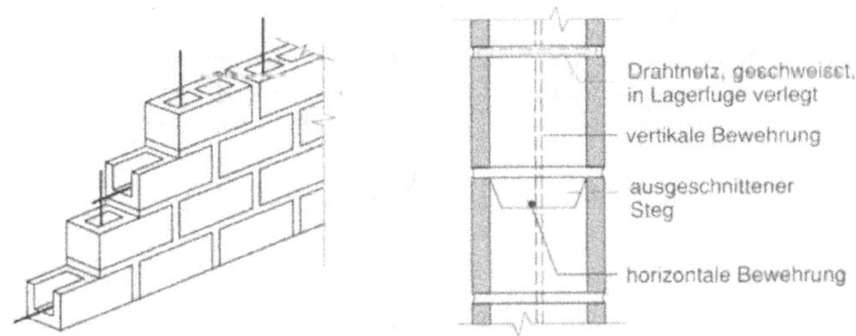

Bild 7.25: Möglichkeiten der konstruktiven Gestaltung von bewehrten
Mauerwerkstragwänden aus Beton-Hohlblocksteinen (nach [Key 88])

gelegt werden (ähnlich Bild 7.25 oben rechts). Mehr Probleme bereitet die vertikale Bewehrung, doch sind auch hiefür interessante Entwicklungen im Gang. Wichtig ist in allen Varianten, dass diese Bewehrung ungeschwächt durch die Geschossdecken hindurchgeführt wird und somit entsprechende Verankerungen sowie Stösse und Überlappungen sorgfältig ausgeführt werden.

Bewehrte Mauerwerkstragwände sollten stets die folgenden *Mindestbewehrungen* aufweisen [Dow 87] [UBC 88]:

- Verteilte Bewehrungen:
  vertikal: $\rho \geq 0.07\,\%$
  horizontal: $\rho \geq 0.07\,\%$
  zusammen: $\rho \geq 0.20\,\%$
- Randbewehrungen (Bild 7.27):
  vertikal: an den Wandenden, bei Querwänden und bei Aussparungen (Fenster, Türen)
  horizontal: bei Aussparungen (Fensterstürze und -Banke, Türstürze)
- Horizontale Stahlbetonzuggurte in der Ebene und in direktem Verbund mit den Aussenwänden unter und über jedem Geschoss ("ring beam", kann in die Geschossdecken integriert werden).

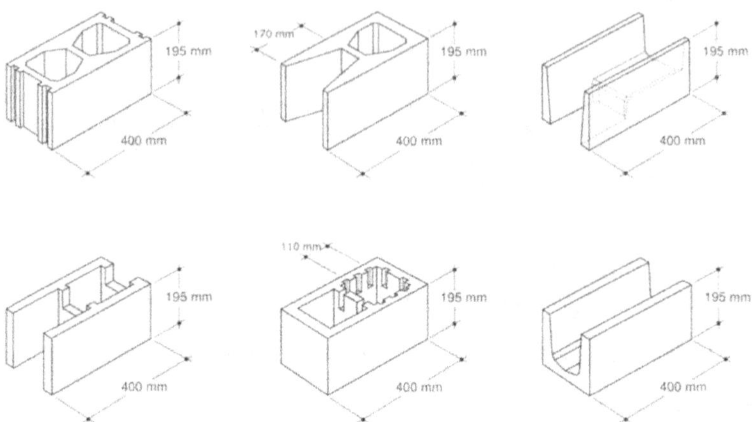

Bild 7.26: In Neuseeland gebräuchliche Beton-Hohlblocksteine
für Tragwandstärken von 150 bis 200 mm (nach [Dow 87])

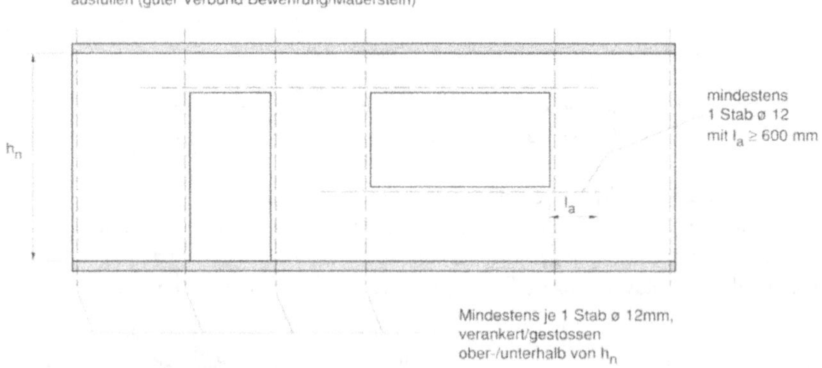

Bild 7.27: Vertikale und horizontale Randbewehrungen bei Mauerwerkstragwänden mit Mindestbewehrung

Mit diesen Mindestbewehrungen kann eine natürliche Duktilität der Mauerwerkstragwände in der Grössenordnung von etwa μ_Δ = 1.5 ÷ 1.8 erreicht werden. Es kann versucht werden, eine *konventionelle Bemessung* wie für unbewehrte Mauerwerkstragwände jedoch für eine mit μ_Δ abgeminderte "elastische" Ersatzkraft durchzuführen.

Mauerwerkstragwände mit *statisch bemessenen Bewehrungen* können eine beschränkte Duktilität in der Grössenordnung von $\mu_\Delta \approx$ 2 ÷ 3 erreichen. Hiezu ist eine *Kapazitätsbemessung* in ähnlicher Weise wie bei Stahlbetontragwänden erforderlich [PP 92].

7.8 Füllwände aus Mauerwerk

Im Abschnitt 4.2.6 wurde bereits nachdrücklich darauf hingewiesen, dass in Rahmen aus Stahlbeton oder Stahl eingefüllte Mauerwerkswände ("infill walls") zur Abtragung von Erdbebenkräften ungeeignet sind.

Solche Wände weisen i.a. die folgenden ungünstigen Merkmale auf:

- Sie sind in horizontaler Richtung für Erdbebeneinwirkungen quer zur Wandebene oben und seitlich oft kaum gehalten, sodass in dieser Richtung nur eine Kragarmwirkung entstehen kann
- Sie weisen oben und seitlich keine genügend breiten Fugen für Verformungen des Tragwerks in der Wandebene auf
- Sie sind trotzdem vertikal meist nicht (wesentlich) belastet und weisen deshalb eine geringe Schubfestigkeit für Einwirkungen in der Wandebene auf
- Sie können durch ihre Steifigkeit die anfängliche Grundfrequenz eines Gebäudes wesentlich erhöhen und dadurch erheblich stärkere Erdbebenkräfte bewirken (ungünstige Frequenzverschiebung im Bemessungs-Antwortspektrum)
- Sie können in den angrenzenden Rahmenstützen die Schnittkräfte - insbesondere die Querkraft - enorm vergrössern und dort einen vorzeitigen Schubbruch bewirken (vgl. Abschnitt 4.2.6).

In Skelettbauten und insbesondere in Rahmentragwerken ohne Stahlbetontragwände eingefüllte Mauerwerkswände können somit das Gegenteil der beabsichtigten Wirkung erzeugen und müssen als *erdbebenuntauglich* bezeichnet werden.

Für den Fall, dass Mauerwerkswände in Skelettbauten aus andern Gründen erwünscht sind, müssen im Hinblick auf Erdbebeneinwirkungen die folgenden Massnahmen ergriffen werden:

- Anbringen horizontaler Halterungen oben und seitlich für Einwirkungen quer zur Wandebene (vgl. Abschnitt 7.9.3)
- Bemessung für Beanspruchungen quer zur Wandebene (Plattenbeanspruchung) durch die Stockwerkbeschleunigung (steife Wände mit Starrkörperbewegung, vgl. Abschnitt 7.9.1) oder eventuell durch die Beschleunigung aus einem Stockwerk-Antwortspektrum (weichere Wände mit Eigenschwingungen, vgl. Abschnitt 7.10)
- Anordnung von möglichst steifen Stahlbetontragwänden zur Abtragung der Erdbebenkräfte in der Wandebene und Beschränkung der entsprechenden Verformungen
- Anordnung von Fugen oben und seitlich mit Rücksicht auf die Stockwerkverschiebungen des Tragwerks in der Wandebene $\Delta_u = \mu_\Delta \Delta_y$ (vgl. Abschnitt 7.9.1).

Die Gestaltung von eingefüllten Mauerwerkswänden hat wesentliche Ähnlichkeiten mit derjenigen der im nächsten Abschnitt behandelten nichttragenden Zwischenwände.

7.9   Nichttragende Zwischenwände und Fassadenbauteile

In den Abschnitten 4.5.1 und 4.5.2 wurde bereits auf die Tragwerksverformungen und deren Auswirkungen auf nichttragende Elemente mit einer wesentlichen Eigensteifigkeit wie Zwischenwände, Fassadenbauteile inkl. Fenster, Brüstungen, etc. hingewiesen. Dabei wurde unterschieden zwischen Elementen, die mit dem Tragwerk fest verbunden sind und solchen, die vom Tragwerk durch flexible Fugen konsequent abgetrennt sind. Für fugenlos eingebaute Zwischenwände wurden Werte für die Schadengrenze und für abgetrennte nichttragende Elemente Richtwerte für die Fugenbreite angegeben. Im folgenden werden spezifische Hinweise zur Eignung, konstruktiven Durchbildung und Bemessung von nichttragenden Zwischenwänden und Fassadenbauteilen gegeben.

7.9.1   Allgemeines

a) Mit dem Tragwerk fest verbundene Bauteile

Bei fest verbundenen Zwischenwänden, Fassadenbauteilen usw. ist wichtig:

- Einwirkungen quer zur Elementebene erfordern oben und seitlich sowie evtl. auch unten eine horizontale Halterung, ähnlich wie bei Füllwänden (Abschnitt 7.8); ein sattes Einmauern genügt nicht.
- Einwirkungen und Verformungen in der Elementebene sind i.a. problemlos sofern ein steifes Tragwerk (Stahlbetontragwände) mit flexiblen nichttragenden Elementen (z.B. aus Kunststoff, Metall, usw.) kombiniert wird. Fest verbundene Elemente sind jedoch ungeeignet bei Kombination eines weichen Tragwerks (Rahmen) mit steifen nichttragenden Elementen (z.B. aus Mauerwerk). Dazwischen liegende Fälle sind sorgfältig zu prüfen.

b) Vom Tragwerk durch Fugen abgetrennte Bauteile

Bei abgetrennten Zwischenwänden, Fassadenbauteilen usw. ist wichtig:

- Einwirkungen quer zur Elementebene erfordern - wegen der Fugen - besonders sorgfältig konstruierte horizontale Halterungen (s. Abschnitt 7.9.3).
- Für Einwirkungen in der Elementebene sind oben, seitlich und evtl. auch unten Fugen von ca. 20 bis 40 mm Breite anzuordnen (vgl. Abschnitte 4.5.2, 7.9 und 7.9.3).
- Ein allfälliges Fugenmaterial muss sehr weich sein. Z.B. Schaumstoffe, Gummikörper etc. sind im allgemeinen zu steif; günstig sind dünne flexible Manschetten und Verblendungen.
- Verputze der Wände usw. dürfen keine Kontaktbrücken bilden.

In Kalifornien, Neuseeland, Japan, usw. werden Zwischenwände und Fassadenbauteile mit *Fugendetails als Standardlösungen* für Erdbebenbeanspruchung auf dem Markt angeboten.

c) Bemessung für Einwirkungen quer zur Elementebene

Für die Bemessung von Zwischenwänden etc. kann die Erdbebeneinwirkung quer zur Elementebene massgebend sein (Plattenbeanspruchung). Dabei ist folgendes wesentlich:

- Bei horizontal steifen Wänden (Grundfrequenz > ~33Hz) kann die zu erwartende *Stockwerkbeschleunigung* a_f ("floor acceleration") massgebend sein (Starrkörperbeschleunigung der Wände). Eine Näherung zur Bestimmung von a_f mit Hilfe der Spektralbeschleunigung a_e bei der Gebäudegrundfrequenz f_1 zeigt Bild 7.28.

- Bei horizontal duktilen steifen Wänden kann eine Abminderung der "elastischen" Ersatzkraft (a_f · Plattenmasse) je nach Duktilität der Wand vorgenommen werden.

- Die Überfestigkeit aus der Bemessung (C_d nach SIA 160) kann zwecks Abminderung der Ersatzkraft ebenfalls berücksichtigt werden.

- Alternativ zum Vorgehen mit Hilfe von Bild 7.28 usw. können Normenverfahren mit Ersatzkräften verwendet werden (z.B. [Key 88], [UBC 88]).

- Genauere Betrachtungen sind möglich durch Bestimmung der Stockwerkbeschleunigung mittels dynamischer Zeitverlaufsberechnungen [Mos 93] [BWL 92].

- Bei horizontal weichen Wänden (Biegegrundfrequenz f_1 < ~33Hz) sind deren Eigenschwingungen mittels *Stockwerk-Antwortspektren* (vgl. Abschnitt 7.10) zu berücksichtigen [Mos 93] [BWL 92].

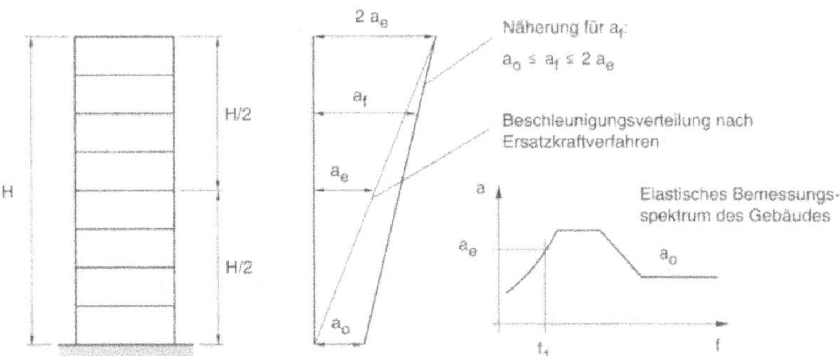

Bild 7.28: Näherungsweise Ermittlung der Stockwerkbeschleunigung

7.9.2 Nichttragende Mauerwerkswände ohne Fugen

In das Tragwerk fest eingemauerte nichttragende Wände werden oft hergestellt aus Backsteinen mit einer Stärke von 7.5 oder 10 cm. Gelegentlich werden auch andere Produkte verwendet, z.B. Gipsplatten, die mit Schilfrohr bewehrt sind.

Nebst den Ausführungen in den vorangehenden Abschnitten gelten im wesentlichen die gleichen Feststellungen wie für die Füllwände (Abschnitte 4.2.6, 7.8). Demnach können sich besonders relativ steife Wände auf das Tragwerk sehr ungünstig auswirken. Vor allem Stützen können grosse Zusatzkräfte - insbesondere Querkräfte - erfahren, die zu einem Schubbruch bzw. zu einem Abscheren durch die Wände führen können. Bei dünnen Wänden und angrenzenden massiven Stützen von Stahlbetonrahmen ist die Gefahr einer vorzeitigen Beschädigung der Stützen allenfalls nicht besonders gross. Es müssen jedoch die zum Bruch einer Wand erforderlichen Kräfte und deren Auswirkungen auf die Stützen sorgfältig abgeklärt werden. Eventuell kann eine baldige Zerstörung solcher Wände bewusst in Kauf genommen werden. Trotzdem sind horizontale Halterungen vorzusehen, und es muss auch die Gefährdung von Personen durch die brechenden Wände beachtet werden.

7.9.3　Nichttragende Wände mit Fugen

Vom Tragwerk durch Fugen abgetrennte nichttragende Wände werden hergestellt z.B. aus Holz, Kunststoff oder Metall.

In den Fugen müssen die Funktionen "horizontale Halterung" für Einwirkungen quer zur Wandebene und "Bewegungsspiel" für Einwirkungen in der Wandebene gleichgewichtig sichergestellt werden. Bild 7.29 zeigt hiefür mögliche Lösungen. Bei der Variante a) sollten zwischen der Wand und der Halterung nur Reibungskräfte auftreten (z.B. Aufhängung der Wand in mittlerer Position). Bei der Variante b) können die gefalteten Blechmanschetten dünn und durch kleine Kräfte plastisch verformbar gestaltet werden. Sie sollten leicht auswechselbar sein, damit man sie allenfalls nach einem Erdbeben ersetzen kann.

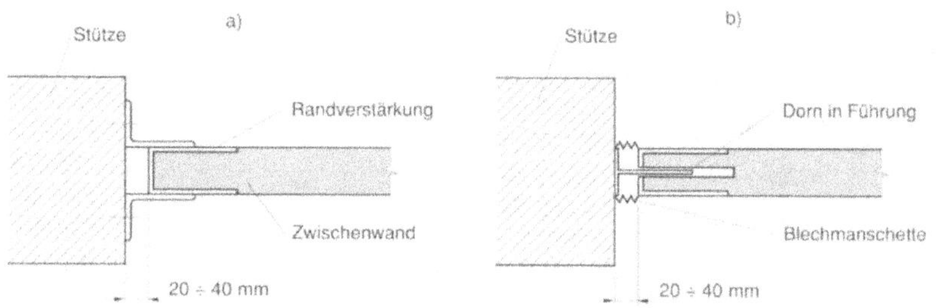

Bild 7.29: Konstruktive Möglichkeiten zum Anschluss nichttragender abgetrennter Zwischenwände an das Tragwerk

7.9.4　Fassadenbauteile

Die konstruktive Gestaltung und insbesondere die Befestigung von Fassadenbauteilen am Tragwerk ist eine anspruchsvolle Aufgabe. Bezüglich Fugenbreiten sind höhere Anforderungen als bei Zwischenwänden zu stellen (Abschnitt 4.5.2). Die Befestigung sollte

- genügend sicher und auch dauerhaft sein (Witterungseinflüsse!)
- die Tragwerksverformungen nicht (wesentlich) behindern
- jedoch auch bei grösseren Tragwerksverformungen noch voll wirksam sein.

Vorgehängte Fassadenbauteile und Fenster können beispielsweise auf stockwerkhohe Metallrahmen montiert werden, die mit dem Tragwerk flexibel verbunden sind. Es gibt auch Vorschläge, die Dämpfung bzw. die Energiedissipation von Rahmentragwerken unter Erdbeben durch plastisch verformbare Befestigungselemente entscheidend zu erhöhen [CP 91].

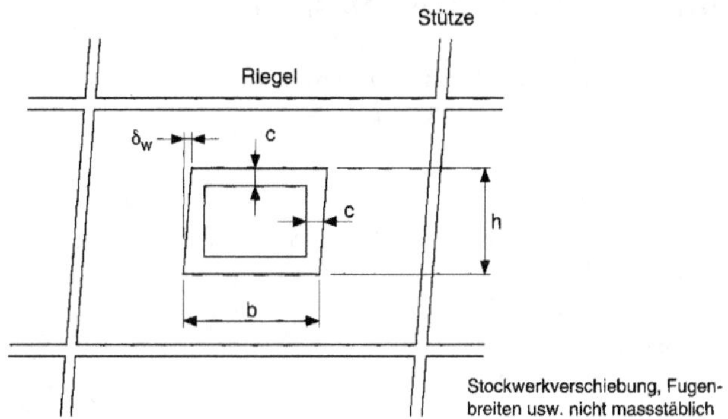

Bild 7.30: Erforderliche Breite der Kittfugen in flexiblen Fensterrahmen [Dow 87]

Bei Fenstern in flexiblen Rahmen ist für die Mindestbreite nachgiebiger (Kitt-)Fugen folgende Bedingung einzuhalten:

$$c > \frac{\delta_w}{2[1 + (h/b)]} \tag{7.16}$$

Die in dieser Formel verwendeten geometrischen Grössen sind in Bild 7.30 definiert.

7.10   Anlagen und Einrichtungen

Zu den Anlagen und Einrichtungen zählen insbesondere:

- Maschinen aller Arten
- Lifts
- Transformatoren
- Heizanlagen
- Rohrleitungen
- Behälter
- Laboreinrichtungen
- Schränke
- Lagergestelle

Je nach Abgrenzung zu den nichttragenden Elementen werden gelegentlich auch herabge-hängte Decken, Brüstungen und Geländer, Fenster usw. zu den Anlagen und Einrichtungen gezählt.

Item	Type of damage
Pumps and boilers	Movement of unanchored supports
Tanks	Support failure
Motor generators	Failed isolation supports
Control panels	Overturning of tall units
Piping	Rupture due to excessive movement
	Failure at bends
Elevators (traction type)	Guide rails broken
	Counterweights misaligned
	Car misaligned
Storage racks	Toppling and/or contents falling
Suspended light fittings	Excessive movement causing damage or falling

Tabelle 7.7: Häufige Erdbebenschäden an Anlagen und Einrichtungen in Gebäuden (nach [Key 88])

In Tabelle 7.7 sind *häufig vorkommende Schäden* an Anlagen und Einrichtungen in Gebäu-den aufgeführt.

Die *Schadensummen* bei Anlagen und Einrichtungen durch Erdbebeneinwirkung können be-trächtlich sein und je nach Art und Zweck des beteiligten Bauwerks die gleiche Grössenord-nung wie die Schäden am Tragwerk und an den nichttragenden Elementen erreichen. Aus-serdem können erhebliche *Gefährdungen der Umwelt* entstehen, z.B. bei Chemieanlagen durch ausströmende Flüssigkeiten und Gase oder bei Kernkraftwerken durch austretende Ra-dioaktivität.

Für ein besseres Erdbebenverhalten von Anlagen und Einrichtungen können die folgenden *Massnahmen* ergriffen werden:

- Verankern gegen Umkippen und Gleiten von Transformatoren, Behältern, Lagern, usw.

- Ermöglichen von differentiellen Verschiebungen bei Rohrleitungen durch duktiles Leitungsmaterial, bewegliche Muffen, Doppelrohre, usw. bei Einführungen vom Erdreich in ein Gebäude, bei Anschlüssen an Behälter, usw.

- dynamische Berechnung und Bemessung von schwingungsanfälligen Teilen von Anlagen und Einrichtungen mit Hilfe von *Stockwerk-Antwortspektren* ("floor response spectrum"). Bild 7.31 zeigt das Prinzip: Auf einem bestimmten Stockwerk eines Gebäudes denkt man sich zahlreiche elastische Einmassenschwinger mit unterschiedlichen Eigenfrequenzen und bestimmter gleicher Dämpfung (z.B. $\zeta = 2\%$), die durch den Zeitverlauf der Stockwerkbeschleunigung $a_f(t)$ (f : floor) infolge des Zeitverlaufs der Bodenbeschleunigung $a_g(t)$ angeregt werden. Mit den Maximalwerten aus den Antworten der Einmassenschwinger $a_c(t)$ (c: component) wird das Stockwerk-Antwortspektrum der Beschleunigung S_{ac} gebildet (ausgezogene Linie in Bild 7.31). Die Spektralwerte des Stockwerk-Antwortspektrums sind im allgemeinen wesentlich grösser als diejenigen des Bemessungsspektrums des Gebäudes (schattiert in Bild 7.31). Das Spektrum S_{ac} kann nun zur dynamischen Berechnung und Bemessung einer Anlage oder Einrichtung verwendet werden, indem man für deren Eigenfrequenzen $f_{c,i}$ die entsprechenden Beschleunigungen entnimmt. Meist wird das Antwortspektrenverfahren verwendet, bei dominierender Grundfrequenz kann natürlich auch das Ersatzkraftverfahren angewendet werden. Sofern plastische Verformungen zulässig sind und eine entsprechende Duktilität der Anlage oder Einrichtung garantiert ist, können die Beschleunigungen z.B. mit dem Prinzip der gleichen Formänderungsarbeit (vgl. Abschnitt 3.5.3b) abgemindert werden.
Konzept und Vorgehen entsprechen somit denjenigen bei der Ermittlung eines Antwortspektrums der Bodenbeschleunigung und dessen Anwendung auf ein Bauwerk, wobei an die Stelle der Bodenbeschleunigung die Stockwerkbeschleunigung und an die Stelle des Bauwerks die zu bemessende Anlage oder Einrichtung im betreffenden Stockwerk tritt.

Die Überprüfung und Bemessung von Anlagen und Einrichtungen für Erdbebeneinwirkung ist gerade in Gegenden mit mässiger Seismizität bislang eher vernachlässigt worden. Angesichts des hohen Schadenpotentials inklusive Umweltgefährdung in stark industrialisierten Regionen wären vermehrte Anstrengungen notwendig und gerechtfertigt.

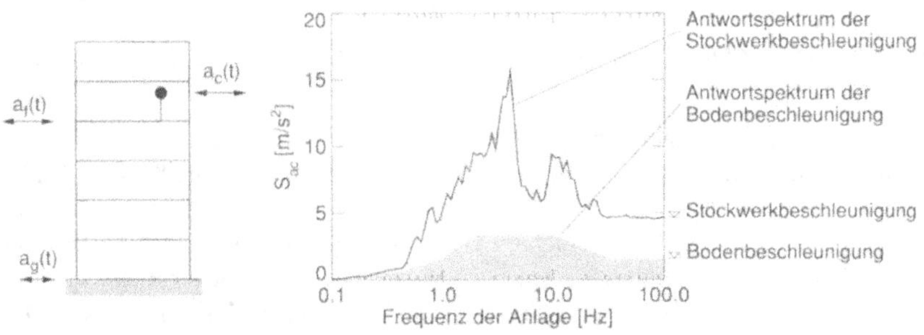

Bild 7.31: Prinzip der Stockwerk-Antwortspektren [BWL 92]

7.11 Fundationen

Fundationen haben die Aufgabe, die im Überbau durch Schwerelasten und Erdbeben induzierten Kräfte sicher in den Baugrund einzuleiten.

7.11.1 Anforderungen

An eine Fundation sind insbesondere die folgenden Anforderungen zu stellen:

Die Fundation soll unter Erdbeben als integrales Ganzes wirken
- Differentielle Verschiebungen zwischen verschiedenen Teilen und Bereichen einer Fundation sind zu beschränken oder ganz zu verhindern:
  - horizontal: Anstelle von Einzelfundamenten und Streifenfundamenten sind Plattenfundamente oder Verbindungsriegel zwischen Einzel- und Streifenfundamenten vorzusehen
  - vertikal: Plattenfundamente sind durch tragende Wände auszusteifen, Verbindungsriegel sind mit einem genügenden Schubwiderstand zu versehen
- Eine Fundation auf stark inhomogenen bzw. unterschiedlich steifen Böden ist zu vermeiden (oder es ist eine sehr steife, die Inhomogenitäten ausgleichende Fundation anzuordnen).

In der Fundation soll kein Fliessen erfolgen können
Plastifizierende Bereiche in einer Fundation

- ergeben i.a. ein unübersichtliches Verhalten des ganzen Bauwerks,
- bewirken im Überbau oft grosse zusätzliche Beanspruchungen und Verformungen,
- können meist nicht oder nur sehr erschwert repariert werden (Zugänglichkeit).

Deshalb sollte in der Regel eine *Kapazitätsbemessung der Fundamente* für die Überfestigkeits-Schnittkräfte aus dem Überbau ($\Phi_o \geq \sim 1.5$, vgl. Abschnitt 7.2.6a Schritt 10) durchgeführt werden.

Die Kräfte aus Erdbeben und Schwerelasten müssen bis in den Baugrund verfolgt und sicher abgetragen werden
Eine Bemessung der Fundamente bzw. der ganzen Fundation ist erforderlich bezüglich der folgenden Phänomene und Grössen:

- Kippen: z.B. ein Tragwandfundament kann diesbezüglich kritisch sein
- Gleiten: Ist i.a. durch Reibung zu verhindern (Reibungsbeiwerte s. Bild 8.1 in [PBM 90])
- Bodenpressungen: In vertikaler Richtung kann die zulässige bzw. "zumutbare" Bodenpressung für dynamische Beanspruchung grösser oder kleiner sein als die entsprechende Bodenpressung für statische Beanspruchung [Dow 87]. In horizontaler Richtung an vertikalen Flächen besteht eine grosse Unsicherheit bezüglich der Grösse des passiven Erddruckes (Erdwiderstand) bei dynamischer Beanspruchung. Der passive Erddruck sollte nur bei direktem Betonieren gegen gewachsenen Boden (nicht bei Hinterfüllungen) und bei Inkaufnahme von unter Umständen erheblichen Verschiebungen vorsichtig in Rechnung gestellt werden.

7.11.2 Einzel- und Streifenfundamente

Bild 7.32 zeigt die oben bei Einzel- und Streifenfundamenten geforderten Verbindungsriegel. Sie sollten nach folgenden Regeln gestaltet werden:

- Bemessung für eine Normalkraft (Zug- oder Druckkraft) von mindestens $0.1 N_S$ mit N_S = Stützennormalkraft
- Anordnung einer Längsbewehrung von $\rho_{min} \approx 1\,\%$ des Gesamtquerschnittes je oben und unten
- Schubbemessung für die Überfestigkeit der plastischen Gelenke, die sich in den Riegeln bei differentiellen Setzungen benachbarter Fundamente bilden können (Kapazitätsbemessung):

$$V_{max} = \frac{\lambda_o \, (M_R^o + M_R^u)}{l_n} \tag{7.17}$$

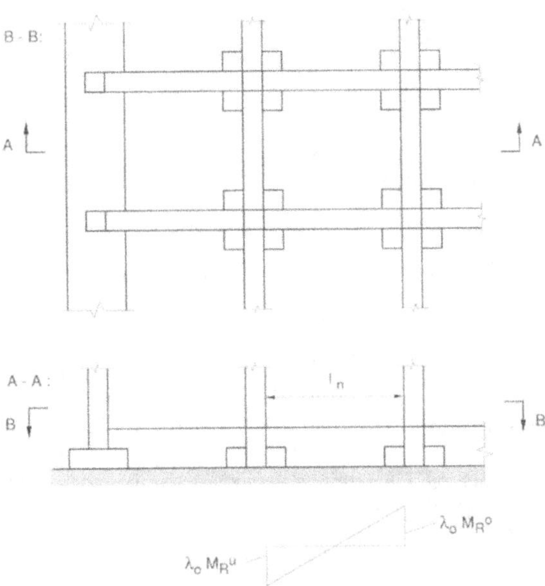

Bild 7.32: Verbindungsriegel bei Einzel- und Steifenfundamenten

7.11.3 Plattenfundamente und Kastenfundationen

Plattenfundamente sind horizontal sehr steif (praktisch starr), sie können aber in vertikaler Richtung relativ weich sein. Insbesondere bei setzungsempfindlichen oder inhomogenen Böden empfiehlt es sich daher, über ein oder mehrere Untergeschosse reichende, als *steife Kasten* ausgebildete Fundationen anzuordnen. Diese werden gebildet aus Umfassungs- und

Zwischenwänden aus Stahlbeton sowie Fundament- und Deckenplatten, die alle schubsteif miteinander verbunden sind.

Sofern der Überbau aus Rahmen besteht, können die Überfestigkeits-Schnittkräfte der Stützenfüsse M_o, V_o und N durch darunter liegende Wände meist problemlos übernommen werden. Weist der Überbau jedoch Stahlbetontragwände auf, und werden diese Wände mit nicht (wesentlich) erweitertem Querschnitt nach unten weitergeführt, so kann beim Fliessen der Vertikalbewehrung in den Untergeschossen eine sehr grosse horizontale Querkraft auftreten (Bild 7.33). Dies erfordert vor allem eine sehr sorgfältige Bemessung der dortigen horizontalen Schubbewehrung.

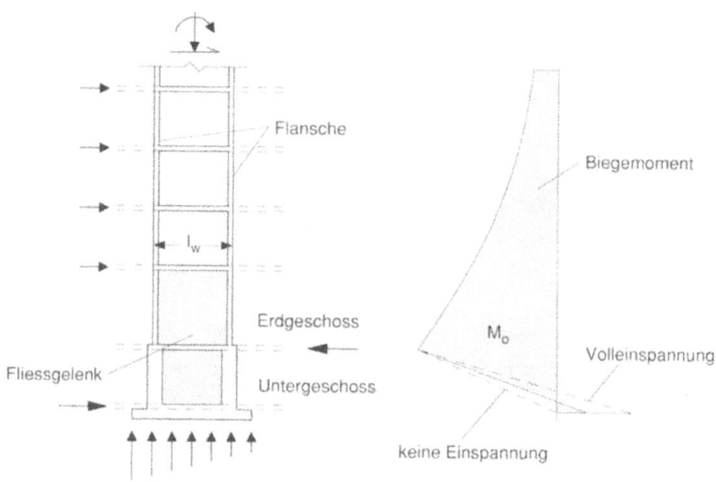

Bild 7.33: Tragwand mit grosser Querkraft im Untergeschoss (nach [PBM 90])

7.11.4   Pfahlfundationen

Sowohl die Pfähle als auch die Fundationsplatte erfordern eine sehr sorgfältige Bemessung für horizontale Kräfte [PBM 90] [Dow 87].

8 Erdbebensicherung von Brücken

Bei der Erdbebensicherung von Brücken geht es einerseits um geeignete konzeptionelle Massnahmen - im Vordergrund steht die Absturzsicherung - und anderseits um rechnerische Nachweise und entsprechende konstruktive Durchbildungen, vor allem bei den Stützen.

Brücken gehören oft zu sogenannten *"lifelines"*, d.h. den (über-)lebenswichtigen Infrastrukturbauten. Solche sind bestimmte *Bauwerke sowie Anlagen und Einrichtungen für Versorgung und Entsorgung im Katastrophenfall*, d.h. ausgewählte

- Verkehrswege und -Anlagen
- Wasser- und Energieversorgungsanlagen
- Rettungs- und Feuerwehreinrichtungen
- Spital- und Sanitätsanlagen
- Führungseinrichtungen für Katastrophenstäbe
- Telekommunikationseinrichtungen
- usw.

Zu den "Lifeline-Brücken" zählt z.B. eine Brücke, die am Eingang eines Tales die einzige Erschliessung des Hinterlandes ermöglicht, oder eine solche, die auf weite Strecken einen Flussübergang sicherstellt (nebst andern, weniger wichtigen Brücken, die schadenanfälliger sein dürfen).

Die folgenden Ausführungen beschränken sich auf *Balkenbrücken*. Sie sind die weitaus am meisten vorkommende Brückenart und bezüglich Erdbebensicherung verhältnismässig einfach zu behandeln. Bogenbrücken, Schrägkabelbrücken usw. zeigen ein ganz anderes und wesentlich komplizierteres Schwingungsverhalten und erfordern im allgemeinen spezielle Untersuchungen.

Im weiteren wird vorerst angenommen, dass die behandelten Balkenbrücken für mässige und nicht für hohe Seismizität zu bemessen sind. Deshalb wird von Lagerungsarten und Lagerkonstruktionen ausgegangen, wie sie für Brems-, Wind- und Dilatationskräfte meist gewählt werden. Daran können sich dann Änderungen für den Erdbebenfall ergeben. Die entsprechenden Zusammenhänge, die auch für die Überprüfung bestehender Brücken wesentlich sein können, sind in den Abschnitten 8.1, 8.2 und 8.3 dargestellt. In Abschnitt 8.4 wird noch kurz auf besondere Massnahmen hingewiesen, die vor allem bei hoher Seismizität in Betracht gezogen werden können.

Brücken können durch Erdbeben in vertikaler und in horizontaler Richtung zu Schwingungen angeregt und durch entsprechende Erdbebenkräfte beansprucht werden.

Die *vertikale Anregung* führt im allgemeinen nicht zu Problemen, da für vertikale Kräfte meist erhebliche Reserven vorhanden sind. Z.B. erfolgt bei einer vertikalen maximalen Bodenbeschleunigung $a_{g,\,max} = (2/3)\,0.16\,g = 0.11\,g$ eine Amplifikation auf etwa $0.30\,g$ (Spektralwert Plateau für 2% Dämpfung, vgl. Tabelle 2.8). Dies bedeutet, dass die beim Erdbeben vorhandenen Schwerelasten (Dauerlast plus meist geringer Teil der rechnerischen Nutzlast) um etwa 30% erhöht werden. Dies führt zu einer Beanspruchung, die meist etwa in der Grössenordnung derjenigen aus Dauerlast und rechnerischer Nutzlast liegt und somit noch bei vollständig elastischem Verhalten aufgenommen werden kann. Auch höhere vertikale Bodenbeschleunigungen dürften im allgemeinen nicht zu gravierenden Schäden führen.

Die *horizontale Anregung* hingegen stellt oft schon bei relativ kleiner maximaler Bodenbeschleunigung eine wesentliche Gefährdung dar. Lager, Stützen und Widerlager sind im allgemeinen sehr empfindlich auf horizontale Kräfte und Verschiebungen, und zwar sowohl in *Längsrichtung* als auch in *Querrichtung* zur Brückenachse. Es können erhebliche Schäden entstehen infolge horizontaler Anregung längs und quer. Im folgenden werden ausschliesslich horizontale Anregungen und Erdbebenkräfte betrachtet.

8.1 Mögliche Schäden

Erdbeben bewirken bei Balkenbrücken horizontal je in Längs- und/oder Querrichtung Relativverschiebungen zwischen dem Brückenträger und dem Widerlager und evtl. den Stützen sowie zwischen verschiedenen Brückenabschnitten (Dilatationsfugen). Dementsprechend wirken horizontale Kräfte auf die Lager, die Widerlager und die Stützen.

Bei den möglichen Schäden kann wie folgt unterschieden werden:

- Absturz des Brückenträgers
- Schäden an Lagern
- Schäden an Widerlagern
- Schäden an Brückenstützen

Weitaus am schlimmsten ist der Absturz des Brückenträgers, denn er führt meist zu einem *Totalschaden*. Bei Schäden an Lagern oder auch bei deren vollständiger Zerstörung hingegen sackt der Brückenträger nur um ein beschränktes Mass (z.B. Lagerhöhe) ab, und die Brücke bleibt *meist reparierbar*. Auch bei Schäden an Widerlagern und an Stützen ist oft eine Reparatur möglich (ausgenommen sind vor allem Schubbrüche in Stützen).

8.1.1 Absturz des Brückenträgers

Ein Absturz des Trägers von Balkenbrücken ist vor allem möglich im Falle von *zu kurzen Auflagerbereichen* (meist Auflagerbänke) in Brückenlängsrichtung bei Systemen, die aus einfachen Balken bestehen, oder bei Durchlaufträgern beim Widerlager und bei Zwischen-Dilatationsfugen und Gerbergelenken. Bild 8.1 zeigt als Beispiel einen einseitig abgestürzten Teil der oberen Fahrbahn der San Francisco-Oakland Bay Bridge nach dem Loma Prieta Erdbeben 1989. Auch beim Northridge Beben 1994 wurde eine grössere Anzahl von Brücken durch den Absturz des Brückenträgers zerstört.

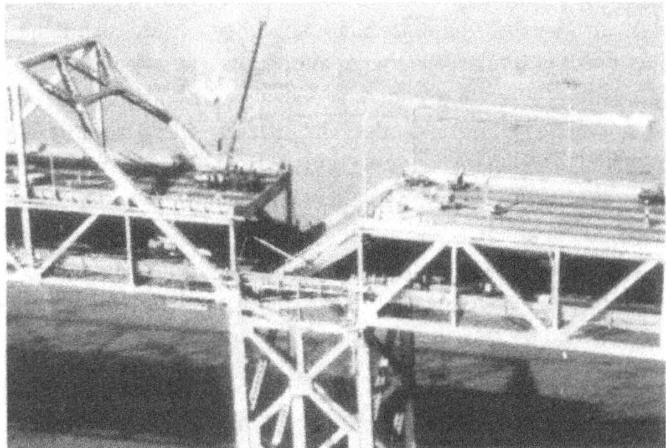

Bild 8.1: Absturz der oberen Fahrbahn der San Francisco-Oakland Bay Bridge beim Loma Prieta Erdbeben 1989 [Lew 89]

8.1.2 Schäden bei Lagern

Allgemein können bei festen und bei beweglichen Lagern die folgenden Schäden auftreten:

- Beschädigung bis zu vollständiger Zerstörung des Lagers infolge grosser horizontaler Relativverschiebungen zwischen Brückenträger und Auflagerbank
- Absacken des Brückenträgers um/bis die Höhe des Lagers (i.a. 10 bis 30 cm) als Folge einer Beschädigung oder Zerstörung der Lager.

Speziell bei in Längs- und/oder Querrichtung festen Lagern können die folgenden Versagensarten unterschieden werden [SB 89] [Bac 90b]:

- Versagen des Lagers selbst, z.B. durch Herausspringen einer Lagerplatte, Abscheren von Führungsleisten, usw.
- Versagen der Lagerverankerung (die oft die schwächste Stelle ist), z.B. durch Ausreissen der Verankerungsschrauben am Lagerfuss bzw. -Kopf
- Versagen des Betonkörpers unter oder über dem Lager (Auflagerbank oder Brückenträger), z.B. durch Risse, Abplatzen grosser Betonstücke, infolge ungenügender Bewehrung, usw.

Beschädigte oder zerstörte Lager bzw. Betonkörper können im allgemeinen ersetzt bzw. repariert werden. Ein lokales Absacken des Brückenträgers führt in den oft vorkommenden schlanken Durchlaufträgern meist nicht zu irreparablen Plastifizierungen. Es kann der Brückenträger wieder angehoben und somit "gerettet" werden.

8.1.3 Schäden bei Widerlagern

Bei Widerlagern können Schäden entstehen durch die folgenden Phänomene:

- Aufprall des - durch eine Fuge getrennten - Brückenträgers auf das Widerlager (Dies ist wie allgemein üblich in Relativverschiebungen formuliert. Physikalisch und in absoluten Verschiebungen formuliert ist es meist eher umgekehrt: Das Widerlager bewegt sich ähnlich wie der Boden, der Brückenträger bleibt infolge seiner Massenträgheit mehr oder weniger in Ruhe, somit prallt das Widerlager auf den Brückenträger auf).
- Setzungen der Hinterfüllung des Widerlagers bzw. einer angrenzenden Dammschüttung.
- Bodenverflüssigung ("liquefaction") der Hinterfüllung oder Dammschüttung. Besonders gefährdet sind locker gelagerte wassergesättigte feinkörnige Sande, die unter den durch dynamische Einwirkungen hervorgerufenen Spannungszuständen ihre Scherfestigkeit weitgehend einbüssen können.
- Zerquetschen usw. von Fahrbahnübergängen bei Dilatationsfugen und evtl. weitere Schäden in den angrenzenden Bereichen der Fahrbahnplatte durch relative Verschiebungen in Längs- und Querrichtung zwischen Brückenträger und Widerlager.

Schäden bei Widerlagern können oft mit vertretbarem Aufwand repariert werden. Ausgenommen sind Fälle, bei denen durch den Zusammenprall von Brückenträger und Widerlager eine erhebliche Schiefstellung des letzteren erfolgte.

8.1.4 Schäden an Brückenstützen

Brückenstützen können beschädigt oder gar vollständig zerstört werden durch die folgenden Phänomene:

- Schubbruch in meist gedrungenen Stützen infolge ungenügender Schubbemessung (keine nach den Regeln der Kapazitätsbemessung auf die plastischen Überfestigkeitsmomente abgestützte Ermittlung der maximal möglichen Querkraft)
- Ausknicken der durch Biegung und Normalkraft zyklisch-plastisch beanspruchten Vertikalbewehrung in plastifizierten Bereichen (ungenügende Stabilisierungsbewehrung gemäss [PBM 90])
- Verankerungsbruch der Vertikalbewehrung bei Stössen, vor allem am Stützenfuss (keine Verlegung der Bewehrungsstösse auf etwa halbe Stützenhöhe).

Je nach Art der Beschädigung können Brückenstützen repariert werden. Dies ist vor allem der Fall bei kapazitätsbemessenen Stützen, die nur Plastifizierungen durch Biegung erfahren können.

8.2   Absturzsicherung

Die wichtigsten Massnahmen zur Erdbebensicherung von Balkenbrücken in Gebieten mit mässiger Seismizität sind solche zur Verhinderung eines Absturzes des Brückenträgers. Hiezu sollen vorerst wesentliche Grundlagen behandelt und anschliessend einfache Regeln dargelegt werden [Bac 90a].

8.2.1   Grundlagen

Hinsichtlich Absturzgefahr infolge lokaler Relativverschiebungen zwischen dem Brückenträger und einer Unterstützung (Widerlager, Stütze) muss zwischen der Quer- und der Längsrichtung unterschieden werden.

Die *Querrichtung* ist im allgemeinen kaum problematisch aus folgenden Gründen:

- Meist ist eine gewisse Ausdehnung der Auflagerbereiche neben den Lagern (Auflagerbank) in Brückenquerrichtung vorhanden. Auch wenn der Brückenträger seitlich von den Lagern rutscht, liegt er mit dem Auflagerquerträger oder mit mindestens einem Hauptlängsträger noch auf.
- Meist genügt die vorhandene Torsionssteifigkeit bzw. der entsprechende Torsionstragwiderstand zur Abtragung der Beanspruchungen im verschobenen bzw. verformten Zustand.

Die *Längsrichtung* hingegen kann problematisch sein

- bei Fugen zwischen Brückenträger und Widerlager;
- bei Fugen zwischen zwei Abschnitten des Brückenträgers (über Stützen oder bei Gergergelenken).

Dabei sind die beiden Fälle gemäss Bild 8.2 zu unterscheiden:

- Schwimmende Lagerung:
  Die Brems- und Dilatationskräfte werden pro Brückenabschnitt durch eine oder mehrere relativ nachgiebige Stützen abgetragen. Auch bei Erdbebeneinwirkung sind stets Rückstellkräfte vorhanden.
- Anfänglich feste Lagerung:
  Die Brems- und Dilatationskräfte werden pro Brückenabschnitt durch feste Lager auf eine relativ steife Unterstützung (meist Widerlager) abgetragen. Bereits bei mässiger Erdbebeneinwirkung werden jedoch die festen Lager im allgemeinen schon bald beschädigt oder zerstört und damit in "bewegliche Lager mit Reibung" umgewandelt. Rückstellkräfte fehlen ganz oder sind sehr klein (je nach System eventuell Wirkung weicher Stützen).

Für die Absturzsicherung können im allgemeinen die folgenden *Annahmen* getroffen werden:

- Eine allfällige Beschädigung oder Zerstörung der beweglichen oder festen Lager und ein Absacken des Brückenträgers um die Lagerhöhe werden in Kauf genommen;
- Schäden im Bereich der Fahrbahnübergänge bei Fugen und ein allfälliger Aufprall des Brückenträgers auf das Widerlager bzw. ein Zusammenprall benachbarter Brückenabschnitte bei Dilatationsfugen werden in Kauf genommen.

Solche - reparierbare - Schäden werden somit bewusst akzeptiert.

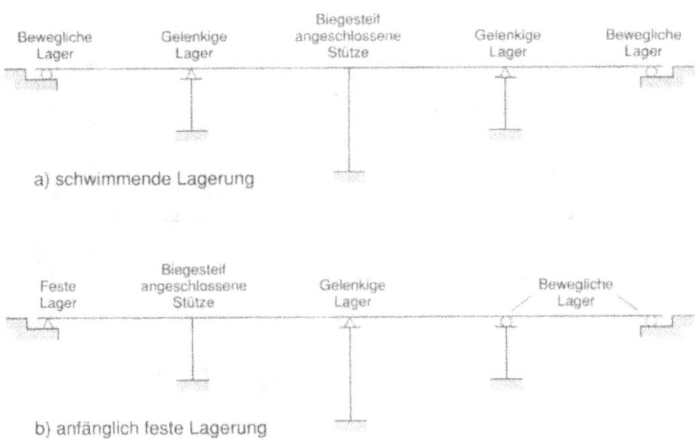

*Bild 8.2: Lagerungsarten von Brücken: a) Schwimmende Lagerung,
b) anfänglich feste Lagerung [Bac 90a]*

8.2.2 Einfache Regeln

Im folgenden werden einfache Regeln für die *Mindestabmessungen der Auflagerbereiche in Brückenlängsrichtung* durch phänomenologische Überlegungen zum Erdbebenverhalten von Brücken und durch entsprechende numerische Auswertung und Eichung hergeleitet [Bac 90a] [Bac+ 89]. Zur Erklärung dienen die Bilder 8.3 und 8.4.

a) Grundgrössen

Nichtsynchrone Bodenverschiebung Δ_s:

Das Bauwerk (in Bild 8.3a vor allem die mittlere Stütze) wird vorerst als starr angenommen, und es wird nur die nichtsynchrone absolute Bodenverschiebung Δ_s infolge Erdbeben betrachtet. Diese kann bei Brücken mit Abschnittlängen zwischen benachbarten Fugen von mehr als etwa 100 m von Bedeutung sein. Infolge wandernder Wellen bewegen sich zwei verschiedene Bodenpunkte im allgemeinen nicht synchron, sondern sie können sich in einem bestimmten Zeitpunkt unter Umständen in entgegengesetzter Richtung bewegen. Im Beispiel mit der schematischen Darstellung von Bild 8.3a ist der für die Relativverschiebungen zwischen dem Brückenträger und den Widerlagern (WL) ungünstigste Fall dargestellt. Die durch das Erdbeben bewirkten Lagen sind gestrichelt gezeichnet. Die betrachteten Bodenpunkte sind 1 und 2a bzw. 1 und 2b. Es wird angenommen, dass $l/2 = \lambda/2$, d.h. die Wellenlänge λ ist gerade gleich der Brückenabschnittslänge l. Die Relativverschiebung bei den Widerlagern infolge der Bodenverschiebung Δ_s beträgt $2\Delta_s$. Sie ist beim rechten Widerlager entgegengesetzt gerichtet wie beim linken Widerlager (Absturz- bzw. Aufprallgefahr).

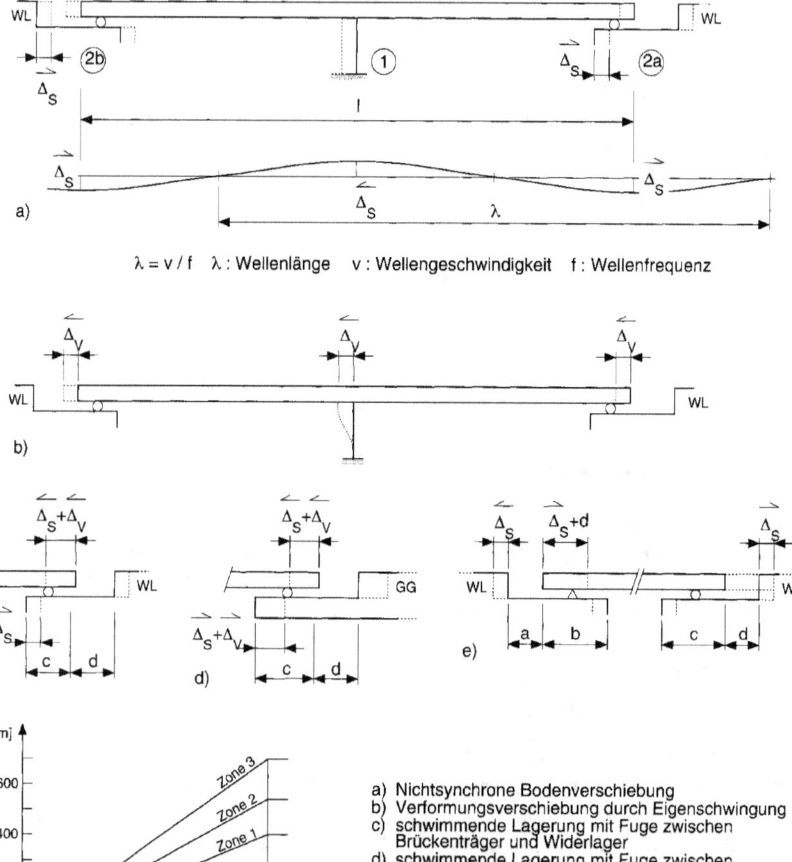

Bild 8.3: Absturzsicherung von Brückenträgern (nach [Bac 90a])

Verformungsverschiebung Δ_v :

Nun wird das Bauwerk als verformbar angenommen und die entsprechende Verformungsverschiebung Δ_v betrachtet. Durch Erdbebeneinwirkung wird die Brücke zu Eigenschwingungen angeregt. Dadurch entstehen vor allem Verformungen der Stützen und dementsprechend
eine relative Verformungsverschiebung Δ_v in Fugen. Diese ist bei schwimmender Lagerung
von Bedeutung. Im Beispiel von Bild 8.3b sind allein die Verformungen der Stütze in Brük-
kenmitte massgebend. Die im Brückenträger auftretenden Längsschwingungen und die entsprechenden Längenänderungen dürfen vernachlässigt werden.

Mindestauflagerlänge m zur Übertragung der Auflagerkraft:

Damit die vertikale Auflagerkraft eines meist nur um die Lagerhöhe abgesackten Brückenträgers noch auf die Unterstützung übertragen werden kann, ist eine Mindestauflagerlänge m erforderlich.

b) Mindestabmessungen der Auflagerbereiche

Schwimmende Lagerung

Dilatationsfuge bei einem Widerlager:

Gemäss Bild 8.3c ist ein Absturz des Brückenträgers beim rechten Widerlager nicht möglich, wenn

$$c \ \geq \ 2\Delta_s + \Delta_v + m \qquad\qquad (8.1)$$

Möglicherweise ereignet sich beim linken Ende des Brückenträgers ein Aufprall, bevor beim betrachteten rechten Widerlager eine Relativverschiebung von $2\Delta_s + \Delta_v$ erfolgt ist, was aber gemäss den getroffenen Annahmen nicht weiter berücksichtigt wird.

Dilatationsfuge zwischen zwei Brückenabschnitten:

In Bild 8.3d ist schematisch anstelle des Widerlagers von Bild 8.3b ein zweiter Brückenabschnittsträger angedeutet (Gerbergelenk, GG). Hier kann sich im Vergleich zum Fall "Dilatationsfuge bei einem Widerlager" die Relativverschiebung um die Verformungsverschiebung des zweiten (rechten) Brückenträgers vergrössern. Mit der Annahme $\Delta_{v,1} \approx \Delta_{v,2} = \Delta_v$ wird ein Absturz des linken Brückenträgers verhindert, wenn

$$c \ \geq \ 2\Delta_s + 2\Delta_v + m \qquad\qquad (8.2)$$

Anfänglich feste Lagerung

Gemäss Bild 8.3e ist beim linken Widerlager mit den festen Lagern ein Absturz des Brükkenträgers nicht möglich, wenn

$$b \ \geq \ 2\Delta_s + d + m \qquad\qquad (8.3)$$

Anstelle von Δ_v bei schwimmender Lagerung mit Dilatationsfuge bei einem Widerlager (siehe oben) tritt der Spielraum d am rechten Trägerende. Nach einer Zerstörung der festen Lager wirkt eine nicht näher bekannte Reibungskraft, es fehlen jedoch die bei schwimmender Lagerung vorhandenen wesentlichen Rückstellkräfte. Der Träger kann daher eine unkontrollierte Bewegung nach rechts durchführen und den Spielraum d voll durchfahren.

Die gleichen Überlegungen gelten auf der anderen Seite bei den beweglichen Lagern. Beim rechten Widerlager ist ein Absturz des Brückenträgers nicht möglich, wenn

$$c \ \geq \ 2\Delta_s + a + m \qquad\qquad (8.4)$$

c) Numerische Auswertung und Eichung

Um eine einfache Formulierung der Massnahmen bzw. der Auflagerbedingungen zur Absturzsicherung festlegen zu können, ist eine numerische Bewertung der in den oben formulierten Bedingungen vorkommenden Grundgrössen Δ_s, Δ_v und m erforderlich. Sie wurde durchgeführt für die in der Norm SIA 160 festgelegten drei Gefährdungszonen mit den folgenden Intensitäten (MSK-Skala) und maximalen Bodenbeschleunigungen (g = Erdbeschleunigung):

Gefährdungszonen	Intensitäten MSK-Skala	Maximale Bodenbeschleunigung
Zone 1	VI - VII	$a_s = 0.06\ g$
Zone 2	VII$^+$	$a_s = 0.10\ g$
Zone 3	VIII	$a_s = 0.15\ g$

Die Grundgrössen wurden wie folgt angenommen:

- Die Bodenverschiebung Δ_s als seismologische Kenngrösse des Bemessungsbebens wurde für die drei Gefährdungszonen geschätzt zu 50 mm bzw. 80 mm bzw. 140 mm.
- Die Verformungsverschiebung Δ_v ist abhängig von der Grundfrequenz des Brückensystems in Längsrichtung und dem Bemessungsbeben der Zone. Sie liegt im ungünstigsten Fall, d.h. bei einem sehr langsam schwingenden System mit $f_1 \approx 0.2$ Hz, in den drei Gefährdungszonen in der Grössenordnung von 70 mm bzw. 120 mm bzw. 190 mm (Verschiebungen im elastischen Bemessungsspektrum, Bereich mit konstanter Verschiebung).
- Der Wert m wurde zu 200 mm angenommen.

Mit diesen Werten konnten die in den verschiedenen Fällen und Zonen maximal zu erwartenden Relativverschiebungen abgeschätzt werden. Dabei zeigte es sich, dass in den obigen Bedingungen der Term $2\ \Delta_s$ meist dominierend ist. Bei $2\ \Delta_s$ handelt es sich allerdings um eine sehr ungünstige Annahme. Die Wahrscheinlichkeit, dass sich tatsächlich zwei massgebende Bodenpunkte um $2\ \Delta_s$ gegeneinander verschieben, ist verhältnismässig gering, sie nimmt aber mit zunehmender Distanz zwischen diesen Punkten zu. Denn nebst den wandernden Erdbebenwellen verursachen auch unterschiedliche Bodenverhältnisse eine nichtsynchrone und phasenverschobene Anregung, und die Wahrscheinlichkeit ungleicher Bodenverhältnisse nimmt mit der Distanz zu. Auch nimmt mit zunehmender Brückenabschnittslänge l die Grundfrequenz des Brückensystems ab und die Verformungsverschiebung Δ_v zu. Deshalb wurden die Terme mit den Grössen Δ_s, Δ_v (und m) in Abhängigkeit von der Brückenabschnittslänge l [m] formuliert und die Bedingungen so geeicht, dass die für die ungünstigste Parameterkombination ermittelten maximalen numerischen Werte bei $l = 500$ m gerade etwa erreicht werden.

d) Regeln zur Absturzsicherung

Die Regeln zur Absturzsicherung von Brückenträgern können wie folgt formuliert werden:

- Bei schwimmender Lagerung:

$$c \ \geq\ \alpha\ \frac{l}{1200}, \text{ jedoch } c \ \geq\ 200 \text{ mm}$$

-   Bei anfänglich fester Lagerung auf einem Widerlager:

$$b \geq \alpha \, \frac{l}{1600} + d, \; \text{jedoch } b \geq 200 \text{ mm} + d$$

$$c \geq \alpha \, \frac{l}{1600} + a, \; \text{jedoch } c \geq 200 \text{ mm} + a$$

-   Bei Fugen zwischen Brückenabschnitten:
    c ist um 30% zu vergrössern.

Der Zonenfaktor α beträgt:

Zone 1: $\alpha = 1.0$

Zone 2: $\alpha = 1.3$

Zone 3: $\alpha = 1.7$

Die Abmessungen a, b, c, d sowie l sind aus Bild 8.4 ersichtlich. l ist die Brückenabschnitts-länge zwischen benachbarten Dilatationsfugen, jedoch höchstens 500 m.

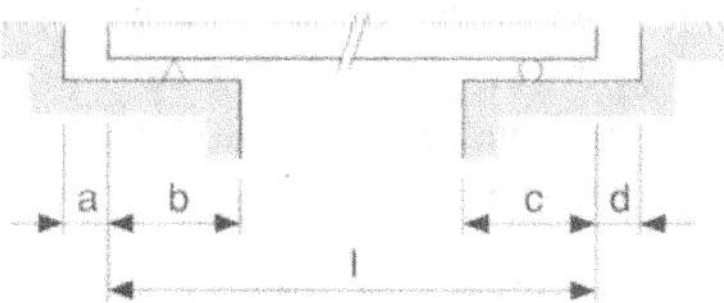

Bild 8.4: Für die Absturzsicherung massgebende Abmessungen [Bac 90a]

In Bild 8.3f ist die Bedingung für die Auflagerlänge c im Fall einer schwimmenden Lagerung zwischen zwei Widerlagern dargestellt.

Zusammenfassend kann festgehalten werden, dass durch phänomenologische Überlegungen zum Erdbebenverhalten von Brücken und durch entsprechende numerische Auswertung und Eichung einfache Regeln für die Absturzsicherung von Brückenträgern entwickelt werden konnten. Die Regeln verlangen bestimmte Mindestabmessungen der Auflagerbereiche in Brückenlängsrichtung. Nachprüfungen haben ergeben, dass die resultierenden Bedingungen meist ohne oder mit nur unwesentlichem Mehraufwand eingehalten werden können.

8.3   Bemessung

Je nach den Gegebenheiten (Erdbebenstärke bzw. Zone, Grad der Erdbebensicherung bzw. Bauwerksklasse) müssen bei einer Balkenbrücke die folgenden Elemente für Erdbebenkräfte bemessen und entsprechend konstruktiv durchgebildet werden:

- Stützen
- Lager   } je horizontal in Längs- und Querrichtung
- Widerlager

Demgegenüber sind die Brückenträger horizontal in Quer- und Längsrichtung sowie vertikal sehr steif und sehr tragfähig, und sie müssen deshalb im allgemeinen für entsprechende Erdbebenkräfte nicht besonders bemessen werden.

8.3.1   Längsrichtung bei schwimmender Lagerung

Balkenbrücken mit schwimmender Lagerung (Bild 8.2a) bilden in Längsrichtung im allgemeinen ein einfaches schwingungsfähiges System mit grosser Masse und relativ geringer Steifigkeit und daher mit der Tendenz zu niedriger Grundfrequenz und entsprechend grossen Verschiebungen. Bei tiefer Grundfrequenz kann allerdings die Erdbebenanregung relativ gering sein (Form des Bemessungs-Antwortspektrums).

Eine gewisse Prolematik besteht bei den Fahrbahnübergängen. Während bei längeren Brükken bzw. Brückenabschnitten die Längenänderungen infolge Temperatur, Schwinden, Kriechen aus Vorspannung usw. meist einen beträchtlichen Spielraum (bis zu mehreren Dezimetern) erfordern, ist dies bei kürzeren Brücken weniger der Fall. Ein Zerquetschen der Fahrbahnübergänge und eventuell weitere Schäden in den angrenzenden Bereichen der Fahrbahnplatte durch Stosswirkung sind im Erdbebenfall möglich oder wahrscheinlich. Es hängt dies sehr von den Gegebenheiten im konkreten Fall ab (Brückenlänge, Stützensteifigkeiten, Ausbildung der Fahrbahnübergänge und der angrenzenden Bereiche, usw.). Solche Schäden können jedoch im allgemeinen (Bauwerksklassen I und II nach SIA 160) in Kauf genommen werden. Sollen Stösse auf der Höhe der Fahrbahnplatte vermieden werden, oder bei höheren Ansprüchen an die Gebrauchstauglichkeit nach einem Erdbeben (Bauwerksklasse III nach SIA 160), ist der Spielraum in den Fahrbahnübergängen nach den Erfordernissen des Erdbebenverhaltens zu überprüfen und gegebenenfalls zu vergrössern. Besondere Aufmerksamkeit ist allenfalls auch den Folgen bzw. der Verhinderung von Relativverschiebungen in Querrichtung zu schenken.

Zur Bemessung der Stützen und allfälliger Lager kann eine Brücke mit schwimmender Lagerung für eine Anregung in Längsrichtung als Einmassenschwinger modelliert werden. Die Eigenfrequenz des Einmassenschwingers beträgt

$$f = \frac{1}{2\pi}\sqrt{\frac{k}{m}} \tag{8.5}$$

k :   Gesamtsteifigkeit der n Stützen

$$k = \sum_{1}^{n} k_i = \sum_{1}^{n} c_i \frac{EI_i}{h_i^3}$$

c_i = 3 für gelenkige Lager am Stützenkopf
c_i = 12 für Einspannung am Stützenkopf
h_i : Stützenhöhe
EI_i: Stützen-Biegesteifigkeit
m : Gesamtmasse des Brückenträgers (Brückenabschnitt)

Die gesamte "elastische" Ersatzkraft F_{el} beträgt

$$F_{el} = a_h \cdot m \tag{8.6}$$

a_h: Beschleunigung aus dem elastischen Bemessungsantwortspektrum.

Die elastische Ersatzkraft der Stütze i beträgt

$$F_{el,i} = F_{el} \cdot \frac{k_i}{k} \tag{8.7}$$

Die nach SIA 160 zur Berücksichtigung plastischer Verformungen und der Überfestigkeit reduzierte Ersatzkraft der Stütze i beträgt

$$F_i = F_{el,i} \cdot \frac{1}{K} \cdot C_d \tag{8.8}$$

K : Verformungsbeiwert (Duktilitätsfaktor, K = 2.5 für Bauwerksklasse II,
$\qquad$ K = 1.5 für Bauwerksklasse III)
C_d: Bemessungsbeiwert (C_d = 0.65)

Diese Ersatzkraft kann am oberen Stützenende angesetzt werden (genauer wäre auf der Höhe von m, doch kann das Differenzmoment durch Balkenwirkung des Brückenträgers und entsprechende Auflagerkräfte abgetragen werden).

Sämtliche Stützen und allfällige gelenkige Lager sind auf die entsprechende Ersatzkraft zu bemessen und konstruktiv durchzubilden. Dazu gelten die folgenden Empfehlungen:

- Kontrolle der Verschiebungen nach SIA 160:

$$w = w_{el} \cdot K / C_d \tag{8.9}$$

Damit kann erkannt werden, ob die Brücke in Längsrichtung eine befriedigende Steifigkeit aufweist und ob mit einem Aufprall des Brückenträgers bei einem Widerlager zu rechnen ist.
- Kapazitätsbemessung der Stützen:
Das plastische Gelenk am Stützenfuss bzw. am Stützenkopf sowie die elastisch bleibenden Bereiche können nach den gleichen Grundsätzen wie Tragwände (vgl. Abschnitt 7.2.6) bemessen und konstruktiv durchgebildet werden (Einzelheiten zu Stützen s. [PBM 90]).
- Bemessung der Fundamente:
Die Fundamente sind auf die von den Stützen her angreifenden Überfestigkeitsschnittkräfte zu bemessen, damit sie immer elastisch bleiben.

8.3.2 Längsrichtung bei (anfänglich) fester Lagerung

Balkenbrücken mit (anfänglich) fester Lagerung (Bild 8.2b) bilden in Längsrichtung ein sehr kompliziertes dynamisches System. Eine einfache Modellbildung wie im Falle der schwimmenden Lagerung ist nicht möglich.

Es können die folgenden Lagerarten unterschieden werden:

Kombinierte Horizontal- und Vertikalkraftlager:

- Topflager
- Linienkipplager
- Punktkipplager

Reine Horizontalkraftlager:

- Schubdornlager
- Vorgespanntes Zug-Drucklager

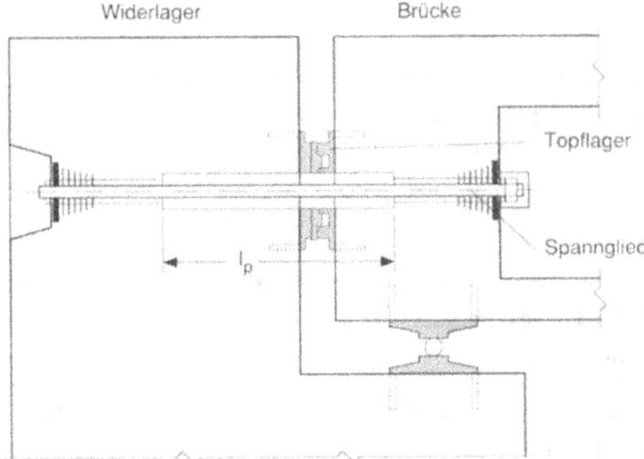

Bild 8.5: Vorgespanntes Zug-Drucklager [Bac 90b]

Von besonderer Problematik sind die vier erstgenannten herkömmlichen, für Brems- und Dilatationskräfte bemessenen, festen Lager. Um eine Kippbewegung zu gewährleisten, weisen diese Lager ein Lagerspiel von etwa 1 bis 2 mm auf. Im Erdbebenfall werden sie durch grosse Horizontalkräfte im allgemeinen schon bald beschädigt oder zerstört. Die anfänglich feste Lagerung wird damit in eine "schwimmende Lagerung mit Reibung" verwandelt. Mit dem vorgespannten Zug-Drucklager (Bild 8.5) hingegen ist es eher möglich, die feste Lagerung beizubehalten.

Im Rahmen eines Forschungsprojektes konnte eine umfangreiche Parameterstudie an einem nichtlinearen Modell (Bild 8.6) einer Balkenbrücke mit fester Lagerung auf einem Widerlager unter Berücksichtigung von dessen Nachgiebigkeit und der Boden-Struktur-Interaktion durchgeführt werden [SB 89]. Die wesentlichen Ergebnisse werden im folgenden kurz kommentiert.

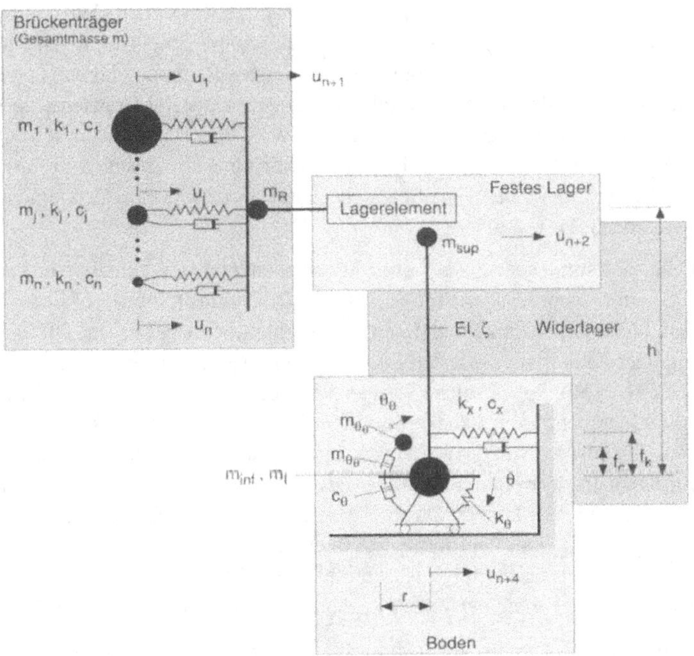

*Bild 8.6: Dynamisches Modell des Gesamtsystems, bestehend aus
Brückenträger, festem Lager, Widerlager und Boden [SB 89]*

Schubdornlager, Topflager, Linien- und Punktkipplager

- Das *Lagerspiel* ist von grosser Bedeutung für die maximale Lagerkraft und die erforderliche Duktilität (Verhältnis der plastischen Verformung zur Verformung beim Fliessbeginn) des Lagers. Schon ein Lagerspiel von 1 mm bewirkt eine verhältnismässig grosse Relativgeschwindigkeit zwischen Brückenträger und Lagerunterteil nach dem Durchfahren des Lagerspiels und eine entsprechende *enorme Lagerkraft*, so dass eine Bemessung des Lagers ohne Ausnützung seines plastischen Verformungsvermögens praktisch unmöglich ist. Die ohne Plastifizierung auftretende Lagerkraft kann bereits für eine maximale Bodenbeschleunigung von 1 m/s^2 schon bald die Grösse des Eigengewichtes des Brückenträgers erreichen oder überschreiten.

- Die *Lagersteifigkeit* hat ebenfalls einen grossen Einfluss auf die maximale Lagerkraft, falls ein Lagerspiel vorhanden ist. Die Lagerkraft bzw. die erforderliche Lagerduktilität wird grösser mit zunehmender Lagersteifigkeit.

- Ist die *Fliesskraft des festen Lagers* kleiner als der Spektralwert der Beschleunigung für die Grundfrequenz der Brücke (Widerlager mit Brückenträger) in Längsrichtung multipliziert mit der Masse des Brückenträgers, so ist in jedem Fall mit einem Versagen des Lagers zu rechnen. Ist die Fliesskraft des Lagers jedoch höher, so hängt es im wesentlichen von der Grösse des Lagerspiels und der Lagersteifigkeit ab, ob ein Bruch erfolgen wird oder nicht.

Vorgespanntes Zug-Drucklager

- Die horizontale Tragfunktion des Lagers kann mit einer wesentlich kleineren Lagerfliesskraft sichergestellt werden als bei den festen Lagern mit Spiel. Im allgemeinen genügt eine Fliesskraft in der Grössenordnung der maximalen Bodenbeschleunigung (und nicht der spektralen Beschleunigung) multipliziert mit der Masse des Brückenträgers.
- Die Verwendung eines längeren Spanngliedes bewirkt eine starke Reduktion der erforderlichen Duktilität des Spanngliedes. Für eine maximale Bodenbeschleunigung von 1 m/s^2 dürfte in den meisten Fällen eine Spanngliedlänge von 3 m ausreichen, um einen Bruch des Spanngliedes zu verhindern.

Insgesamt hat sich somit gezeigt, dass es im allgemeinen nicht zweckmässig und in manchen Fällen auch kaum machbar ist, die für Brems- und Dilatationskräfte festen Lager für die bereits bei mässigen Bebenstärken enormen Erdbebenkräfte zu bemessen. Oft kann die Beschädigung oder Zerstörung der festen Lager in Kauf genommen werden (Bauwerksklassen I und II nach SIA 160). Sollen solche Schäden vermieden werden, oder bei höheren Ansprüchen an die Gebrauchstauglichkeit nach einem Erdbeben (Bauwerksklasse III nach SIA 160), ist das feste Lager vorzugsweise als vorgespanntes Zug-Drucklager auszubilden, da hier die auftretenden Horizontalkräfte wegen des fehlenden Spiels wesentlich kleiner sind als bei herkömmlichen festen Lagern. Da aber auch diese Kräfte noch beträchtlich sind und deren Abtragung in den Baugrund meist erhebliche Aufwendungen erfordern, ist vom Gesichtspunkt der Erdbebensicherung aus zu prüfen, ob nicht anstelle einer festen Lagerung einer *schwimmenden Lagerung der Vorzug* gegeben werden kann (Abschnitt 8.3.1).

Bei anfänglich fester Lagerung ist zur Bemessung der Stützen und allfälliger dortiger Lager i.a. davon auszugehen, dass nach der Zerstörung der festen Lager Rückstellkräfte weitgehend fehlen und der Brückenträger eine unkontrollierte Bewegung durchführt. Diese wird den Stützen aufgezwungen. Die maximal mögliche Verschiebung der Stützenköpfe entspricht den möglichen Extremlagen und somit den Spielräumen des Brückenträgers bei den Widerlagern. Bei deren Ermittlung können vorsichtshalber auch die Bodenverschiebungen bei nichtsynchroner Anregung gemäss Abschnitt 8.2.2 je nach Brückenlänge ganz oder teilweise berücksichtigt werden.

Für die Bemessung und konstruktive Durchbildung der Stützen (Kapazitätsbemessung) und der Fundamente (für die Überfestigkeitsschnittkräfte aus den Stützen) gelten die am Schluss des Abschnittes 8.3.1 gegebenen Hinweise.

8.3.3   Längsrichtung bei Lagerung mit Sollbruchstellen

Im Sinne einer gedanklichen Anregung soll hier noch auf eine weitere Möglichkeit hingewiesen werden: Die - durch Erdbeben - veränderliche Lagerung. Hierbei würde eine für den Normalzustand (nur Brems- und Dilatationskräfte) vorhandene feste Lagerung im Erdbebenfall zu einer schwimmenden Lagerung. Die festen Lager wären dann mit sorgfältig konstruierten Sollbruchstellen (z.B. Abscheren von Schubleisten) und einer genügend langen Verschiebebahn zu versehen. Zudem wären Stützen erforderlich, die nach dem Bruch der festen Lager genügend grosse Rückstellkräfte bewirken, um eine schwimmende Lagerung zu erreichen und somit eine unkontrollierte Bewegung des Brückenträgers zu vermeiden. Damit könnten die Vorteile der festen Lagerung für Brems- und Dilatationskräfte mit jenen der schwimmenden Lagerung für den Erdbebenfall kombiniert werden.

8.3.4 Querrichtung

Balkenbrücken bilden in Querrichtung (horizontal) im allgemeinen ein eher kompliziertes schwingungsfähiges System (Bild 8.7). In bestimmten Fällen kann das Verhalten unter Erdbebeneinwirkung näherungsweise durch einen Einmassenschwinger erfasst werden.

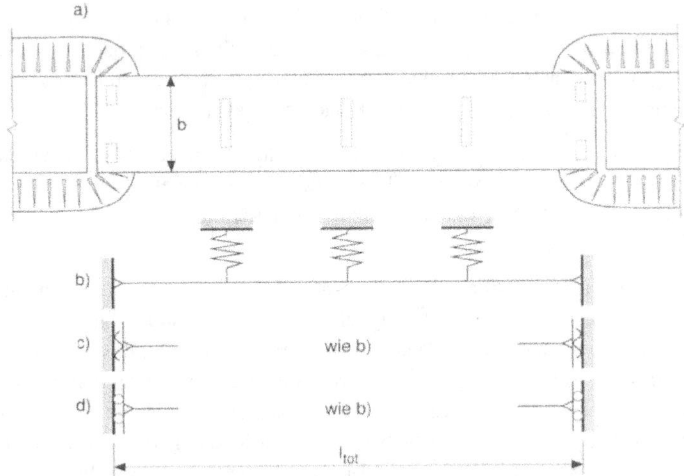

Bild 8.7: Balkenbrücke im Grundriss a) und dynamische Systeme zur Bemessung in Querrichtung,
mit unterschiedlicher horizontaler Lagerung beim Widerlager:
b) feste Lager, c) "Reibungslager" nach Zerstörung der festen Lager, d) bewegliche Lager

Von Bedeutung sind die folgenden Einflussgrössen:

- Lagerungsart in Querrichtung bei den Widerlagern:
  Oft sind bei den Widerlagern in Querrichtung feste Lager vorhanden (für Windkräfte und allgemein zur Vermeidung von Relativverschiebungen). Diese können je nach Tragwiderstand in Querrichtung im Erdbebenfall bald zerstört werden. Es entsteht dann dort eine mehr oder weniger bewegliche Lagerung mit einer Reibungskraft, zu der auch ein beschädigter Fahrbahnübergang beitragen kann. Einfacher liegen die Verhältnisse, wenn bei den Widerlagern in Querrichtung bewegliche Lager angeordnet sind.
- Horizontale Biegesteifigkeit des Brückenträgers:
  Bei üblichen Verhältnissen kann der Brückenträger praktisch starr oder sehr steif ($l_{tot}/b \le \sim 10$) bis sehr flexibel (z.B. $l_{tot}/b = 40$) sein.

Zur Bemessung der Stützen und allfälliger dortiger Lager in Querrichtung ist grundsätzlich eine dynamische Berechnung an einem System gemäss Bild 8.7b bis d durchzuführen. Kann der Brückenträger als starr angenommen werden und liegen in Längsrichtung einigermassen symmetrische Verhältnisse vor, so kann das System mit der Gesamtsteifigkeit aller Unterstützungen in Querrichtung und der Gesamtmasse des Brückenträgers näherungsweise als Einmassenschwinger modelliert werden, ähnlich wie für die Längsrichtung bei schwimmender Lagerung. Wegen der Form von Bemessungsantwortspektren im niederfrequenten Bereich führt eine zu hohe Eigenfrequenz zu einer höheren Spektralbeschleunigung und liegt somit für die Bestimmung einer Ersatzkraft auf der sicheren Seite. Deshalb sollte eine allfällige Reibungskraft (Bild 8.7c) bzw. eine entsprechende äquivalente Federsteifigkeit (kalibriert an maximaler Auslenkung) eher über - als unterschätzt werden.

Bei längeren Brücken mit nicht allzu unterschiedlichen Spannweiten und einigermassen freier Querverschieblichkeit bei den Widerlagern kann eventuell auch ein Ausschnitt aus der Brücke, bestehend aus einer einzelnen Stütze und dem Brückenträger von der Länge der Hälfte der angrenzenden Spannweiten, als Einmassenschwinger modelliert werden. Auch hier ist aber darauf zu achten, dass nicht ein zu weiches System mit zu niedriger Spektralbeschleunigung und entsprechend zu kleiner Ersatzkraft gewählt wird.

Für die Ermittlung der Beanspruchungen der einzelnen Stützen sowie für deren (Kapazitäts-)Bemessung und konstruktive Durchbildung in Querrichtung gelten die in Abschnitt 8.3.1 für schwimmende Lagerung in Längsrichtung dargestellten Zusammenhänge und Hinweise sinngemäss.

Ergänzend soll noch kurz der Fall erwähnt werden, bei dem auf den Stützen in Querrichtung bewegliche Lager angeordnet oder (anfänglich) feste Lager zerstört worden sind. Nach einer Zerstörung der festen Lager auf den Widerlagern fehlen Rückstellkräfte, sodass der Brückenträger eine unkontrollierte Bewegung ausführt. Es ist dies der analoge Fall in Querrichtung wie er in Abschnitt 8.3.2 für die Längsrichtung behandelt worden ist. Ferner ist natürlich auch in Querrichtung eine - durch Erdbeben - veränderliche Lagerung dank Sollbruchstellen möglich, wie sie in Abschnitt 8.3.3 für die Längsrichtung angeregt worden ist.

8.4   Besondere Massnahmen

In diesem Abschnitt wird noch kurz auf besondere Massnahmen hingewiesen, die vor allem bei hoher Seismizität in Betracht gezogen werden können.

8.4.1   Blei-Gummi-Lager

In Neuseeland und auch in Kalifornien werden eher kleinere Brücken oft auf Lager aus bewehrtem Kunstgummi und mit einem zentralen Bleikern ("lead-rubber bearings") gemäss Bild 8.8a gestellt. Durch die im Gummikörper einvulkanisierten Stahlplatten wird wie bei den in Europa üblichen Elastomerlagern die vertikale Steifigkeit im Vergleich zu einem unbewehrten Gummikörper erheblich erhöht. Der Bleikern bewirkt bei horizontalen Verschiebungen durch plastische Verformung ein Hystereseverhalten gemäss Bild 8.8b mit nicht unwesentlicher Energiedissipation und entsprechender Wärmeentwicklung [SRM 93].

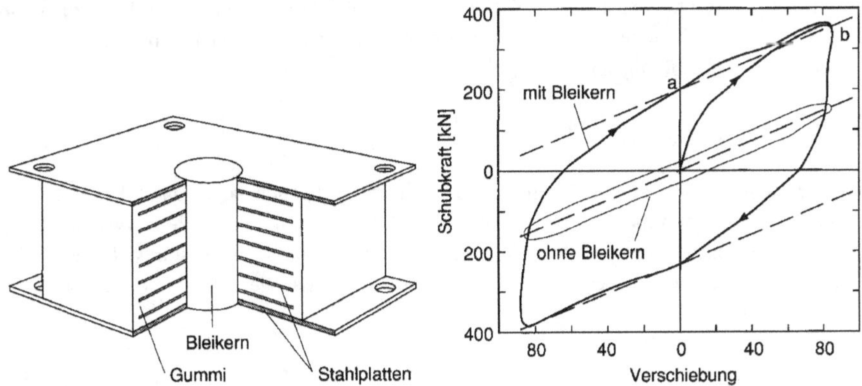

Bild 8.8: a) Lager aus Gummi mit einvulkanisierten Stahlplatten und zentralem Bleikern,
b) entsprechende Hysteresekurven für Lager mit und ohne Bleikern (nach [SRM 93])

Für eine mit solchen Lagern versehene Brücke resultiert eine horizontal in allen Richtungen weiche schwimmende Lagerung und damit eine gewisse Schwingungsisolierung vom Untergrund ("seismic isolation"). Dank der Nachgiebigkeit der Lager sind die horizontale Eigenfrequenz und damit auch die für die Bemessung massgebende Spektralbeschleunigung sowie die entsprechende Ersatzkraft relativ klein. Anderseits ist mit grossen Verschiebungen zu rechnen, was bei sämtlichen Anschlüssen an die Umgebung (Fahrbahnübergänge, usw.) spezielle Vorkehrungen erfordert. Ferner müssen für Brems- und Windkräfte im normalen Betriebszustand unter Umständen Sicherungselemente eingebaut werden. Diese sind so zu gestalten, dass sie im Erdbebenfall zerstört werden und anschliessend ein freies Schwingen des Brückenträgers möglich ist (z.B. aus sprödem Porenbeton).

8.4.2   Stossdämpfer

Bei Balkenbrücken werden gelegentlich vor allem bei den Widerlagern in Längs- und/oder Querrichtung Stossdämpfer oder Puffer angeordnet (Bild 8.9). Es kann sich dabei um viskose Dämpfer, um Puffer aus (bewehrten) Gummikörpern oder aus Tellerfedern, oder um spezielle Stahlkonstruktionen mit zur zyklischen Plastifizierung vorgesehenen Bereichen und entsprechender Energiedissipation handeln.

Solche Stossdämpfer oder Puffer und das mit ihnen versehene Gesamtsystem sollten dynamisch modelliert und berechnet (wenn möglich nichtlinear) sowie dementsprechend bemessen werden. Von einer Anordnung von Stossdämpfern oder Puffern ohne sorgfältige dynamische Berechnung und Bemessung ist abzuraten, denn die Dämpfer üben im Erdbebenfall meist enorme Stosskräfte auf die Widerlager aus. Zur Ableitung dieser Kräfte in den Untergrund müssen die Widerlager entsprechend massiv ausgebildet werden.

Wegen des resultierenden beträchtlichen Mehraufwandes ist die Anordnung von Stossdämpfern im allgemeinen umstritten. Tatsächlich dürften solche Lösungen im Vergleich zu einem "Möglichst frei schwingen lassen" (schwimmende Lagerung!) je nach den Gegebenheiten oft weniger zweckmässig sein.

8.4.3   Schubnocken

Gelegentlich werden über Stützen und bei Widerlagern auch sogenannte Schubnocken ("shear keys") angeordnet (Bild 8.9). Sie dienen der Beschränkung der Relativverschiebung zwischen Brückenträger und Unterstützung und damit auch als Absturzsicherung. Die Schubnocken können aus bewehrtem Beton oder aus Stahl ausgebildet und mit Stossdämpfern versehen werden.

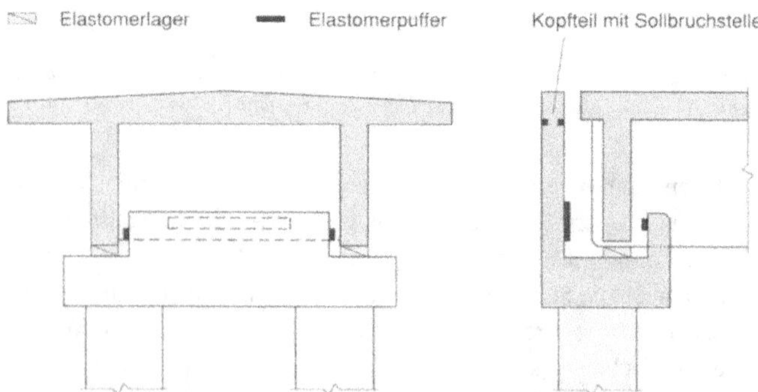

Bild 8.9: Unterstützung einer Balkenbrücke (Stütze, Widerlager) mit Puffern und Schubnocken (nach [Key 88])

Auch hier hängen die auftretenden Kontaktkräfte stark von der Nachgiebigkeit der Unterstützung für horizontale Kräfte ab. Bei steifen Stützenjochen und insbesondere bei Widerlagern können enorme Stosskräfte auftreten. Eine dynamische Berechnung ist in jedem Fall empfehlenswert. Sämtliche Elemente von Brückenträger und Unterstützung sind entsprechend zu bemessen und erfordern eine sorgfältige konstruktive Durchbildung.

Literaturverzeichnis

[ABA 93]   ABAQUS Theory Manual, Version 5.2. Hibbitt, Karlsson & Sorensen, Inc., Pawtucket, Rhode Island, 1993.

[And+ 93]   Anderheggen E. et al: "FLOWERS User's Manual". Institut für Baustatik und Konstruktion, ETH Zürich, 1993.

[AR 82]   Arnold Ch., Reithermann R.: "Building Configuration and Seismic Design". John Wiley & Sons, New York, 1982.

[ATC 78]   Publication ATC 3-06: "Tentative Provisions for the development of seismic regulations for buildings". US Government Printing Office, Washington D.C., 1978.

[BA 87]   Bachmann H., Ammann W.: "Schwingungsprobleme bei Bauwerken - Durch Menschen und Maschinen induzierte Schwingungen". Internationale Vereinigung für Brückenbau und Hochbau (IVBH), Zürich, 1987.

[Bac+ 89]   Bachmann H. et al.: "Die Erdbebenbestimmungen der Norm SIA 160". Dokumentation D 044, Schweiz. Ingenieur- und Architekten-Verein Zürich, 1989.

[Bac 90a]   Bachmann H.: "Absturzsicherung von Balkenbrücken für Erdbebeneinwirkung". Bautechnik 67, Heft 7, 1990.

[Bac 90b]   Bachmann H.: "Sind Brückenlager für Erdbebenkräfte auszubilden?". Bauingenieur 65, Heft 11, 1990.

[Bac 91]   Bachmann H.: "Stahlbeton I und II - Grundzüge des Stahlbetons und des vorgespannten Betons". Vorlesungsautographien, Institut für Baustatik und Konstruktion, ETH Zürich, 1991.

[Bac 94]   Bachmann H.: "Hochbau für Ingenieure". vdf Verlag Zürich und Teubner Verlag Stuttgart, 1994.

[Bac 02]   Bachmann H.: "Erdbebengerechter Entwurf von Hochbauten". Bundesamt für Wasser und Geologie, 2002.

[Bac+ 95]   Bachmann H. et al.: "Vibration Problems in Structures - Practical Guidelines". Birkhäuser Verlag, Basel, Boston, Berlin, 1995.

[Bac+ 02]   Bachmann H., Dazio A., Bruchez P., Mittaz X., Peruzzi R., Tissières P.: "Erdbebengerechter Entwurf und Kapazitätsbemessung eines Gebäudes mit Stahlbetontragwänden". SIA Dokumentation D0171, 2002.

[Bat 73]   Bath M.: "Introduction to Seismology". Birkhäuser Verlag Basel, 1973.

[Blu 79]   Blume A.: "On Instrumental vs. Effective Acceleration and Design Coefficients". Proceedings 2nd US National Conference on Earthquake Engineering, August 1979.

[BLW 94]   Bachmann H., Linde P., Wenk T.: "Capacity design and nonlinear dynamic analysis of earthquake-resistant structures". Sonderdruck Nr. 002, Institut für Baustatik und Konstruktion, ETH Zürich, 1994.

[Bol 84]   Bolt B.A.: "Erdbeben - eine Einführung". Springer-Verlag Berlin, 1984.

[Boo 94]   Booth E. (Editor): "Concrete Structures in Earthquake Regions: Design and Analysis".
             Longman Scientific & Technical, Harlow (GB), 1994.

[BP 90]   Bachmann H., Paulay T.: "Kapazitätsbemessung von Stahlbetontragwänden unter Erd-
             bebeneinwirkung". Beton- und Stahlbetonbau 85, Heft 11, 1990.

[BW 79]   Bachmann H., Wieland M.: "Einführung in die Erdbebensicherung von Bauwerken".
             Vorlesungsautographie, Institut für Baustatik und Konstruktion, ETH Zürich, 1979
             (vergriffen).

[BWI 86]   Baden-Württembergisches Innenministerium: "Erdbebensicher Bauen". Planungshilfe
             für Bauherren, Architekten und Ingenieure. Referat Bautechnik, Stuttgart, 1986.

[BWL 92]   Bachmann H., Wenk T., Linde P.: "Nonlinear time history analysis of R/C frame-wall
             buildings to determine the ductility demand of gravity load columns". Proceedings of
             the 10th World Conference of Earthquake Engineering, Madrid 1992.

[BWW 94]   Bundesamt für Wasserwirtschaft, Bern: Unterlagen zum Schweizerischen Starkbeben-
             Messgerätenetz, 1994.

[Cal 90]   CALTECH Strong Motion Accelerogram Record Transfer System CIT-SMARTS. Ca-
             lifornia Institute of Technology, Pasadena, 1990.

[Cho 81]   Chopra A.K.: "Dynamics of Structures - a Primer". Earthquake Engineering Research
             Institute, Berkeley, California, 1981.

[CP 91]   Cohen J.M., Powell G.H.: "A preliminary study on energy dissipating cladding to frame
             connections". Report No. UCB/EERC-91/09, University of California at Berkeley,
             USA, September 1991.

[CP 93]   Clough R.W., Penzien J.: "Dynamics of Structures". McGraw Hill Book Company,
             New York, 1993.

[DACH 89]   D-A-CH - Mitteilungsblatt der Deutschen Gesellschaft für Erdbebeningenieurwesen
             und Baudynamik (DGEB), der Oesterreichischen Gesellschaft für Erdbebeningenieur-
             wesen (OGE) und der Schweizer Gesellschaft für Erdbebeningenieurwesen und Bau-
             dynamik (SGEB) im SIA, Nr. 3/1989.

[DIN 4149]   DIN 4149, Teil 1 (Norm): "Bauten in deutschen Erdbebengebieten. Lastannahmen,
             Bemessung und Ausführung üblicher Hochbauten". Ausgabe April 1981.

[Dow 87]   Dowrick D.J.: "Earthquake Resistant Design for Engineers and Architects". 2nd Editi-
             on, John Wiley & Sons, New York, 1987.

[DWB 95]   Dazio A., Wenk T., Bachmann H.: "Vorversuche an Stahlbetontragwänden unter zykli-
             scher statischer Beanspruchung" und "Vorversuche an Stahlbetontragwänden auf dem
             ETH-Rütteltisch". Berichte Nr. 213 und 214, Institut für Baustatik und Konstruktion,
             ETH Zürich, Birkhäuser Verlag, Basel, Boston, Berlin, 1995.

[EC 8]   "Eurocode 8 - Bauten in Erdbebengebieten". Europäische Vornorm, ENV 1998-1-1,
             CEN, Europäisches Komitee für Normung, Brüssel, 1994.

[EHS 88]   Eibl J., Henseleit O., Schlüter F.-H.: "Baudynamik". Betonkalender 1988. Wilhelm
             Ernst & Sohn, Berlin, 1988.

[ENEL 76]   ENEL: "Strong Motion Earthquake Accelerograms Digitized and Plotted Data". Part 1
             Accelerograms 028 through 064, Friuli, Commissione CNEN-ENEL, Italy, 1976.

[Faj 94]   Fajfar P.: "Elastic and inelastic design spectra". Proceedings of the 10th European Con-
             ference on Earthquake Engineering, Vienna, 1994.

[Fav+ 90]   Favre R., et al.: "Dimensionnement des structures en béton: dalles, murs, colonnes et
             fondations". Presses Polytechniques Romandes, Lausanne, 1990.

[Gla+ 76]   Glauser E. et al: "Das Erdbeben im Friaul vom 6. Mai 1976 - Beanspruchung und Beschädigung von Bauwerken". Schweizerische Bauzeitung, Heft 38, 1976.

[Gre 94]   Green H.W. II: "Solving the Paradox of Deep Earthquakes". Scientific American, No. 9/94, New York, 1994.

[HP 94]   Hostettler B., Peter T.: "Welche Naturrisiken bedrohen die Gesellschaft?" Bundesamt für Zivilschutz, Infoheft RP1/94, Bern, 1994.

[HS 84]   Hurtig E., Stiller H.: "Erdbeben und Erdbebengefährdung". Akademie-Verlag Berlin, 1984.

[Kei 88]   Keintzel E.: "Zur Querkraftbeanspruchung von Stahlbeton-Wandscheiben unter Erdbebenlasten". Beton- und Stahlbetonbau 83, Hefte 7 und 8, 1988.

[Key 88]   Key D.E.: "Earthquake design practice for buildings". Thomas Telford, London, 1988.

[Lew 89]   Lew H.S.: "Performance of Structures During the Loma Prieta Earthquake of October 17, 1989". NIST Special Publication 778, Gaithersburg, Maryland, 1989.

[Lin 93]   Linde P.: "Numerical Modelling and Capacity Design of Earthquake-Resistant Reinforced Concrete Walls". Dissertation. Bericht Nr. 200, Institut für Baustatik und Konstruktion, ETH Zürich, Birkhäuser Verlag Basel, 1993.

[Lom 89]   Loma Prieta Earthquake, October 17, 1989. Preliminary Reconnaissance Report. Earthquake Engineering Research Institute, No. 89-03, Oakland, California, 1989.

[MK 84]   Müller F.P., Keintzel E.: "Erdbebensicherung von Hochbauten". Wilhelm Ernst & Sohn, Berlin, 1984.

[MK 90]   Meskouris K., Krätzig W.B.: "Seismic damage assessment of buildings". Earthquake Resistant Construction and Design, A.A. Balkema, Rotterdam, 1990.

[Mos 91]   Moser K.: "Ist die Erdbebensicherung im Hochbau gerechtfertigt?" Schweizer Ingenieur und Architekt, Nr. 44, 31. Oktober 1991. Bericht Nr. 188, Institut für Baustatik und Konstruktion, ETH Zürich, 1992.

[Mos 93]   Moser K.: "Erdbebentauglichkeit von Stahlbetonhochbauten". Dissertation. Bericht Nr. 201, Institut für Baustatik und Konstruktion, ETH Zürich, 1993.

[MP 90]   Moser K., Paulay T.: "Kapazitätsbemessung erdbebenbeanspruchter Stahlbetonrahmen". Bericht Nr. 180, Institut für Baustatik und Konstruktion, ETH Zürich, 1990.

[New 70]   Newmark N.M.: "Current trends in the seismic analysis and design of high-rise structures". Chapter 16 in Wiegel R.L. (Editor): "Earthquake Engineering". Prentice-Hall Inc., Englewood Cliffs, New Jersey, 1990.

[NH 82]   Newmark N.M., Hall W.J.: "Earthquake Spectra and Design". Earthquake Engineering Research Institute (EERI), Berkeley, 1982.

[NR 71]   Newmark N.M., Rosenblueth E.: "Fundamentals of Earthquake Engineering". Prentice-Hall, London, 1971.

[Pau 86]   Paulay T.: "The Design of Ductile Reinforced Concrete Structural Walls for Earthquake Resistance". Earthquake Spectra, EERI, Vol.2, No.4, October 1986.

[Pav 77]   Pavoni N.: "Zur Seismizität der Erde und der Schweiz". Mitteilungen der Schweizerischen Gesellschaft für Boden- und Felsmechanik 97, Seiten 1 bis 13, 1977.

[PBM 90]   Paulay Th., Bachmann H., Moser K.: "Erdbebensicherung von Stahlbetonhochbauten". Birkhäuser Verlag Basel, Boston, Berlin, 1990.

[Pfa 89]   Pfaffinger D.: "Tragwerksdynamik". Springer-Verlag Wien, New York, 1989.

[PP 92]   Paulay T., Priestley M.J.N.: "Seismic Design of Reinforced Concrete and Masonry Buildings". John Wiley & Sons, New York, 1992.

[SB 89]   Somaini D., Bachmann H.: "Erdbebenverhalten von Balkenbrücken mit fester Lagerung in Längsrichtung". Bericht Nr. 171, Institut für Baustatik und Konstruktion, ETH Zürich, Birkhäuser Verlag Basel, 1989.

[Scha 88]   Schaad W.: "Erdbebenszenarien Schweiz". Schweiz. Pool für Erdbebenversicherung, Bern, 1988.

[Schn 92]   Schneider G.: "Erdbebengefährdung". Wissenschaftliche Buchgesellschaft, Darmstadt, 1992

[SEA 88]   Structural Engineers Association of California: "Recommended Lateral Force Requirements and Tentative Commentary", San Francisco 1988.

[SED 94]   Schweizerischer Erdbebendienst: Unterlagen zu den seismischen Stationsnetzen in der Schweiz. Institut für Geophysik, ETH Zürich, 1994.

[SIA 160]   SIA 160 (Norm): "Einwirkungen auf Tragwerke". Schweiz. Ingenieur- und Architekten-Verein Zürich, 1989.

[SIA 162]   SIA 162 (Norm): "Betonbauten". Schweiz. Ingenieur- und Architekten-Verein, Zürich, 1989.

[SM 78]   Sägesser R., Mayer-Rosa D.: "Erdbebengefährdung in der Schweiz". Schweizerische Bauzeitung, Heft 7, 1978.

[SRM 93]   Skinner R.I., Robinson W.H., Mc Verry G.H.: "Seismic Isolation". John Wiley & Sons, New York, 1993.

[Sys 94]   The MR2002 Strong Motion Recorder. Syscom Instruments, Zürich, 1994.

[UBC 88]   Uniform Building Code (Chapter 23: Earthquake Regulations). International Conference of Building Officials, USA, 1988.

[Van+ 76]   Vanmarke E.H., Cornell C.A., Gasparini D.A., Hou S.N.: "SIMQKE - Simulation of Earthquake Ground Motion". Massachusetts Institute of Technology (MIT), Cambridge, Massachusetts, 1976.

[Wal 85]   Walpole, W.R.: "Concentrically braced frames". In "Seismic design of Steel Structures Study Group". Section E, Bulletin New Zealand National Society for Earthquake Engineering 18, No. 4, 1985.

[Wen 90]   Wenk T.: "Duktilitätsanforderungen bei Stahlbetonbauten unter Erdbebeneinwirkung". Tagungsband zum 23. Forschungskolloquium des Deutschen Ausschusses für Stahlbeton, Institut für Baustatik und Konstruktion, ETH Zürich, 1990.

[Wen 92]   Wenk T.: "Studien zu Zeitverläufen der Bodenbewegung und zu Antwortspektren". Institut für Baustatik und Konstruktion, ETH Zürich, 1992 (unveröffentlicht).

[WS 93]   Wepf D.H., Smit P.: "Das Erdbeben in der Türkei vom 13. März 1992". Schweizer Ingenieur und Architekt, Nr. 4, 1993.

Sachwortverzeichnis

Folgende Referenzen werden unterschieden:
Seitenzahl normal = Referenz zu Text
Seitenzahl kursiv = *Referenz zu Bild*
Seitenzahl fett = **Referenz zu Tabelle**

Thomas Paulay, Hugo Bachmann,
Konrad Moser

Erdbebenbemessung von Stahlbetonhochbauten

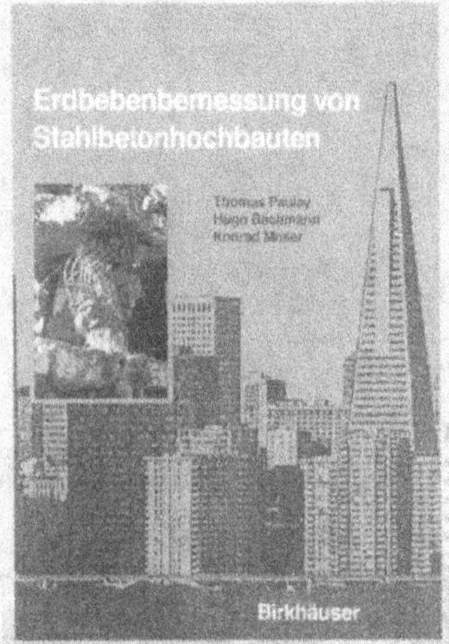

1990. 562 Seiten,
16,5 x 23,5 cm. Gebunden.
ISBN 3-7643-2352-3

Hochbauten aus Stahlbeton erdbebensicher bemessen!
Das ist das Thema dieses auf die Bedürfnisse des praktisch tätigen Bauingenieurs ausgerichteten Standardwerks. Bei mäßiger und hoher Seismizität führt die Methode der Kapazitätsbemessung von Rahmen-, Tragwand- und gemischten Systemen mit voller und beschränkter Duktilität zur einem hohen Grad an Erdbebensicherheit.

Inhaltsverzeichnis

Einleitung
Ermittlung der Ersatzkräfte
Bemessungsgrundlagen
Duktile Rahmen
Duktile Tragwände
Gemischte Tragsysteme
Tragsysteme beschränkter
  Duktilität
Fundationen

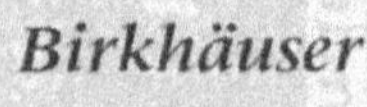
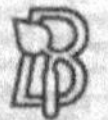

Birkhäuser

Birkhäuser Verlag AG
Basel · Boston · Berlin

Christian Menn

Prestressed Concrete Bridges

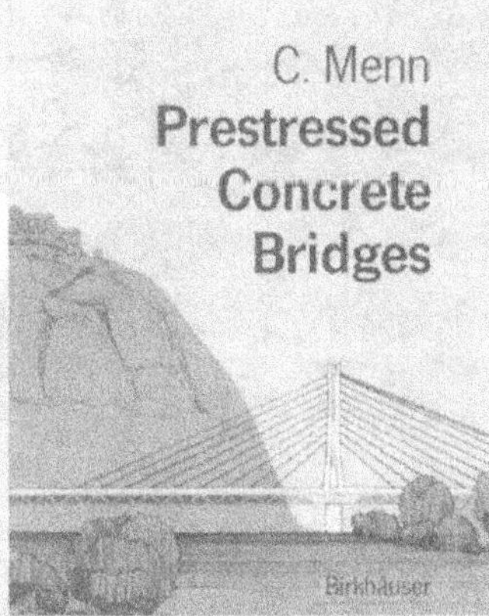

Übersetzt und ediert von
Paul Gauvreau
535 Seiten, ca. 200 sw-Abbildungen.
16,5 x 23 cm. Gebunden
ISBN 3-7643-2414-7
(Englischer Text)

Prestressed Concrete Bridges vermittelt einen Überblick über Entwurf, Tragsysteme, Berechnung und konstruktive Durchbildung von Stahlbetonbrücken. Der Entwurf ist entscheidend für die Wirtschaftlichkeit und die Gestaltung der Brücken; deshalb wird den Entwurfsgrundlagen und den Entwurfszielen große Beachtung geschenkt. In bezug auf Berechnung und konstruktive Durchbildung wird – modernen Normen entsprechend – zwischen Tragsicherheit und Gebrauchstauglichkeit unterschieden. Die vorgeschlagenen Berechnungsmodelle und Berechnungsmethoden zum Nachweis der Tragsicherheit sind einfach, übersichtlich und praxisbezogen. Großes Gewicht wird aber auch auf die materialtechnischen und konstruktiven Maßnahmen zur Gewährleistung der Gebrauchstauglichkeit gelegt.

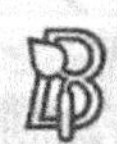

Birkhäuser

Birkhäuser Verlag AG
Basel · Boston · Berlin

GPSR Compliance
The European Union's (EU) General Product Safety Regulation (GPSR) is a set
of rules that requires consumer products to be safe and our obligations to
ensure this.

If you have any concerns about our products, you can contact us on

ProductSafety@springernature.com

In case Publisher is established outside the EU, the EU authorized
representative is:

Springer Nature Customer Service Center GmbH
Europaplatz 3
69115 Heidelberg, Germany